U0332141

“十四五”时期国家重点出版物出版专项规划项目

有色金属理论与技术前沿丛书

Experiment and Simulation Study on Fracture Mechanism of Brittle Rock

脆性岩石破裂机制试验与模拟研究

吴顺川　储超群　张朝俊　著

中南大学出版社
www.csupress.com.cn

内容简介

Introduction

本书围绕脆性岩石破裂过程和机制这一科学主题，概括了脆性岩石破裂的研究进展、基本力学特征、细观模拟方法与试验监测技术，系统介绍了脆性岩石在不同应力状态下的细微观破坏过程和断裂特征等研究成果。全书分为9章，包括绪论、岩石基本力学特征、岩石细观模拟方法(PFC)、岩石室内试验监测方法、硬/脆性岩石巴西劈裂变形与破坏特征、岩石受压变形与破坏三维演化特征、岩石剪切变形与破坏特征、硬/脆性岩石断裂韧度试验、裂隙岩石脆性破裂机制等。

本书可供土木工程、矿业工程、水利工程、石油工程、地质工程等相关专业的研究生及工程技术人员使用，也可作为研究岩石力学和脆性岩石破裂机制的科研人员参考用书。

序言 / Preface

近年来，我国大型基础设施建设和深地资源开发等工程活动正处于快速发展阶段。按照《中华人民共和国国民经济和社会发展第十四个五年规划和2035年远景目标纲要》与《交通强国建设纲要》等国家战略总体部署，我国岩石力学的发展正逐步从满足工程需求迈向探索科学前沿和服务全球建设安全的新阶段。岩石力学学科作为国家重大基础工程建设的技术支撑，在我国能源战略、基础设施建设和地质灾害防控中发挥着重要作用。

深地、深海和极端环境下的岩石工程建设，一方面受限于岩石自身的非线性、非均质性、各向异性等复杂介质特性，导致岩石破裂过程难以预测和控制、工程破坏模式多样化，另一方面也对岩石多尺度特性的统一、极端和多场耦合条件下的复杂破裂行为等研究提出全新需求。岩石破裂过程和机制的研究不仅是岩石力学学科发展的基石，更是推动工程技术进步和科学创新的不竭动力。

岩石破裂和工程中的研究难点与瓶颈反映了这一领域的复杂性和挑战性，但同时也预示着其巨大的科学价值和应用潜力。岩石复杂破裂过程的深入研究不仅需要先进的理论模型，更依赖于高精度的动态破裂观测技术和跨尺度模拟方法。在国家重点研发计划、国家自然科学基金重点项目等资助下，吴顺川教授团队围绕“脆性岩石破裂过程和机制”开展了系统研究，全面总结了脆性岩石破裂的重要研究进展、细观模拟方法与试验监测技术，深入研究了脆性岩石在不同应力状态下的细微观破坏过程和断裂特征，详尽剖析了岩石在拉伸、受压和剪切等典型应力状态下的破坏特征，探索了脆性岩石的断裂韧度和预制裂隙扩展机制，揭示了岩石脆性破坏的内在机制，并取得了系列创新成果。这些内容不仅丰富了岩石破裂的研究体系，也为推动岩石力学理论创新、服务国家重大工程需求、应对地质灾害挑战提供了科学依据与支撑。

本书紧密围绕国际岩石力学领域的研究热点和学科前沿，从岩石的基本力学特征入手，借助声发射、数字图像相关技术、扫描电镜、PFC 模拟等诸多监测与表征手段，兼顾试验与模拟方法体系创新，从多角度开展深入研究和系统总结，助力攻克岩石破裂研究难题；细微观尺度和多手段联合，既揭示了岩石内部破裂的动态演化过程和机理，也为后续研究指明了方向。本书内容深入浅出，系统且丰富，试验观测和数值模拟相辅相成，对于岩石破裂基础研究和工程应用具有重要价值，也对从事岩石力学相关工作的科研和技术人员提供了有益的参考；同时，也希望作者团队持续深耕岩石破裂研究领域，力争在岩石复杂破裂过程的预测、控制和应用方面取得重大突破，不断推动基础研究创新与学科发展。

冯夏庭

中国工程院院士、东北大学校长、
原国际岩石力学与岩石工程学会主席　冯夏庭

2024 年 11 月于沈阳

前言 Foreword

岩石力学的发展与人类的生产活动和科学探索密切相关。青藏铁路、南水北调、核废料存储等重大工程建设和地热开发、非常规油气开发、矿产资源超千米开采等战略资源提取，不断给岩石力学带来新的挑战。伴随大型岩石工程日益增多，一方面需要更有效地破坏岩石，以加快工程进展和增加资源开采量；另一方面需要科学地保持岩层稳定，以确保岩石工程的安全和正常运营。这一看似矛盾却又相辅相成的需求，不断推动对岩石破裂过程和机制的深化认识。

岩石破裂机制的研究是岩石力学的基础科学问题。岩石的破坏过程不是简单的强度失效，而是内部微裂纹萌生、扩展和相互作用的复杂动态演化过程。然而，岩石独特的微观结构、非线性力学特征和受力环境的多样性，使得岩石破裂机制成为岩石工程界永恒的话题，也是一直困扰岩石工程研究与应用的核心瓶颈问题。

试验技术的飞速发展和数值模拟方法的不断进步，使得岩石脆性破裂过程的探索呈现出从宏观到微观、从静态到动态、从试验到模拟的多维发展模式，极大地推动了人们对岩石破裂细微观行为的理解。然而，岩石各异、手段有限、尺度不同导致分散的研究成果难以结构化整合，形成系统的理论框架，这也是岩石破裂问题难以取得重大突破的重要原因。

本书作者长期从事岩石力学方向的教学与科研工作，在岩石破裂领域持续深耕20余年，在该领域不仅有扎实的理论基础，而且对岩石的破裂过程有着全面深刻的理解。本书以独特的细微观视角，探究脆性岩石的破裂过程和内在机制，采用多种研究手段、跨越多个尺度，对不同应力条件下的岩石破裂过程展开了系

统研究和全面梳理。本书在撰写过程中遵循以下三项基本原则:

(1)突出科学前沿,丰富研究体系。岩石脆性破裂机制是岩石力学领域的热门研究主题,本书聚焦于该科学前沿,采用先进和多样化的研究手段,不断探索岩石破裂过程研究的新理论、新方法,实时动态追踪岩石微破裂的发展,取得的系统性成果可丰富和完善岩石破裂的研究体系。

(2)试验模拟协同,方法体系创新。声发射技术能实时监测岩石内部的破裂演化,是岩石破裂过程的有效研究手段;基于非连续介质力学发展的离散元法不仅能够模拟岩石的细观破裂行为,还能够考虑岩石的非均质性和各向异性等特征,模拟复杂的裂纹扩展模式。此外,将声发射技术引入离散元模拟方法中并进行对比验证,可避免研究的片面化,增加研究结论的可靠性。

(3)研究脉络清晰,内容结构完整。本书章节设置合理,试验与模拟相结合,内容丰富全面。首先概述了岩石脆性破裂的重要研究进展、试验和模拟方法,然后分章节详细剖析了不同应力状态下岩石的破裂过程和细微观机理,架构完整,系统性和层次性强,便于读者理解和进一步深入研究。

全书共9章。第1章概要介绍了岩石脆性破坏的现象与本质、发展历程与重要成果及试验与模拟方法;第2章梳理了岩石的强度和变形特性、破裂全过程力学特征及其影响因素;第3章介绍了岩石细观模拟方法(PFC)的基本原理、细观参数标定方法、声发射模拟方法及数值模拟应用;第4章简要介绍了应力-应变与位移、声发射、数字图像相关技术、扫描电镜和CT等试验监测方法;第5章介绍了不同加载条件下岩石(平台)巴西劈裂拉伸破坏的应力场、声发射特征、震源机制和裂纹起裂模式及数值模拟对比分析;第6章详细介绍了岩石在单轴、常规三轴和真三轴压缩条件下的全过程变形破坏和声发射三维演化特征;第7章介绍了岩石在直剪、变角剪切和三轴剪切破坏试验中的力学特性及声发射特征;第8章介绍了Ⅰ型、Ⅱ型和复合型断裂韧度测定的试验方法和内在细观机理;第9章在介绍裂隙岩石试样制备方法的基础上,阐述了不同倾角和走向长度的预制单裂隙、不同隐伏程度平行双裂隙试样的脆性破裂声发射特征和机理。

本书由昆明理工大学吴顺川，北京科技大学储超群、张朝俊著。其中第1章由吴顺川、储超群、张朝俊撰写，第2~5章由储超群撰写，第6~9章由张朝俊撰写，全书由吴顺川、储超群统校。应急管理部信息研究院张光博士、北京低碳清洁能源研究院郭沛博士、山东大学姜日华博士、河南理工大学孙伟博士、福州大学赵宇松博士、中铝国际昆明有色冶金设计研究院陈龙博士等参与了部分章节的编写工作。

在本书的撰写和出版过程中，昆明理工大学和北京科技大学给予了学科建设经费资助；感谢国家自然科学基金项目(51934003、52334004、51774020、51074014)、教育部长江学者奖励计划(T2017142)以及云南省重大科技项目(202202AG050014)的支持；云南驰宏锌锗有限公司会泽矿业分公司、玉溪矿业有限公司大红山铜矿为本书部分研究提供了支持；中国科学技术大学张诗淮研究员、中冶赛迪城市建设(重庆)有限公司马骏博士、中国恩菲工程技术有限公司吴昊燕博士、中国铁道科学研究院集团有限公司许学良博士的部分研究成果也收录在本书内容中，博士研究生崔贺佳、李国枭以及硕士研究生夏磊、王天昊、包兴佳、庞瑞、韩顺、年洋洋、王艳超等，为本书的资料搜集、绘图及校核等工作付出了辛勤的努力和汗水。在此，向他们表示衷心的感谢！

此外，本书在编写过程中引用了大量文献资料，在此谨向文献作者表示真挚的谢意。对于个别引用而漏标的相关文献作者，我们深表歉意！

本书内容系统介绍了当前研究的系列成果，也反映了作者团队多年来在岩石力学领域的深厚积累。作者希望本书的出版能够为岩石破裂行为的研究做出一点贡献，帮助读者从细微观角度理解脆性岩石的破裂机制，并为广大岩石力学与岩土工程的研究人员和从业者在工程实践中有效应对复杂的岩石问题提供有益的参考。由于作者水平有限，书中难免存在疏漏与不足之处，敬请各位读者不吝赐教，对错误和不当之处提出宝贵意见和建议。

吴顺川

2024年11月于昆明

目录

Contents

第1章　绪论 …… 1

1.1　岩石脆性破坏现象与本质 …… 1
1.2　脆性岩石破裂机制研究现状 …… 4
1.2.1　研究热点与趋势 …… 4
1.2.2　发展历程与成果 …… 9
1.3　不同应力状态下岩石脆性破裂特征 …… 15
1.4　岩石脆性破裂过程研究方法 …… 20
1.4.1　岩石破裂过程试验方法与监测技术 …… 20
1.4.2　岩石破裂数值模拟与细观分析方法 …… 22
1.5　本书主要内容 …… 23

第2章　岩石基本力学特征 …… 30

2.1　岩石的强度特性 …… 30
2.1.1　单轴抗压强度 …… 30
2.1.2　三轴抗压强度 …… 31
2.1.3　抗拉强度 …… 34
2.1.4　抗剪强度 …… 37
2.2　岩石的变形特性 …… 42
2.2.1　单轴压缩条件下岩石的变形特征 …… 43
2.2.2　循环荷载条件下岩石的变形特征 …… 46
2.2.3　动静组合条件下岩石的变形特征 …… 48
2.2.4　三轴压缩条件下岩石的变形特征 …… 51

2.2.5 岩石扩容 …… 55
2.2.6 岩石变形的时效性 …… 56
2.3 岩石破坏全过程力学特性 …… 58
2.3.1 完整应力-应变曲线获取方法 …… 58
2.3.2 岩石峰前应力阈值的确定 …… 58
2.3.3 岩石Ⅰ型、Ⅱ型曲线特征 …… 59
2.4 影响岩石力学性质的试验因素 …… 60
2.4.1 应力路径 …… 61
2.4.2 尺寸效应 …… 61
2.4.3 端部效应 …… 62
2.4.4 速率效应 …… 63
2.4.5 温度效应 …… 65
2.4.6 围压效应 …… 66
2.5 本章小结 …… 67

第3章 岩石细观模拟方法(PFC) …… 68

3.1 PFC软件基础理论 …… 70
3.1.1 基本假设 …… 70
3.1.2 计算过程 …… 71
3.1.3 接触本构模型 …… 72
3.1.4 平节理模型特点 …… 74
3.2 细观力学参数标定方法 …… 79
3.2.1 脆性岩石三个显著特征 …… 79
3.2.2 细观参数对显著特征的影响 …… 80
3.2.3 脆性岩石细观参数标定方法 …… 84
3.3 岩石破坏声发射特性的细观模拟方法 …… 86
3.3.1 矩张量分析方法 …… 86
3.3.2 声发射细观模拟 …… 89
3.4 脆性岩石力学性质细观模拟 …… 90
3.4.1 岩石抗拉强度数值试验 …… 90
3.4.2 单轴及常规三轴数值试验 …… 97

3.4.3 断裂韧度数值试验 …… 103
3.5 本章小结 …… 107

第4章 岩石室内试验监测方法 …… 110

4.1 应力-应变与位移监测 …… 110
4.2 声发射监测 …… 111
4.2.1 基本原理 …… 112
4.2.2 声发射特征参数 …… 113
4.2.3 数据采集与分析 …… 115
4.3 数字图像相关技术 …… 116
4.3.1 基本原理 …… 116
4.3.2 散斑制作 …… 117
4.3.3 系统搭建与校正 …… 119
4.3.4 数据采集与分析 …… 119
4.4 岩石破坏内部结构细微观表征 …… 121
4.4.1 扫描电子显微镜 …… 121
4.4.2 计算机断层扫描 …… 124
4.5 本章小结 …… 128

第5章 硬/脆性岩石巴西劈裂变形与破坏特征 …… 130

5.1 不同加载条件下的巴西劈裂试验 …… 130
5.1.1 试验方案与方法 …… 130
5.1.2 声发射特征对比分析 …… 131
5.1.3 震源机制反演 …… 136
5.2 基于主/被动超声技术的巴西劈裂损伤三维演化特征 …… 138
5.2.1 试验方案与方法 …… 138
5.2.2 速度场三维演化分析 …… 139
5.2.3 时间相关速度模型建立 …… 141
5.2.4 声发射特征分析 …… 143
5.2.5 震源机制反演 …… 146
5.3 巴西劈裂试验起裂点及裂纹震源机制 …… 147

5.3.1 细观模型与参数匹配 148
5.3.2 裂纹起裂模式分析 150
5.3.3 荷载条件和非均质性对裂纹起裂的影响 155
5.4 平台巴西劈裂室内试验 157
5.4.1 试验方案与方法 158
5.4.2 试验结果初步分析 159
5.4.3 巴西劈裂等效应力分析 162
5.4.4 室内试验结果讨论 165
5.5 不同加载条件下的巴西劈裂数值试验 166
5.5.1 数值模型构建 166
5.5.2 弧形夹具加载数值试验 167
5.5.3 线荷载加载数值试验 168
5.5.4 应力分布规律对比分析 171
5.6 本章小结 174

第6章 岩石受压变形与破坏三维演化特征 176

6.1 单轴压缩条件下砂岩峰后自持式破坏及声发射特征 176
6.1.1 试验方案及方法 176
6.1.2 试样破坏的力学特征 178
6.1.3 超声测量与P波速度模型 179
6.1.4 声发射特征分析 181
6.1.5 振幅谱特性分析 186
6.2 常规三轴压缩条件下砂岩变形破坏全过程特征 188
6.2.1 试验方案及方法 189
6.2.2 应力阈值确定方法 189
6.2.3 不同围压下峰后力学行为及破坏模式 191
6.2.4 峰后能量平衡分析 193
6.3 真三轴应力条件下砂岩变形破坏全过程特征 197
6.3.1 试验方案及方法 197
6.3.2 中间主应力对应力阈值的影响 200
6.3.3 试样变形破坏特征分析 202

6.3.4 宏微观破裂特征分析 …… 204
6.3.5 剪切断裂过程区微观力学特征 …… 208
6.3.6 中间主应力对砂岩体积变形影响的探讨 …… 210
6.4 本章小结 …… 212

第7章 岩石剪切变形与破坏特征 …… 217

7.1 直剪试验力学行为及声发射特征 …… 217
7.1.1 试验方案 …… 217
7.1.2 直剪试验力学特性 …… 219
7.1.3 试样直剪破坏声发射特征 …… 221
7.2 变角剪切试验力学行为及声发射特征 …… 223
7.2.1 试验方案 …… 223
7.2.2 变角剪切试验力学特性 …… 223
7.2.3 试样变角剪切破坏声发射特征 …… 226
7.3 三轴剪切试验力学行为及声发射特征 …… 234
7.3.1 试验方案 …… 234
7.3.2 三轴剪切试验力学特性 …… 235
7.3.3 试样三轴剪切破坏声发射特征 …… 238
7.4 本章小结 …… 244

第8章 硬/脆性岩石断裂韧度试验 …… 246

8.1 岩石断裂韧度测定方法 …… 247
8.1.1 Ⅰ型断裂试验方法 …… 247
8.1.2 Ⅱ型断裂试验方法 …… 250
8.1.3 Ⅰ/Ⅱ复合型断裂试验方法 …… 250
8.2 Ⅰ型断裂韧度试验研究 …… 251
8.2.1 SCB室内试验 …… 251
8.2.2 SCB和CCNSCB数值试验 …… 254
8.2.3 CCNBD室内试验 …… 260
8.2.4 CCNBD数值试验 …… 262
8.3 Ⅱ型断裂韧度试验研究 …… 266

8.3.1 围压冲切室内试验 …… 266
8.3.2 围压冲切数值试验 …… 268
8.4 脆性岩石Ⅰ/Ⅱ复合型断裂试验研究 …… 272
8.4.1 Ⅰ/Ⅱ复合型断裂室内试验 …… 273
8.4.2 Ⅰ/Ⅱ复合型断裂数值试验 …… 274
8.5 本章小结 …… 277

第9章 裂隙岩石脆性破裂机制 …… 280

9.1 裂隙岩石试样制备方法 …… 280
9.1.1 类岩石材料选取 …… 280
9.1.2 体积损失法原理 …… 281
9.1.3 内置空腔效果验证 …… 283
9.1.4 预制裂隙制备方法 …… 286
9.2 试验条件与方法 …… 287
9.3 预制单裂隙试样脆性破坏特征与机理 …… 289
9.3.1 单裂隙试样设计 …… 289
9.3.2 内置不同倾角单裂隙试验 …… 290
9.3.3 不同走向长度单裂隙试验 …… 294
9.4 不同隐伏程度平行双裂隙试样脆性破坏特征与机理 …… 299
9.4.1 双裂隙试样设计 …… 299
9.4.2 不同裂隙隐伏程度试样破裂特征试验 …… 301
9.5 本章小结 …… 304

第 1 章 绪论

1.1 岩石脆性破坏现象与本质

岩石力学的发展与人类的生产活动和科学探索密切相关，岩石作为岩石力学与工程的主要研究对象，国内外学者对其各类性状开展了广泛研究。1964 年，美国地质学会(Geological Society of America, GSA)岩石力学委员会将岩石力学定义为：岩石力学是研究岩石力学性状的一门理论和应用科学，是力学的一个分支，是研究岩石在不同物理环境的力场中产生各种力学效应的学科。该定义概括了岩石的破碎和稳定两方面主题，也同时包含了不同物理环境中岩石在各种应力状态下的变形和破坏规律。岩石的脆性破裂过程与机制是岩石力学领域最热门的研究主题，也是岩石力学学科的基础科学问题。

工程实践需求牵引学科发展，伴随大型岩石工程的日益增多，一方面为加快工程进展和增加资源开采量，需要更有效地破坏岩石；另一方面为确保岩石工程的安全和正常运营，需要科学地保持岩层稳定(图 1-1)。这看似矛盾却又相辅相成的需求，不断深化学者们对岩石破裂机制的认识。

脆性破坏是深部岩体主要的破坏形式，在高地应力条件下，开挖强卸荷和动力扰动使开挖边界形成次生应力场，并伴随能量的急剧转化与释放，围岩的灾变模式由高围压下的延性破坏转化为剧烈的脆性破坏，导致发生板裂、V 形剥落、钻孔崩落甚至岩爆等[1-3]脆性破坏现象(图 1-2)。

在深部高地应力硬岩开采过程中，经常可以观察到与开挖面基本平行的板裂或片帮破坏，与浅部工程中常见的剪切破坏不同，呈现张拉破坏特征[4]。瑞典 Äspö 硬岩实验室在地下 420 m 深处开挖了两个直径 1.8 m 的钻孔，进行矿柱稳定性试验[5, 6]，如图 1-3 所示。利用开挖应力和热诱导应力诱发矿柱剥落，通过声发射和变形监测，观测到孔壁岩石出现典型的剥落破坏，声发射事件定位与剥落破坏区域基本吻合。

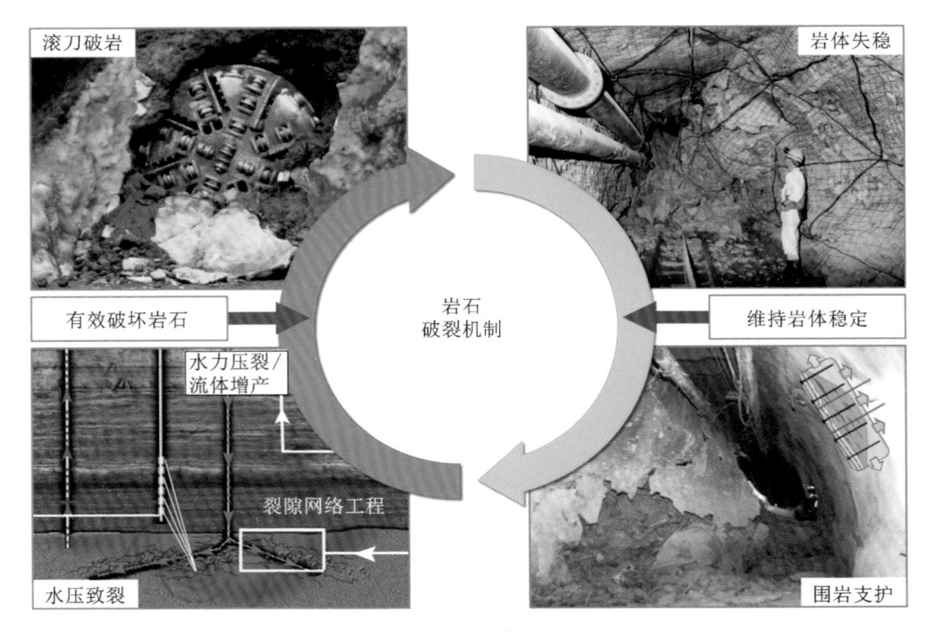

图 1-1　岩石破裂工程需求

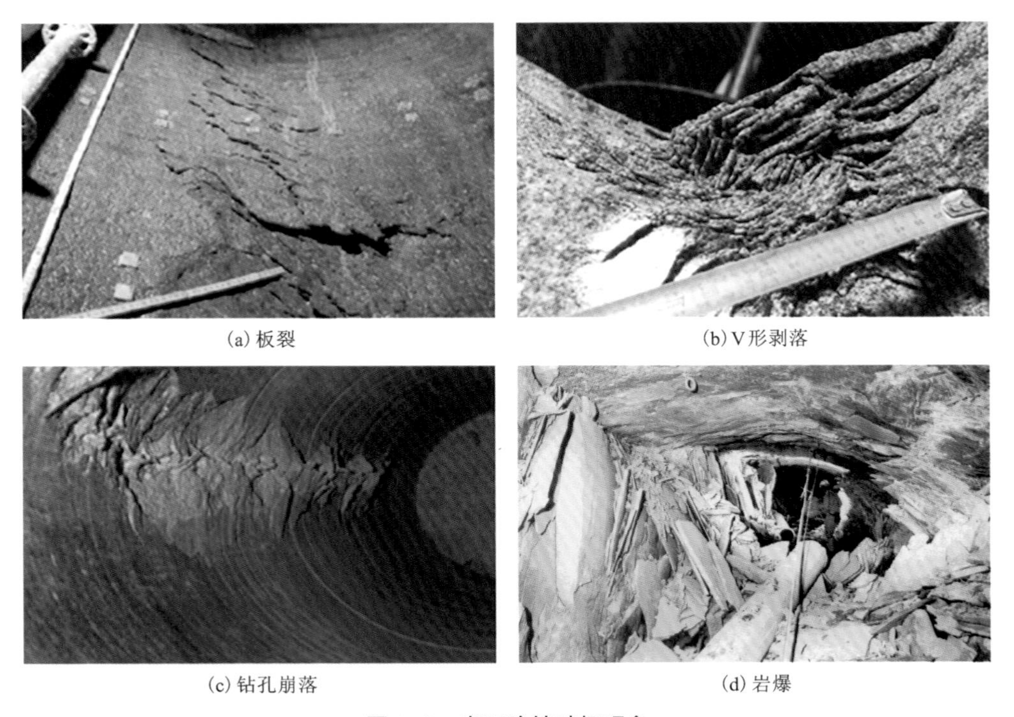

(a) 板裂　(b) V形剥落　(c) 钻孔崩落　(d) 岩爆

图 1-2　岩石脆性破坏现象

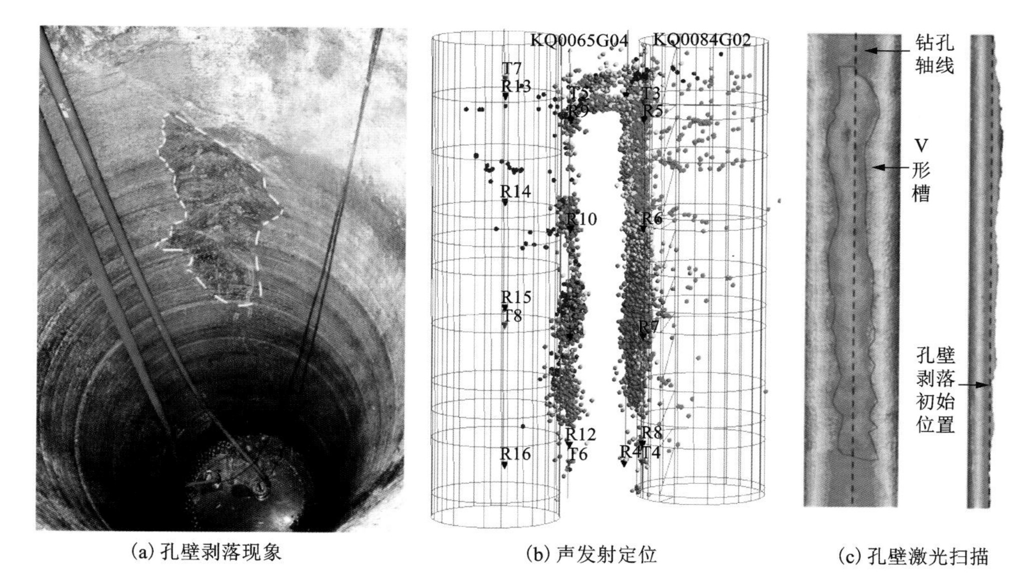

(a) 孔壁剥落现象　　(b) 声发射定位　　(c) 孔壁激光扫描

图 1-3　瑞典 HRL 矿柱剥落试验

V 形槽的形成是一个渐进过程，和隧道掌子面开挖及围岩应力分布有关，最初在隧道周边切向应力最大的区域逐渐形成板裂破坏，随着围岩局部发生片帮、板裂，又会进一步产生新的板裂破坏，最终形成一个 V 形槽[7]，V 形槽的形成与板裂相关，而板裂厚度一般从矿物粒径尺度到几厘米不等。Martin 等[2, 4]通过原位试验研究了埋深 420 m、直径 3. 5 m 的圆形 Mine-by 试验隧道非爆破条件下开挖损伤区的形成和渐近破坏过程，如图 1-4 所示。通过多种监测手段观测发现，破坏区呈 V 形，其形成是一个与隧道掘进直接相关的三维过程，包含微裂纹萌生、断裂过程区发展、板裂和剥落、孔壁恢复稳定 4 个阶段。

相比板裂和 V 形剥落等渐近性破坏现象，岩爆是一种突发的剧烈脆性破坏，其特征是岩石的破碎和从围岩中突出并伴随着能量的猛烈释放。此外，岩爆动力灾害多发生于硬脆岩体中，如花岗岩、大理岩、石灰岩、片麻岩、闪长岩、石英岩及砂岩等[8-10]。自 1738 年在英国锡矿坑道中首次发现岩爆现象以来，越来越多的深部岩石工程发生了岩爆破坏，在中国、加拿大、智利、南非、澳大利亚、瑞典、秘鲁等国家的金属矿山及深埋水利交通隧道中，开挖期间均发生过不同程度的岩爆。

岩石工程中普遍存在的脆性破坏现象推动岩石脆性破坏内在机制研究的不断深化。大量研究表明，脆性岩石的变形破裂过程呈现明显的阶段性，不同阶段往往伴随着内部微裂纹的闭合互锁、起裂扩展与贯通成核，表现出从渐进损伤到急

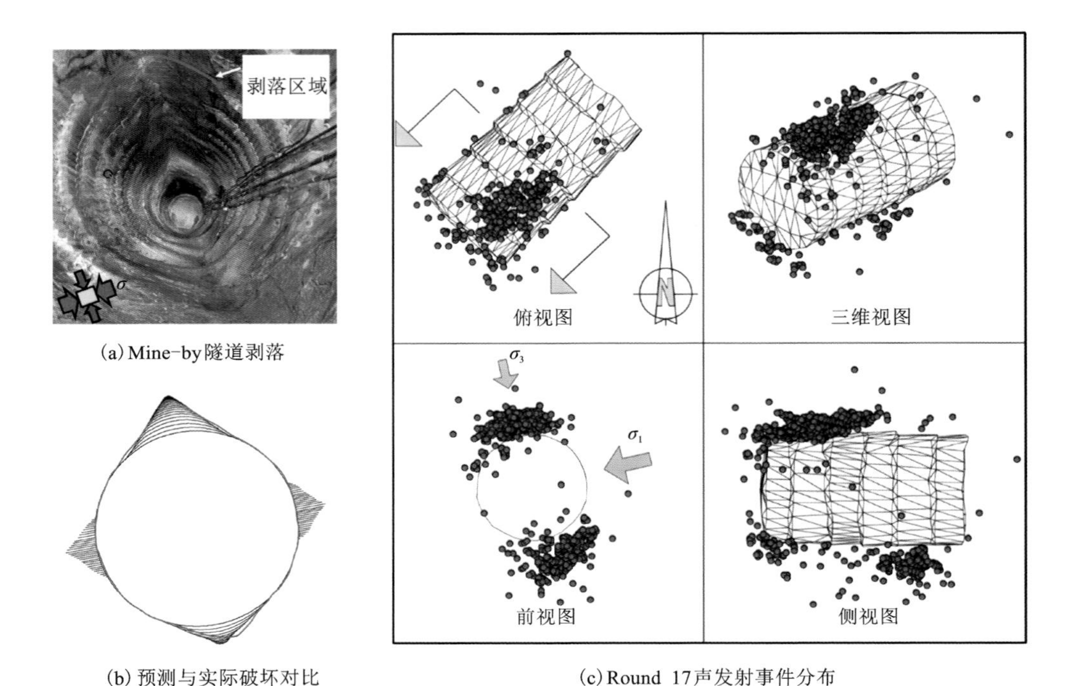

(a) Mine-by隧道剥落

(b) 预测与实际破坏对比

(c) Round 17声发射事件分布

图 1-4 加拿大 Mine-by 试验隧道脆性破坏过程

剧破坏的瞬态特性，部分脆性岩石峰后阶段还表现出明显的自持式(Self-sustaining)破坏特征。借助声发射技术和离散元细观模拟等手段，部分学者从细微观角度捕捉脆性岩石破裂内部微裂纹的发展过程，进而揭示了岩石脆性破坏的内在机理。因此，岩石破裂的根本取决于岩石强度，其内在本质是裂纹的萌生、扩展与贯通。

1.2 脆性岩石破裂机制研究现状

1.2.1 研究热点与趋势

基于大数据可视化分析技术，对近 30 年 WOS(Web of Science)核心数据库收录的岩石破裂机制相关文献进行统计分析，图 1-5 表明，岩石破裂机制是岩石力学研究的热点，破裂机制、声发射、数值模拟、裂纹扩展、数字图像相关、离散单元法等关键词出现频率较高。可以看出，岩石破裂机制研究始终是岩石力学学科的基础与核心。

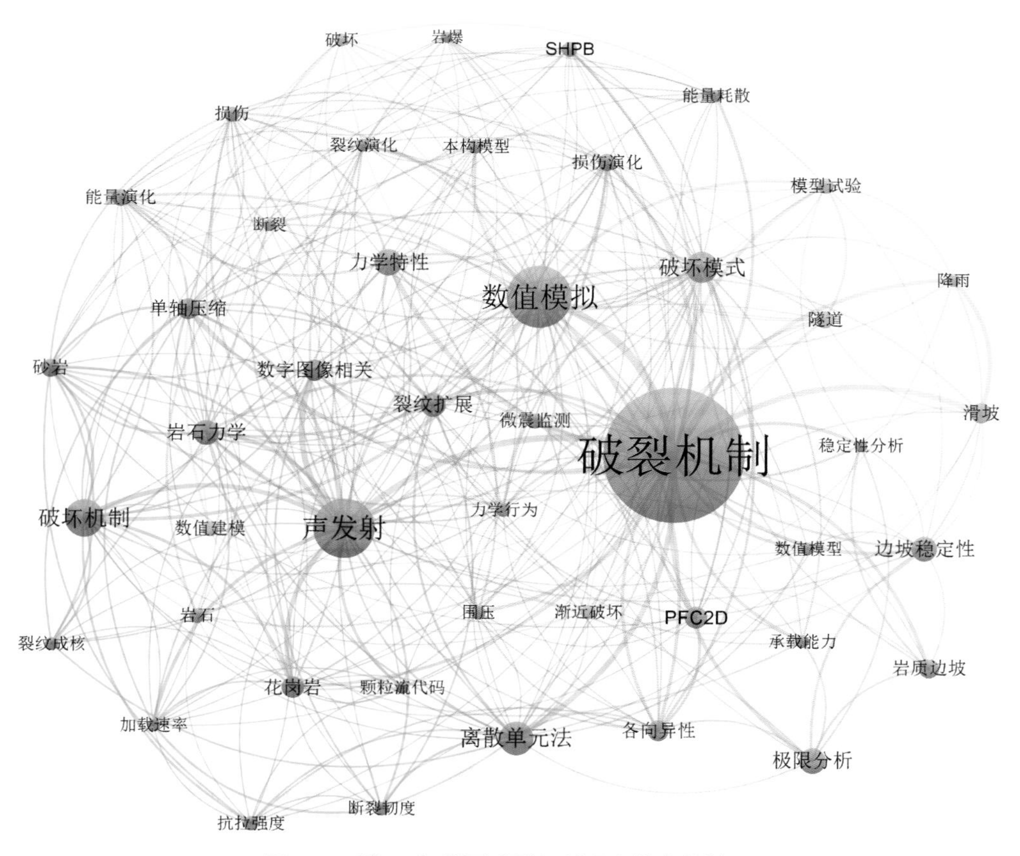

图 1-5　近 30 年岩石破裂机制研究热点关键词

通过梳理岩石破裂机制研究的发展脉络，发现主要有以下几个特点。

(1)理论-试验-模拟多手段协同

岩石是一种复杂的地质材料，对岩石破裂机制的研究，始终离不开理论、试验和模拟等多种研究手段的协同(图 1-6)。在岩石力学发展初期，试验与模拟条件较为简陋，国内外学者通过简单的试验方法总结规律，提出了一系列沿用至今的理论和方法(如莫尔-库仑破坏准则)；1926 年，Schmidt 建立了岩石残余应力与岩石弹性之间的关系，开展了岩石力学理论研究的第一次尝试；随着理论研究的不断完善，理论分析由二维平面不断修正扩展至三维空间，理论假设也由均质、各向同性过渡至非均质、各向异性。工业化和计算机技术的发展，试验设备和数值分析软件不断更新迭代，为岩石破裂机制的研究奠定了坚实的基础。在试验设备方面，刚性试验机和伺服控制技术的成功研发，为岩石破裂过程的控制和观测提供了更多空间；三轴试验机的出现使岩石破裂的研究范围由浅部地表向地壳深部延伸，增加了人们对岩石脆-延性转化、蠕变等破坏行为的理解；真三轴加载装置揭开了复杂应力状态下岩石破裂过程的神秘面纱，经过系统研究，发现中间主应力对岩石强度和变形特性的影响不可忽视，这也促使越来越多的学者开展三维强度准则的研究工作。同时，为满足爆炸冲击、地震、爆破开挖等动态加载需求，适用于不同应变率条件的动态加载设备陆续被研制成功；动载试验机、分离式霍普金森压杆、三轴和真三轴动静组合 SHPB 试验装置不断涌现，满足了各类动态加载需求。此外，考虑温度、渗流等环境的多场耦合设备也不断发展。在数值模拟方面，从连续介质到离散建模、从试样尺度到工程尺度，岩石变形与破裂分析相关软件为岩石力学基础研究和工程建设提供了重要支撑。

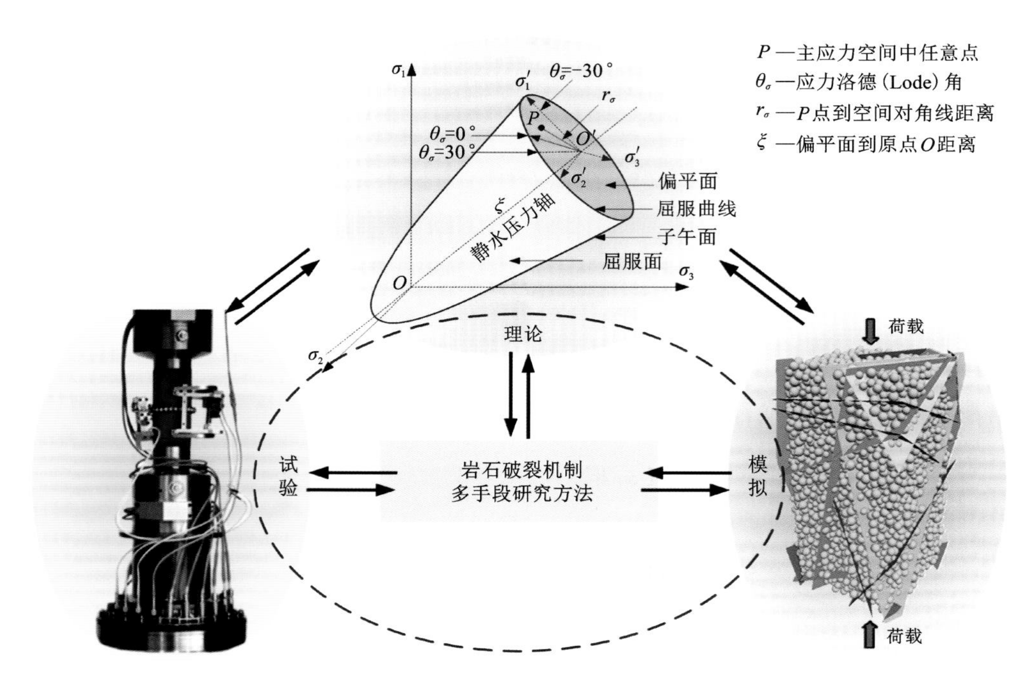

图 1-6 理论-试验-模拟多手段协同

(2)试样-工程-地震多尺度关联

岩石破裂过程和机制的研究涉及矿物尺度、试样尺度、工程尺度和地震尺度等不同尺度范畴(图 1-7)。地震过程本质上是破裂在断层面上成核、传播和终止的过程[11]，涉及断层面的摩擦、能量的积累与释放、应力波的传播等问题，是一种复杂的物理力学过程[12]。而工程尺度的研究主要服务于现场应用，如钻孔、隧道等地下空间的稳定性，采矿、压裂等领域的主动致裂。作为实验室研究的重要对象，岩石试样是众多学者用于揭示不同尺度岩石破裂机制的重要载体，部分学者也从矿物尺度上分析了岩石破裂的微观机制。Brace 和 Byerlee[13] 基于岩石试样室内试验，发现了摩擦滑动的黏滑现象，并认为该过程是地壳内发生地震的主要原因；Benson 等[14] 通过对来自埃特纳火山的玄武岩试样开展三轴压缩条件下声发射监测，发现充水孔隙和损伤带的峰后快速破坏减压诱发大量低频事件，类似于火山长周期地震活动。在理论层面，弹性回跳假说、滑动弱化准则、速率和状态摩擦准则、地震成核模型等理论研究，也加深了人们对震源物理过程的认识。作为试样尺度到工程尺度、地震尺度关联的桥梁和媒介，原位试验研究发挥了重要作用，如国内外地下原位实验室岩石力学研究、大坝基岩原位测试、百米级水力压裂试验、核废料存储试验、矿震和地震观测等开展的一系列原位试验，可对原位岩体力学行为认知、重大工程建设和防震减灾提供理论基础和科学依据。

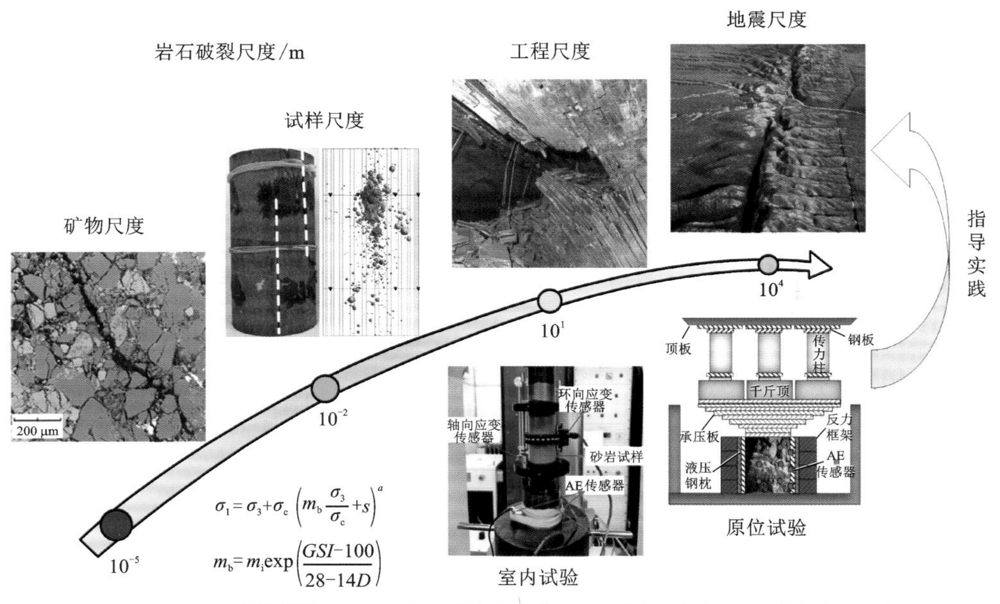

(σ_1—最大主应力；σ_3—最小主应力；σ_c—单轴抗压强度；m_b、m_i、s、a—岩石材料半经验参数；GSI—地质强度指标；D—扰动参数)

图 1-7　多尺度岩石破裂

(3) 温度-流体-应力-化学多场耦合

岩石赋存于复杂的地质环境，裂隙岩体的多场耦合问题(图 1-8)一直是岩石力学学科的前沿方向，受到众多学者的关注和重视。近 20 年，多场耦合领域研究成果的大量涌现，极大地推动了岩土工程多场耦合学科的发展，且呈现出一些新的特点：从流-固耦合逐步转向温度-流体-应力-化学全耦合，更加强调多个物理场的耦合效应；研究对象从均质多孔介质拓展到非均质多孔介质和裂隙岩体，更具代表性；从常规三轴应力-渗流试验到多场耦合宏细观试验，研究手段多样化；采用诸多新的观测技术，如 CT 扫描、电子显微镜、核磁共振和同步光源等；研究尺度扩大化，从宏观厘米尺度拓展到微纳米尺度(nm-m)和工程尺度(km)。在研究方法上，理论与试验仍然是主要手段，数值模拟方法在岩土介质多场耦合研究中占比不断提高。此外，基于岩石工程的复杂性，开挖效应和时间效应在多场耦合研究中也逐步被考虑。

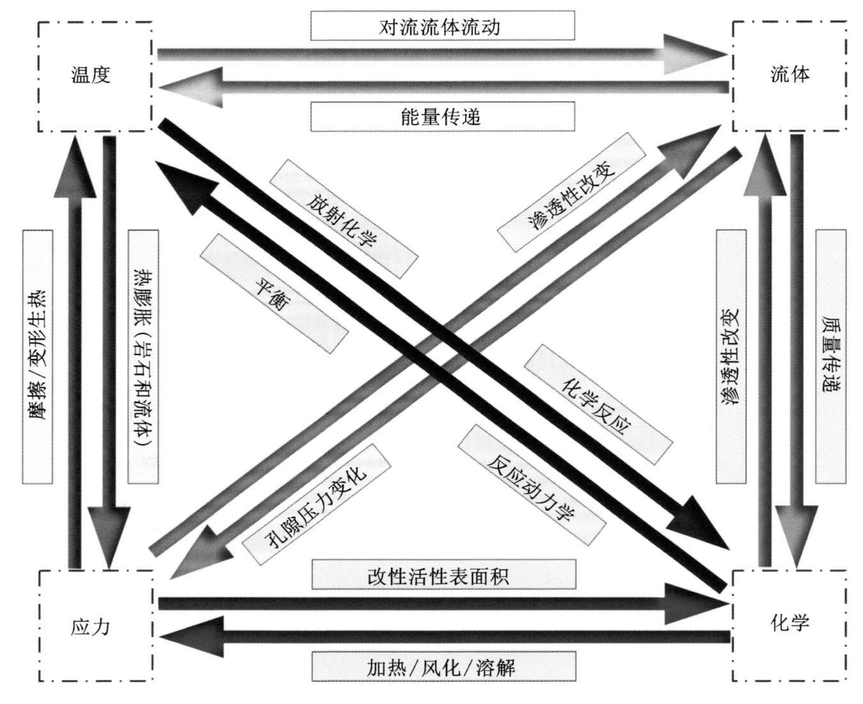

图 1-8　裂隙岩体 THMC 多场耦合

(4)数学-力学-工程多学科交叉

岩石破裂问题是岩石力学的重要发展方向，呈现出与应用数学、固体力学、流体力学、地质学、土力学等多学科相互交叉的特点，不仅涉及采矿、水利水电、土木建筑、交通、地质、石油、海洋等传统工程领域，也延伸到地热开发、非常规油气开发、核废料与二氧化碳储存等新兴工程领域。

(5)数字化-自动化-智能化赋能

复杂多变的地质赋存环境导致岩石工程存在诸多不确定因素，传统岩石力学虽取得丰硕的成果，但理论、试验、模拟和工程实践缺乏有机联系和相适应的统一分析与评价方法，往往存在滞后性。近年来，三维激光扫描、结构面图像识别与重构、随钻测量等数字化采集技术和岩石强度预测、岩爆预测、TBM 姿态矫正等智能化分析方法，成为热门的研究方向。随着对岩石介质的广泛研究，计算力学成为重要手段，数字化成为发展趋势，集数字化、自动化、智能化为一体的智能数字大模型和智慧平台建设，有望促进和服务岩石力学与岩石工程的飞速发展。

1.2.2　发展历程与成果

岩石力学发展过程中，围绕岩石破裂问题产生了一系列重要创新成果，促进了对岩石破裂机制的深入理解，以下简要介绍岩石破裂研究过程中的代表性成果。

岩石内部存在大量微裂纹、微孔隙、纹理、晶界等天然缺陷，表现出显著的非均匀性、非连续性、各向异性等复杂特征。硬脆性岩石的抗拉强度远低于固体材料理论抗拉强度，且表现出高压拉比的特点，为此，Griffith 从微观力学角度对上述现象进行了理论分析，提出了著名的 Griffith 理论。Griffith[15] 最早提出在较小的外部拉应力下，脆性材料内部的裂纹或缺陷即可产生明显的应力集中，并因此引起裂纹不稳定扩展，导致材料完全破坏(图 1-9)。随后，Griffith[16] 将该理论由拉应力状态扩展为压应力状态，研究发现，即使在压应力状态下，裂纹周围也可能出现很高的拉应力，同样可以导致裂纹的不稳定扩展。在压应力条件下，二维 Griffith 准则可以表示为

$$(\sigma_1-\sigma_3)^2-8\sigma_t(\sigma_1+\sigma_3)=0 \tag{1-1}$$

式中：σ_1 为最大主应力；σ_3 为最小主应力；σ_t 为抗拉强度。

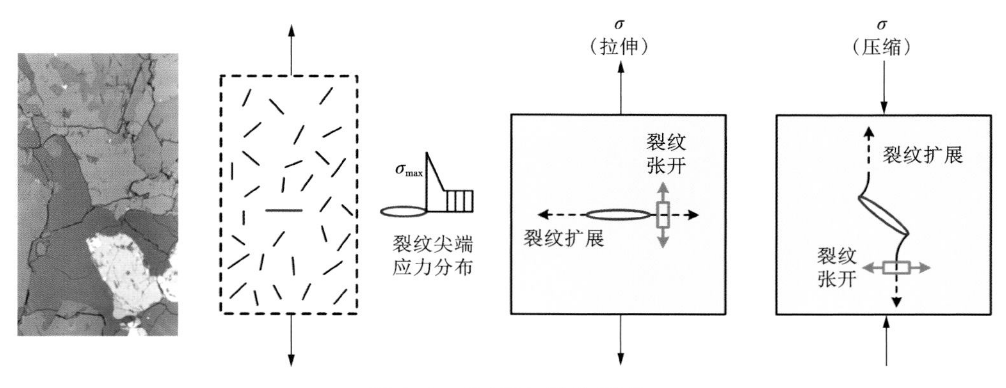

图 1-9　Griffith 理论模型

对于单轴压缩条件，$\sigma_3=0$，单轴抗压强度 $\sigma_c=8\sigma_t$，即单轴抗压强度约为抗拉强度的 8 倍。

Griffith 准则仅仅描述了张拉裂纹扩展的情况，对裂纹闭合和抗剪强度的解释及宏观破裂的预测还不全面，但 Griffith 从微观力学角度对岩石脆性破坏现象进行的理论分析，属于脆性岩石材料微破裂过程研究的开创性工作，此外，Griffith 能量平衡理论奠定了断裂力学研究的基础。1957 年，Irwin[17] 指出能量观点相当于一种应力强度观点，当表示裂纹尖端应力场强弱度的应力强度因子达到其临界值时，裂纹便会失稳扩展，进而提出应力强度因子的概念，已成为断裂韧度和线弹性断裂力学的基础。

1958 年，Hoek 开始研究南非深部金矿中的脆性岩石破裂问题，并在 1968 年研发了岩石力学三轴测试装置(Hoek Cell)，通过大量室内和原位试验，与 Brown 共同提出著名的 Hoek-Brown 岩体强度准则[18]，并引入地质强度指标 GSI，已被广泛应用于岩体工程稳定性分析。Hoek 在岩石力学领域的贡献不仅体现在理论研究上，更体现在实际工程应用中，其学术思想和成果影响深远。

1962 年，Müller 教授首次明确了国际岩石力学学会的工作目标是探索“什么是岩体强度”，该目标也成为了岩石力学学科永恒的科学话题。岩体强度与岩石内的裂隙、缺陷等密切相关，岩石微结构和破裂过程的复杂性导致该问题至今仍未得到有效解答。

岩石内部微裂纹的萌生和扩展不仅决定岩石强度，而且也直接影响着岩石破裂过程中的变形特性。Brace 等率先将 Griffith 理论应用于岩石的脆性破裂，提出了裂纹滑动模型，用岩石内部存在的微裂纹定量解释了岩石的力学、热学和电学性质。在差应力作用下，岩石会发生变形，其体积的非弹性增加称为岩石的膨胀(Dilatancy)，Bridgeman 最早对岩石的膨胀进行了测量，但各种岩石在围压下膨胀的细致研究则是 Brace 等[19] 在 1966 年完成的，Brace 首先发现在高围压条件下，岩石破坏之前会发生膨胀现象，在岩石接近宏观破坏前，膨胀在岩石内部并非均匀发生，而是集中在局部区域，这个特点几乎是所有岩石膨胀的共同特征，即膨胀的局部化现象。

Brace 等[19] 通过开展花岗岩、大理岩和细晶岩的单轴压缩和常规三轴压缩试验，根据轴向应力与体积应变曲线，将岩石峰前脆性破裂过程划分为 4 个阶段：(Ⅰ)裂纹压密阶段；(Ⅱ)线弹性阶段；(Ⅲ)体积扩容阶段；(Ⅳ)宏观破裂形成阶段。其中，阶段Ⅰ为初始加载阶段，岩石内部微裂纹或微孔隙在压应力作用下压密闭合，该阶段取决于初始状态下岩石内部的微裂纹分布及其形态，通常该阶段的轴向应力-应变曲线表现出强烈的非线性特征，体积变形相应减少，表明岩石正处于压缩状态；阶段Ⅱ表现出近似的线弹性特征，轴向应变和体积应变均表现为线性，表明岩石内部微裂纹已闭合且仍处于压缩状态，该阶段可用于确定岩石的弹性模量和泊松比等宏观力学参数；随着差应力继续增大，阶段Ⅲ的体积应变曲线逐渐开始偏离直线段，岩石体积变形开始增大，出现扩容现象。Scholz[20]利用声发射技术首次发现，声发射事件出现在扩容的初期，且事件率与岩石扩容的速率成正比；在将声发射事件进行定位后，Scholz[21]发现，当施加的应力逐渐趋近峰值时，声发射事件逐渐聚集于最终宏观破裂面附近。

Martin[22]基于Lac du Bonnet花岗岩室内单轴压缩试验，将Brace等[19]提出的阶段Ⅲ进一步细分为裂纹稳定扩展阶段和裂纹不稳定扩展阶段，如图1-10所示。裂纹稳定扩展阶段产生的裂纹可认为是稳定的，因为需要不断增加荷载才能使裂纹继续增加；而当岩石试样处于裂纹不稳定扩展阶段时，在不增加荷载的情况下，裂纹仍能继续扩展，因此可认为裂纹处于不稳定状态。Eberhardt等[23]发现，声发射事件累计数在这一阶段急剧增多，进一步证明了裂纹不稳定扩展的结论。脆性破裂各个阶段可以通过确定图1-10所示的应力阈值来划分，其中，σ_{cc}、σ_{ci}、σ_{cd}和σ_{p}分别表示裂纹闭合应力、起裂应力、损伤应力和峰值应力。

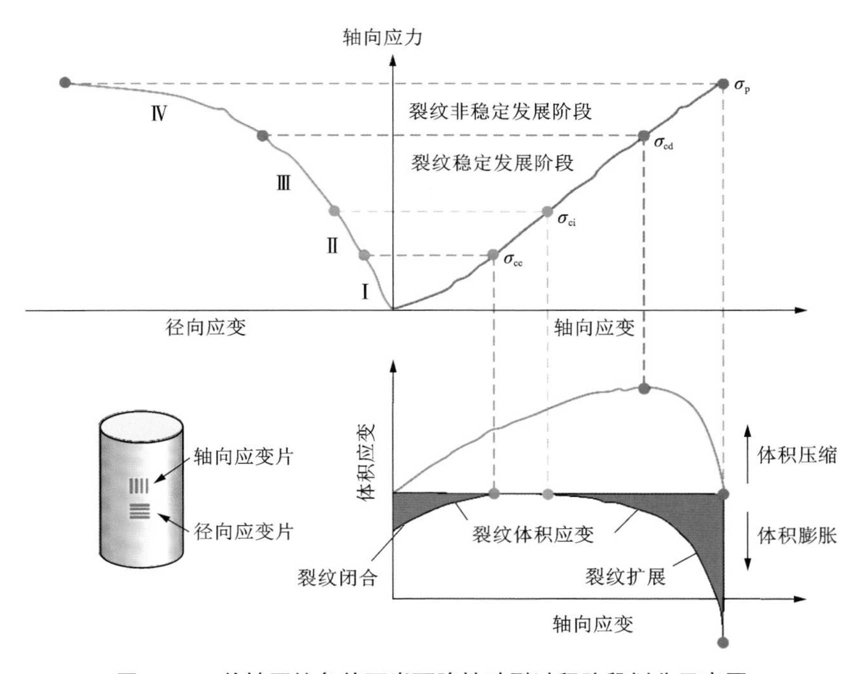

图1-10 单轴压缩条件下岩石脆性破裂过程阶段划分示意图

岩石脆性破裂过程峰前阶段的研究取得了丰硕成果，但由于加载设备的局限性及控制方式的不合理，大多研究无法获得岩石的全应力-应变曲线，因此常常忽略了岩石试样峰后破裂行为。得益于刚性试验机的成功研制，Cook等[24, 25]学者成功获得了一些软弱岩石的全应力-应变曲线，但针对某些硬岩(如花岗岩)，人们仍无法有效研究其峰后力学行为。

Wawersik 和 Fairhurst[26]根据岩石的峰后曲线特征，将岩石峰后力学行为分为两类：Class Ⅰ(Ⅰ型)和 Class Ⅱ(Ⅱ型)。Ⅰ型曲线指岩石峰后裂纹扩展过程是稳定的，岩石试样中储存的应变能不足以维持裂纹继续扩展直至试样破坏，只有外力继续对试样做功，才能使岩石进一步破裂；而Ⅱ型曲线裂纹扩展过程是不稳定或自持的，在荷载达到峰值后，岩石试样中储存的应变能足以维持裂纹扩展直至试样几乎丧失所有强度，出现非可控变形破坏。硬脆性岩石峰后曲线表现出两类完全不同的特征，但也有一些学者对此提出不同的看法。Cai 等[27, 28]研制了一种新型刚性试验机，认为横向应变控制条件下得到的峰后Ⅱ型曲线不是脆性岩石的真实属性，而是伺服控制系统驱动的作动器卸载造成的错觉，将脆性岩石分为Ⅰ类和Ⅱ类有待商榷，这也是岩石力学界亟需解决的一个争论。

自 20 世纪 60 年代以来，Mogi 系统开展了大量岩石断裂试验，在实验岩石力学方面做出了突出贡献，揭示了微裂纹在即将发生宏观破坏的平面上自发聚集的现象；成功研制了世界上第一台岩石真三轴试验装置，并详细讨论了中间主应力对多种岩石力学特性的影响[29]，也为我国真三轴试验装置的成功研发和飞速发展提供了宝贵经验。

在岩石破裂机制研究中，声发射监测为理解微裂纹的行为提供了可能。Lockner 等[30]采用声发射率作为反馈信号，开创性地研究了常规三轴压缩条件下花岗岩峰后准静态破裂行为。如图 1-11(a)所示，通过伺服系统不断调整轴向应

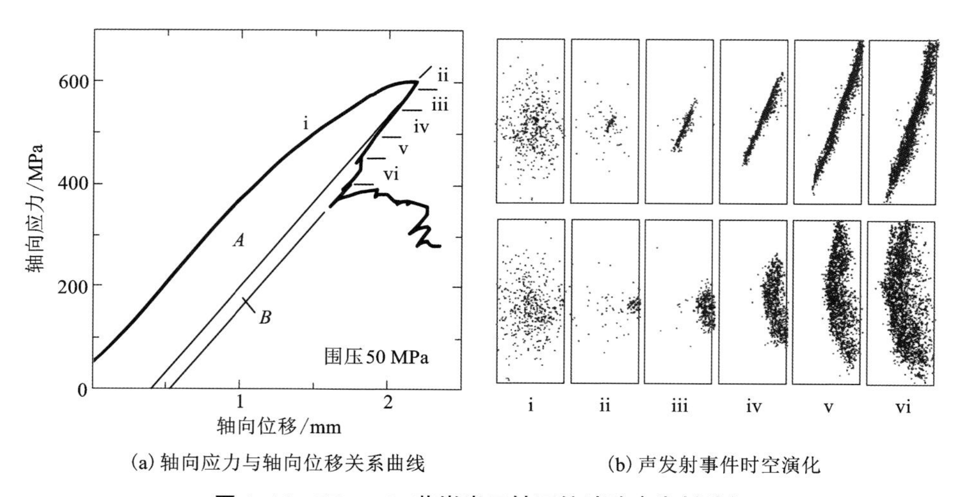

(a) 轴向应力与轴向位移关系曲线　　(b) 声发射事件时空演化

图 1-11　Westerly 花岗岩三轴压缩试验声发射特征

力和变形，保持恒定的声发射事件率，成功实现了试样峰后的准静态脆性破裂过程；图 1-11(b)为图 1-11(a)中各阶段的声发射事件空间分布演化，其中阶段 i 对应峰前扩容阶段，声发射事件较为均匀地分布在试样内部；阶段 ii 对应峰后起始区域，声发射事件逐渐聚集在试样表面，与分叉理论[31]的预测结果及利用三维数字图像相关技术(DIC)观测的应变局部化[32]结果一致；阶段 iii 至阶段 vi 则是典型的Ⅱ型曲线，对应裂纹准静态扩展的全过程；阶段 vi 后，花岗岩试样内部形成贯通的宏观破裂面，试样进入摩擦滑动状态。

除了室内试验，数值模拟技术的发展也促进了对岩石破裂过程的认识。值得一提的是，1971 年 Cundall[33]基于分子动力学原理提出离散单元法，为 DEM 方法的发展奠定了基础，其开发的岩石力学创新计算程序对理解岩石细微观变形和破坏过程意义重大。

岩石裂纹起裂、扩展模式的准确判别是岩石破裂机制研究的基础，Einstein 和 Wong[34, 35]等通过高速摄像、扫描电子显微镜(Scanning Electron Microscope, SEM)等手段系统研究了预制裂隙岩石的裂纹扩展机制，张晓平和吴顺川等通过声发射监测和数值模拟构建了裂纹扩展机制的精细判别方法，进一步补充和阐释了岩石裂纹扩展过程中微裂纹性质与宏观裂纹类型之间的内在联系。如图 1-12 所示，基于国内外学者对裂纹扩展过程的系统研究，可将裂纹类型划分为 7 种，裂纹贯通模式划分为 9 类。

随着岩石破裂机制基础研究用于指导破裂监测和现场应用等多尺度、多场景的需求日益增加，采用多种研究手段对岩石微破裂过程进行联合表征和解译尤为迫切。加拿大多伦多大学 Young 创建了世界首个集成力学试验、声发射信号采集与可视化、数值模拟及破裂机制模拟分析等技术环节为一体的岩石力学综合研究实验室，首创并主持研发了微震分析与高级解译软硬件平台(InSite)，创建了岩体破裂分析方法[36-39]，如图 1-13 所示，增加了对岩石断裂成核、聚结和扩展过程的理解，其开发的岩石破裂监测和解译等技术在采矿、石油和核废料处置等行业的诱发地震研究领域得到了广泛应用。ITASCA 公司也推出了采矿分析工具 IMAT，由 FLAC3D 驱动，将数值模拟与先进的地震分析完美结合，不仅提高了采矿模拟的准确性，还为地震行为解译提供宝贵见解。

岩石破裂机制的研究虽然仅有半个多世纪，但一直与岩石工程实践相辅相成。国内外学者在上述一系列开创性工作的基础上，不断守正创新，取得了丰硕成果，不仅深化了对岩石破裂过程的理解和认识，也解决了诸多岩石破裂相关的工程难题。

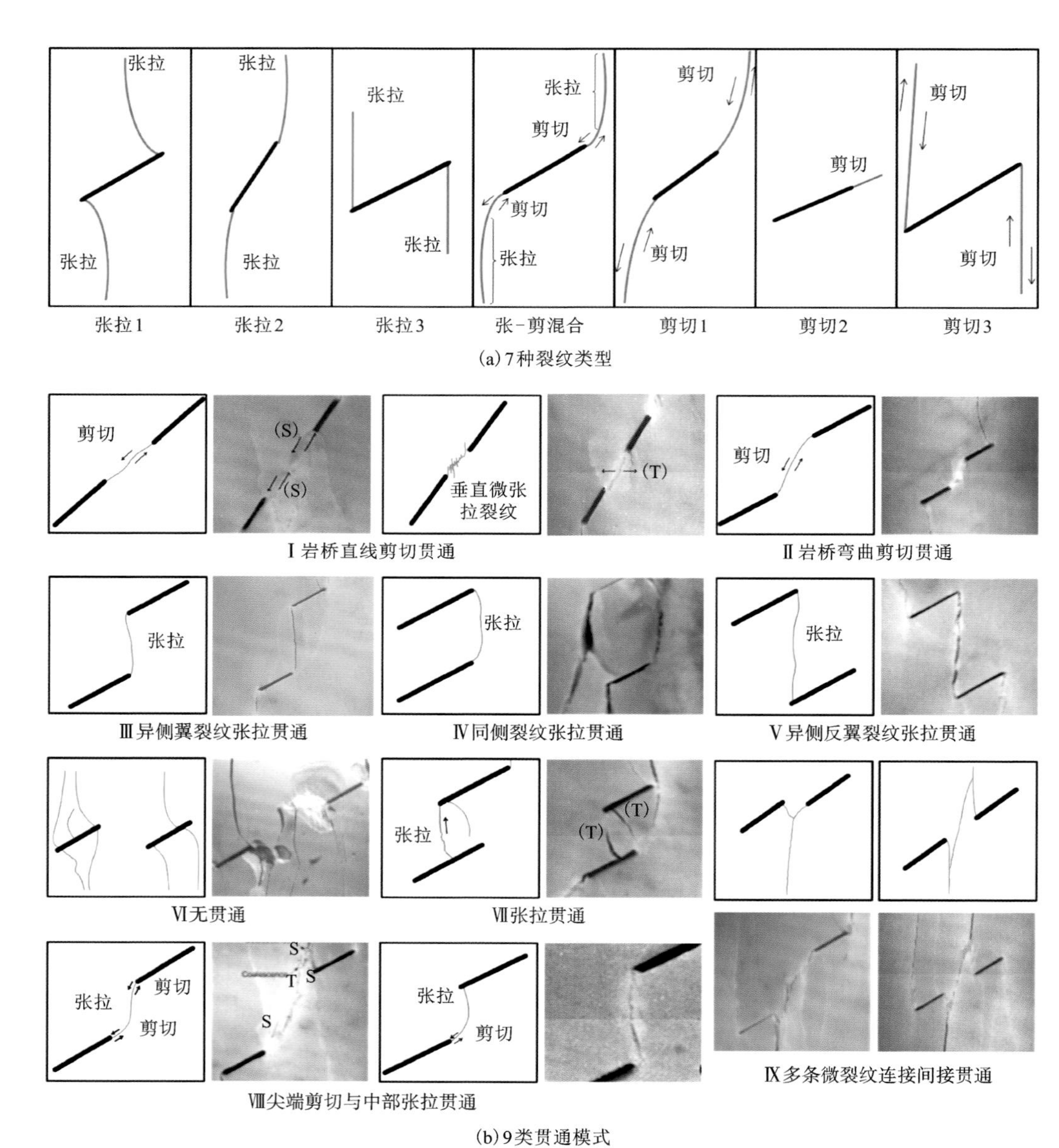

(a)7种裂纹类型

Ⅰ岩桥直线剪切贯通

Ⅱ岩桥弯曲剪切贯通

Ⅲ异侧翼裂纹张拉贯通

Ⅳ同侧裂纹张拉贯通

Ⅴ异侧反翼裂纹张拉贯通

Ⅵ无贯通

Ⅶ张拉贯通

Ⅷ尖端剪切与中部张拉贯通

Ⅸ多条微裂纹连接间接贯通

(b)9类贯通模式

图 1-12　岩石破裂的裂纹类型和贯通模式

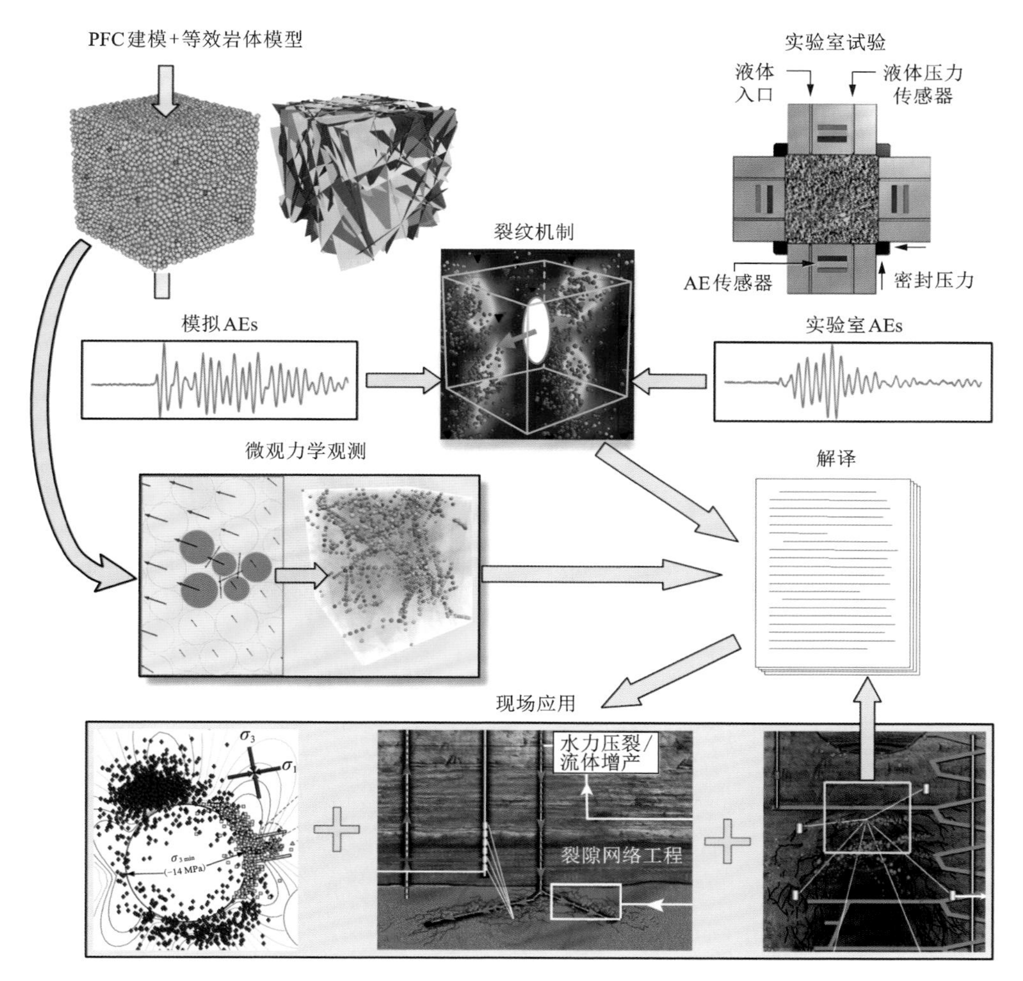

图 1-13 岩体破裂分析方法

1.3 不同应力状态下岩石脆性破裂特征

岩石的脆性破坏特征与所处的应力环境密切相关，不同应力状态下岩石脆性破坏特征明显不同。早在1960年，Griggs 和 Handin[40]给出了岩石的两种典型脆性断裂破坏模式：剪切断裂和拉伸断裂；Hoek 等学者[24, 41, 42]针对硬脆性岩石物理力学特性开展了大量试验和理论研究工作，进一步加深了对硬脆性岩石破坏机制和变形强度特征的认识。岩石破裂的基本类型和试验常用加载方式如图1-14所示。

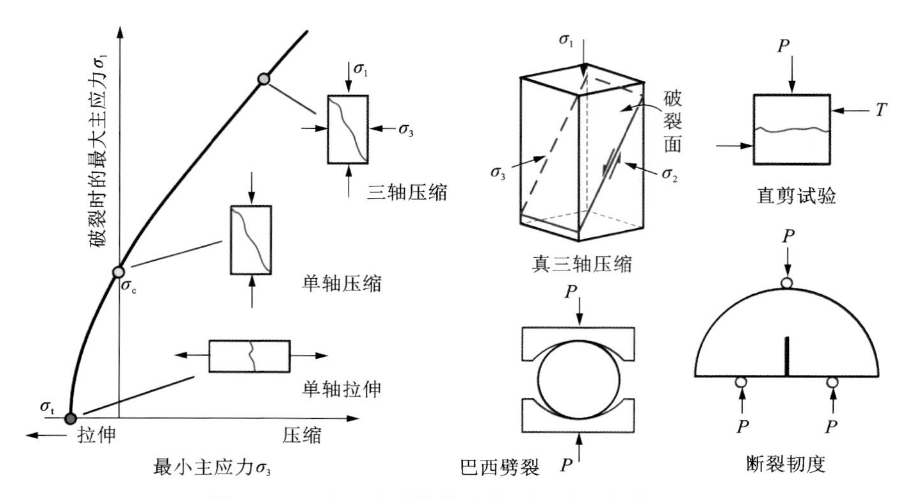

图 1-14　岩石破裂的基本类型和常用加载方式

深部岩体工程中拉应力普遍存在于地下开挖空间周边，由于岩石的抗拉强度远低于抗压强度和剪切强度，拉应力诱导产生的脆性破坏成为深部岩体工程中常见的破坏现象。在岩石拉伸破坏特性研究中，直接拉伸试验被认为是最简单、最有效的岩石抗拉强度测试方法，但因试样制备和试样端部固定较为困难而应用较少；巴西劈裂试验因其试样制备简单、加载设备与压缩试验相同等优点，得到了广泛应用，并成为国际岩石力学与岩石工程学会(International Society for Rock Mechanics and Rock Engineering，ISRM)建议的抗拉强度测试方法之一，但巴西劈裂的 3 个基本假设通常无法真正满足，导致测得的抗拉强度与真实值存在差异。

李地元等[43]讨论了不同破坏准则下圆盘裂纹起裂点的变化及剪切破坏和拉伸破坏之间破坏模式的转变，如图 1-15 所示。余贤斌等[44]利用声发射事件累计数对砂岩和石灰岩在直接拉伸、巴西劈裂和单轴压缩下的差异进行分析。李天一等[45]探究了北山花岗岩在拉伸应力状态下的声发射能量、事件计数及空间分布等声发射特征。杨志鹏等[46]研究了页岩横观各向同性对抗拉强度及破坏模式的影响，并结合分形理论与声发射空间定位技术对破裂形态进行了探讨。刘波等[47]研究了冻结岩石在劈裂过程中的声发射特性，揭示了冻结泥岩内部裂隙孕育发展过程。Young 团队[48]在 1990 年左右采用声发射监测和超声波层析成像技术系统研究了 Lac du Bonnet 花岗岩大尺寸圆盘(直径 $D=18$ cm、厚度 $t=5$ cm)的巴西劈裂过程，揭示了花岗岩劈裂过程中声发射事件的时空演化、震源机制、P 波速度场演化及弹性波衰减等性质。

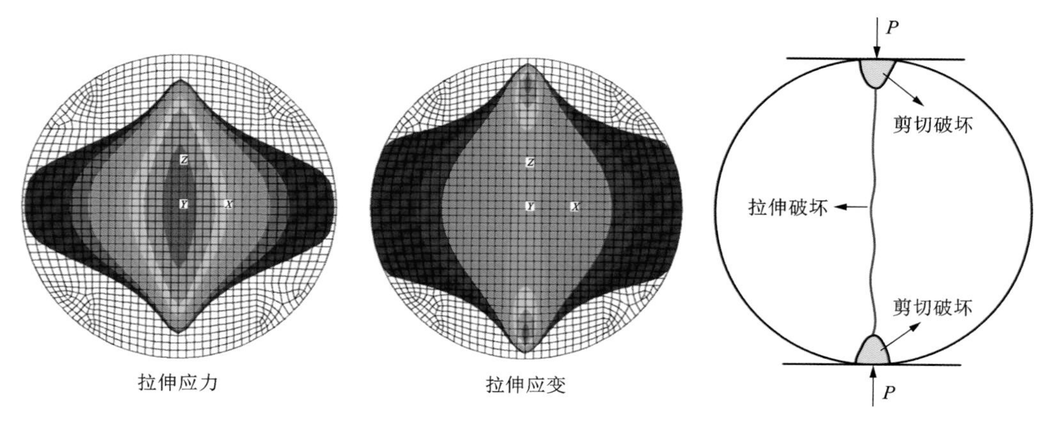

图1-15 巴西劈裂圆盘拉伸应力、应变分布及破坏模式转变

相对于拉伸应力状态，压缩条件下岩石脆性破裂机制的研究成果更为丰富。众多学者对岩石在压缩条件下的脆性破裂过程展开了深入研究，揭示了岩石的脆性破裂伴随着内部微裂纹的闭合、萌生、扩展及相互贯通过程。

在单轴压缩试验方面：秦四清等[49-51]发现声发射与材料的力学性质及应力状态有关，声发射率主要受裂纹扩展速率控制；赵兴东等[52]利用声发射及其定位系统，研究了单轴压缩荷载作用下岩石裂纹的动态演化过程，发现声发射活动可以反映岩石内部应力场的演化；李庶林等[53]发现单轴加载弹性阶段初期，随应力增加，声发射事件率增加，加载至高应力阶段，声发射事件率迅速增长，接近峰值荷载时，声发射事件率明显下降，出现相对平静期。

在常规三轴压缩试验方面：Lei 等[54]通过声发射监测三轴压缩条件下角闪石片岩的准静态剪切破裂，发现在宏观剪切破裂面的成核过程中包含两个不同的过程，揭示了其扩展过程中微裂纹机制的转变；Young 等[55]通过声发射空间定位对岩石内部初始裂纹扩展、摩擦滑动等声发射事件产生的内在机制进行了研究；Shiotani 等[56]认为岩石材料具有脆性，由微观到宏观断裂的变形通常是瞬态现象，利用声发射技术可用于预测最终的岩石破坏；Thompson 等[57]开展了 Westerly 花岗岩的常规三轴试验，通过声发射监测，对比研究了加载控制方式对花岗岩脆性破裂的影响，获得裂纹成核、稳定扩展及不稳定扩展的速度；Brantut[58]使用层析成像与声发射技术相结合，得到了岩石破坏过程中的真实非均质速度场，并基于非均质速度定位提高了声发射震源定位精度；Goodfellow 等[59]借助三轴地球物理成像设备开展了一系列实验室水力压裂试验，监测花岗岩试样水力压裂过程中的流体压力、地震活动性、裂缝张开度和裂缝表面积，量化了注入能量的分配比例，如图 1-16 所示，通过 μCT 断层扫描、声发射(Acoustic Emission, AE)事件定位、XSite 数值模拟对比分析，发现这 3 种技术对水力压裂过程中的岩石破裂表征具有显著的一致性。

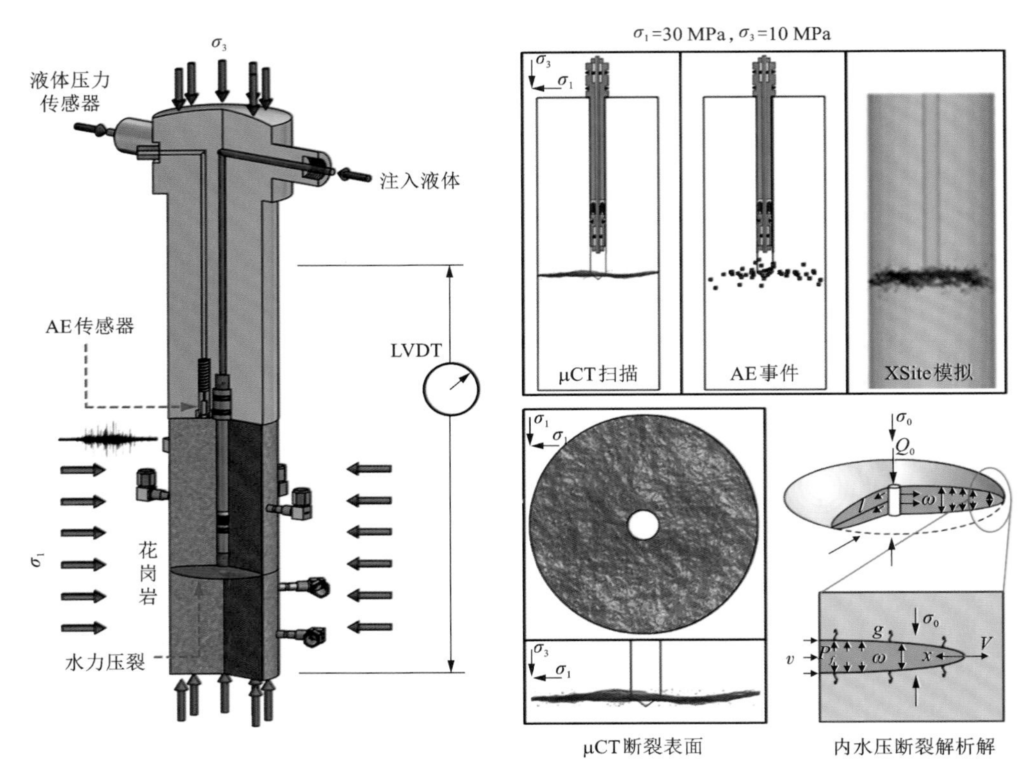

图 1-16　室内水力压裂试验与破裂监测

自从 Murrell[60] 通过常规三轴压缩试验和常规三轴拉伸试验发现莫尔包络线存在显著差异以来，岩石在真三轴应力状态下的强度与变形特性受到了广泛关注。

Mogi 基于 Mizuho 粗面岩、Inada 花岗岩和 Yamaguchi 大理岩的真三轴试验，发现最小主应力(σ_3)方向的侧向应变(ε_3)总是大于中间主应力(σ_2)方向的侧向应变(ε_2)，当 σ_2 从 σ_3 增大至 σ_1 过程中，侧向应变 ε_2 的膨胀程度逐渐被抑制直至试样的扩容行为完全由 ε_3 承担，这一现象称作各向异性扩容(Anisotropic Dilatancy)，其本质为应力诱导产生的垂直于 σ_3 方向的张拉微裂纹；Takahashi 和 Koide[61] 基于 Shirahama 砂岩的真三轴试验，亦验证了中间主应力对岩石扩容行为的影响，同时发现，岩石的扩容起始应力(起裂应力 σ_{ci})随中间主应力的增大而增大，而体积应变的膨胀程度则呈现降低趋势。

东京大学、多伦多大学、威斯康辛大学[62]研制的真三轴试验系统在岩石真三轴力学特性研究领域发挥了重要作用，揭示了多种岩石在真三轴应力状态下的强度与宏微观变形特性。国内众多科研院所陆续研制并应用真三轴试验机进行岩石真三轴试验研究，为我国岩石力学的发展做出了突出贡献。尹光志等[63, 64]利用自制的岩石真三轴装置较早研究了中间主应力对岩石强度和变形特性的影响；许东俊等[65]设计研制了中国科学院武汉岩土力学研究所第一代真三轴试验机（RT3型岩石高压真三轴试验机），Shi等[66]在此基础上进一步研发了新一代茂木式真三轴试验机；冯夏庭等[67, 68]自主研发了硬岩高压真三轴应力应变全过程测试装置和硬岩高压真三轴时效破裂过程测试装置，对硬岩真三轴加卸载力学行为开展了系统研究；何满潮等[69]研发的高压伺服真三轴岩爆试验装置，可实现水平方向多面快速卸荷，为应变型岩爆机理研究提供了试验支撑。

真三轴荷载条件下岩石破裂声发射特性的系统研究仍不够深入，King等[70]应用与时间无关的矩张量反演技术研究了真三轴应力状态下裂纹传播的微观力学特性，揭示了应力状态对裂纹萌生、发育、扩展及相互贯通过程的影响；Young等[71-73]在真三轴试验过程中使用声发射、主动超声、CT扫描等技术，研究了砂岩损伤过程中P波速度衰减特性，成功追踪了岩石试样内部裂纹正交扩展传播的轨迹，如图1-17所示，发现主被动超声与CT扫描技术能有效揭示岩石微破裂发展过程。

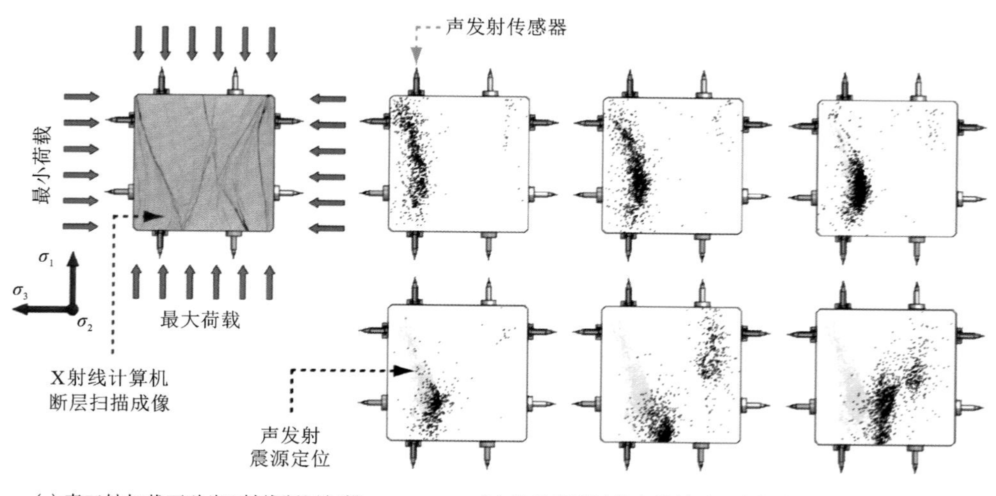

(a) 真三轴加载下砂岩X射线断层扫描　　(b) 峰后破裂过程声发射震源定位演化

图1-17　岩石真三轴破裂微裂纹时空演化特征

岩石剪切荷载作用下的破裂特征主要通过直接剪切试验和三轴剪切试验开展

研究。周辉等[74-76]对3种不规则锯齿形结构面的模型进行直接剪切试验和声发射监测，研究了结构面起伏高度、剪切速率和法向应力等因素对结构面强度特征、破坏机制和声发射特征的影响；Meng等[77, 78]通过分析不同起伏高度、剪切速率和法向应力下结构面强度特性和破坏机制，探究了声发射 b 值变化与结构面处应力降及断层滑动型岩爆之间的关系，并进一步讨论了岩石类型、岩体微观结构、法向应力大小、接触面粗糙度及填充物等因素对剪切特性的影响；Goebel等[79-81]通过室内三轴剪切试验研究了结构面粗糙度与声发射事件密度、b 值的关系，发现不同尺度的断层间地震活动与断层粗糙度之间均存在联系，且室内试验的声发射事件表现出与自然地震事件相似的模式；Kwiatek等[82]通过室内三轴剪切试验研究了结构面滑动过程中矩张量和 b 值的变化规律，得出声发射特征变化与断层形状、粗糙度明显相关。

岩石在不同应力状态下的破裂模式与岩石内部裂纹尖端的应力场和位移场密切相关。依据裂纹表面位移和裂纹尖端荷载与裂纹前缘的相对关系，可将基本的断裂模式分为3类：Ⅰ型即张开型，裂纹面上质点位移与裂纹面垂直；Ⅱ型即滑开型，质点位移平行于裂纹面，但与裂纹前缘相垂直；Ⅲ型即撕开型，质点位移平行于裂纹面，且与裂纹前缘相平行。岩石的断裂破坏主要是由裂纹尖端材料的应力状态决定的，虽然目前已经出现了多种宏观级别的断裂准则，在一定程度上诠释了宏观尺度的脆性材料断裂行为，但这些理论仍然不能准确描述裂纹扩展的机理、预测裂纹扩展行为，预测结果与真实的断裂行为仍然存在较大误差。

国内外学者对各类岩石材料的断裂韧度和裂纹扩展特征开展了大量试验和模拟研究，尤其是借助声发射和DIC等技术手段，进一步加深了对岩石断裂特性的理解。Zietlow和Labuz[83]用声发射事件定位来确定断裂过程区尺寸，认为90%的声发射事件均分布在过程区内；Fakhimi和Tarokh[84]通过颗粒流离散元研究Ⅰ型张拉断裂过程区尺寸效应，发现随着试样尺寸增大，过程区也增大但逐渐趋向于某定值；Bažant等[85]通过等效裂纹模型给出了著名的Bažant尺寸效应公式；Lin和Labuz[86]、王笑然等[87]通过试验研究了煤岩裂纹扩展过程中断裂过程区尺寸、无应力约束裂纹长度、等效裂纹长度、临界张开量等断裂力学相关参数的动态变化规律。

1.4 岩石脆性破裂过程研究方法

1.4.1 岩石破裂过程试验方法与监测技术

岩石力学试验是研究岩石破裂过程的重要手段，主要包括室内试验、数值模拟试验、模型试验及原位试验等，其目的主要是揭示岩石的破裂机制，验证与丰富岩石力学理论，同时为岩石变形、破裂和稳定性分析计算提供必要的物理力学参数。

常规室内岩石力学试验主要包括直接拉伸试验、巴西劈裂试验、单轴压缩试验、三轴压缩试验、直接剪切试验、断裂韧度试验等，通过记录岩石在不同应力状态下的应力-应变曲线，观察岩石试样的破坏形态和破裂特征，对岩石的强度和变形特征开展研究。为满足不同的加载需求，衍生出准静态加载、循环加卸载、动静组合加载、蠕变加载等多种加载方式，直接推动了相关加载试验设备的研制和发展。由于岩石的强度和变形特征受到岩石种类、应力路径、试样尺寸、端部摩擦、加载速率、温度、围压等诸多因素的影响，国内外学者对岩石破裂开展了广泛的测试。传统的试验方法和观测手段虽然能够获得岩石的宏观物理力学参数，但无法深入观察和认识岩石内部的微破裂演化过程，难以揭示岩石的细微观机制和破裂本质。

由于岩石力学试验往往是破坏性测试，且难以重复，大尺寸高强度岩石试样加载能力不足，不同地区的岩石样品存在显著差异，且难以在岩石试样内部制备裂隙、缺陷、孔洞结构等诸多原因，越来越多的学者通过制备类岩石材料试样，开展相似模型试验、节理岩体力学行为研究等工作，并逐渐成为不可或缺的研究手段和方法。

岩石变形破坏的表征与监测一直是岩石力学研究中极具挑战性的方向，全面有效的分析有助于更好地理解岩石的变形行为、优化工程设计、评估岩石的稳定性乃至预测地质灾害。为更加清晰、直观地表征岩石在不同应力状态内部结构的细微观变化，特别是微裂纹在荷载下萌生、扩展和贯通的演化过程，国内外学者提出了一系列新的表征技术和方法，其中，声发射（AE）技术是通过监测试样内部裂纹形成时产生的弹性波，获取波形信息，进一步反演裂纹成核的空间位置、尺寸、破裂类型等时空演化信息；数字图像相关（Digital Image Correlation，DIC）技术是基于高速高分辨率相机与图像处理技术，比较不同时刻岩石试样的散斑图像实现试样表面位移和变形的测量，并提供高分辨率全场应变信息；核磁共振（Nuclear Magnetic Resonance，NMR）技术可用于研究岩石中的孔隙结构和流体分布，分析试样内部的变形和裂隙特征；扫描电子显微镜（SEM）利用聚焦的高能电子束扫描样品，通过光束与物质间的相互作用，激发各种物理信息，生成高分辨率图像，可用于观察岩石试样的微观结构和裂纹扩展，分析裂纹的形态和扩展机制；计算机断层扫描（Computed Tomography，CT）技术是通过 X 射线扫描，获取试样内部的三维结构信息，包括裂缝、孔隙及其密度分布。

通过多种技术进行联合监测和表征，正发展成为岩石力学试验研究的主要手段，为掌握岩石内部损伤破裂信息和揭示细微观破裂机制提供了重要的技术支持。

1.4.2 岩石破裂数值模拟与细观分析方法

岩石材料因其本身具有非均质、非连续、非线性等特点，为岩石破裂过程的研究带来巨大挑战，岩石力学数值分析方法已成为研究岩石变形与破裂行为的有效手段之一。

目前常用的岩石力学数值分析方法主要包括有限单元法、有限差分法、无单元伽辽金法、离散单元法、连续-非连续单元法和数值流形法等。其中，前3种方法为基于连续介质力学的方法，离散单元法为基于非连续介质力学的方法，而后两种方法兼具这两大类方法的特点。连续介质分析方法具有计算效率高、可构建复杂模型等优点，但也存在诸多缺陷，如不能反映岩土材料细微观结构之间的复杂相互作用，难以再现岩土材料非连续介质的破裂孕育演化过程。在这一背景下，基于离散元理论开发的UDEC、3DEC和PFC等软件为岩石及类岩石材料力学行为的基础理论研究(破裂机制与演化规律、颗粒类材料动力响应等)和工程应用研究(地下灾变机制、堆石料特性、矿山崩落开采、边坡岩土解体、爆破冲击等)提供了有效手段。同时，为适应不同尺度的岩石破裂问题模拟，诞生了PFC-FLAC耦合技术、等效岩体技术等一些极具特色的成果。值得一提的是，为充分利用有限元法和离散元法各自的优点，Munjiza[88]最早提出有限元-离散元耦合方法(FDEM)并构建了完整的理论体系，该方法在模拟连续介质向非连续介质转化以及非连续介质进一步演化方面具有广阔的应用前景。

岩石脆性破坏过程伴随着大量微裂隙的萌生、扩展和贯通，基于非连续介质力学发展的颗粒离散元法是较为有效的岩石破裂过程细观模拟分析方法。颗粒离散元是通过定义颗粒之间的接触作用来影响颗粒集合体的宏观力学性质，接触模型定义了颗粒之间的相对位移与接触力之间的关系，通过选择合适的接触模型，可再现岩石复杂的破裂过程。2004年，Potyondy等[89]将平行黏结接触引入颗粒离散元方法，提出黏结颗粒模型(BPM)，开创了脆性岩石模拟分析的新纪元，随后，通过在BPM接触上增加时间效应[90]，再现了脆性岩石的应力腐蚀效应；然而，BPM模型在脆性岩石模拟上存在3个固有问题，即：压拉比过小、摩擦角偏小和强度包络线呈线性。2007年，Cho等[91]提出簇颗粒模型，增加了颗粒互锁效应，提高了压拉比和摩擦角，但改进程度有限且岩石峰后仍呈延性；2010年，Potyondy[92]综合BPM模型和UDEC软件特点，提出的晶粒模型(GBM)有效改善了3个固有问题，但该方法仅适用于二维分析；吴顺川等[93]分析了产生3个固有问题的根本原因，并通过引入平节理模型(FJM)，较好地解决了前述3个固有问题。

目前，基于颗粒离散元的细观模拟分析方法已成功应用于各类岩石材料脆性破裂行为的细观表征。近年来，考虑岩石非均质性和各向异性的破裂过程模拟逐渐成为研究的热点，取得了丰硕成果，加深了对复杂岩石破裂行为的认识和理解。

1.5　本书主要内容

岩石脆性破坏现象各异，但其本质均与岩石内的微破裂密切相关。在研究岩石破裂机制的过程中，催生了诸多理论、试验、模拟方法与技术，并不断发展和完善，产生了一系列代表性成果，揭示了不同应力状态下岩石的脆性破坏特征。因此，完整岩石和裂隙岩石在不同应力状态下的细微观破裂行为分析是深入研究岩石破裂过程和机制的关键。

本书从脆性岩石破裂的基本力学特征、细观模拟方法、试验监测技术等角度出发，依托脆性岩石在不同应力状态下的破坏与断裂特征，借助声发射、数字图像相关、扫描电镜、PFC 模拟等诸多监测与表征手段，系统深入地介绍了脆性岩石破裂机制的研究成果，如图 1-18 所示，主要内容包括：第 1 章绪论，叙述了岩石脆性破坏的现象与本质、破裂机制研究方法与进展；第 2 至第 4 章为岩石破裂基础知识与研究方法，包括岩石基本力学特征、岩石细观模拟方法和室内试验监测方法；第 5 至第 7 章为硬/脆性岩石在拉伸、压缩和剪切条件下的破坏与变形特征；第 8 章为硬/脆性岩石断裂韧度试验；第 9 章为裂隙岩石脆性破裂机制研究。

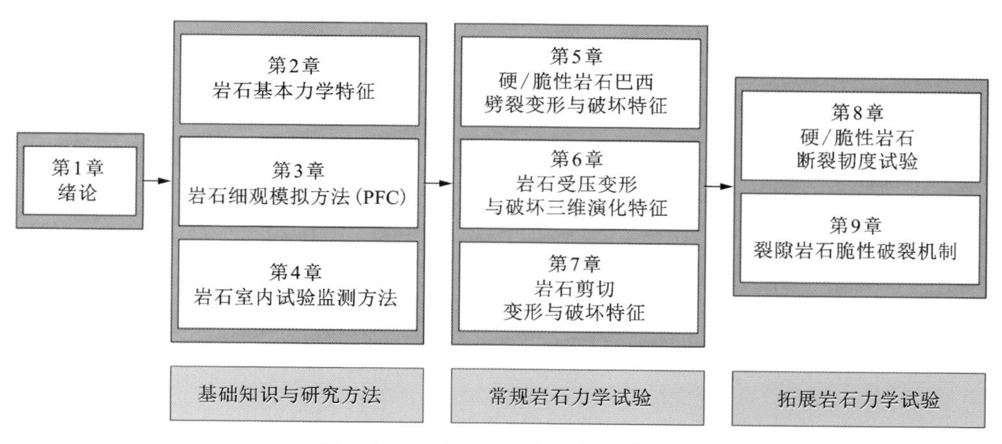

图 1-18　本书各章节内容架构关系图

参考文献

[1] Andersson C, Eng A. Äspö pillar stability experiment[J]. Föredrag vid Bergmekanikdag i Stockholm, 2005, 14: 69-78.

[2] Read R S. 20 years of excavation response studies at AECL's Underground Research Laboratory [J]. International Journal of Rock Mechanics and Mining Sciences, 2004, 41(8): 1251-1275.

[3] 吴世勇，王鸽. 锦屏二级水电站深埋长隧洞群的建设和工程中的挑战性问题[J]. 岩石力学与工程学报，2010，29(11)：2161-2171.

[4] Martin C D, Read R S, Martino J B. Observations of brittle failure around a circular test tunnel [J]. International Journal of Rock Mechanics and Mining Sciences, 1997, 34(7): 1065-1073.

[5] Andersson J C, Martin C D. The Äspö pillar stability experiment: Part I—Experiment design [J]. International Journal of Rock Mechanics and Mining Sciences, 2009, 46(5): 865-878.

[6] Andersson J C, Martin C D, Stille H. The Äspö pillar stability experiment: Part Ⅱ—Rock mass response to coupled excavation-induced and thermal-induced stresses[J]. International Journal of Rock Mechanics and Mining Sciences, 2009, 46(5): 879-895.

[7] Hajiabdolmajid V, Kaiser P K, Martin C D. Modelling brittle failure of rock[J]. International Journal of Rock Mechanics and Mining Sciences, 2002, 39(6): 731-741.

[8] 王元汉，李卧东，李启光，等. 岩爆预测的模糊数学综合评判方法[J]. 岩石力学与工程学报，1998，17(5)：493-501.

[9] 张志强，关宝树，翁汉民. 岩爆发生条件的基本分析[J]. 铁道学报，1998，20(4)：82-85.

[10] 徐林生，王兰生. 二朗山公路隧道岩爆特征与预测研究[J]. 地质灾害与环境保护，1999，10(2)：55-59.

[11] Madariaga R, Ruiz S. Earthquake dynamics on circular faults: A review 1970—2015[J]. Journal of Seismology, 2016, 20(4): 1235-1252.

[12] Kanamori H, Brodsky E E. The physics of earthquakes[J]. Reports on Progress in Physics, 2004, 67(8): 1429-1496.

[13] Brace W F, Byerlee J D. Stick-slip as a mechanism for earthquakes[J]. Science, 1966, 153(3739): 990-992.

[14] Benson P M, Vinciguerra S, Meredith P G, et al. Laboratory simulation of volcano seismicity [J]. Science, 2008, 322(5899): 249-252.

[15] Griffith A A. The phenomena of rupture and flow in solids[J]. Philosophical Transactions of the Royal Society of London, 1921, 221: 163-198.

[16] Griffith A A. The theory of rupture[C]// Proceedings of the 1st International Congress of Applied Mechanics. Delft, 1924: 55-63.

[17] Irwin G R. Analysis of stresses and strains near the end of a crack traversing a plate[J]. Journal of Applied Mechanics, 1957, 24(3): 361-364.

[18] Hoek E, Brown E T. The Hoek-Brown failure criterion and GSI-2018 edition[J]. Journal of

Rock Mechanics and Geotechnical Engineering, 2019, 11(3): 445-463.

[19] Brace W F, Paulding Jr. B W, Scholz C. Dilatancy in the fracture of crystalline rocks [J]. Journal of Geophysical Research, 1966, 71(16): 3939-3953.

[20] Scholz C H. Microfracturing and the inelastic deformation of rock in compression[J]. Journal of Geophysical Research, 1968, 73(4): 1417-1432.

[21] Scholz C H. Experimental study of the fracturing process in brittle rock [J]. Journal of Geophysical Research, 1968, 73(4): 1447-1454.

[22] Martin C D. The strength of massive Lac du Bonnet granite around underground openings [D]. University of Manitoba, 1993.

[23] Eberhardt E, Stead D, Stimpson B. Quantifying progressive pre-peak brittle fracture damage in rock during uniaxial compression [J]. International Journal of Rock Mechanics and Mining Sciences, 1999, 36(3): 361-380.

[24] Cook N G W. The failure of rock[J]. International Journal of Rock Mechanics and Mining Sciences & Geomechanics Abstracts, 1965, 2(4): 389-403.

[25] Cook N G W, Hojem J P M. A rigid 50-ton compression and tension testing machine[J]. South African Institution of Mechanical Engineering, 1966, 16: 89-92.

[26] Wawersik W R, Fairhurst C. A study of brittle rock fracture in laboratory compression experiments[J]. International Journal of Rock Mechanics and Mining Sciences & Geomechanics Abstracts, 1970, 7: 561-575.

[27] Cai M, Hou P Y, Zhang X W, et al. Post-peak stress-strain curves of brittle hard rocks under axial-strain-controlled loading [J]. International Journal of Rock Mechanics and Mining Sciences, 2021, 147: 104921.

[28] Hou P Y, Cai M, Zhang X W, et al. Post-peak stress-strain curves of brittle rocks under axial- and lateral-strain-controlled loadings[J]. Rock Mechanics and Rock Engineering, 2022, 55 (2): 855-884.

[29] Mogi K. Experimental Rock Mechanics[M]. CRC Press, 2006.

[30] Lockner D A, Byerlee J D, Kuksenko V, et al. Quasi-static fault growth and shear fracture energy in granite[J]. Nature, 1991, 350: 39-42.

[31] Rudnicki J W, Rice J R. Conditions for the localization of deformation in pressure-sensitive dilatant materials [J]. Journal of the Mechanics and Physics of Solids, 1975, 23 (6): 371-394.

[32] Munoz H, Taheri A, Chanda E K. Pre-peak and post-peak rock strain characteristics during uniaxial compression by 3D digital image correlation [J]. Rock Mechanics and Rock Engineering, 2016, 49(7): 2541-2554.

[33] Cundall P A. A computer model for simulating progressive, large-scale movement in blocky rock system [C]// Proceedings of the Symposium of the International Society for Rock Mechanics. Nancy, 1971: 129-136.

[34] Wong L N Y, Einstein H H. Systematic evaluation of cracking behavior in specimens containing

single flaws under uniaxial compression[J]. International Journal of Rock Mechanics and Mining Sciences, 2009, 46(2): 239-249.

[35] Wong L N Y, Einstein H H. Crack coalescence in molded gypsum and Carrara marble: Part 1. Macroscopic observations and interpretation[J]. Rock Mechanics and Rock Engineering, 2009, 42: 475-511.

[36] Mas Ivars D, Pierce M E, Darcel C, et al. The synthetic rock mass approach for jointed rock mass modelling[J]. International Journal of Rock Mechanics and Mining Sciences, 2011, 48(2): 219-244.

[37] Hazzard J F, Young R P. Simulating acoustic emissions in bonded-particle models of rock [J]. International Journal of Rock Mechanics and Mining Sciences, 2000, 37(5): 867-872.

[38] Hazzard J F, Young R P, Maxwell S C. Micromechanical modeling of cracking and failure in brittle rocks[J]. Journal of Geophysical Research: Solid Earth, 2000, 105(B7): 16683-16697.

[39] Goodfellow S D, Young R P. A laboratory acoustic emission experiment under in situ conditions [J]. Geophysical Research Letters, 2014, 41(10): 3422-3430.

[40] Griggs D, Handin J. Chapter 13: Observations on fracture and a hypothesis of earthquakes [M]//Rock Deformation(A Symposium). Geological Society of America, 1960: 347-364.

[41] Hoek E, Brown E T. Underground Excavations in Rock[M]. CRC Press, 1980.

[42] Hoek E, Martin C D. Fracture initiation and propagation in intact rock-A review[J]. Journal of Rock Mechanics and Geotechnical Engineering, 2014, 6(4): 287-300.

[43] Li D Y, Wong L N Y. The Brazilian disc test for rock mechanics applications: Review and new insights[J]. Rock Mechanics and Rock Engineering, 2013, 46(2): 269-287.

[44] 余贤斌, 谢强, 李心一, 等. 直接拉伸、劈裂及单轴压缩试验下岩石的声发射特性[J]. 岩石力学与工程学报, 2007, 26(1): 137-142.

[45] 李天一, 刘建锋, 陈亮, 等. 拉伸应力状态下花岗岩声发射特征研究[J]. 岩石力学与工程学报, 2013, 32(S2): 3215-3221.

[46] 杨志鹏, 何柏, 谢凌志, 等. 基于巴西劈裂试验的页岩强度与破坏模式研究[J]. 岩土力学, 2015, 36(12): 3447-3455.

[47] 刘波, 张功, 李守定, 等. 砂质泥岩在低温劈裂试验中的声发射研究[J]. 岩石力学与工程学报, 2016, 35(S1): 2702-2709.

[48] Falls S D, Young R P, Chow T, et al. Acoustic emission analyses and tomographic velocity imaging in the study of failure in Brazilian disk tests[C]// The 30th U. S. Symposium on Rock Mechanics (USRMS), Morgantown: ARMA, 1989: 647-654.

[49] 秦四清, 李造鼎. 岩石声发射参数与断裂力学参量的关系研究[J]. 东北工学院学报, 1991, 12(5): 437-444.

[50] 秦四清, 李造鼎, 林韵梅. 低脆性岩石声发射与断裂力学的理论研究[J]. 应用声学, 1991, 10(4): 20-25.

[51] 秦四清, 李造鼎, 林韵梅. 岩石破裂的微观过程与声发射[J]. 东北工学院学报, 1991, 12(3): 247-253.

[52] 赵兴东，李元辉，袁瑞甫，等. 基于声发射定位的岩石裂纹动态演化过程研究[J]. 岩石力学与工程学报，2007，26(5)：944-950.

[53] 李庶林，尹贤刚，王泳嘉，等. 单轴受压岩石破坏全过程声发射特征研究[J]. 岩石力学与工程学报，2004，23(15)：2499-2503.

[54] Lei X L, Kusunose K, Rao M V M S, et al. Quasi-static fault growth and cracking in homogeneous brittle rock under triaxial compression using acoustic emission monitoring[J]. Journal of Geophysical Research: Solid Earth, 2000, 105(B3): 6127-6139.

[55] Young R P, Hazzard J F, Pettitt W S. Seismic and micromechanical studies of rock fracture [J]. Geophysical Research Letters, 2000, 27(12): 1767-1770.

[56] Shiotani T, Ohtsu M, Ikeda K. Detection and evaluation of AE waves due to rock deformation [J]. Construction and Building Materials, 2001, 15(5-6): 235-246.

[57] Thompson B D, Young R P, Lockner D A. Fracture in Westerly granite under AE feedback and constant strain rate loading: Nucleation, quasi-static propagation, and the transition to unstable fracture propagation[J]. Pure & Applied Geophysics, 2006, 163(5-6): 995-1019.

[58] Brantut N. Time-resolved tomography using acoustic emissions in the laboratory, and application to sandstone compaction[J]. Geophysical Journal International, 2018, 213(3): 2177-2192.

[59] Goodfellow S D, Nasseri M H B, Maxwell S C, et al. Hydraulic fracture energy budget: Insights from the laboratory[J]. Geophysical Research Letters, 2015, 42(9): 3179-3187.

[60] Murrell S A F. A criterion for brittle fracture of rocks and concrete under triaxial stress and the effect of pore pressure on the criterion[C]// Proceedings of the 5th U. S. Symposium on Rock Mechanics. Minneapolis, 1963: 563-577.

[61] Takahashi M, Koide H. Effect of the intermediate principal stress on strength and deformation behavior of sedimentary rocks at the depth shallower than 2000 m[C]// ISRM International Symposium. Pau, 1989: 19-26.

[62] Haimson B, Chang C. A new true triaxial cell for testing mechanical properties of rock, and its use to determine rock strength and deformability of Westerly granite[J]. International Journal of Rock Mechanics and Mining Sciences, 2000, 37(1): 285-296.

[63] 尹光志，李贺，鲜学福，等. 工程应力变化对岩石强度特性影响的试验研究[J]. 岩土工程学报，1987，9(2)：20-28.

[64] 李贺，尹光志，鲜学福，等. 中等主应力变化引起的岩石破坏[J]. 煤炭学报，1990，15(1)：10-14.

[65] 许东俊，幸志坚，李小春，等. RT3 型岩石高压真三轴仪的研制[J]. 岩土力学，1990，11(2)：1-14.

[66] Shi L, Li X G, Bing B, et al. A Mogi-type true triaxial testing apparatus for rocks with two moveable frames in horizontal layout for providing orthogonal loads[J]. Geotechnical Testing Journal, 2017, 40(4): 542-558.

[67] Feng X T, Zhao J, Zhang X W, et al. A novel true triaxial apparatus for studying the time-dependent behaviour of hard rocks under high stress [J]. Rock Mechanics and Rock

Engineering, 2018, 51(9): 2653-2667.

[68] 张希巍, 冯夏庭, 孔瑞, 等. 硬岩应力-应变曲线真三轴仪研制关键技术研究[J]. 岩石力学与工程学报, 2017, 36(11): 2629-2640.

[69] 何满潮, 刘冬桥, 李德建, 等. 高压伺服真三轴岩爆实验设备, 201910519675. X[P]: 2019-08-16.

[70] King M S, Pettitt W S, Haycox J R, et al. Acoustic emissions associated with the formation of fracture sets in sandstone under polyaxial stress conditions[J]. Geophysical Prospecting, 2012, 60(1): 93-102.

[71] Young R P, Nasseri M H B, Lombos L. Imaging the effect of the intermediate principal stress on strength, deformation and transport properties of rocks using seismic methods[M]//True Triaxial Testing of Rocks. CRC Press, 2012: 167-179.

[72] Nasseri M H B, Goodfellow S D, Lombos L, et al. 3-D transport and acoustic properties of Fontainebleau sandstone during true-triaxial deformation experiments[J]. International Journal of Rock Mechanics and Mining Sciences, 2014, 69: 1-18.

[73] Goodfellow S D, Tisato N, Ghofranitabari M, et al. Attenuation properties of Fontainebleau sandstone during true-triaxial deformation using active and passive ultrasonics[J]. Rock Mechanics and Rock Engineering, 2015, 48(6): 2551-2566.

[74] Zhou H, Meng F Z, Zhang C Q, et al. Investigation of the acoustic emission characteristics of artificial saw-tooth joints under shearing condition[J]. Acta Geotechnica, 2016, 11(4): 925-939.

[75] 周辉, 孟凡震, 张传庆, 等. 结构面剪切破坏特性及其在滑移型岩爆研究中的应用[J]. 岩石力学与工程学报, 2015, 34(9): 1729-1738.

[76] 周辉, 孟凡震, 张传庆, 等. 结构面剪切过程中声发射特性的试验研究[J]. 岩石力学与工程学报, 2015, 34(S1): 2827-2836.

[77] Meng F Z, Wong L N Y, Zhou H, et al. Comparative study on dynamic shear behavior and failure mechanism of two types of granite joint[J]. Engineering Geology, 2018, 245: 356-369.

[78] Meng F Z, Zhou H, Wang Z Q, et al. Experimental study on the prediction of rockburst hazards induced by dynamic structural plane shearing in deeply buried hard rock tunnels[J]. International Journal of Rock Mechanics and Mining Sciences, 2016, 86: 210-223.

[79] Goebel T H W, Candela T, Sammis C G, et al. Seismic event distributions and off-fault damage during frictional sliding of saw-cut surfaces with pre-defined roughness[J]. Geophysical Journal International, 2014, 196(1): 612-625.

[80] Goebel T H W, Kwiatek G, Becker T W, et al. What allows seismic events to grow big?: Insights from *b*-value and fault roughness analysis in laboratory stick-slip experiments[J]. Geology, 2017, 45(9): 815-818.

[81] Goebel T H W, Becker T W, Schorlemmer D, et al. Identifying fault heterogeneity through mapping spatial anomalies in acoustic emission statistics[J]. Journal of Geophysical Research: Solid Earth, 2012, 117(B3): 1-18.

[82] Kwiatek G, Goebel T H W, Dresen G. Seismic moment tensor and *b* value variations over successive seismic cycles in laboratory stick-slip experiments [J]. Geophysical Research Letters, 2014, 41(16): 5838-5846.

[83] Zietlow W K, Labuz J F. Measurement of the intrinsic process zone in rock using acoustic emission[J]. International Journal of Rock Mechanics and Mining Sciences, 1998, 35(3): 291-299.

[84] Fakhimi A, Tarokh A. Process zone and size effect in fracture testing of rock[J]. International Journal of Rock Mechanics and Mining Sciences, 2013, 60: 95-102.

[85] Bažant Z P, Planas J. Fracture and size effect in concrete and other quasibrittle materials [M]. New York: Routledge, 1998.

[86] Lin Q, Labuz J F. Fracture of sandstone characterized by digital image correlation [J]. International Journal of Rock Mechanics and Mining Sciences, 2013, 60: 235-245.

[87] 王笑然, 王恩元, 刘晓斐, 等. 煤样三点弯曲裂纹扩展及断裂力学参数研究[J]. 岩石力学与工程学报, 2021, 40(4): 690-702.

[88] Munjiza A, Owen D R J, Bicanic N. A combined finite-discrete element method in transient dynamics of fracturing solids[J]. Engineering Computations, 1995, 12(2): 145-174.

[89] Potyondy D O, Cundall P A. A bonded-particle model for rock[J]. International Journal of Rock Mechanics and Mining Sciences, 2004, 41(8): 1329-1364.

[90] Potyondy D O. Simulating stress corrosion with a bonded-particle model for rock [J]. International Journal of Rock Mechanics and Mining Sciences, 2007, 44(5): 677-691.

[91] Cho N, Martin C D, Sego D C. A clumped particle model for rock[J]. International Journal of Rock Mechanics and Mining Sciences, 2007, 44(7): 997-1010.

[92] Potyondy D O. A grain-based model for rock: Approaching the true microstructure [C]// Proceedings of rock mechanics in the Nordic Countries. Kongsberg, 2010: 9-12.

[93] Wu S C, Xu X L. A study of three intrinsic problems of the classic discrete element method using flat-joint model [J]. Rock Mechanics and Rock Engineering, 2016, 49(5): 1813-1830.

第 2 章

岩石基本力学特征

岩石是一种非均质、各向异性、非连续、内部赋存应力的复合地质结构，在各种受力状态下表现出不同的力学特征[1]。本章从岩石的强度特性、变形特性、流变特性及其变形指标等方面介绍岩石的力学特征，同时分析影响岩石力学性质的主要因素，简要介绍岩石的力学性质及变形破坏规律。

2.1 岩石的强度特性

岩石强度(又称峰值强度)是指岩石在外荷载作用下，达到破坏时所承受的最大应力，反映岩石抵抗外力作用的能力，包括单轴抗压强度、三轴抗压强度、抗拉强度、抗剪强度等。

2.1.1 单轴抗压强度

岩石的单轴抗压强度是指岩石试件在无侧限条件下，受轴向压力作用至破坏时，单位面积上所承受的最大荷载，即

$$R=\frac{P}{A} \tag{2-1}$$

式中：R 为岩石单轴抗压强度，MPa；P 为岩石破坏时的荷载，N；A 为试件横截面面积，mm^2。

岩石单轴抗压强度常通过单轴压缩试验获得(图 2-1)，根据岩石含水状态不同可分为天然单轴抗压强度、饱和单轴抗压强度和干燥单轴抗压强度。

(a) 试样安装及引伸计布置

(b) 单轴压缩试验设备

图 2-1　岩石单轴压缩试验

2.1.2　三轴抗压强度

与单轴压缩试验相比，在三轴压缩试验中试件除受轴向荷载外，还受侧向荷载的作用。岩石三轴抗压强度是指岩石在三向荷载作用下，试件破坏时所承受的最大轴向应力。常用式(2-2)表示最大主应力与中间主应力、最小主应力的关系，即

$$\sigma_1 = f(\sigma_2, \sigma_3) \tag{2-2}$$

式中：σ_1、σ_2、σ_3 分别为最大主应力、中间主应力和最小主应力，MPa。

岩石三轴压缩试验根据不同的三向应力状态分为常规三轴压缩试验和真三轴压缩试验，试件所受应力状态见图 2-2。

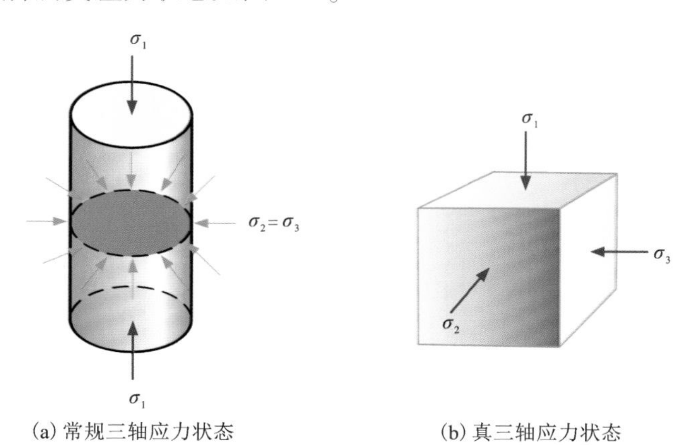

(a) 常规三轴应力状态　　(b) 真三轴应力状态

图 2-2　岩石三轴压缩试验应力状态示意图

(1)常规三轴压缩试验

常规三轴压缩试验是指等侧压条件下($\sigma_1>\sigma_2=\sigma_3$)测定岩石力学性质的试验，试验装置见图2-3，试件最大主应力按下式计算：

$$\sigma_1=\frac{P}{A} \tag{2-3}$$

式中：P 为试件破坏时的最大轴向力，N；A 为试件的初始横截面面积，mm^2。

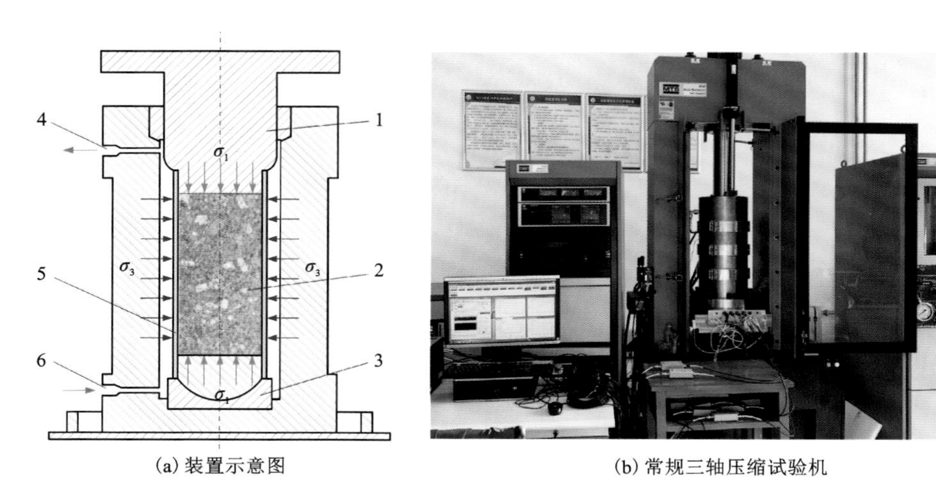

(a)装置示意图　　(b)常规三轴压缩试验机

1—密封压头；2—岩石试件；3—球状底座；4—出油口；5—隔离膜；6—进油口。

图2-3　常规三轴压缩试验

(2)真三轴压缩试验

真三轴压缩试验是指在相互独立且互不相等的三向荷载作用下($\sigma_1>\sigma_2>\sigma_3$)测定岩石力学性质的试验，试件常制备成长方体或正方体，真三轴试验机及试样安装[2]分别见图2-4、图2-5。作用在试件表面的三个方向主应力按式(2-4)计算：

$$\sigma_i=\frac{P_i}{A_i} \tag{2-4}$$

式中：σ_i 为试件的第 i 主应力，MPa；P_i 为第 i 主应力方向的荷载，N；A_i 为荷载 P_i 对试件的作用面积，mm^2；i 为1、2、3。通过真三轴压缩试验，可得到不同应力状态下的岩石峰值强度和残余强度。

F1—MTS 加载框架；F2—试样加载装置；V—试样样品仓。

图 2-4　真三轴试验机

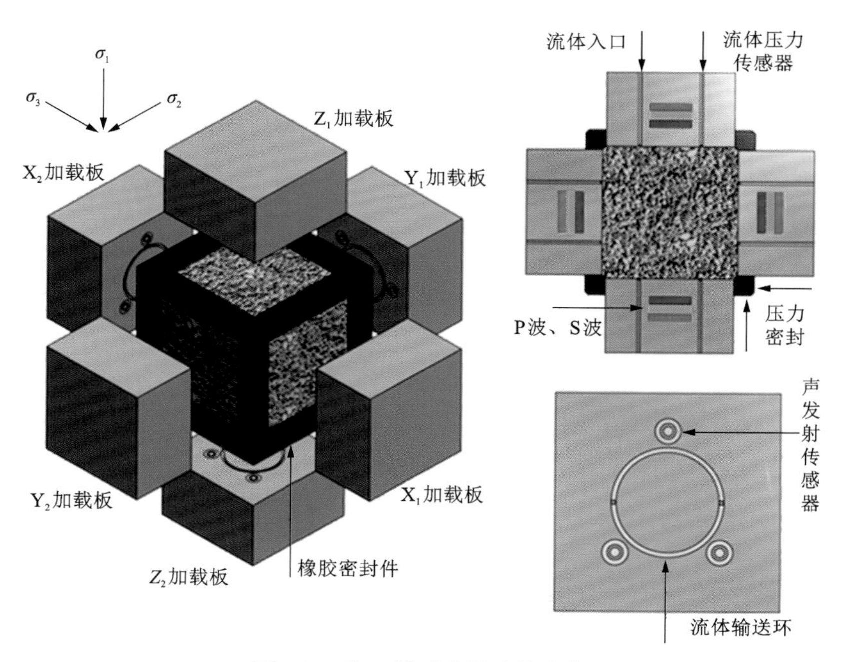

图 2-5　真三轴试验的试样安装

2.1.3 抗拉强度

岩石抗拉强度是指岩石试件在拉伸荷载作用下达到破坏时所能承受的最大拉应力。抗拉强度试验分为直接拉伸试验和间接拉伸试验，间接拉伸试验主要包括巴西圆盘劈裂试验、弯曲梁试验等。脆性岩石的抗拉性能远不及抗压性能和抗剪性能，其受拉极易产生破坏。岩石受拉破坏常发生于各类岩石工程中，故针对岩石抗拉强度的研究对实际工程具有重要意义。

(1)直接拉伸试验

将制备的岩石试件置于专用夹具中，通过试验机对试件施加轴向拉力直至破坏。岩石抗拉强度计算如下：

$$R_t = \frac{P_t}{A} \tag{2-5}$$

式中：R_t 为岩石抗拉强度，MPa；P_t 为岩石受拉破坏时的最大拉力，N；A 为与施加拉力相垂直且试件发生断裂处的横截面面积，mm^2。

试验时施加的拉力作用方向必须与岩石试件轴向重合，夹具应保证安全、可靠，且具有防止偏心荷载造成试验失败的能力，图 2-6 所示为直接拉伸试验的两种不同类型试件。直接拉伸试验由于试件制备精度要求较高、黏接接触控制严格、易产生扭曲破坏和应力集中等原因而很少被采用，常采用间接拉伸试验测定岩石抗拉强度。

(2)巴西圆盘劈裂试验

1943 年，巴西学者 Carneiro 和日本学者 Akazawa 独立提出了用于测试混凝土抗拉强度的试验方法(巴西圆盘劈裂试验法)。典型的劈裂试验根据加载装置的不同，主要有 4 种形式，见图 2-7、图 2-8。

《工程岩体试验方法标准》(GB/T 50266—2013)中建议巴西圆盘劈裂试验采用线荷载加载方式，如图 2-7(b)所示，通过垫条对圆柱形试件施加径向线荷载直至破坏(垫条可采用直径 4 mm 左右的钢丝或胶木棍，其长度大于试件厚度，硬度与岩石试件硬度相匹配)，从而间接求取岩石抗拉强度：

$$R_t = \frac{2P}{\pi D t} \tag{2-6}$$

式中：R_t 为试件抗拉强度，MPa；P 为试件破坏时最大荷载，N；t 为试件的厚度，mm；D 为试件的直径，mm。

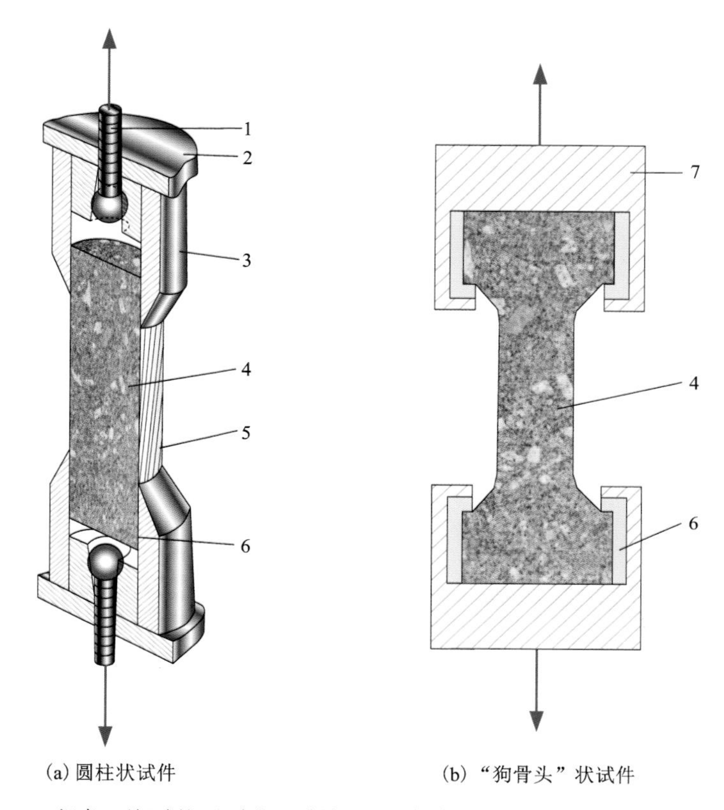

(a) 圆柱状试件　　(b) “狗骨头” 状试件

1—钢索(不扭动的)和球铰(不锈钢)；2—螺旋连接器(不锈钢)；3—铝环；
4—岩石试件；5—束带；6—黏结物；7—夹具。

图 2-6　直接拉伸试验不同类型试件

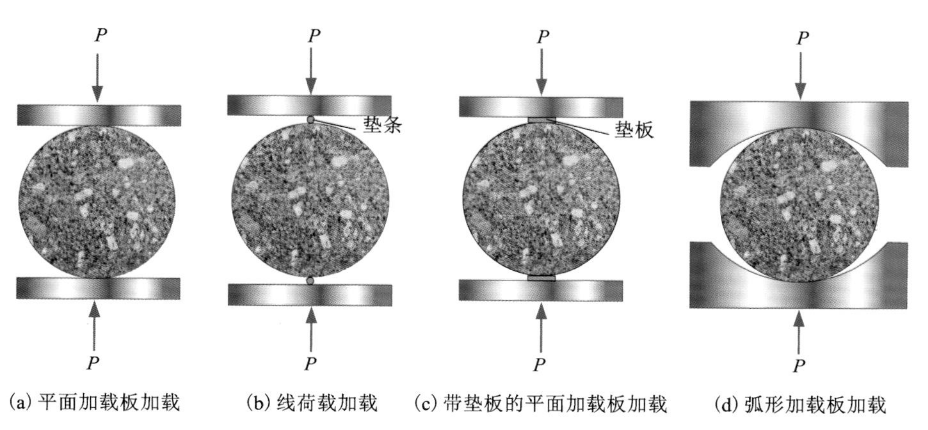

(a) 平面加载板加载　(b) 线荷载加载　(c) 带垫板的平面加载板加载　(d) 弧形加载板加载

图 2-7　典型的巴西圆盘劈裂试验加载方式

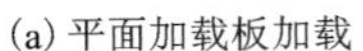
(a) 平面加载板加载

(b) 线荷载加载

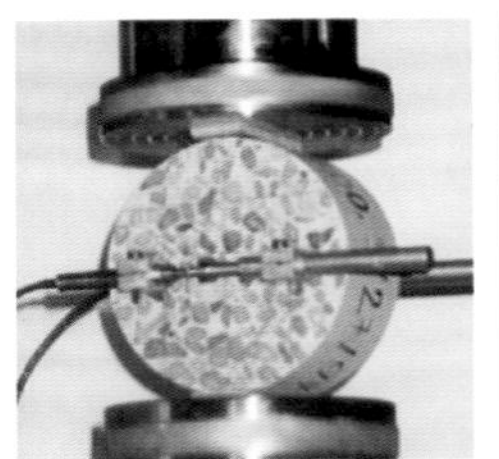
(c) 带垫板的平面加载板加载

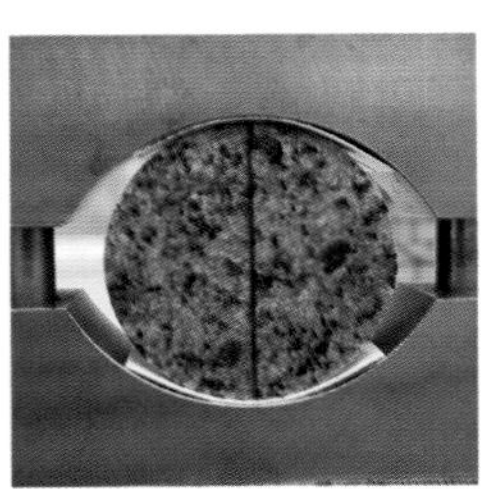
(d) 弧形加载板加载

图 2-8　典型的巴西圆盘劈裂试验

图 2-9(a)为在压缩线荷载 P 作用下沿着和垂直于圆盘直径加载方向的应力分布图。在圆盘上下加载边缘处，沿加载方向的 σ_y 和垂直于加载方向的 σ_x 均为压应力。离开边缘后，沿加载方向的 σ_y 仍为压应力，但应力值比边缘处显著减小，并趋于均匀化；垂直于加载方向的 σ_x 变成拉应力，并趋于均一分布。当拉应力 σ_x 达到岩石抗拉强度，试件沿加载方向劈裂破坏，理论上破坏是从试件中心开始，见图 2-9(b)，然后沿加载直径方向扩展至试件两端。

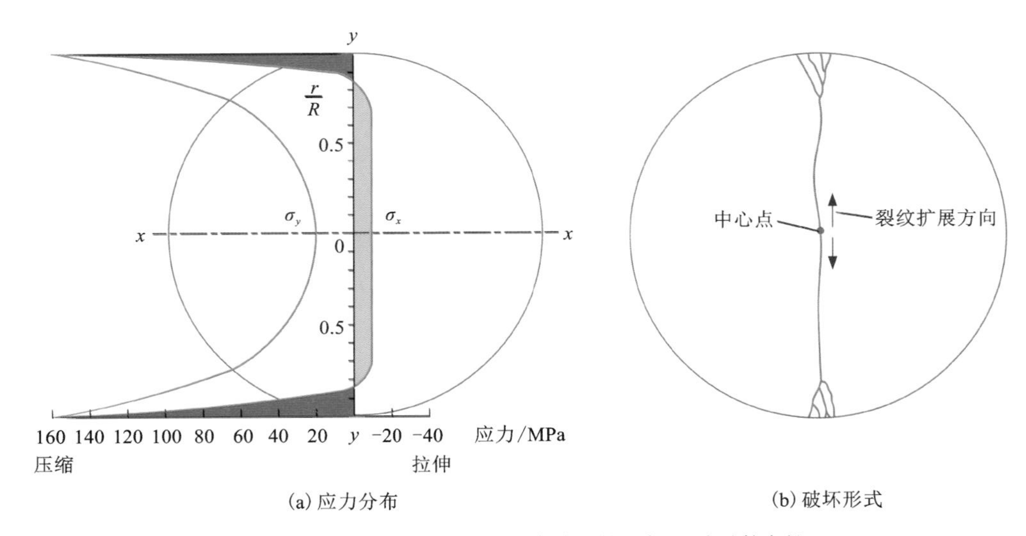

(a) 应力分布

(b) 破坏形式

注：r 为沿加载方向上任一点到试件中心的距离；R 为试件半径。

图 2-9　巴西圆盘劈裂试验试件应力分布及破坏形式示意图

(3)弯曲梁试验

弯曲梁试验采用的试件可以是圆柱梁，也可以是长方形截面的棱柱梁，常采用三点加载弯曲梁试验，见图 2-10、图 2-11。在压力 P 作用下，梁的下部(中性轴以下)出现拉应力，当拉应力达到极限后，梁的中部下边缘处开始出现拉伸断裂，岩石试件受弯至折断时所能承受的最大应力称为岩石的抗折强度，其一般为直接拉伸试验所测得抗拉强度的 2~3 倍，计算公式如下：

①圆柱梁

$$R_0 = \frac{8PL}{\pi D^3} \tag{2-7}$$

②长方形截面的棱柱梁

$$R_0 = \frac{3PL}{2ba^2} \tag{2-8}$$

式中：R_0 为岩石的抗折强度，MPa；D 为梁的横截面直径，mm；a、b 分别为梁的横截面高度和宽度，mm；L 为梁下方两支点间的跨距，mm。

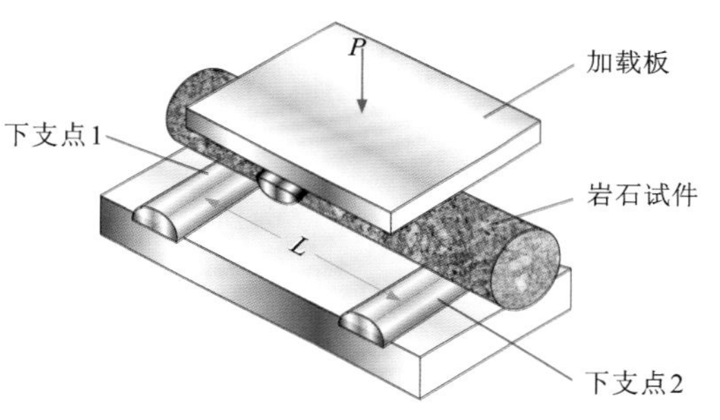

图 2-10　三点加载弯曲梁试验示意图

图 2-11　花岗岩三点加载弯曲梁试验

岩石抗拉强度主要受岩石性质和试验条件的影响，其中起决定性作用的是岩石性质，如矿物成分、晶粒间黏结作用、孔洞与裂隙情况等。一般为单轴抗压强度的 1/25~1/4，在无抗拉强度实测值时，工程应用中可取抗压强度的 1/10。

2.1.4　抗剪强度

岩石材料及类岩石材料的抗剪切性能弱于抗压性能，岩石或围岩的剪切破坏常发生于各类岩石工程中，针对岩石抗剪强度的研究对实际工程具有十分重要的意义。

岩石抗剪强度是指岩石在剪切荷载作用下破坏时能承受的最大剪应力，常用 τ 表示。它与岩石的抗压、抗拉强度不同，可通过多组岩石抗剪试验数据并利用库仑-纳维表达式确定：

$$\tau = f(\sigma) \tag{2-9}$$

岩石的抗剪强度可分为抗剪断强度、摩擦强度以及抗切强度。抗剪断强度是指试件在一定的法向应力作用下，沿预定剪切面剪断时的最大剪应力，它反映了岩石的黏聚力和内摩擦力，采用直剪试验、角模剪断试验和三轴试验等测定；摩擦强度是指试件在一定的法向应力作用下，沿岩石或已有破坏面(层面、节理等)剪切破坏时的最大剪应力，其目的是通过试验求取岩体中各种结构面、人工破坏面、岩石与其他物体(混凝土等)接触面的摩擦阻力；抗切强度是指当试件上的法向应力为零时，沿预定剪切面剪断时的最大剪应力，抗切强度仅取决于黏聚力，采用单(双)面剪切及冲切试验等测定。

剪切强度试验分为非限制性剪切强度试验和限制性剪切强度试验，前者在剪切面上只有剪应力，没有正应力，见图 2-12；后者在剪切面上同时有剪应力和正应力，见图 2-13。

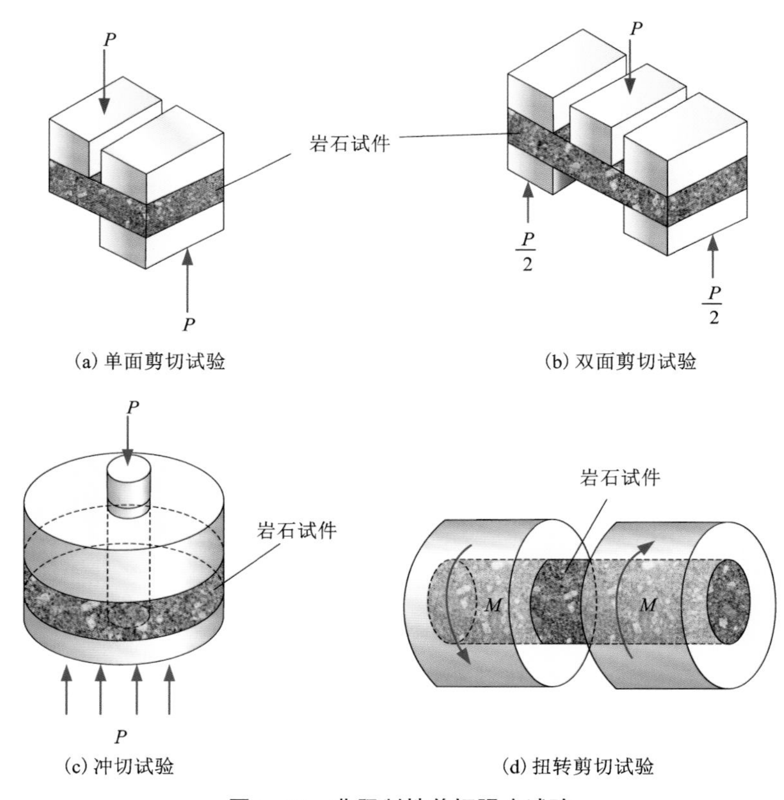

图 2-12 非限制性剪切强度试验

常用的岩石抗剪强度试验方法包括直接剪切试验、角模剪断试验和三轴压缩试验。

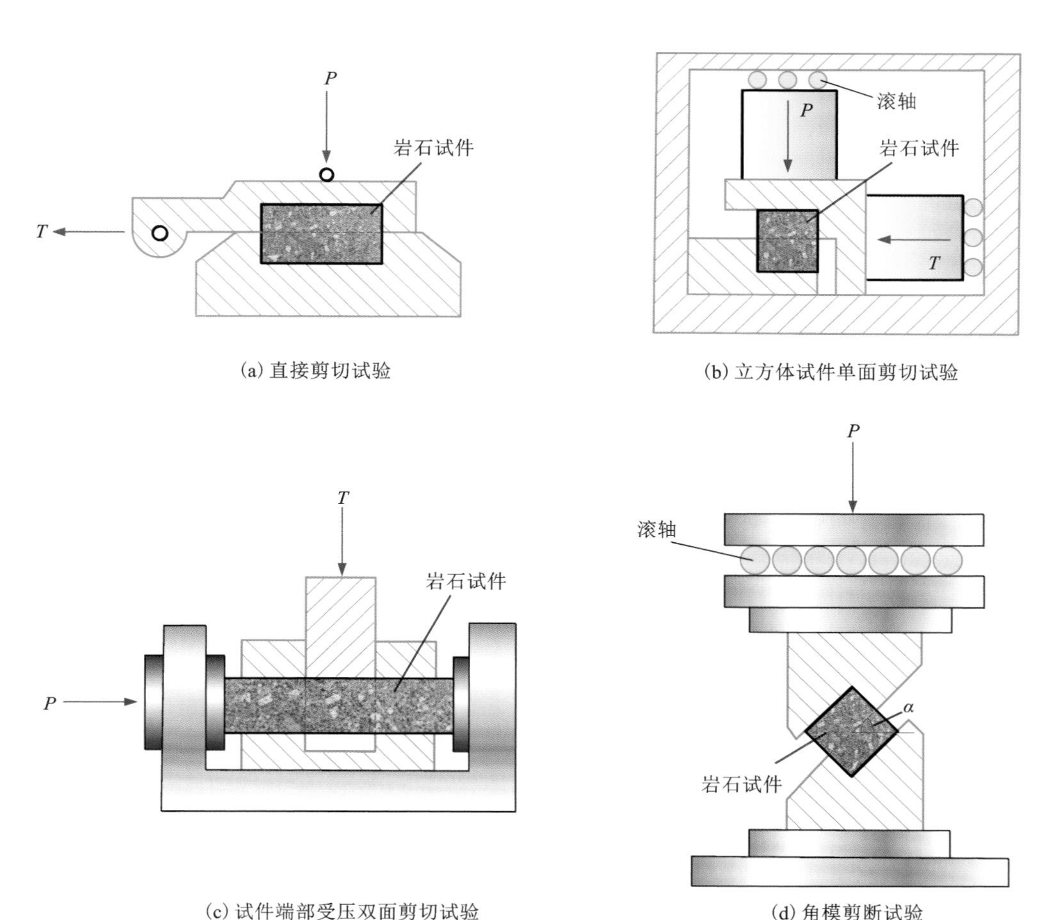

图 2-13　限制性剪切强度试验

(1)直接剪切试验(直剪试验)

岩石直剪试验常采用平推法，试件的直径(或边长)不得小于 50 mm，高度应与直径(或边长)相等。首先将制备的试件放入剪切盒内，见图 2-14，其次对试件施加法向荷载 P，最后在水平方向上逐级施加水平剪切力 T，直至试件破坏。获取不同法向应力 σ 下的抗剪强度 τ_f，将其绘制在 $\tau-\sigma$ 坐标系中，采用最小二乘法拟合，求取岩石抗剪强度参数 c、φ 值，见图 2-15。岩石抗剪强度可通过式(2-10)表示：

$$\tau=\sigma\tan\varphi+c \tag{2-10}$$

式中：σ 为作用在剪切面上的正应力，MPa；φ 为岩石的内摩擦角，(°)；c 为岩石的黏聚力，MPa。

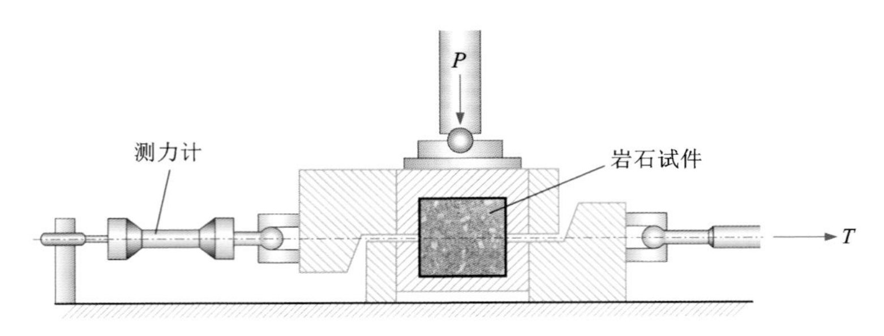

图 2-14　直剪试验装置示意图

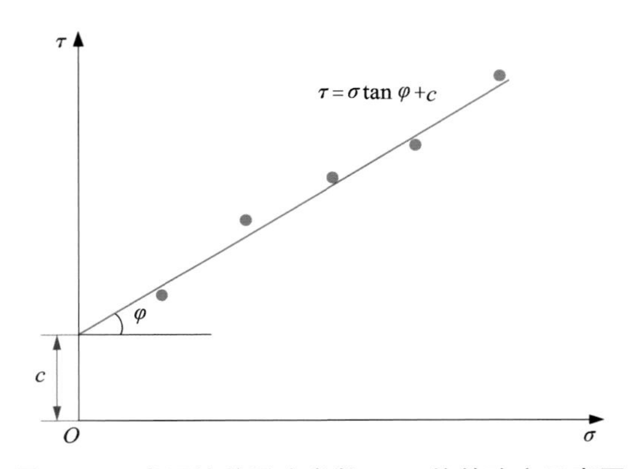

图 2-15　岩石抗剪强度参数 c、φ 值的确定示意图

(2)角模剪断试验

角模剪断试验适用于除坚硬岩(φ>60°)外的可制成规则试件的各类岩石。一般采用不同角度(α)夹具的角模剪断试验仪进行试验，见图 2-13(d)，α 一般为 45°~65°，常选用 45°、50°、55°、60°、65°这 5 种角度中的 3 种角度，且每种角度的试件至少 3 个。在单轴试验机上加压至试件发生破坏，作用在剪切面上的正应力 σ 和剪应力 τ 可按下式求得：

$$\tau=\frac{P}{A}(\sin\alpha-f\cos\alpha) \tag{2-11}$$

$$\sigma=\frac{P}{A}(\cos\alpha+f\sin\alpha) \tag{2-12}$$

$$f=\frac{1}{n\cdot d} \tag{2-13}$$

式中：A 为试件剪切面面积，mm^2；α 为试件放置角度，即试件剪切面与水平面的夹角，(°)；f 为滚轴摩擦因数；n 为滚轴根数；d 为滚轴直径，mm。

采用作图法计算岩石抗剪强度参数，按式(2-11)和式(2-12)求出相应的 σ 值及 τ 值，绘制以剪应力为纵坐标、正应力为横坐标的关系曲线，为计算方便，可将曲线简化为直线或折线，再据图求取岩石抗剪强度参数 c、φ 值，见图 2-16，并注意相应的正应力区间；也可用最小二乘法直接计算岩石抗剪强度参数 c、φ 值。

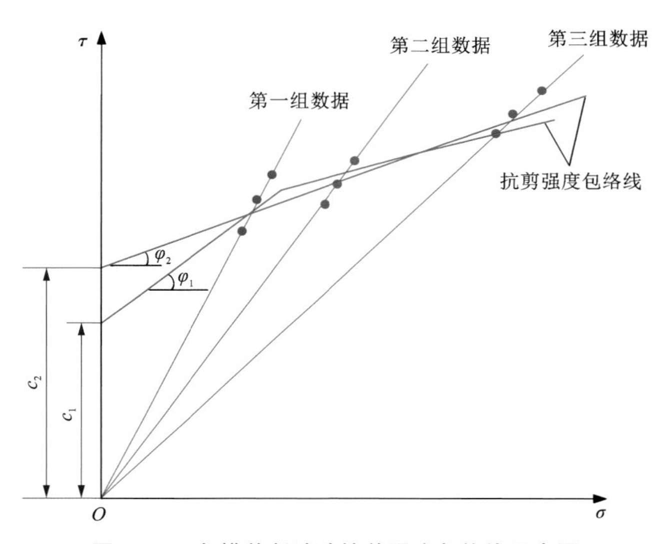

图 2-16　角模剪断试验抗剪强度包络线示意图

(3) 三轴压缩试验

由于三轴压缩试验中试件表现为剪切破坏，因此也是一种常用的抗剪强度试验方法。利用三轴压缩试验获得试件破坏时的最大主应力 σ_1 及相应的侧向应力 σ_3，在 τ-σ 坐标系中以 $(\sigma_1+\sigma_3)/2$ 为圆心、$(\sigma_1-\sigma_3)/2$ 为半径绘制不同侧向压力条件下的莫尔应力圆，根据莫尔-库仑强度准则确定岩石的抗剪强度参数，见图 2-17。

另一种抗剪强度参数的确定方法：根据各组试验试件破坏时的 σ_1、σ_3 值，以主应力 σ_1 为纵坐标、侧向应力 σ_3 为横坐标绘图，拟合 σ_1-σ_3 最佳关系曲线并建立下列线性方程式：

$$\sigma_1 = F\sigma_3 + R \tag{2-14}$$

式中：F 为 σ_1-σ_3 关系曲线的斜率；R 为 σ_1-σ_3 关系曲线在 σ_1 轴上的截距，等同于试件的单轴抗压强度，MPa。

根据参数 F、R 计算岩石抗剪强度参数：

$$\tan\varphi = \frac{F-1}{2\sqrt{F}} \tag{2-15}$$

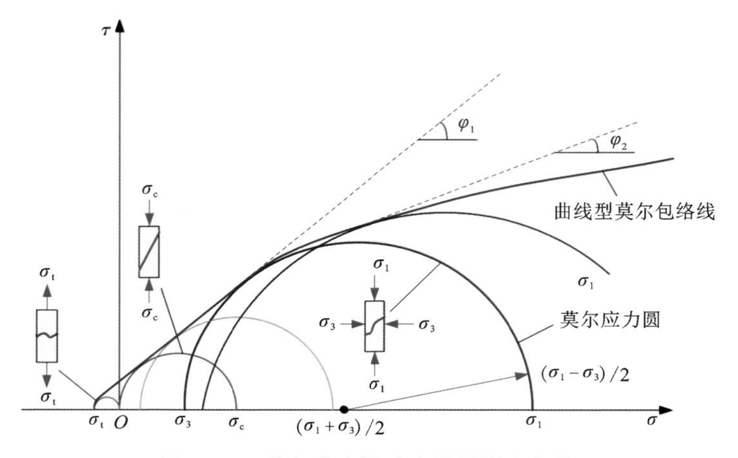

图 2-17　莫尔应力圆确定抗剪强度参数

$$c=\frac{R}{2\sqrt{F}} \tag{2-16}$$

当作用在剪切面上的剪应力超过峰值抗剪强度后，随着变形增加剪应力迅速降低，岩石发生剪切破坏，在较小的剪应力作用下岩石沿剪切面滑动。能使岩石沿破坏面保持滑动并趋于稳定时的剪应力称为岩石残余抗剪强度，记为 τ_r，如图 2-18 所示，岩石残余抗剪强度与作用在剪切面上的正应力呈正比。

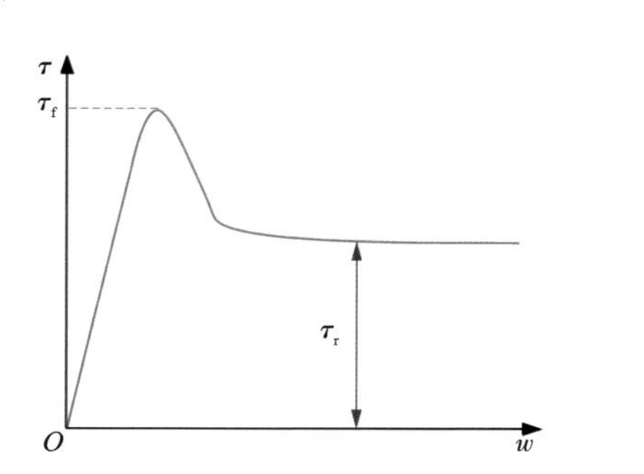

图 2-18　剪应力 τ 与剪切位移 w 关系曲线

2.2　岩石的变形特性

岩石变形是指岩石在物理因素（荷载、温度等）作用下形状和大小的变化。随着荷载的变化或在恒定荷载作用下，随时间增长，岩石变形逐渐增大，最终导致岩石破坏。根据岩石的应力-应变-时间关系，可将其变形特性分为弹性、塑性和黏性。

岩石是矿物的集合体，具有复杂的组成成分和结构，因此其力学性质十分复杂。同时，岩石的力学性质还与受力条件、温度等因素有关。在常温常压下，岩石既不是理想的弹性体，也不是简单的塑性体和黏性体，往往表现出弹-塑性、塑-弹性、弹-黏-塑性或黏-弹性等复合性质。

根据岩石的变形与破坏关系，还可将岩石与变形特性相关的性质分为脆性和延性。脆性是指物体受力后变形很小就发生破裂的性质。延性是指物体发生较大塑性变形而不丧失其承载力的性质。岩石的脆性与延性是相对的，在一定条件下可以相互转化，如在高温高压条件下，常温常压下表现为脆性的岩石可表现出一定的延性。

2.2.1　单轴压缩条件下岩石的变形特征

(1)岩石的全应力-应变曲线

岩石的全应力-应变曲线可有效揭示岩石的强度与变形特征，常结合该曲线分析岩石内部微裂纹的发展、体积变形及扩容(见 2.2.5 节)等变形特征。早期岩石试验中由于试验机刚度小，储存在试验机中的应变能释放到岩石试样上，导致岩石试样的急剧破坏和崩解，难以获得岩石的峰后变形特征。刚性试验机和伺服控制技术的出现使得岩石的变形和破坏可有效控制，从而获得岩石的全应力-应变曲线，如图 2-19 所示(ε_d、ε_v、ε_1 分别是岩石的径向应变、体积应变和轴向应变)。根据岩石全应力-应变曲线，可将岩石的变形划分为 5 个阶段：

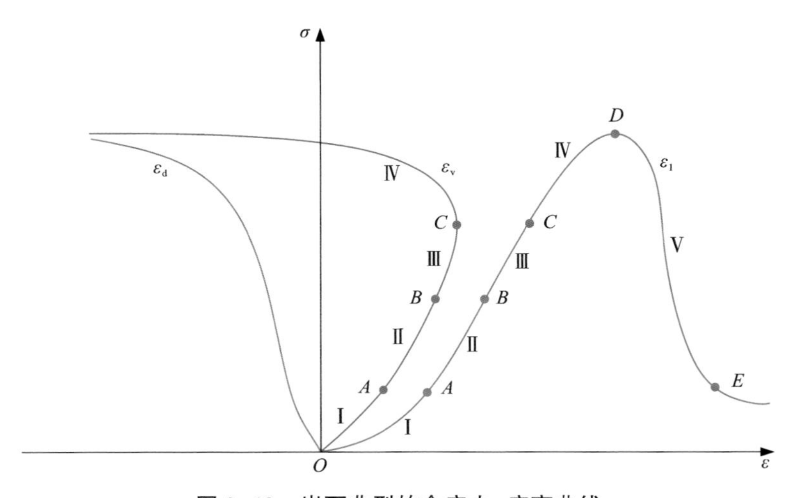

图 2-19　岩石典型的全应力-应变曲线

①孔隙裂隙压密阶段(*OA* 段)：受载初期，岩石内部原有张开性结构面或微裂隙逐渐闭合，岩石被压密，形成早期的非线性变形，$\sigma-\varepsilon$ 曲线呈上凹型。此阶段试样横向膨胀较小，试样体积随荷载增大而减小。本阶段在裂隙化岩石中较明显，而在坚硬少裂隙的岩石中表现不明显，甚至不显现。

②弹性变形阶段(*AB* 段)：应力-应变曲线呈近似直线。弹性变形阶段常被用于计算岩石的弹性参数，如弹性模量、泊松比等。

③裂纹稳定发展阶段(*BC* 段)：应力-应变曲线斜率随着应力的增加呈减小趋势，试样内部开始产生新的微裂纹，但微裂纹受施加荷载的控制，呈稳定状态发展，*B* 点为裂纹稳定发展阶段的起点，从 *B* 点开始体积应变曲线偏离直线，岩石非弹性部分体积增加，即岩石从 *B* 点开始出现扩容现象；*C* 点是岩石从弹性转化为弹塑性或塑性的转折点，称为屈服点。

④裂纹非稳定发展阶段(*CD* 段)：应力-应变曲线呈上凸型，试样内微裂纹的发展出现质的变化，裂纹不断发展，直至试样完全破坏。试样由体积减小转为增大，径向应变和体积应变速率迅速增大。该阶段应力达到最大值，*D* 点对应的应力称为峰值强度。

⑤破裂后阶段(*DE* 段)：试样达到峰值强度后，其内部结构遭到破坏，岩石内裂隙快速发展，交叉且相互联合形成宏观断裂面，但试样基本保持整体状。此后，岩石变形主要表现为沿宏观断裂面的块体滑移，试样承载力随应变增大迅速下降，但并不降为零，说明破裂后的岩石仍有一定的承载能力。*E* 点对应的应力称为残余强度。

全应力-应变曲线是一条典型的曲线，反映岩石变形特性的一般规律。但自然界中的岩石因其矿物组成、结构构造及孔隙发育各不相同，导致岩石的应力-应变关系复杂化与多样化。严格来讲，在试件发生破坏以后，特别是峰后阶段，由于破坏趋于局部化，使用应力-应变曲线进行描述并不准确，采用荷载-位移曲线更为合理，但通常在不做特殊说明的情况下，均为应力-应变曲线。

岩石的应力-应变曲线随岩石性质的不同呈现不同的形态。米勒(Müller)采用 28 种岩石进行大量的单轴试验后，根据峰值前的应力-应变曲线将岩石分成 6 种类型，如图 2-20 所示。

类型Ⅰ：应力-应变曲线是直线或近似直线，直到试样发生突然破坏为止，如图 2-20(a)所示。具有这种变形性质的岩石包括玄武岩、石英岩、白云岩及极坚硬的石灰岩等。由于塑性阶段不明显，这些材料为弹性体。

类型Ⅱ：应力较低时，应力-应变曲线近似于直线；当应力增加到一定数值后，应力-应变曲线向下弯曲，呈现非线性屈服段，随着应力逐渐增加而曲线斜率越来越小，直至破坏，如图 2-20(b)所示。具有这种变形性质的岩石包括较软弱的石灰岩、泥岩及凝灰岩等，这些材料为弹-塑性体。

类型Ⅲ：应力较低时，应力-应变曲线略向上弯曲；当应力增加到一定数值后，应力-应变曲线逐渐变为直线，直至岩石破坏，如图 2-20(c)所示。具有这种变形性质的代表性岩石包括砂岩、花岗岩、片理平行于压力方向的片岩及某些辉绿岩等，这些材料为塑-弹性体。

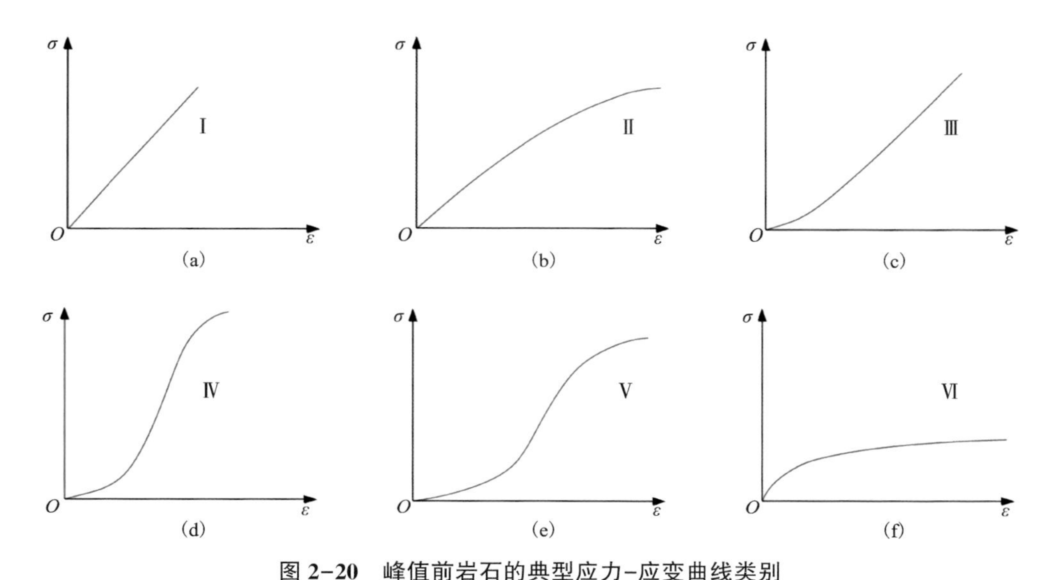

图 2-20　峰值前岩石的典型应力-应变曲线类别

类型Ⅳ：应力较低时，应力-应变曲线向上弯曲，当应力增加到一定数值后，变形曲线变为直线，最后曲线向下弯曲，整体呈近似 S 形，如图 2-20(d)所示。具有这种变形特性的岩石大多数为变质岩，如大理岩、片麻岩等，这些材料为塑-弹-塑性体。

类型Ⅴ：形状基本上与类型Ⅳ相同，也呈 S 形，但曲线斜率较平缓，如图 2-20(e)所示。一般发生在压缩性较高的岩石中，如应力垂直于片理的片岩等。

类型Ⅵ：应力-应变曲线开始先有较小一段直线段，然后出现非弹性的曲线部分，并继续不断蠕变，如图 2-20(f)所示。这是盐岩的应力-应变特征曲线，某些软弱岩石也具有类似特性，这类材料为弹-黏性体。

(2)单轴压缩条件下岩石的破坏特征

在荷载作用下，岩石的破坏形态是体现岩石破坏机理的重要特征。它不仅反映岩石受力过程中的应力分布状态，同时还表现出不同试验条件对岩石变形破坏的影响。岩石试样在单轴压缩荷载作用下破坏时，常见的破坏形式有以下 3 种。

①X 状共轭斜面剪切破坏：破坏面与荷载轴线(试样轴线)的夹角 $\beta=\dfrac{\pi}{4}-\dfrac{\varphi}{2}$，如图 2-21(a)所示。

②单斜面剪切破坏：β 角定义与图 2-21(a)相同，如图 2-21(b)所示。

上述两种破坏形式是由于破坏面上的剪应力超过其抗剪强度引起的，可视为

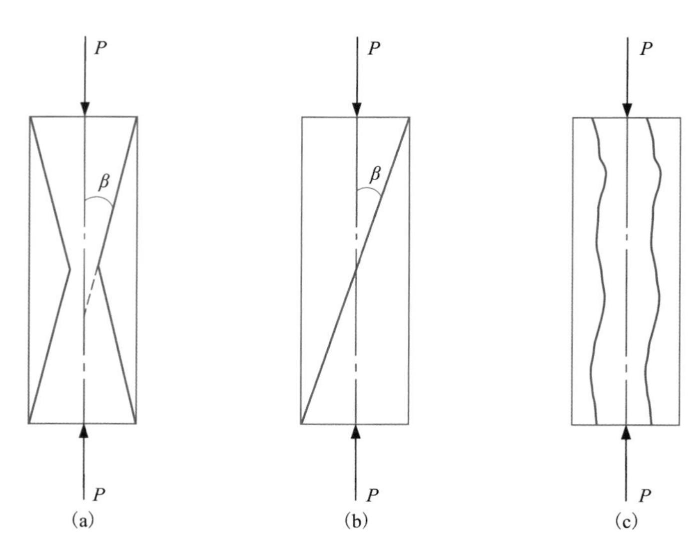

图 2-21　单轴压缩条件下岩石破坏形式示意图

剪切破坏。但试样破坏前其破坏面上所需承受的最大剪应力也与破坏面上的正应力有关，因而该类破坏可称为压-剪破坏。

③拉伸破坏(劈裂破坏)：在轴向压应力作用下，试样径向产生拉应力，这是泊松效应的结果。该类型破坏是径向拉应力超过岩石抗拉强度引起的，见图 2-21(c)所示。

2.2.2　循环荷载条件下岩石的变形特征

在岩石工程中，常会遇到循环荷载作用，岩石在该条件下破坏时的应力往往低于其静力强度。岩石在循环荷载作用下的应力-应变关系，随加载、卸载方法及卸载应力大小的不同而异。

当在同一荷载下对岩石加载、卸载时，如果卸载点(P)的应力低于岩石的弹性极限点(A)，则卸载曲线将基本上沿加载曲线回到原点，表现为弹性恢复(图 2-22)。多数岩石的大部分弹性变形在卸载后能很快恢复，而小部分变形(10%~20%)须经一段时间才能恢复，这种现象称为弹性后效。如果卸载点(P)的应力高于弹性极限点(A)，则卸载曲线偏离原加载曲线，也不再回到原点，变形除弹性变形 ε_e 外，还出现了塑性变形 ε_p(图 2-23)。

在反复加载、卸载条件下，应力-应变曲线如图 2-24 及图 2-25 所示。如果多次反复加载与卸载，且每次施加的最大荷载与第一次施加的最大荷载一样，则每次加载、卸载曲线都不重合，且围成一环形面积，称为一个塑性滞回环

(图 2-24)。这些塑性滞回环面积随着加载、卸载的次数增加而越来越小，并且彼此越来越近，岩石越来越接近弹性变形，一直到某次循环没有塑性变形为止，如图 2-24 中的 HH'环，岩石的总变形等于各次循环产生的残余变形之和，即累积变形。当循环应力峰值小于某一数值时，循环次数即使很多，也不会导致试样破坏；而超过这一数值岩石将在某次循环中发生破坏(疲劳破坏)，这一数值称为临界应力。当循环应力峰值超过临界应力时，反复加载、卸载的应力-应变曲线将最终和岩石全应力-应变曲线的峰后段相交，并导致岩石破坏，此时的循环加载、卸载试验所给定的应力称为疲劳强度，它是一个比岩石的单轴抗压强度低，且与循环持续时间等因素有关的值。

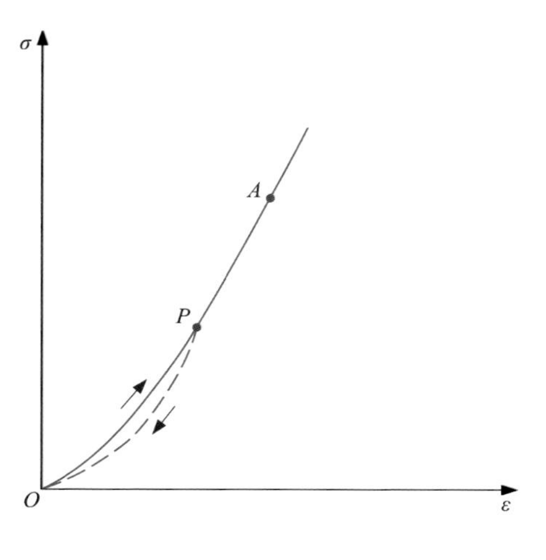

图 2-22　卸载点在弹性极限点以下的应力-应变曲线

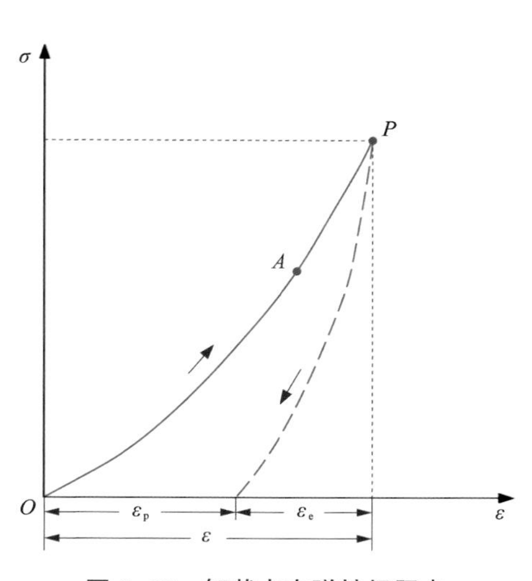

图 2-23　卸载点在弹性极限点以上的应力-应变曲线

如果多次反复加载、卸载循环，每次施加的最大荷载比前一次循环的最大荷载大，则可得图 2-25 所示的曲线。随着循环次数的增加，塑性滞回环的面积也有所扩大，卸载曲线的斜率(代表岩石的弹性模量)也逐次略有增加，表明卸载应力下的岩石材料弹性有所增强。此外，每次卸载后再加载，在荷载超过上一次循环的最大荷载以后，其应力-应变曲线的外包线与连续加载条件下的曲线基本一致(图 2-25 中的 OC 线)，说明加载、卸载过程并未改变岩石变形的基本特性，这种现象称为岩石记忆。

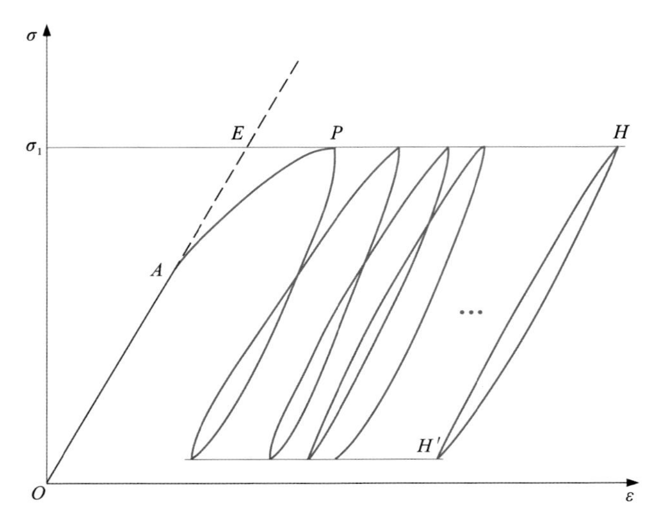

图 2-24　等荷载循环加载、卸载时的应力-应变曲线示意图

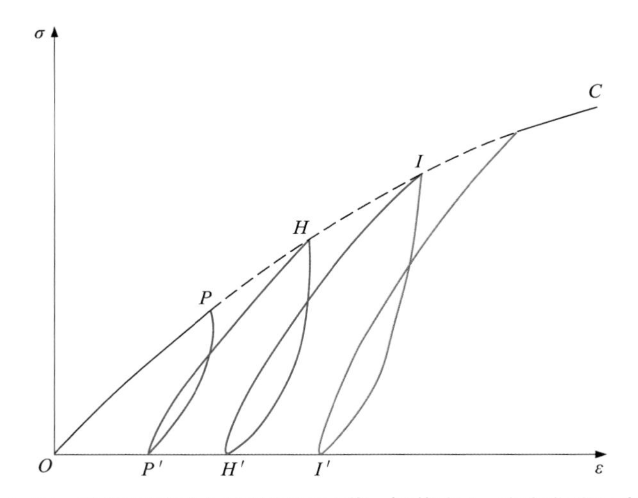

图 2-25　荷载不断增大时的循环加载、卸载应力-应变曲线示意图

2.2.3　动静组合条件下岩石的变形特征

随着采矿工程的发展以及地下工程深度的不断提高，岩石常常是在静态应力的条件下受到动态载荷作用。例如，在地下采矿过程中，重力和构造应力是作用在地下岩石工程结构上的典型静态应力，同时，工程结构还会受到由爆炸、岩爆或地震所产生的动态载荷的作用，因此，研究岩石在静态应力作用下的动态响应，对保障人员与设备安全具有重要意义。近年来，岩石在静态和动态载荷共同

作用下的力学响应成为研究热点并取得了较多进展。

以下基于夏开文教授研制的动静组合下的测试系统(综合测量岩石预载作用下强度和断裂性质的霍普金森压杆系统)介绍脆性岩石在动静组合条件下的变形特征。与传统霍普金森压杆相比,分离式霍普金森压杆增加了预加载系统[3],见图 2-26。

预加载系统包括压力舱、刚性质量块和连杆,压力舱通过活塞与透射杆相连,舱内装有液压油并与液压装置连通,改变液压舱内的压力可以给杆和试样提供预压。刚性质量块位于入射杆靠近试样的位置,并且通过连杆与压力舱相连。常见的设计中,通过连杆把入射杆的冲击端和透射杆的自由端相连,而在本系统中,入射杆靠近试样的一端与透射杆通过连杆和法兰相连(图 2-26)。因本预加载系统的总长度设计较短,所以使其具有较好的稳定性,避免了整个杆系统在预载荷下发生弯曲。

记录系统包括应变片、超动态应变仪和示波器。在测试过程中,静态预载荷是通过安装在透射杆自由端的压力加载系统和刚性质量块上的法兰加载到透射杆和试样上。当试样达到预定的静载荷,子弹撞击入射杆自由端,产生一个入射波 σ_i 沿着入射杆传播到试样并相互作用,形成反射波 σ_r 和透射波 σ_t。由于入射波使得入射杆向右运动,所以法兰对波的传播没有影响。

这三个波由入射杆及透射杆上的应变片测得,并通过电桥和超动态应变仪,由示波器采集记录。

基于一维应力波理论,入射杆-试样界面的动态力(P_1)和透射杆-试样界面的动态力(P_2)为

$$P_1(t)=AE[\varepsilon_i(t)+\varepsilon_r(t)]+A\sigma_{p0} \tag{2-17}$$

$$P_2(t)=AE\varepsilon_t(t)+A\sigma_{p0} \tag{2-18}$$

式中:E 为杆的弹性模量;A 为杆截面面积;σ_{p0} 为应力。

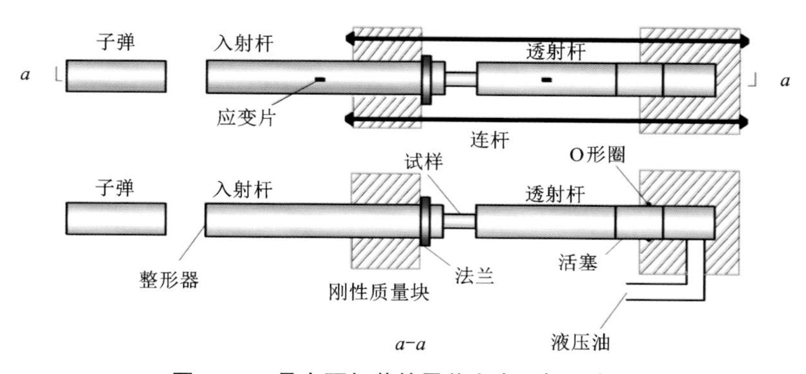

图 2-26　具有预加载的霍普金森压杆示意图

运用上述测试系统对花岗岩巴西圆盘试样及直切槽半圆形弯曲试样进行加载，分别研究了预加载和加载率对岩石拉伸强度的影响(图2-27)及预加载和加载率对岩石断裂韧度的影响[4](图2-28)。

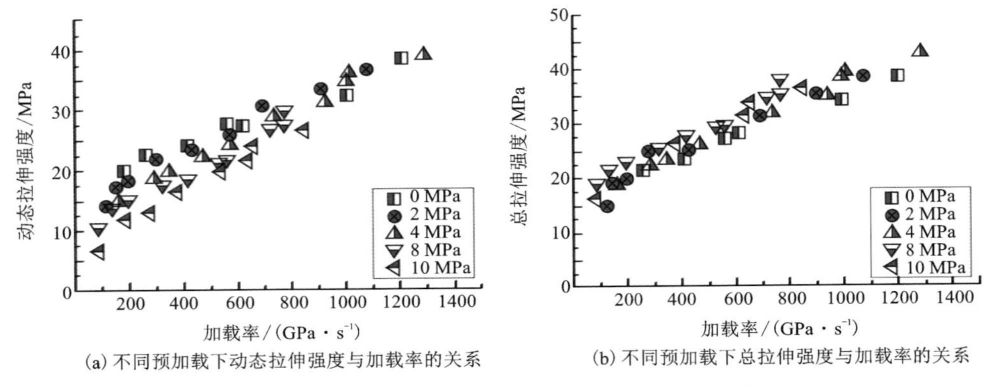

(a) 不同预加载下动态拉伸强度与加载率的关系　(b) 不同预加载下总拉伸强度与加载率的关系

图 2-27　预加载和加载率对岩石拉伸强度的影响

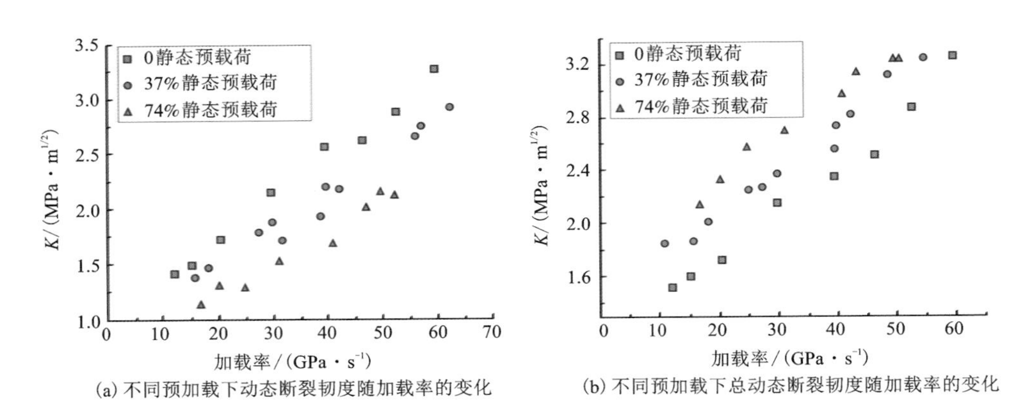

(a) 不同预加载下动态断裂韧度随加载率的变化　(b) 不同预加载下总动态断裂韧度随加载率的变化

图 2-28　预加载和加载率对岩石断裂韧度的影响

研究结果说明动态拉伸强度和总拉伸强度(动态拉伸强度与静态预拉伸应力之和)随着加载率的增加而增加。在相同加载率下，动态拉伸强度随着预加荷载的增加而减小，而总拉伸强度与预加荷载的大小无关。岩石的动态断裂韧度和总断裂韧度随着加载率的增加而增加。在相同加载率下，动态断裂韧度随着预加荷载的增加而减小，而总断裂韧度(预加荷载与动态力之和计算得到的断裂韧度)随着预加荷载的增加而增加。

2.2.4　三轴压缩条件下岩石的变形特征

工程实际中岩石处于三向应力状态，导致岩石的变形特性极其复杂。多年来，三轴压缩试验一直是认识岩石在复杂应力状态下力学性质的主要手段，也是建立强度理论的主要试验依据。三轴压缩试验主要分为常规三轴压缩试验和真三轴压缩试验。

(1)常规三轴压缩试验的岩石变形特征

在常规三轴压缩试验条件下，岩石的变形特性与单轴压缩时不尽相同，围压对岩石的变形特性具有较大影响。图 2-29 和图 2-30 是一组大理岩、花岗岩在不同围压下获得的应力-应变曲线。

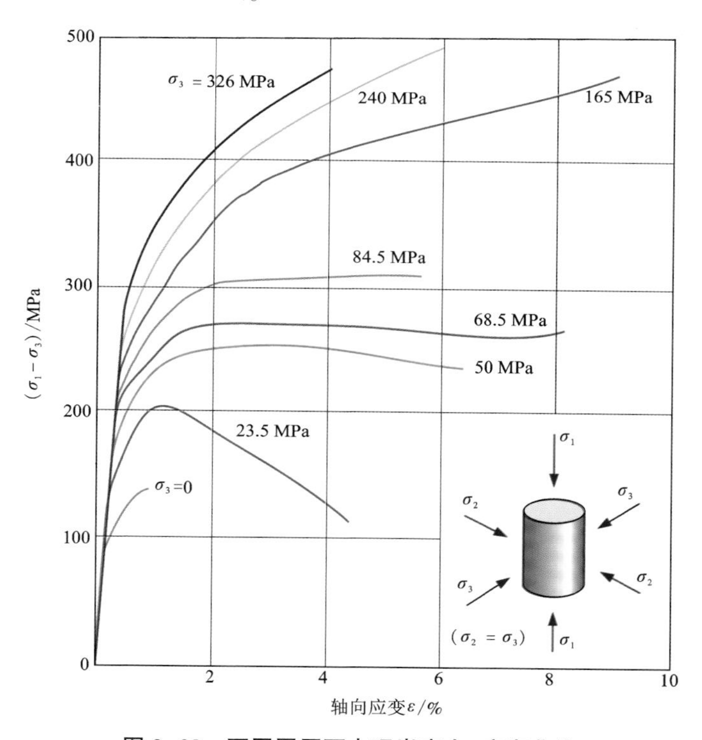

图 2-29　不同围压下大理岩应力-应变曲线

由图 2-29 可知，随围压增大，破坏前岩石的应变增加，岩石的塑性也不断增大，且由脆性逐渐转化为延性。在围压为零或较低的情况下，岩石呈脆性状态；当围压增大至 50 MPa 时，岩石显示出由脆性到延性转化的过渡状态；围压增加到 68.5 MPa 时，呈现出塑性流动状态；围压增至 165 MPa 时，岩石屈服后偏应力 $(\sigma_1-\sigma_3)$ 则随围压增大而稳定增长，出现应变硬化现象。这说明围压是影响岩石力学性质的主要因素之一，通常把岩石由脆性转化为延性的临界围压称为转化压力。图 2-30 所示的花岗岩也有类似特征，所不同的是其转化压力比大理岩大得多，且破坏前的应变随围压增加更为明显，同时花岗岩峰后变形表现出明显的应变软化现象。

岩石变形破坏过程、破坏形式、脆延性状态等均与围压密切相关，围压对岩石变形的影响主要表现在：随着围压的增大，岩石抗压强度、弹性极限及破坏时的变形显著增大；岩石的应力-应变曲线形态发生明显改变；岩石的性质发生了变化，即弹脆性→弹塑性→应变硬化。

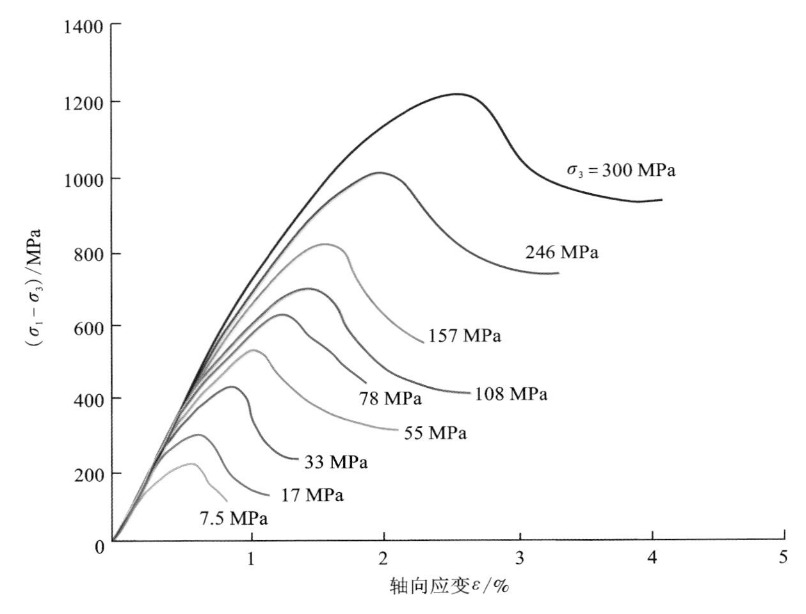

图 2-30　不同围压下花岗岩应力-应变曲线

(2) 真三轴压缩试验的岩石变形特征

常规岩石力学试验往往采用轴对称应力状态(如单轴压缩试验、常规三轴压缩试验)，与岩石工程所处的三向不等应力状态($\sigma_1>\sigma_2>\sigma_3$)不符。自从 Müller 发现常规三轴压缩试验和常规三轴拉伸试验($\sigma_1=\sigma_2>\sigma_3$)得出的莫尔包络线存在显著差异以来，岩石在真三轴应力状态下的强度与变形特性受到广泛关注。

日本学者茂木清夫(Mogi)利用自行研制的岩石真三轴试验装置进行了一系列岩石真三轴试验，详细讨论了中间主应力对多种岩石力学特性的影响。基于 Mizuho 粗面岩、Inada 花岗岩和 Yamaguchi 大理岩真三轴试验，Mogi 发现最小主应力(σ_3)方向的侧向应变(ε_3)总是大于中间主应力(σ_2)方向的侧向应变

（ε_2），当 σ_2 从 σ_3 增大至 σ_1 过程中，侧向应变 ε_2 的膨胀程度逐渐被抑制直到试样的扩容行为完全由 ε_3 承担。这一现象称为各向异性扩容，其本质为应力诱导产生的垂直于 σ_3 方向的张拉微裂纹。真三轴压缩下岩石的变形特征极其复杂，在中间主应力增大的过程中，往往伴随着剪切诱导的体积扩容和平均应力诱导的压缩变形，这两个相互矛盾的过程共同决定了试样体积变形的特征。

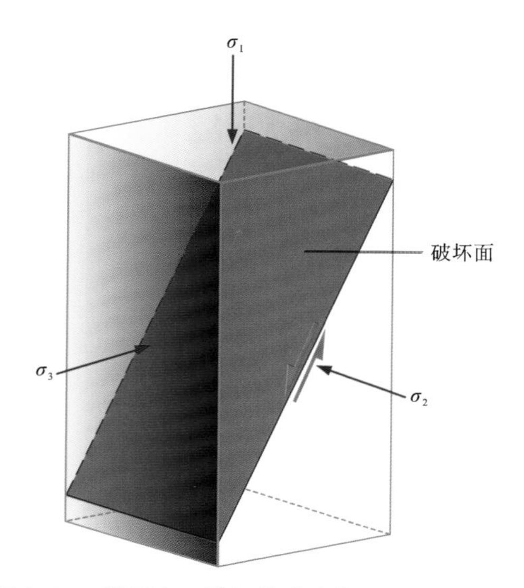

图 2-31　岩石真三轴压缩试验典型破坏面示意图

通常，在真三轴应力条件下，试样内部形成平行于 σ_2 方向的剪切破坏面，该面与 σ_3 夹角通常大于 45°，如图 2-31 所示。

中间主应力同样对岩石的强度特性影响较大，如图 2-32 所示，在最小主应力（σ_3）保持恒定时，随着中间主应力 σ_2 从 σ_3 增大至 σ_1，岩石的抗压强度先增大后减小，且大于岩石在常规三轴压缩下的强度。

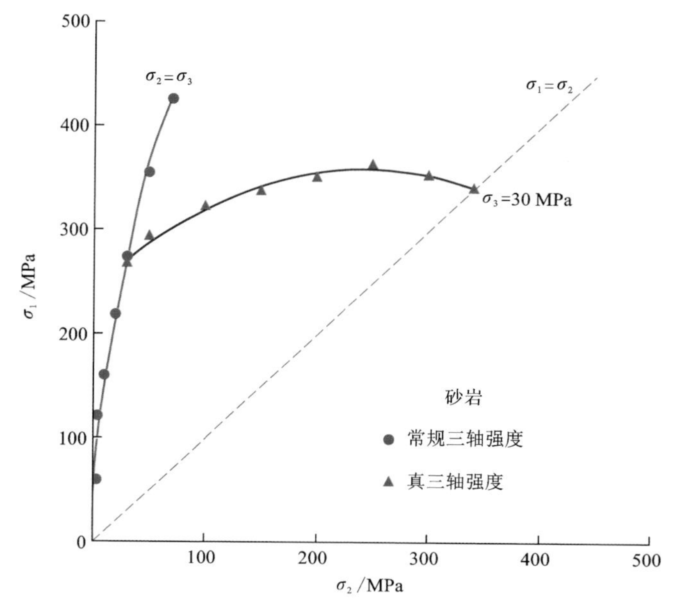

图 2-32　真三轴压缩下中间主应力对岩石强度的影响（ISRM 建议方法）

(3)三轴卸载试验的岩石变形特征

岩石在加载与卸载条件下，其力学特性和损伤演化机理存在本质区别。卸载时，在释放应变能的驱动下，岩石内部将产生局部张拉应力，诱发并加剧内部微裂纹的形成和扩展，导致岩石力学性质急剧下降，变形剧增。

岩石在卸载条件下发生损伤及脆性破坏的程度受其内禀性(非均质性、各向异性、抗拉强度、内摩擦角等)、初始储能大小、卸载路径及卸载速率等内外因素影响。三轴卸载试验常用的卸载应力路径主要包括两种：恒轴压卸围压和加轴压卸围压。其中，恒轴压卸围压对应高陡边坡开挖时边坡岩体切向应力不变、径向应力降低的应力调整过程，如图 2-33(a)所示；加轴压卸围压对应深部隧道或深部硐室开挖过程中硐室周边围岩切向应力增加、径向应力降低的应力调整过程，如图 2-33(b)所示。

国内外学者开展了大量三轴卸载试验相关的研究，试验结果表明：卸围压试验时，试样表现出明显的弹-脆性特征。试样在达到峰值强度前，应力-应变曲线呈近线性关系；达到峰值强度后，应力-应变曲线有明显的降低段，有时甚至出现应力跌落，呈现脆性破坏。在不同应力路径下，岩石破坏时的轴向应变随卸载初始围压的增大而增大，而径向应变随卸载初始围压的增大而减少。主要是由于卸载初始围压的增大，对试样径向应变产生了约束作用，在一定程度上限制了岩石径向变形，从而提高岩石轴向承载能力，导致其轴向极限应变增大；不同初始卸载围压下试件破坏时的应变表明：在同一应力路径下，初始围压越高，试件破坏越剧烈。

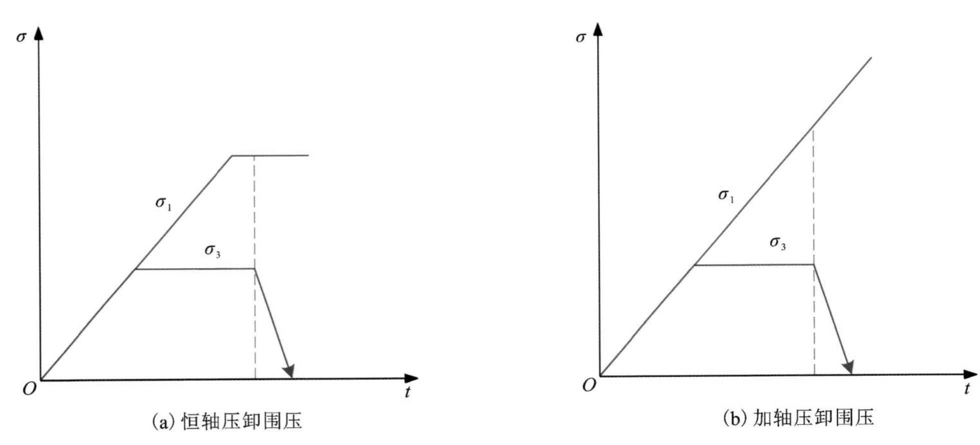

图 2-33　三轴卸载试验常用卸载应力路径示意图

(4)三轴压缩条件下岩石的破坏特征

岩石在三轴压缩条件下的破坏形式大致可分为脆性劈裂、剪切及塑性流动三类，如表 2-1 所示。但具体岩块的破坏方式，除了受岩石本身性质影响外，很大程度上还受围压的控制。随着围压的增大，岩石从脆性劈裂破坏逐渐向塑性流动过渡，破坏前的应变也逐渐增大。

表 2-1　岩石在三轴压缩条件下的破坏形式

破裂或断裂前的典型应变/%	<1	1~5	2~8	5~10	>10
破坏机制和形式	脆性劈裂破坏		剪切破坏		塑性流动破坏
	脆性破坏	脆性破坏	过渡型破坏	延性破坏	延性破坏
三轴压缩（$\sigma_1>\sigma_2=\sigma_3$）	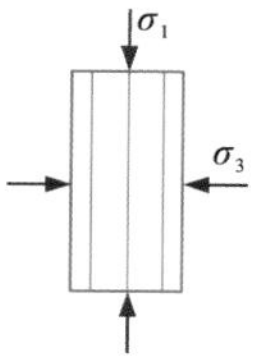 σ_1, σ_3	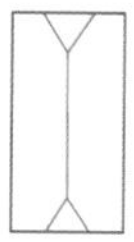		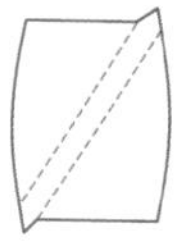	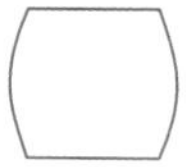
典型的应力-应变曲线	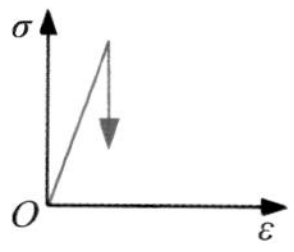 σ, O, ε	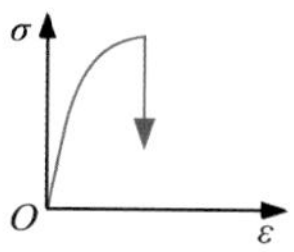 σ, O, ε	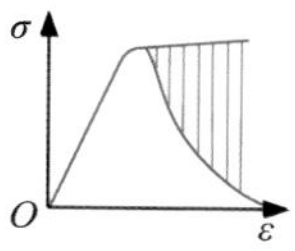 σ, O, ε	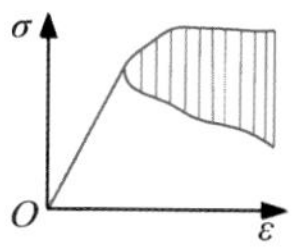 σ, O, ε	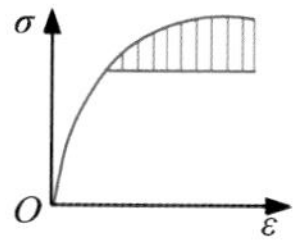 σ, O, ε

注：表中阴影区域代表岩石三轴压缩条件下屈服后曲线可能的变化范围。

2.2.5　岩石扩容

岩石扩容是岩石在荷载作用下，破坏之前产生的一种明显的非弹性体积增加现象，是岩石具有的一种普遍性质，多数岩石在破坏前都会产生扩容，扩容的快慢、大小与岩石的性质、种类等因素有关。

岩石单位体积的改变，称为体积应变，简称体应变。取一微单元体，其边长为 $\mathrm{d}x$、$\mathrm{d}y$、$\mathrm{d}z$，变形前的体积为 $\mathrm{d}V=\mathrm{d}x\mathrm{d}y\mathrm{d}z$，变形后的体积为 $\mathrm{d}V'=(\mathrm{d}x+\varepsilon_x\mathrm{d}x)(\mathrm{d}y+\varepsilon_y\mathrm{d}y)(\mathrm{d}z+\varepsilon_z\mathrm{d}z)$，则体积应变 ε_{v} 为

$$\varepsilon_{\mathrm{v}}=\frac{\Delta\mathrm{d}V}{\mathrm{d}V}=\frac{\mathrm{d}V'-\mathrm{d}V}{\mathrm{d}V}=\frac{(\mathrm{d}x+\varepsilon_x\mathrm{d}x)(\mathrm{d}y+\varepsilon_y\mathrm{d}y)(\mathrm{d}z+\varepsilon_z\mathrm{d}z)-\mathrm{d}x\mathrm{d}y\mathrm{d}z}{\mathrm{d}x\mathrm{d}y\mathrm{d}z} \tag{2-19}$$

略去高阶微量，则

$$\varepsilon_{\mathrm{v}}=\varepsilon_x+\varepsilon_y+\varepsilon_z \tag{2-20}$$

由胡克定律可知：

$$\begin{cases} \varepsilon_x = \dfrac{1}{E}[\sigma_x - \upsilon(\sigma_y + \sigma_z)] \\ \varepsilon_y = \dfrac{1}{E}[\sigma_y - \upsilon(\sigma_z + \sigma_x)] \\ \varepsilon_z = \dfrac{1}{E}[\sigma_z - \upsilon(\sigma_x + \sigma_y)] \end{cases} \tag{2-21}$$

则

$$\varepsilon_v = \varepsilon_x + \varepsilon_y + \varepsilon_z = \frac{1-2\upsilon}{E}(\sigma_x + \sigma_y + \sigma_z) = \frac{1-2\upsilon}{E}(\sigma_1 + \sigma_2 + \sigma_3) \tag{2-22}$$

式(2-22)可简化为

$$\varepsilon_v = \frac{1-2\upsilon}{E} I_1 \tag{2-23}$$

式中：ε_x、ε_y、ε_z 分别为 x 方向、y 方向、z 方向的线应变；σ_x、σ_y、σ_z 分别为 x 方向、y 方向、z 方向的正应力；σ_1、σ_2、σ_3 分别为最大、中间和最小主应力；E 为弹性模量；υ 为泊松比；$I_1 = \sigma_x + \sigma_y + \sigma_z = \sigma_1 + \sigma_2 + \sigma_3$，为应力张量第一不变量，也称体积应力。

由于岩石在弹性范围内符合上述关系，故岩石的体积应变可用式(2-23)表示。

图 2-34 是典型结晶岩石的偏应力 σ_d-体积应变 ε_v 曲线。图中可以看出，随偏应力增加，岩石的体积是缩小的，但当应力超过某一值 σ_B 后，σ_d-ε_v 曲线偏离了直线，使得岩石的体积压缩量相对于理想线弹性体的体积压缩量有所减小，偏离弹性的部分(CC')代表岩石体积的非弹性增加，B 点为岩石扩容的起点。一般情况下，岩石开始出现扩容时的应力为其抗压强度的 1/3～1/2。

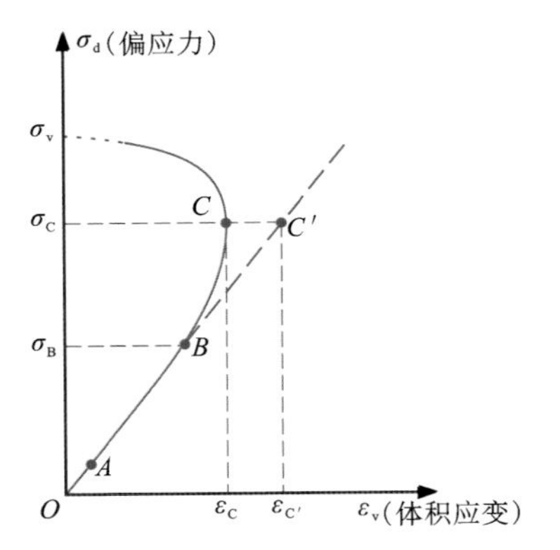

图 2-34　岩石的偏应力-体积应变曲线

岩石从裂纹萌生到最终破坏的过程，往往存在一个由体积减小转变为体积增大的拐点 C，岩石体积在该点达到最小，之后岩石又呈现出体积增大的现象。在拐点附近，随着应力的增加，岩石体积虽有变化，但体积应变增量近于零；C 点之后，随应力增加，岩石体积应变速率越来越大，裂纹加速扩展，最终导致岩石试样破坏。

2.2.6　岩石变形的时效性

上述岩石的变形特性都是岩石在瞬时加载后的变形特性，与时间无关，但是部分岩石的变形特性存在时间效应。在外部条件不变的情况下，岩石的应变或应力随时间而变化的现象称为岩石流变，包括蠕变、松弛、弹性后效和长期强度。

①蠕变：岩石在恒定外力作用下，应变随着时间增长而增大的现象。

②松弛：岩石在应变保持不变的条件下，应力随时间增长而减小的现象。

③弹性后效：岩石在加载或卸载时，变形滞后于应力延迟恢复的现象。

④长期强度：岩石在长期荷载作用下的强度。

研究岩石流变特性对岩石工程的稳定性评估具有重要意义，特别是在高应力软岩工程中蠕变特性表现得特别显著。当岩石在恒定荷载作用下，以应变 ε 为纵坐标、以时间 t 为横坐标绘制的岩石典型蠕变过程曲线，如图 2-35 所示。岩石的蠕变过程曲线可划分为 4 个阶段：①瞬时变形阶段（OA）；②过渡蠕变阶段 Ⅰ（AB），又称初始蠕变阶段或第一蠕变阶段，其中 A 点应变速率最大，随时间延长，达到 B 点时最小；③等速蠕变阶段 Ⅱ（BC），又称稳态蠕变阶段或第二蠕变阶段，应变速率保持不变，直到 C 点；④加速蠕变阶段 Ⅲ（CD），又称第三蠕变阶段，应变速率迅速增加，直到岩石破坏。

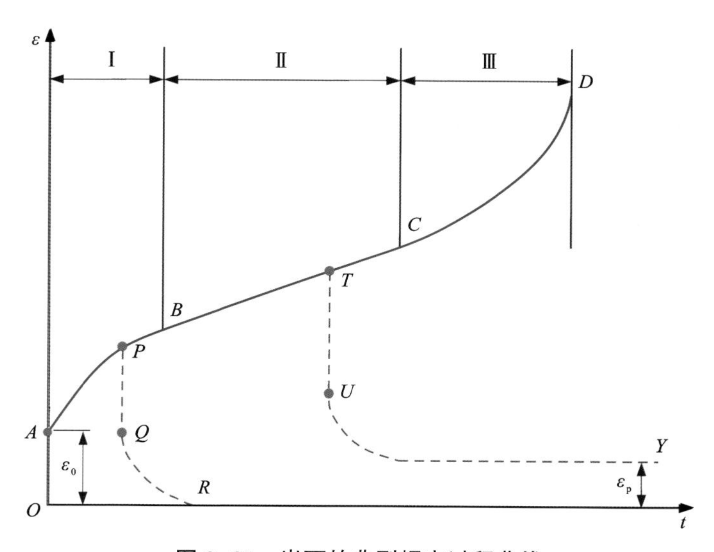

图 2-35　岩石的典型蠕变过程曲线

以上岩石的典型蠕变曲线的形状及某个阶段的持续时间，受岩性、荷载大小及温度、湿度等因素影响而有所不同。对同一种岩石，作用荷载越大，第 Ⅱ 阶段蠕变持续时间越短，岩石越容易发生蠕变破坏；当作用荷载较小时，可能仅出现第 Ⅰ 阶段或第 Ⅰ 、Ⅱ 阶段蠕变特征。此外，在蠕变曲线的不同阶段卸载（如曲线 PQR 和曲线 TUY）则会出现不同的蠕变特性响应。

2.3 岩石破坏全过程力学特性

2.3.1 完整应力-应变曲线获取方法

岩石完整应力-应变曲线，即全应力-应变曲线，亦称“应力-应变图”。表示岩石材料在外力或外因变化的作用下，应力与应变变化特征的曲线。表征了岩石从开始变形、逐渐破坏、到最终失去承载能力的整个过程。仅用一般的单轴或者三轴压力试验机所得到的结果只能反映岩石破坏前期的应力-应变关系曲线，其过程表现不全面，岩石在瞬时破坏之后便失去了承载能力，所以这个过程不能够完全反映岩石的应力-应变曲线的全过程。通过刚性试验机，并利用伺服控制系统，适当控制加载速度从而得到岩石全应力-应变曲线。

在岩石力学发展进程经典理论阶段中，刚性试验机的发明为揭示岩石峰后强度提供了可能，这是岩石力学学科发展史上的重要成果。早期试验机刚度对材料性质的影响一直被忽视，导致岩石破坏后的残余强度难以描述。1965 年，通过对岩石试件和一个与试件平行的钢管同时加载，南非的库克(Cook)第一次测得了大理岩的荷载-位移全过程曲线。这是由于在试件破坏而失去承载力之后，试验机荷载被钢管承担，从而有效避免了试件在峰后发生突然破坏。

虽然试验机刚度的提高有效解决了大部分岩石的峰后变形破坏特征难以测量的问题，但对于部分岩石，需要通过在峰后主动减小轴向位移来维持其渐进破坏，导致了即使使用无限刚度的试验机也无法获取这类岩石的峰后变形破坏特征，由此催生了岩石力学试验机的伺服控制技术。该技术是根据试件变形特征来实时调整加载位移或荷载。瓦韦尔斯基(Wawersik)和费尔赫斯特(Fairhurst)在 1970 年首次通过手动伺服控制获得了该类岩石的荷载-位移全过程曲线。直到 20 世纪 70 年代初，发明了电液伺服控制刚性试验机，该类试验机通常以试件环向变形作为反馈信号来调节轴向位移，从而实现对岩石荷载-位移全过程曲线的测量，这一发明对进一步认识岩石的破坏机制、推动岩石力学的发展发挥了重要作用。近年来，岩石真三轴试验机及试验技术得到了快速发展，为岩石力学性质的深化研究提供了重要技术手段。

2.3.2 岩石峰前应力阈值的确定

岩石的变形不仅依赖于岩石的内在属性，同时还与岩石变形过程中内部微裂纹的发展密切相关，岩石的变形破坏过程伴随着裂纹的闭合、萌生、扩展和贯通。岩石的峰前变形阶段包含 4 个重要的特征应力阈值，基于岩石的峰前应力-应变曲线，可通过确定裂纹闭合应力(σ_{cc})、裂纹起裂应力(σ_{ci})、裂纹损伤应力(σ_{cd})及峰值应力(σ_p)来定量表征岩石的峰前破坏阶段，如图 1-10 所示。

微裂纹的发展是评估岩石变形损伤破裂特征的重要依据。由图 1-10 体积应变曲线和微裂纹体积应变曲线可知，岩石经历了先压缩后膨胀的过程，主要是由于岩石内部微裂纹在荷载初始阶段被压密，经历弹性变形阶段后裂纹萌生、扩展和交互贯通，岩石整体膨胀扩容。

裂纹闭合应力(σ_{cc})为岩石内部微裂纹闭合压密阶段的上限应力，同时为线弹性阶段的起始应力，该阶段存在与否取决于岩石中原有裂纹密度和裂纹几何特征；一旦大多数先前存在的裂纹闭合，岩石就会发生线弹性变形；裂纹起裂应力(σ_{ci})表示微破裂开始的应力水平，为裂纹稳定发展阶段的起始应力，即应力-应变曲线偏离线性处的应力，对应于岩石中新裂纹的萌生；裂纹损伤应力(σ_{cd})为裂纹非稳定发展阶段的起始应力，对应于岩石体积应变曲线的拐点(反转点)，损伤应力也被称为岩石的长期强度。峰值应力(σ_p，峰值强度)是评估岩石强度最常见和直接的重要指标。

岩石的峰值强度，不是岩石的固有特性，而是取决于加载条件(如加载速率等)，而裂纹起裂应力(σ_{ci})和裂纹损伤应力(σ_{cd})与峰值强度的比值范围大致固定，基本与荷载条件无关。作为岩石脆性破坏的重要先兆，裂纹起裂和裂纹损伤阈值已广泛应用于岩体开挖损伤分析和稳定性评估中。

2.3.3　岩石Ⅰ型、Ⅱ型曲线特征

虽然岩石在峰前加载过程中表现出相似的力学行为，但峰后却呈现明显差异。Wawersik 和 Fairhurst(1970)通过手动伺服控制获得了不同岩石的全应力-应变曲线，如图 2-36 所示。根据岩石峰后变形曲线特征将岩石应力-应变全过程曲线分为Ⅰ型和Ⅱ型，如图 2-37 所示。

Ⅰ型曲线裂纹扩展过程是稳定的，在荷载达到峰值后，岩石试样中所储存的应变能不足以维持裂纹继续扩展直至试样破坏，只有外力继续对试样做功，才能使岩石进一步破裂。

Ⅱ型曲线裂纹扩展过程是不稳定或自持的，在荷载达到峰值后，岩石试样中所储存的应变能足以维持裂纹扩展直至试样几乎丧失所有强度，出现非可控变形破坏。

Ⅰ型和Ⅱ型曲线之间的分界线由图 2-37 中的虚线定义，它代表试样达到峰值强度时存储的应变能刚好可平衡试样完全破坏所需要的能量。

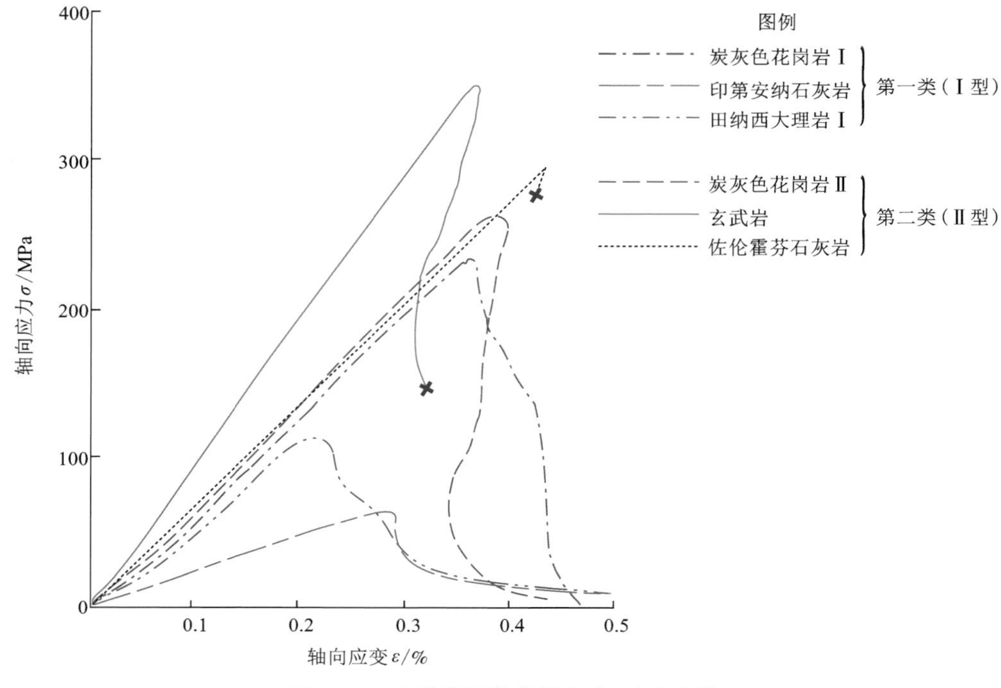

图 2-36　六种岩石的单轴应力-应变曲线

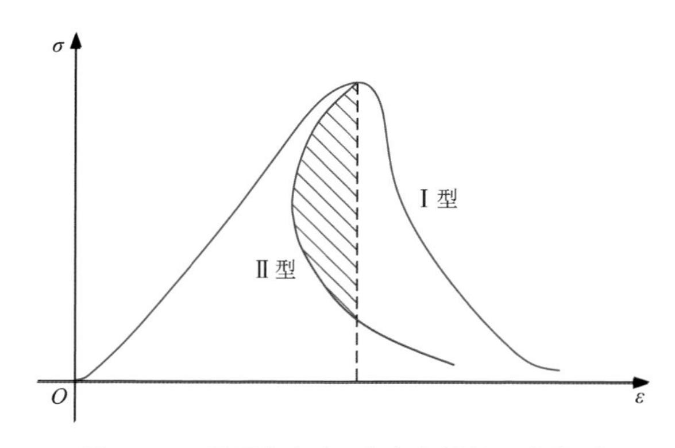

图 2-37　岩石全应力-应变曲线的两种类型

2.4　影响岩石力学性质的试验因素

岩石的强度与变形特性不仅与岩石自身的固有属性有关，还受其他因素的影响，如应力路径、尺寸效应、端部效应、速率效应、温度效应和围压效应等。

2.4.1　应力路径

岩石作为地下工程的主要载体，在工程施工和运营阶段经历了复杂的应力重分布过程，应力路径对岩石宏观力学特性具有显著的影响。国内外学者主要通过常规三轴和真三轴加载试验研究了应力路径对岩石力学性质的影响。常规三轴试验主要通过改变偏应力和围压大小，而真三轴加载试验则通过改变三向主应力来实现不同应力路径加载。

应力路径对岩石力学性质影响可分为强度和变形两方面。关于常规三轴应力路径对变形影响规律的研究多分为 3 种：常规三轴压缩、围压和偏压均增大的加载以及围压减小偏压不变的卸载试验，而真三轴应力路径对变形影响规律的研究大多结合现场原位数据，来再现实际工程活动中应力的演化路径。此外，应力路径不仅影响着岩石的宏观性质，也对岩石的细观性质产生一定的影响。国内学者李地元等[5]对花岗岩开展了 3 种不同应力路径下的三轴压缩试验，得到了不同应力路径下岩石的应力–应变曲线（图 2–38），详细研究了其强度、变形及破坏特征。

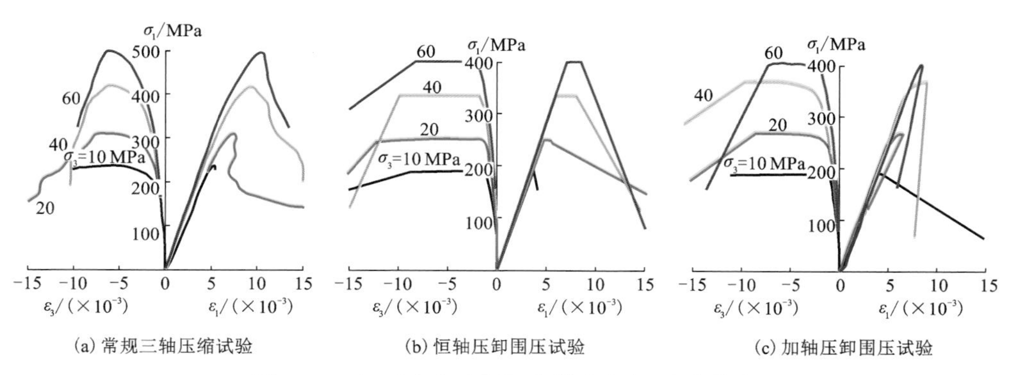

图 2–38　不同应力路径下花岗岩应力–应变曲线

2.4.2　尺寸效应

岩体是由完整岩石与结构面等共同组成的综合体。岩石由于其形成条件及形成后亿万年地质构造作用及大气风化作用，在岩石内部形成各种类型结构面以及空隙、微裂隙及肉眼可见的各种缺陷，它们直接影响岩石的物理力学性质。岩体结构面及岩石材料内部缺陷的存在破坏了岩体的连续性和完整性，使岩体存在尺寸效应，即岩石的强度指标与试件的大小、形状和三维尺寸比例有关的效应。

国内学者刘宝琛等[6]对不同尺寸多种岩石单轴抗压强度试验结果进行分析（图 2–39），获得了一些有关尺寸效应的规律。

①形状完全相似的、由同一种岩石加工成的试样单轴抗压强度随尺寸增大而明显减小。

②岩石强度随其尺寸增大而单调减小并趋于该种岩石的最小强度值。尺寸再增大，其强度不变，此时岩石强度即为岩体强度。

③岩石中天然缺陷的数量、贯通性及其分布规律对尺寸效应有明显影响。

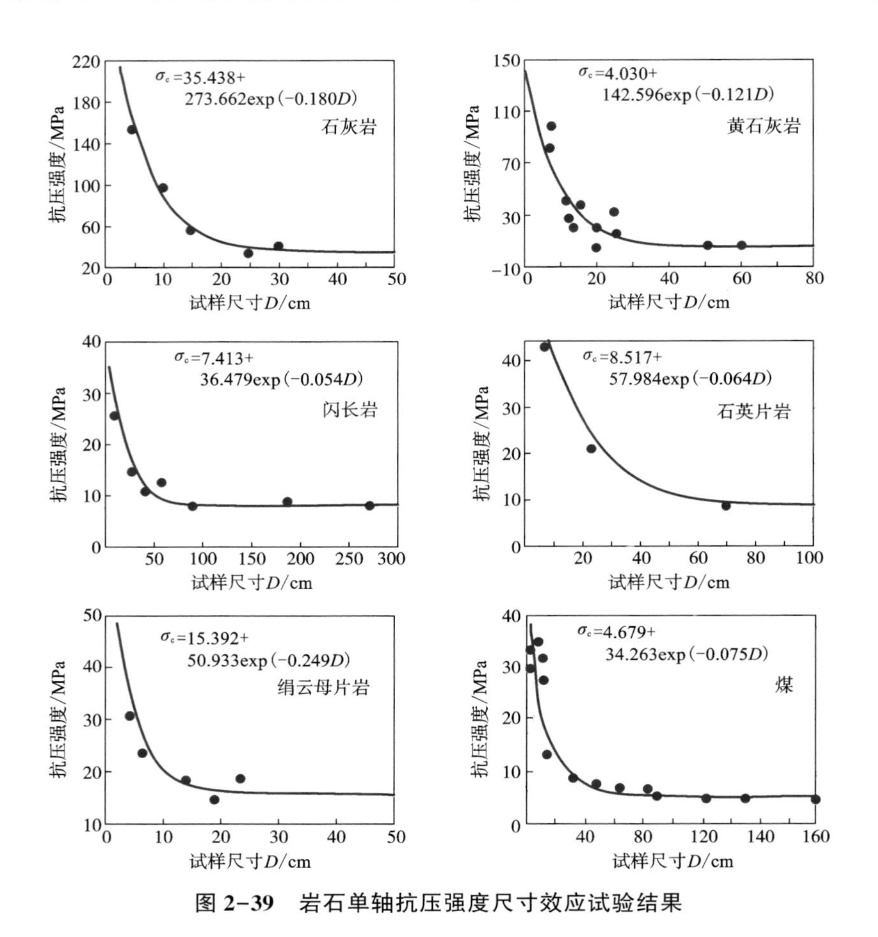

图 2-39　岩石单轴抗压强度尺寸效应试验结果

2.4.3　端部效应

岩石端部效应是岩石力学试验中一个难以避免的问题，也是影响岩石变形破坏形式的一个重要因素，试样端部与加载板之间的摩擦力会限制岩石试样两端的横向变形，导致岩石试样内的应力分布不均匀，如图 2-40 所示，图中等值线为端部约束下单轴压缩岩石的相对应力分布示意图(Hawkes and Mellor，1970)，从而造成试样呈圆锥状破坏，如图 2-41(a)所示。可通过对试样端部磨平并涂抹润滑剂来降低“端部效应”的影响，此时岩石试样的破坏形态呈现柱状劈裂破坏，如图 2-41(b)所示。

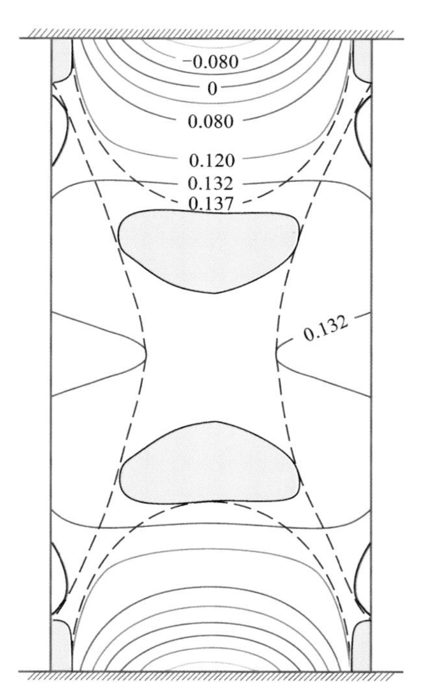

图 2-40　端部效应下岩石单轴压缩时的相对应力分布示意图

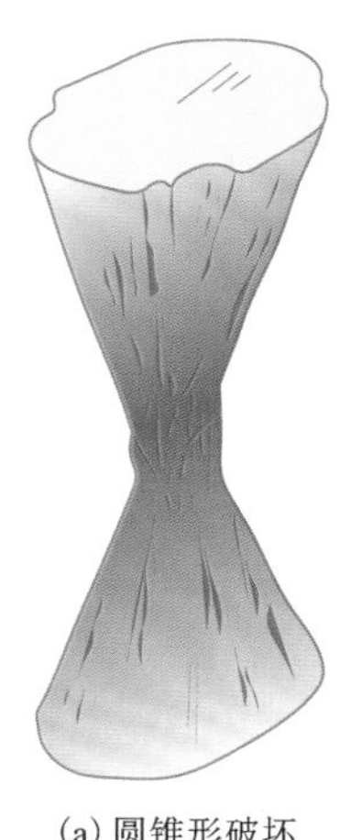

(a) 圆锥形破坏

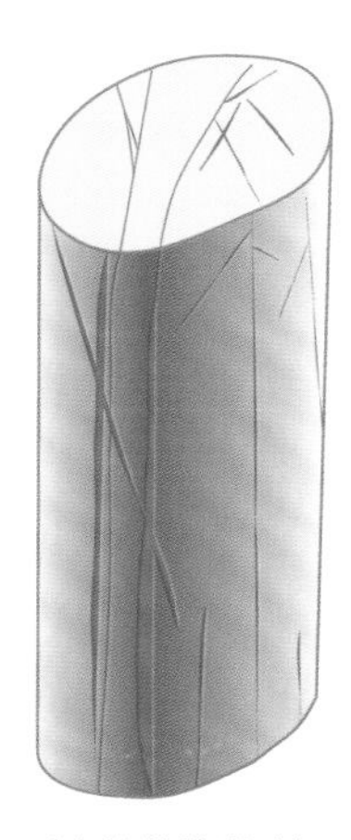

(b) 柱状劈裂破坏

图 2-41　端部效应对岩石单轴压缩破坏形态的影响

2.4.4　速率效应

应变率是应变对时间的导数，单位为 s^{-1}，反映材料的变形速度；加载率是外部荷载的变化速率，单位为 kN/s 或 MPa/s，反映加载快慢。

在岩石工程中，工程施工、构造挤压、冲击地压等载荷的加载速率常常会对岩石力学特性造成显著影响，也会改变岩石的破坏形式和剧烈程度。在加载试验中，加载速率对岩石的变形和强度同样具有显著影响，一般加载速率越大，岩石的强度指标和弹性模量越大，但不同岩石对加载速率的敏感程度存在差异。对于多数岩石，加载速率对弹性变形阶段的岩石力学性质影响不明显，而裂隙扩展阶段影响显著。

不同围压下岩石动态抗压强度随应变率变化规律如图 2-42 所示[7, 8]，岩石动态劈裂抗拉强度随加载率变化规律如图 2-43 所示[9, 10]。岩石材料在不同应变率下的力学行为差别较大，随应变率增加，其强度明显提高，其根本原因是应变率或加载率影响岩石的黏聚力 c、内摩擦角 φ 和材料参数 m_i。

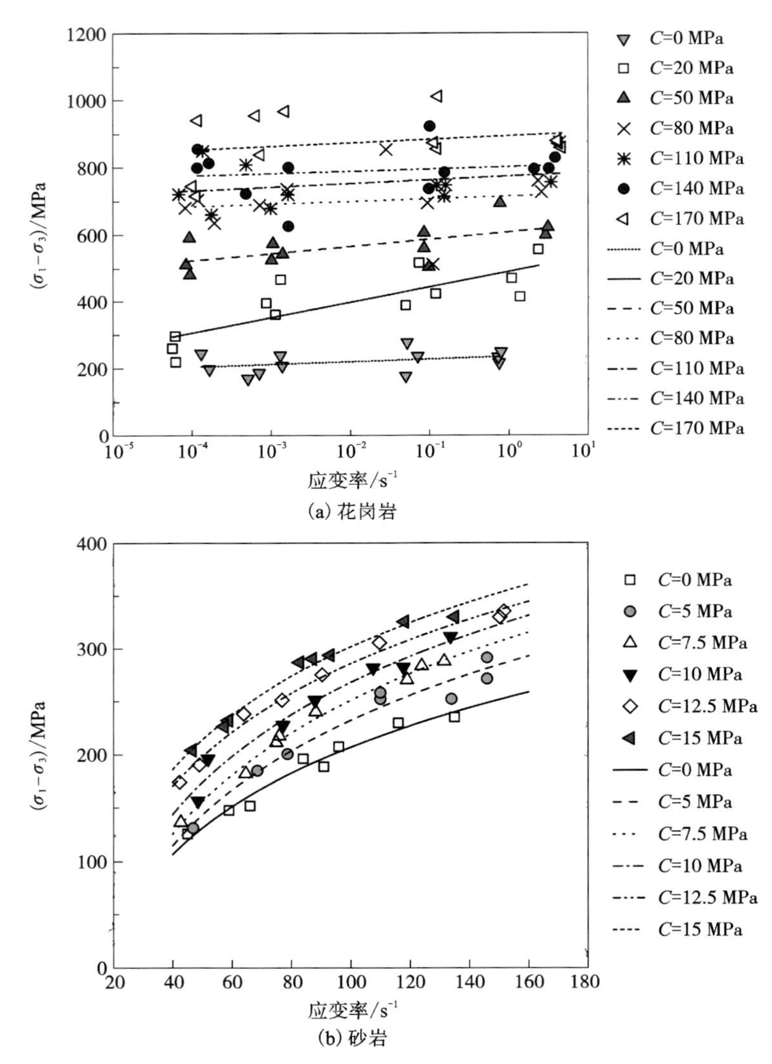

图 2-42　不同围压下岩石动态抗压强度随应变率变化规律（*C* 为围压）

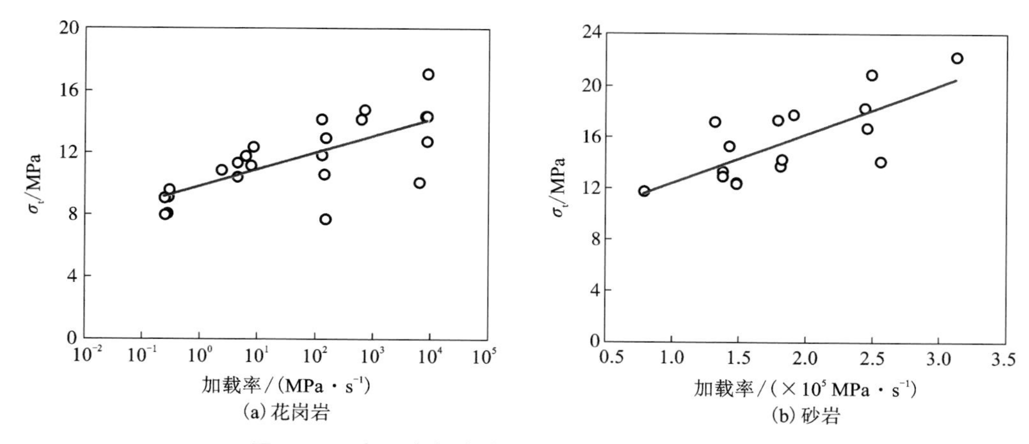

图 2-43　岩石动态劈裂抗拉强度随加载率变化规律

2.4.5　温度效应

在地壳中，一般深度每增加 1000 m，温度升高 20~30 ℃。岩石内部温度不同而产生温度应力。升温产生的温度应力会降低岩石强度，温度升高，岩石内部分子的热运动增强，削弱了他们之间的黏聚力，使晶粒面容易产生滑移，可能导致岩石的破坏形式从脆性转变为延性。当温度在 90 ℃以内时，对岩石不会产生显著影响，但在核废料贮存、深部矿产资源开采、地热资源开发、地温异常区工程建设等领域，均不可忽视温度对岩石力学特性的影响。

一般情况下，岩石的延性随温度的升高而增强，屈服点降低，强度也相应降低。图 2-44 为 3 种不同岩石在围压 500 MPa、不同温度条件下的应力状态与应变关系曲线。

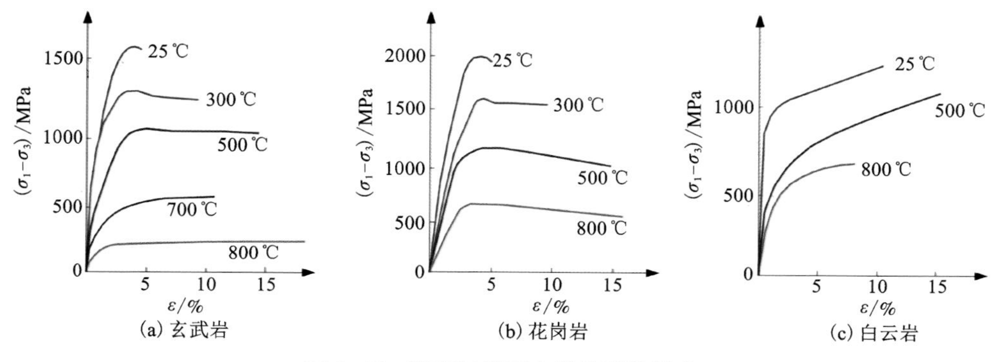

图 2-44　温度对岩石力学性质的影响

2.4.6 围压效应

脆性岩石在常温常压下一般产生脆性破坏，但深埋地下的岩石却表现出明显的延性。岩石这一性质的变化是由于所处物理环境的改变造成的，即围压的改变影响了岩石力学性质。围压效应是一种环境地质因素，存在于地面以下一般工程所涉及的深度范围，它直接影响建筑物基础及岩体物理力学性质的变化，它与岩体力学中的三维地应力、卸荷作用、风化作用及其它物理地质作用有密切的关系。

近年来，岩石力学研究中已对围压效应从理论上和试验中做了深入的分析，发现围压对试样的破坏模式与破裂角存在显著影响。图 2-45 为一组不同围压下中孔隙砂岩试样加载破坏照片，在单轴压缩条件下试样破坏以轴向劈裂为主，在低围压条件下，会形成单一剪切面，但随着围压增大，部分试样形成共轭剪切面，证明试样在偏应力条件下的共轭效应，在更高的围压条件下，不会诱导宏观剪切带的形成。

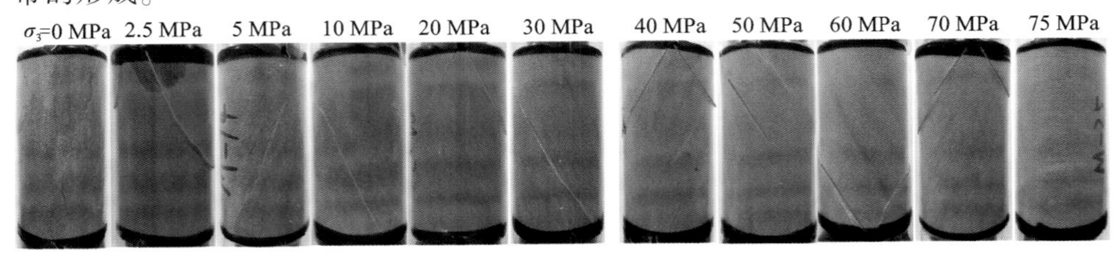

图 2-45　砂岩在不同围压条件下的破裂模式照片

图 2-46 中统计了不同围压下的试样破裂角，围压为 5 MPa 时，破裂角平均值为 69. 1°，围压增大至 75 MPa，破裂角降低至 57. 6°(在 75 MPa 围压条件下，仅有 1 个试样观测到宏观剪切带，其余 2 个试样无明显宏观裂缝)，该破裂角随围压变化关系可由对数函数进行拟合。随着围压的增大，试样的破裂模式将由单轴压缩条件下的劈裂破坏转换为剪切破坏，试样的破裂角逐渐降低。在低围压区域，试样的破裂角变化对围压更敏感。

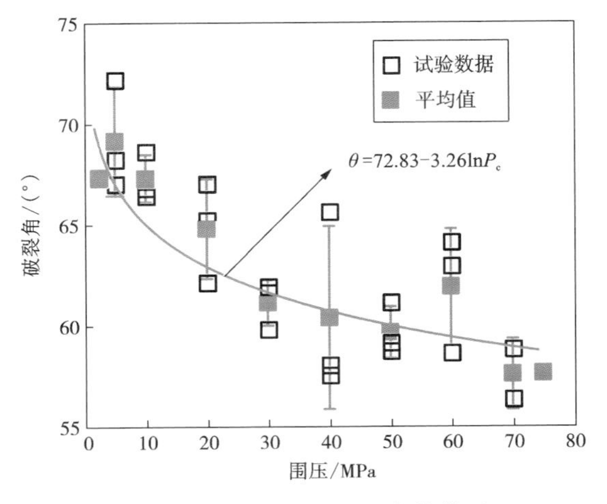

图 2-46　破裂角随围压变化关系及破裂角-围压拟合结果

2.5　本章小结

本章首先介绍了岩石在各种受力状态下强度特性和变形破坏特征的基本概念与确定方法，从岩石试样压缩、拉伸、剪切的试验设备与强度计算两方面介绍了获得岩石强度特性的方法，并且基于压缩条件下的应力-应变曲线详细分析了岩石材料的变形特性，讨论了岩石的扩容与流变特性。

岩石的全应力-应变曲线可有效揭示岩石的强度与变形特征，结合完整应力-应变曲线获取方法，分析了岩石应力阈值的确定，介绍了峰前峰后的曲线特征。最后，分别从应力路径、尺寸效应、端部效应、速率效应、温度效应、围压效应等方面介绍了影响岩石力学特性的试验因素。

参考文献

[1] 吴顺川，李利平，张晓平. 岩石力学[M]. 北京：高等教育出版社，2022.
[2] Bai Q, Tibbo M, Nasseri M H B, et al. True triaxial experimental investigation of rock response around the mine-by tunnel under an in situ 3D stress path[J]. Rock Mechanics and Rock Engineering, 2019, 52(10): 3971-3986.
[3] 夏开文，姚伟. 预加载下岩石的动态力学性能研究[J]. 工程爆破，2015，21(6)：7-13.
[4] 夏开文，王帅，徐颖，等. 深部岩石动力学实验研究进展[J]. 岩石力学与工程学报，2021，40(3)：448-475.
[5] 李地元，孙志，李夕兵，等. 不同应力路径下花岗岩三轴加卸载力学响应及其破坏特征[J]. 岩石力学与工程学报，2016，35(S2)：3449-3457.
[6] 刘宝琛，张家生，杜奇中，等. 岩石抗压强度的尺寸效应[J]. 岩石力学与工程学报，1998(6)：611-614.
[7] Li H B, Zhao J, Li T J. Triaxial compression tests on a granite at different strain rates and confining pressures[J]. International Journal of Rock Mechanics and Mining Sciences, 1999, 36(8): 1057-1063.
[8] Gong F Q, Si X F, Li X B, et al. Dynamic triaxial compression tests on sandstone at high strain rates and low confining pressures with split Hopkinson pressure bar[J]. International Journal of Rock Mechanics and Mining Sciences, 2019, 113: 211-219.
[9] Zhao J, Li H B. Experimental determination of dynamic tensile properties of a granite[J]. International Journal of Rock Mechanics and Mining Sciences, 2000, 37(5): 861-866.
[10] Gong F Q, Zhao G F. Dynamic indirect tensile strength of sandstone under different loading rates[J]. Rock Mechanics and Rock Engineering, 2014, 47(6): 2271-2278.

第 3 章

岩石细观模拟方法(PFC)

岩石变形机理和破裂机制研究是岩石力学界的持久难题之一。岩石因形成过程、组成成分、赋存的地质环境，呈现出非连续性、非均匀性、多样性、各向异性和峰后脆性、延性等特征，并且复杂的边界条件、几何形状和加卸载作用，使得岩石力学问题通常无法使用解析方法进行求解。

大量试验表明，岩石试验结果具有很大的离散性，即使在同一区域的同一种类岩石，也会表现出不同的变形特征和强度参数。室内试验是一个耗时耗力的过程，且这个过程中岩石受扰动力学性质可能会发生变化。现场原位试验虽然能保证岩石性质的相对真实性，但受制于工作条件及经费预算，一般很少采用。相比之下，数值分析方法具有广泛的适用性，它不仅能模拟岩体复杂的力学和结构特性，也能方便地分析各种边值问题和施工过程，并对工程问题进行预测预报。因此，岩石力学数值分析方法是解决岩土工程问题的有效手段之一。

数值模拟软件方面，商业软件(例如 FLAC/FLAC3D、UDEC/3DEC、PFC/PFC3D、LS-DYNA、ANSYS、ABAQUS、MIDAS-GTS 等)占据了国内大部分数值模拟市场，但是数值模拟新理论、计算新技术的快速发展，难以通过商业软件及其二次开发来完成。随着我国岩体工程建设的不断发展，国产软件的研发已成为实现我国工程建设相关学科发展战略的重要环节，国产自主分析计算软件的研制为解决分析日益复杂的工程问题提供有效手段。其中，典型的国内岩土工程软件如表 3-1 所示。

表 3-1　国内岩体结构和工程分析软件及平台

软件名称	研发单位	开发语言	研发年份
岩体结构静动仿真分析平台 TFINE	清华大学	Fortran/C/C++	1986
GDEM 力学分析软件和 GENVI 生态化数值仿真平台	中国科学院力学研究所、北京极道成然科技有限公司	C/C++	2010

续表3-1

软件名称	研发单位	开发语言	研发年份
深部软岩大变形力学分析软件 LDEAS	中国矿业大学(北京)	Fortran/C	2005
破裂过程分析系统 RFPA	大连理工大学	C/C++	1997
基于物理力学过程的耦合模拟器 CoSim	清华大学	C++/Python	2019
矩阵离散元法 MatDEM	南京大学	Matlab	2011
工程岩体破裂过程细胞自动机分析软件 CASRock	中国科学院武汉岩土力学研究所、东北大学	C/C++	2006
三维块体切割分析软件 BlockCut_3D	中国地质大学(武汉)	Fortran	2004
水平岩层运动并行计算系统 StrataKing	辽宁工程技术大学	C++	2019
FSSI-CAS 岩土工程计算软件	中国科学院武汉岩土力学研究所	Fortran/C++	2021

自然界的宏观物质均由一系列细微观粒子构成，当物质空间上连续且不考虑单一物质颗粒在外力作用下的运动和变形特性对物质宏观力学行为的影响时，一般将研究对象抽象为连续体，并采用连续介质力学方法进行研究，常用的连续介质分析方法包括有限元法、有限差分法、边界元法等。连续介质分析方法具有计算效率高、可构建复杂模型等优点，但同时也存在诸多缺陷，如不能反映岩土材料细微观结构之间的复杂相互作用，难以再现岩土材料这一非连续介质的破裂孕育演化过程。因此，Cundall 于 1971 年基于分子动力学原理提出了一种离散介质的分析方法。

离散单元法主要应用于岩石类材料基本特性、颗粒物质动力响应、岩石类介质破裂和破裂发展等基础性问题的研究。该方法从细观角度通过采用离散单元法来模拟圆形颗粒介质的运动及其相互作用，由平面内的平动和转动运动方程来确定每一时刻颗粒的位置和速度，能够自动模拟介质基本特性随应力环境的变化，实现岩土体对历史应力-应变记忆特性的模拟(屈服面变化、Kaiser 效应等)。该方法能自动反映介质的连续非线性应力-应变关系、屈服强度和峰后应变软化或硬化过程等，因此，特别适用于研究岩体的非均质材料力学性质。

根据所采用的求解算法，离散元方法可分为动态松弛法和静态松弛法。其中动态松弛法通过牛顿第二定律计算单元体的位置、速度等运动信息，并通过单元间的力-位移关系更新单元接触力，二者交替作用，按时步(Time step)迭代并遍历整个介质集合，通过阻尼耗散系统能量，使系统快速收敛到准静态或静态。静态松弛法是寻找单元失去平衡后再次达到平衡的单元位置，联立单元间的力-位移关系建立方程组，并通过迭代求解矩阵的形式求解单元应力与位移量等；静态松弛法由于涉及矩阵的求解，在一些情况下存在解的奇异性和不收敛问题，因而目前大部分离散元软件采用了动态松弛法进行求解。

目前，基于离散元理论开发的软件为解决众多涉及颗粒、结构、流体与电磁及其耦合等综合问题提供了有效平台，其中，PFC 软件采用颗粒构建计算模型，考虑岩土体结构的非均质、非连续等复杂特性，颗粒间的黏结会受外力作用产生微裂纹并产生不同类型的破坏，从而实现对岩土材料破裂孕育和演化过程的模拟，其广泛应用于岩土体破裂机制、裂纹孕育演化规律和工程稳定性的研究。本章将以 PFC 为例，介绍其基本原理和在硬脆性岩石破裂研究中的应用。

3.1 PFC 软件基础理论

3.1.1 基本假设

广义的颗粒流模型可模拟由任意形状颗粒组成系统的力学行为（需注意在力学中，“颗粒”通常被视为一个尺寸可以忽略不计的物体，可用一个点表示，但在本书中，“颗粒”代表占据有限空间的物体）。如果颗粒是刚性的，则可根据每个颗粒的运动以及每个接触点上的作用力来描述该系统的力学行为，颗粒运动和引起颗粒运动的作用力之间的基本关系依照牛顿运动定律。如果采用颗粒间的作用定律模拟颗粒间的物理接触，则使用软接触方法表征接触，其刚度可测量并允许刚性颗粒在接触点附近发生重叠；更复杂的颗粒间作用行为可通过黏结模型实现，例如颗粒通过黏结模型结合在一起，而黏结模型可赋予特定的强度准则产生破裂或破碎；颗粒间相互作用定律也可由势函数推导并模拟长程相互作用关系。

综上所述，PFC 软件中的颗粒流模型包括下述基本假设：

①颗粒为刚性体；

②颗粒基本形状在二维模型中为单位厚度的圆盘，在三维模型中为球体；

③可通过从命令生成具有复杂形状的刚性体，从单元由一组重叠的小颗粒（pebbles）刚性连接而成；

④颗粒间的力和力矩于接触处传递，并通过颗粒间作用定律计算；

⑤刚性颗粒可在接触处发生重叠，颗粒间相对位移与相互作用力的关系由其力-位移定律确定；

⑥颗粒间可生成黏结；

⑦长程相互作用关系可由势函数推导。

3.1.2　计算过程

PFC 通过一系列的更新迭代确定模型状态，在每一次计算循环中，按下列顺序执行(图 3-1)。

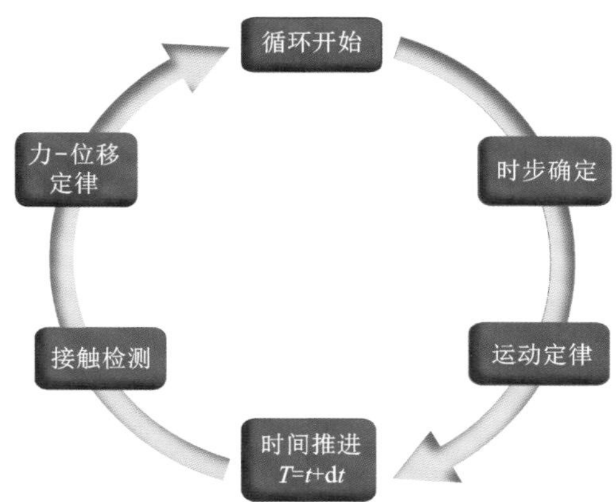

图 3-1　PFC 软件中主要操作命令循环简图

(1)时步确定。颗粒流方法需要确定一个合适的时间步长，过大的时间步长会导致数值模型计算的不稳定与不收敛，无法得到正确的计算结果，而时间步长过小则会导致计算时间过长。

(2)运动定律。颗粒单元的运动遵循牛顿运动定律，可用其质心的平动和颗粒的旋转运动来描述。质心平动的描述包括其位置 $\boldsymbol{x}$、速度 $\dot{\boldsymbol{x}}$ 和加速度 $\ddot{\boldsymbol{x}}$，颗粒旋转的描述包括其角速度 $\boldsymbol{\omega}$ 和角加速度 $\dot{\boldsymbol{\omega}}$。以平动运动为例，其运动矢量方程为

$$\boldsymbol{F}_i^u+\boldsymbol{F}^b=m\ddot{\boldsymbol{x}} \tag{3-1}$$

式中：$\boldsymbol{F}_i^u$ 为所有外荷载的合力，包括颗粒接触力和施加的外力荷载等；$\boldsymbol{F}^b$ 为作用在单元上的体力(如重力、流体压力、局部阻尼力等)；m 为颗粒质量。

平动方程通过 Velocity Verlet 算法进行积分求解，即假设上一个循环求解式(3-1)的时刻为 t，当前循环的时间步长为 Δt，则 1/2 时步时的速度 $\dot{\boldsymbol{x}}^{(t+\Delta t/2)}$ 为

$$\dot{\boldsymbol{x}}^{(t+\Delta t/2)}=\dot{\boldsymbol{x}}^{(t)}+\frac{1}{2}\ddot{\boldsymbol{x}}^{(t)}\Delta t \tag{3-2}$$

通过该速度可求得 $t+\Delta t$ 时刻的位置：

$$\boldsymbol{x}^{(t+\Delta t)}=\boldsymbol{x}^{(t)}+\dot{\boldsymbol{x}}^{(t+\Delta t/2)}\Delta t \tag{3-3}$$

在循环中，力的更新导致加速度 $\ddot{\boldsymbol{x}}^{(t+\Delta t)}$ 的更新，加速度的更新又导致速度的更新，故此时速度为

$$\dot{\boldsymbol{x}}^{(t+\Delta t)}=\dot{\boldsymbol{x}}^{(t+\Delta t/2)}+\frac{1}{2}\ddot{\boldsymbol{x}}^{(t+\Delta t)}\Delta t \tag{3-4}$$

(3)时间推进。将每一计算步的时间步长累加得到当前计算时间。

(4)接触检测。根据当前颗粒的相对位置进行接触检测、动态创建或删除接触。

(5)力-位移定律。颗粒间的接触力和力矩根据接触本构模型和颗粒间相对运动进行计算更新。

3.1.3 接触本构模型

颗粒间的接触本构模型是PFC模型的核心要素，其定义了颗粒相互之间的接触作用关系。PFC中接触模型可大体上分为非黏结模型与黏结模型两类，其中非黏结模型主要用于模拟散体材料，描述其变形和运动特征，黏结模型在此基础上加入了强度的限制，约束颗粒间的相互分离与错动，主要用于模拟岩石及类岩石材料。对于黏结模型，当颗粒之间的接触承受的应力大于其黏结强度时，黏结断裂，形成微破裂，以此实现脆性岩石材料渐进损伤和破坏的模拟。

截止到PFC 7.0版本，内嵌的非黏结模型主要包括线性模型(Linear Model)、线性抗滚动模型(Rolling Resistance Linear Model)、赫兹模型(Hertz Model)、滞回模型(Hysteretic Model)以及伯格斯模型(Burger's Model)等。非黏结模型从早期的单纯线性关系，发展到考虑滚动阻力、流变等因素，再到考虑颗粒间的范德华力，模型种类越来越丰富，应用领域也更为广泛。表3-2为各类非黏结模型及其特征。

表3-2 各类非黏结模型及其特征

模型	特征
线性模型	可描述具有黏性阻尼器的线弹性体
线性抗滚动模型	可描述具有黏性阻尼器和滚动阻力机制的线弹性体，用于模拟颗粒材料
赫兹模型	可描述具有黏性阻尼器的非线性弹性体，用于分析冲击问题
滞回模型	可描述冲击问题的具有黏性阻尼器的非线性弹性体，可直接定义法向恢复系数
伯格斯模型	使用Kelvin模型和Maxwell模型在法向和剪切方向串联连接

黏结模型主要包括线性接触黏结模型(Linear Contact Bond Model)、线性平行黏结模型(Linear Parallel Bond Model)、平节理模型(Flat-Joint Model)、黏性线性抗滚动模型(Adhesive Rolling Resistance Linear Model)、软化黏结模型(Soft Bond Model)，以及可模拟平直结构面的光滑节理模型(Smooth-Joint Model)等。其中线性接触黏结模型、线性平行黏结模型、平节理模型以及光滑节理模型利用了相对运动产生剪切或拉伸力的黏结(Bonding)概念，因此这些模型可被用于模

拟黏结颗粒体材料(Bonded-Particle Materials)。表 3-3 为各类黏结模型及其特征。

表 3-3　各类黏结模型及其特征

模型	特征
线性接触黏结模型	带有接触黏结的线性模型，可模拟黏结颗粒体材料
线性平行黏结模型	带有平行黏结的线性模型，可模拟黏结颗粒体材料
平节理模型	具有摩擦/黏结界面，可模拟黏结颗粒体材料
黏性线性抗滚动模型	含滚动阻力机制和黏聚力的线性模型，可模拟具有黏聚力的颗粒材料
软化黏结模型	软化黏结模型，可模拟黏结颗粒体材料或颗粒材料
光滑节理模型	具有摩擦/黏结界面，可模拟黏结颗粒体材料

线性平行黏结模型是最早提出的黏结颗粒体模型(Bonded-Particle Model, BPM)，如无特殊说明，BPM 一般指线性平行黏结模型。线性平行黏结模型(图 3-2)中，颗粒由分布在有限尺寸内的"胶水"胶结起来，其既可传递力也可传递弯矩，因而可用于模拟岩石材料。随着对脆性岩石本质特征模拟需求的增加，学者们优化和改进了原有线性平行黏结模型的本构关系，包括：引入力矩贡献因子减小力矩对应力的贡献；引入黏结安装间距以提高颗粒配位数；使用含张拉截断的 Mohr-Coulomb 强度准则将黏结剪切强度与接触正应力相关联；在接触模型中预置张开微裂纹等。

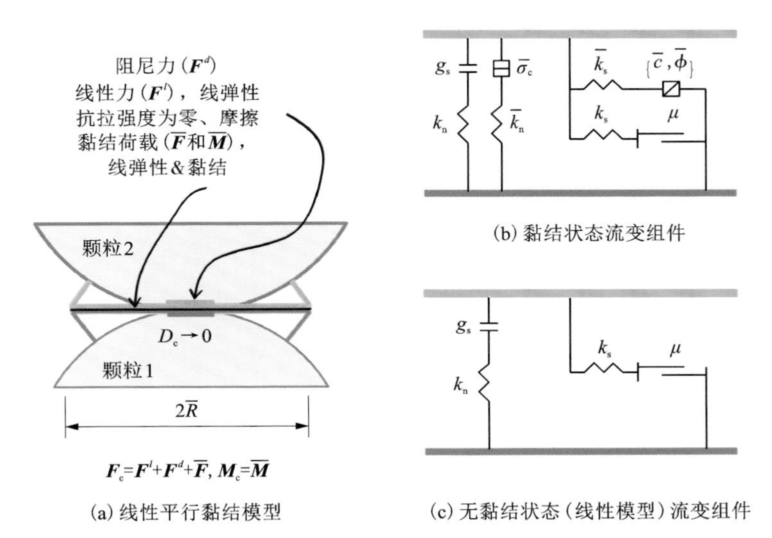

(a) 线性平行黏结模型　(b) 黏结状态流变组件　(c) 无黏结状态(线性模型)流变组件

图 3-2　线性平行黏结模型及其流变组件

在平节理模型(图 3-3)中，颗粒由球形(3D)或圆盘形(2D)颗粒与抽象面组成，一个颗粒表面可以有多个抽象面，抽象面与对应颗粒刚性连接，因此，颗粒之间有效接触变为抽象面之间的接触，平节理接触描述的是抽象面之间的中间接触面行为。平节理接触可被离散为多个单元，每个单元上的初始状态可以为黏结或非黏结，即使单元发生破裂也可提供旋转阻抗。平节理模型可弥补原有线性平行黏结模型的缺陷，可有效表征脆性岩石高压拉比、大内摩擦角、非线性强度包络线等特点，尤其适用于脆性岩石材料的模拟。

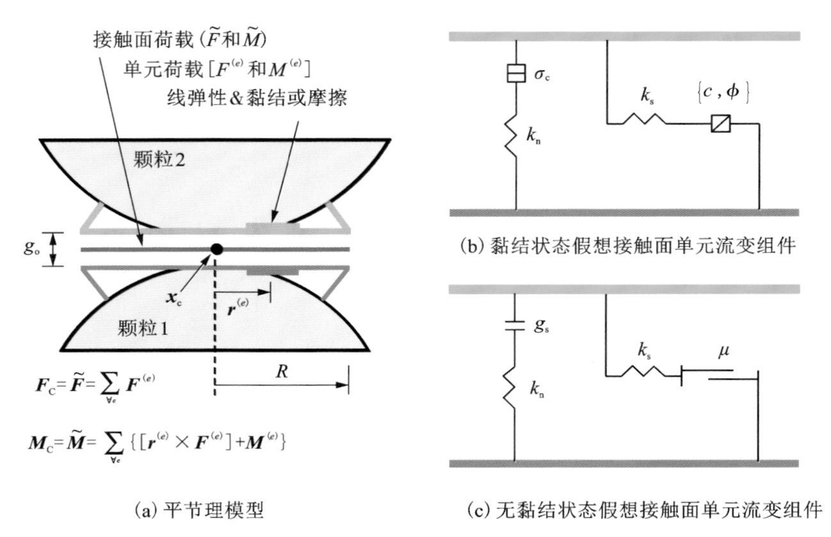

(a) 平节理模型　(b) 黏结状态假想接触面单元流变组件　(c) 无黏结状态假想接触面单元流变组件

图 3-3　平节理模型及其流变组件

3.1.4　平节理模型特点

为了解决标准 BPM 模型模拟脆性岩石的不足，Potyondy[1]提出了平节理模型(Flat-Joint Model，FJM)。FJM 模型由刚性颗粒构成，颗粒之间通过平节理接触(Flat-Joint Contact，FJC)黏结，如图 3-4 所示。在 FJM 模型中，颗粒由球形(3D)或圆盘形(2D)颗粒与抽象面(Notional Surfaces)组成，一个颗粒表面可以有多个抽象面，抽象面与对应颗粒刚性连接，因此，颗粒之间有效接触变为抽象面之间的接触。平节理接触(FJC)描述的是抽象面之间的中间接触面行为。在二维模型中，FJC 是一条直线段，该直线段可被离散为多个等长的小单元；在三维模型中，FJC 是具有一定厚度的圆盘，该圆盘可从径向和圆周两个方向离散为多个等体积的单元。每个单元可以是黏结的、非黏结带有摩擦的，因此，中间接触面的机理行为可以是全黏结的、非黏结带有摩擦的或者是沿着接触表面变化的。

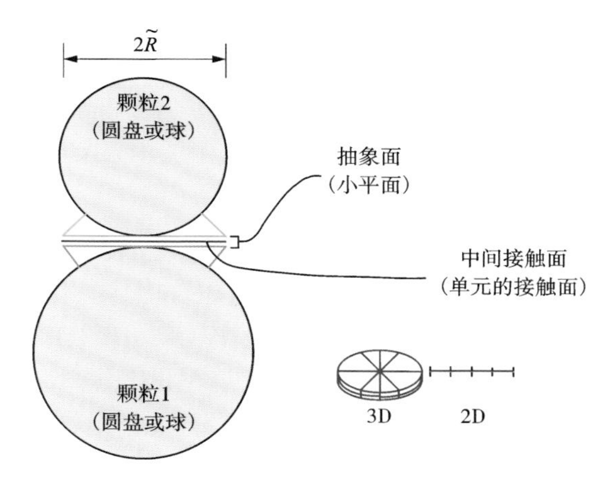

图 3-4　典型 FJM 模型结构示意图

以下依次从引起标准 BPM 模型不足的 4 个原因介绍三维平节理模型(FJM3D)，其中平节理模型构建涉及参数及其物理意义见表 3-4。二维平节理模型(FJM2D)与三维基本相似，不一一介绍。

表 3-4　平节理模型细观参数及其物理含义

符号	物理含义	符号	物理含义
g	安装间距	$\overline{F}_e^n$	单元上的法向力
CN	平均配位数	$\overline{F}_e^s$	单元上的切向力
g_{ratio}	安装间距比	$A^{(e)}$	单元面积
R_{max}/R_{min}	最大与最小颗粒比	$\overline{\beta}$	力矩贡献因子
$D_{1,2}-(R_1+R_2)$	两颗粒间的有效距离	$\overline{\sigma}_c$	黏结单元的抗拉强度
$\sigma_{max}^{(e)}$	单元上的最大法向应力	$\overline{\tau}_c$	黏结单元的抗剪强度
$\tau_{max}^{(e)}$	单元上的最大切向应力	c_b	黏结单元黏聚力
φ_b	局部内摩擦角	$\overline{\sigma}$	作用在单元上的法向正应力
τ_r	残余摩擦强度	φ_r	残余内摩擦角
k_n	法向刚度	$\overline{g}$	颗粒间距
类型 B	表示接触单元为黏结状态，且间距为 0	类型 S	表示接触单元为非黏结状态，间距等于 0
类型 G	表示接触单元为非黏结状态，间距大于 0		

(1)增加颗粒自锁效应

为保持模型的高计算效率，FJM3D 模型依然定义颗粒为球形，但引入了新参数“安装间距 g(Installation Gap)”，增加颗粒的自锁效应。首先生成球形颗粒集合体，通过比较两球形颗粒的真实间距与定义的安装间距大小关系，判断是否赋予平节理接触 FJC 到两颗粒之间。标准 BPM 中，安装间距比(Installation Gap Ratio)为一定值 $g_{ratio}=1\times10^{-6}$，也就是当两颗粒之间的真实间距 g 小于或等于 g_{ratio} 与两颗粒平均半径的乘积时，颗粒之间赋予平行黏结接触。由于安装间距比 $g_{ratio}=1\times10^{-6}\approx0$，造成颗粒的平均配位数(Coordination Number，CN)极低，因此，也就造成了颗粒之间的自锁效应不足。Potyondy 采用定值安装间距 g 判断是否赋予平节理接触到颗粒之间。以下研究中，通过编写程序代码，将 g 定义为安装间距比 g_{ratio} 与连接的两颗粒中最小半径乘积。需要注意的是，安装间距比 g_{ratio} 应在 $(0,\ R_{min}/R_{max})$ 范围内取值，以防止颗粒相互作用范围超过相邻颗粒。

安装间距比 g_{ratio} 的作用原理示意图如图 3-5 所示。颗粒 1 和颗粒 2 之间没有赋予平节理接触，是因为两颗粒之间的有效距离 $D_{1,2}-(R_1+R_2)$ 大于颗粒 2 的半径 R_2(最小颗粒)与安装间距比 g_{ratio} 的乘积，即 $D_{1,2}-(R_1+R_2)>g_{ratio}\cdot R_2$。其他环绕颗粒 1 的颗粒与颗粒 1 之间均成功赋予了平节理接触(FJC)。

采用安装间距比 g_{ratio} 生成的模型，其平节理接触(FJC)数目相比采用定值安装间距 g(该定值安装间距 g 等于安装间距比 g_{ratio} 乘以模型平均颗粒半径)增加大约 8%，即增加了颗粒间自锁效应。

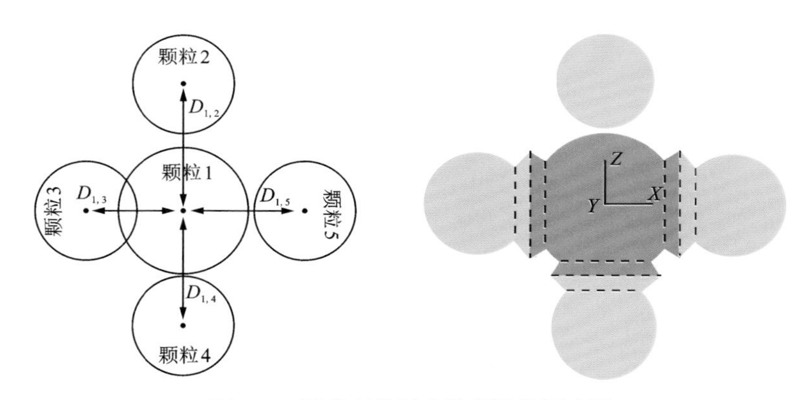

图 3-5　平节理接触安装间距比概略图

(2)提供合适的旋转阻抗

颗粒之间赋予平节理接触(FJC)之后，形成颗粒之间的作用关系。FJC 可被离散为多个单元，每个单元上的应力状态初始化为零，然后根据单元黏结状态和抽象面之间相对运动，采用力-位移法则更新单元应力状态。法向力采用直接方式计算(即法向力等于法向位移乘以法向刚度)，切向力采用增量的方式计算(即切向力等于原切向力加上切向刚度与切向位移增量的乘积)。

单元上的最大法向应力 $\sigma_{\max}^{(e)}$ 和切向应力 $\tau_{\max}^{(e)}$ 计算公式如下：

$$\left.\begin{aligned}\sigma_{\max}^{(e)}&=\frac{-\bar{F}_{e}^{n}}{A^{(e)}}\\ \tau_{\max}^{(e)}&=\frac{\bar{F}_{e}^{s}}{A^{(e)}}\end{aligned}\right\}\tag{3-5}$$

式中：$\bar{F}_{e}^{n}$、$\bar{F}_{e}^{s}$ 分别为单元上的法向力和切向力；$A^{(e)}$ 为单元面积。

在标准 BPM 模型中，Potyondy 设置力矩贡献因子 $\bar{\beta}=0$，Ding 等赋予 $\bar{\beta}=0.1$，可见力矩对应力的贡献非常小，可以忽略不计，因此，在 FJM3D 的单元最大应力计算式(3-5)中忽略了力矩对应力的作用，然而，单元仍然能够提供合适的旋转阻抗，归功于 FJM 模型特殊的结构：抽象面在接触面破裂后仍存在，能提供类似实际情况的旋转阻抗。标准 BPM 模型和 FJM3D 模型的对比示意图见图 3-6。

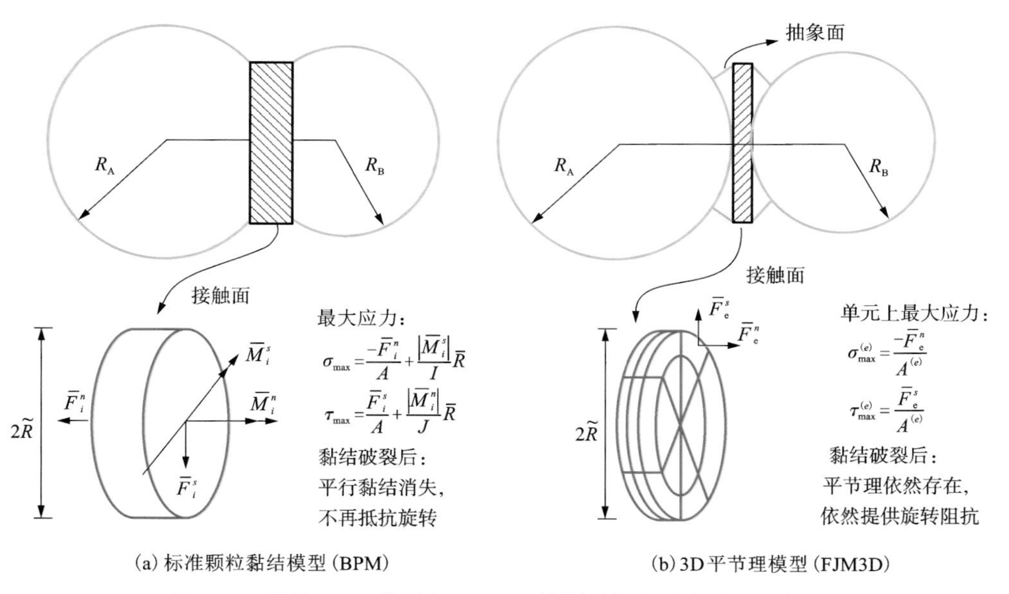

(a) 标准颗粒黏结模型 (BPM)　　(b) 3D 平节理模型 (FJM3D)

图 3-6　标准 BPM 模型和 FJM3D 模型结构及受力对比示意图

(3) 植入与应力相关的剪切强度

平节理接触(FJC)的单元类型分为两种：黏结单元和非黏结单元。两种类型单元的动力学机理表述如下。

1)黏结单元强度包络线

黏结单元的张拉强度为 σ_b。当法向应力 $\sigma_{max}^{(e)}>\sigma_b$，单元破裂，显示为张拉裂纹，同时单元的黏结状态变为非黏结状态。

黏结单元的剪切强度 τ_c 遵循带有张拉截止的库仑准则(Coulomb Criterion with a Tension Cut-off)，如式

$$\tau_c=c_b-\bar{\sigma}\tan\varphi_b \tag{3-6}$$

式中：c_b 为黏结单元内聚力(The Bond Cohesion)；φ_b 为局部摩擦角(Local Friction Angle)；$\bar{\sigma}$ 为作用在单元上的法向正应力。

当切向应力 $\tau_{max}^{(e)}\leqslant\tau_c$，切向应力保持不变 $\tau_{max}^{(e)}$；当切向应力 $\tau_{max}^{(e)}>\tau_c$，单元破裂，显示为剪切裂纹，同时单元的状态变为非黏结状态(见图 3-7)。此后，残余摩擦强度开始发挥作用，如式

$$\tau_r=-\bar{\sigma}\tan\varphi_r \tag{3-7}$$

式中：τ_r 为残余摩擦强度；φ_r 为残余摩擦角(Residual Friction Angle)。

仅仅只有此类单元才能破裂，显示为张拉或者剪切裂纹。

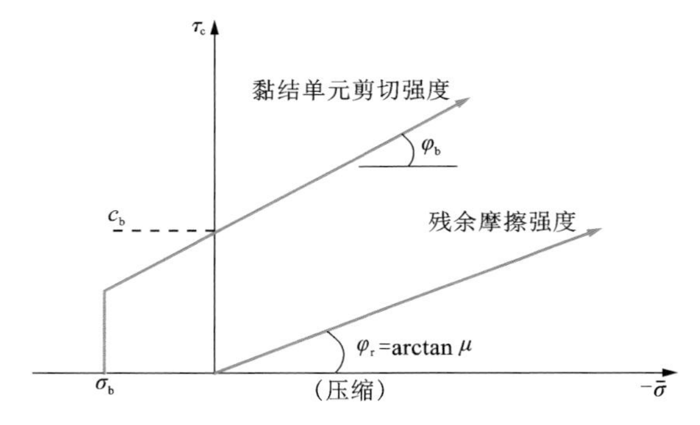

图 3-7　黏结和非黏结单元的强度包络线

2)非黏结单元强度包络线

非黏结单元的张拉强度为 0，因此，法向应力如式(3-8)所示

$$\bar{\sigma}=\begin{cases}0, & \bar{g}\geqslant 0\\ -k_n\bar{g}, & \bar{g}<0\end{cases} \tag{3-8}$$

式中：k_n 为法向刚度；$\bar{g}$ 为颗粒间距。

非黏结单元的剪切强度遵循库仑滑移准则(Coulomb Sliding Criterion)，如式

$$\tau_r=\begin{cases}-\bar{\sigma}\tan\varphi_r & ,\ \bar{\sigma}<0\\ 0 & ,\ \bar{\sigma}=0\end{cases} \tag{3-9}$$

式中：φ_r 为残余摩擦角。

当切向应力 $\tau_{max}^{(e)} \leqslant \tau_r$，切向应力维持不变 $\tau_{max}^{(e)}$；否则，切向应力为：$\tau_{max}^{(e)} = \tau_r$，颗粒将沿接触面滑动。

(4)引入预制裂纹

根据黏结状态和颗粒间距，平节理接触单元分为 3 种类型(见图 3-8)：类型 B 表示接触单元为黏结状态，且间距为 0；类型 G 表示接触单元为非黏结状态，间距大于 0；类型 S 表示接触单元为非黏结状态，间距等于 0。因此，根据接触黏结状态，平节理接触单元主要分为两类：黏结单元(类型 B)和非黏结单元(类型 G 和类型 S)。类型 G 可视为多孔岩石中的开孔或孔隙，而类型 S 可视为致密岩石中已经存在的裂缝或解理，作为模型中的预制裂纹。这三类单元接触类型以一种空间随机方式，按照类型 B、类型 G 和类型 S 所占比例依次赋予到各颗粒间的中间接触面上，类型 G 具有初始间距，该间距数值取决于赋予的间距平均值和标准偏差的正态分布。

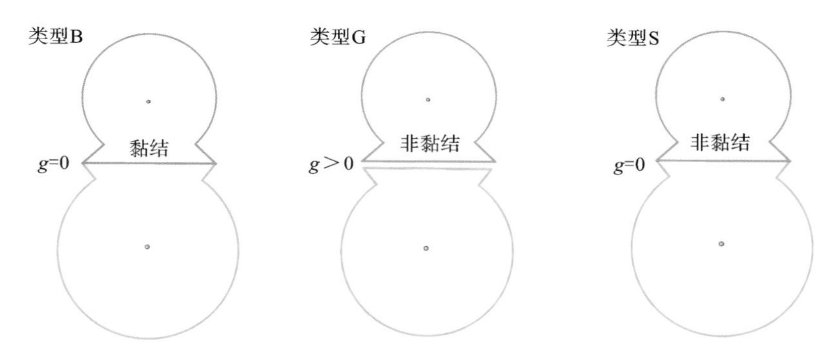

图 3-8　平节理接触三种类型结构示意图

3.2　细观力学参数标定方法

3.2.1　脆性岩石三个显著特征

岩石因形成过程、组成成分、赋存地质环境的复杂性，呈现出不连续性、非均匀性、多样性、各向异性和峰后脆延性等特征，进而增加了准确获取岩石力学性质的不确定性。一般通过室内试验或原位试验得到岩石力学性质，包括抗拉强度、单轴抗压强度、三轴抗压强度、内聚力和内摩擦角等强度参数，弹性模量、泊松比等变形参数，Ⅰ类脆性、Ⅱ类脆性和延性等峰后行为。

通常，完整脆性岩石的室内试验结果如图 3-9 中红色线所示，会呈现 3 个显著特征：①单轴抗压强度很大，而抗拉强度非常低，即压拉比很高，一般在 10~20 范围内；②大内摩擦角，以至于破碎块体在破裂面上很难自由滑动；③非线性强度包络线采用 HB 强度参数 m_i 表示，m_i 较大，根据统计结果，m_i 一般在 2~35。

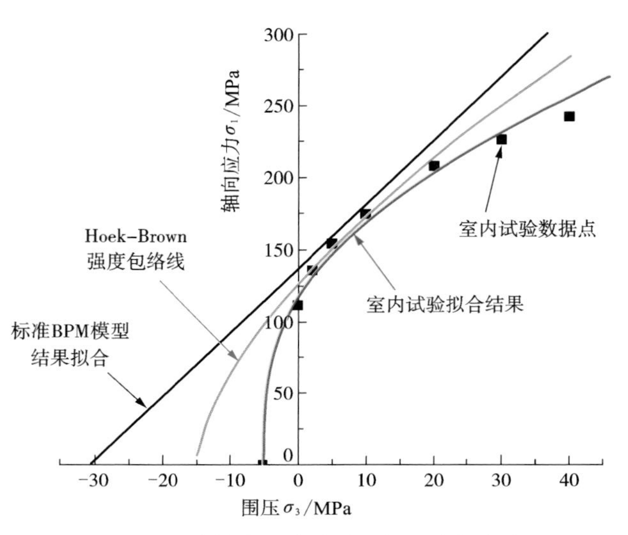

图 3-9　脆性岩石试验结果与强度包络线

3.2.2　细观参数对显著特征的影响

颗粒离散单元法在模拟岩石或类岩石问题上发挥着越来越重要的作用，已有很多学者[2-5]采用经典的标准 BPM 进行了脆性岩石的细观机理探究，取得了一定成果，同时发现采用标准 BPM 模拟脆性岩石时存在 3 个显著缺陷：压拉比过低，一般结果在 3~7 之间，而实际中脆性岩石的压拉比为 10~20，即当模型匹配了单轴抗压强度，单轴抗拉强度偏大；细观模型计算结果中内摩擦角过小；强度包络线呈线性，而室内试验结果表明，岩石强度包络线是非线性的，即 HB 强度参数 m_i 偏小。压拉比控制着模拟过程中的张拉和压缩应力路径，对脆性岩石的破裂模式起着非常重要的作用；内摩擦角和 HB 强度参数 m_i 影响脆性岩石的压缩行为。

为深入研究 FJM3D 细观模型细观力学参数对三大特征——压拉比（UCS/TS）、HB 强度参数 m_i 和内摩擦角的影响，进行了参数敏感性分析。对脆性岩石三大特征起主要作用的细观力学参数包括安装间距比（g_{ratio}）、类型 S 接触单元比例（φ_S）、黏结抗拉强度（σ_b）、黏结黏聚力（c_b）、局部内摩擦角（φ_b）和残余内摩擦角（φ_r）。实际上，g_{ratio} 与平均配位数（CN）紧密相关，g_{ratio} 值越大，单个颗粒周围的黏结数也就越多，即 CN 越大。为了与无量纲压拉比一致，黏结黏聚力（c_b）与黏结抗拉强度(σ_b)可以合并为一个参数 c_b/σ_b。类型 S 接触单元比例 φ_S 可以视为裂纹密度(Crack Density, CD)的量化指标。因此，参数敏感性分析集中在五个细观参数：CN、CD、c_b/σ_b、φ_b 和 φ_r。考虑到颗粒排列对模拟结果的影响，所有模型只采用一种排列方式。参数敏感性分析采用控制变量法，即一次只变化一个细观力学参数，保持其他细观力学参数不变。

(1)平均配位数

Oda[6]指出，各向同性、两种混合和多种混合颗粒体中，颗粒的平均配位数在6~10，因此，为研究平均配位数对压拉比、HB 强度参数 m_i 和内摩擦角的影响，平均配位数分别采用 4.3、8.6 和 10.3 的 3 种 FJM3D 细观模型进行单轴拉伸和压缩试验。三种平均配位数分别对应的安装间距比为 0.0、0.3 和 0.6。图 3-10(a)给出了 HB 强度参数 m_i 和内摩擦角随平均配位数的变化情况。随着平均配位数增加，内摩擦角有微小变化，但 HB 强度参数 m_i 迅速减小到 7.9 后保持不变。

细粒岩石(Fine Rock)通常被认为是致密的、低孔隙率的，平均配位数较大，而粗粒岩石(Coarse Rock)是多孔的、高孔隙率的，平均配位数较小。平均配位数越大，颗粒周围的接触数也就越多，模型可以被看作细粒岩石，而平均配位数较小的模型可以被看作粗粒岩石。3 种不同平均配位数的细观模型的强度包络线如图 3-10(b)所示，HB 强度参数 m_i 是通过拟合围压在(0, 0.5UCS)范围内的压缩强度获得的。随着平均配位数从 4.3 增加到 10.3，HB 强度参数 m_i 从 23.79 下降至一恒定值 7.897，与 Marinos 和 Hoek[7]获得的结论一致：从细粒岩石到粗粒岩石，HB 强度参数 m_i 呈现一种递增趋势。

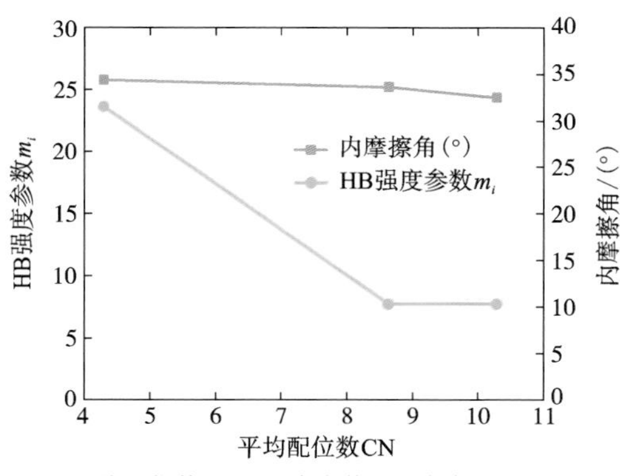

(a) 平均配位数对HB强度参数m_i和内摩擦角的影响

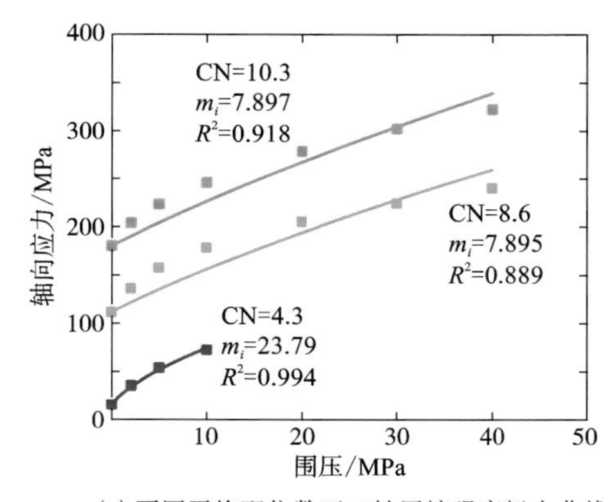

(b) 不同平均配位数下三轴压缩强度拟合曲线

图 3-10　HB 强度参数 m_i 和内摩擦角及三轴压缩强度随平均配位数的变化情况

压拉比随着平均配位数的增加而增大。较大的平均配位数意味着颗粒的自锁效应增强，增加了模型强度，单轴抗压强度、单轴抗拉强度都随着平均配位数的增加而升高，如图 3-11 所示。由于单轴抗压强度上升速率比抗拉强度快，压拉比也随着平均配位数增加而增大。

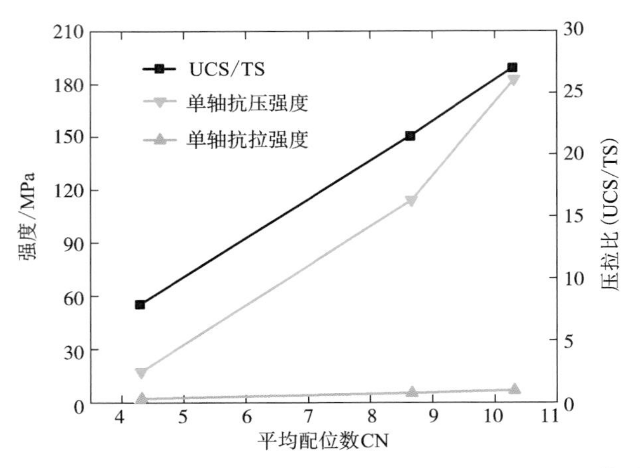

图 3-11　平均配位数对单轴抗压强度、抗拉强度和压拉比的影响

(2)裂纹密度

图 3-12 给出了不同裂纹密度下，压拉比、HB 强度参数 m_i 和内摩擦角的变化情况，7 种不同的裂纹密度对应 FJM3D 细观模型中类型 S 接触单元比例 φ_S 分别为 0%、10%、20%、30%、50%、60%和 70%。

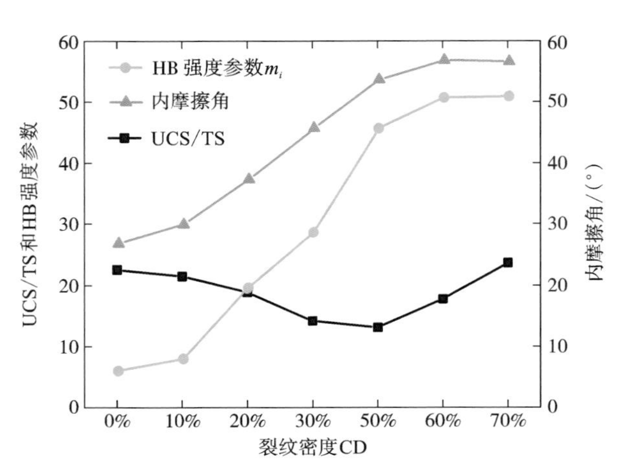

图 3-12　裂纹密度对压拉比、HB 强度参数 m_i 和内摩擦角的影响

随着裂纹密度增加，压拉比先减小后增大，这有别于一些学者[8, 9](Ding 等；Schöpfer 等)得出的结论：压拉比随着裂纹密度增加而增大。原因是这些研究学者采用的是标准 BPM 模型，该模型的安装间距比固定为 1×10^{-6}，近似等于 0，而本节中所采用的细观模型具有较大的安装间距比 0.3，对应平均配位数也较大为 8.3。在低裂纹密度(CD≤50%)下，压拉比随着裂纹密度的增加而减小；在高裂纹密度(CD≥50%)下，压拉比随着裂纹密度的增加而增加，这种趋势与 Mahmutoglu[10] 的室内试验结果一致：压拉比随着加热循环次数的增加呈先减小后增加趋势。因此，FJM3D 模型在模拟岩石力学行为(裂纹密度角度)方面优于标准 BPM。

内摩擦角和 HB 强度参数 m_i 在低裂纹密度(CD≤50%)时增长较快，在高裂纹密度(CD≥50%)时趋于一固定值，与 Hoek 和 Brown[11] 研究结论一致：岩石材料解理发育越充分，内摩擦角和 HB 强度参数 m_i 也越大。

(3)黏结的黏聚力与抗拉强度比

诸多学者[5, 12] 指出黏结的黏聚力与抗拉强度比决定模型破裂方式：c_b/σ_b 较大的模型以脆性方式破坏，而 c_b/σ_b 较小的模型以延性方式破坏。本节中，脆性岩石是主要关注对象，c_b/σ_b 初步选择范围在 1 至 20 之间。图 3-13(a)显示了 c_b/σ_b 对 HB 强度参数 m_i 和内摩擦角的影响结果，随着 c_b/σ_b 增大，m_i 也随之增大，与 Zhang 等[13] 所获得的结果一致。当 $c_b/\sigma_b<5$ 时，内摩擦角增加较快；当 $c_b/\sigma_b\geq5$ 时，增加较慢。

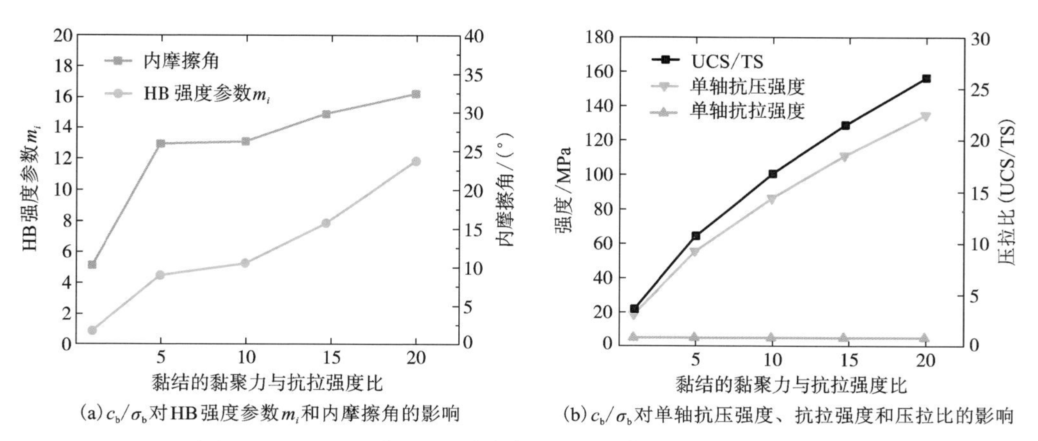

(a) c_b/σ_b 对 HB 强度参数 m_i 和内摩擦角的影响　　(b) c_b/σ_b 对单轴抗压强度、抗拉强度和压拉比的影响

图 3-13　c_b/σ_b 对 HB 强度参数 m_i 和内摩擦角及强度的影响

c_b/σ_b 对单轴抗压强度、单轴抗拉强度和压拉比的影响如图 3-13(b)所示。值得注意的是抗拉强度仅仅由黏结抗拉强度 σ_b 决定，当 σ_b 保持不变，随着c_b/σ_b 增加，抗拉强度保持不变，而单轴抗压强度呈对数增长，因此压拉比也呈对数增长，从 3.64 增加到 26，涵盖了脆性岩石压拉比范围 10~20，同时也给标定模型强度参数提供了一条基本准则。与此相对，Cho 等[2] 指出在标准 BPM 中，黏结剪切强度与黏结抗拉强度比对压拉比影响很小或基本没有。因此，在匹配脆性岩石材料压拉比上，FJM3D 模型能再现较为合理的压拉比。

(4)局部内摩擦角

根据黏结单元强度包络线，局部内摩擦角对黏结剪切强度有一定的贡献作用，黏结剪切强度与作用在黏结接触上正应力正相关。局部内摩擦角对压拉比、HB 强度参数 m_i 和内摩擦角的影响如图 3-14 所示。当局部内摩擦角从 0°增加到 40°，压拉比几乎没有变化，HB 强度参数 m_i 从 6.8 线性增加到 19.3，内摩擦角从 26.8°增加到 44.8°。

(5)残余内摩擦角

残余内摩擦角主要在黏结破裂后发挥作用，即其主要影响模型的峰后行为。较大的残余内摩擦角会使压缩试验峰后行为变为延性。图 3-15 展示了残余内摩擦角对压拉比、HB 强度参数 m_i 和内摩擦角的影响。随着残余内摩擦角从 0°增加到 45°，3 个宏观力学参数均呈现一定程度的增加。

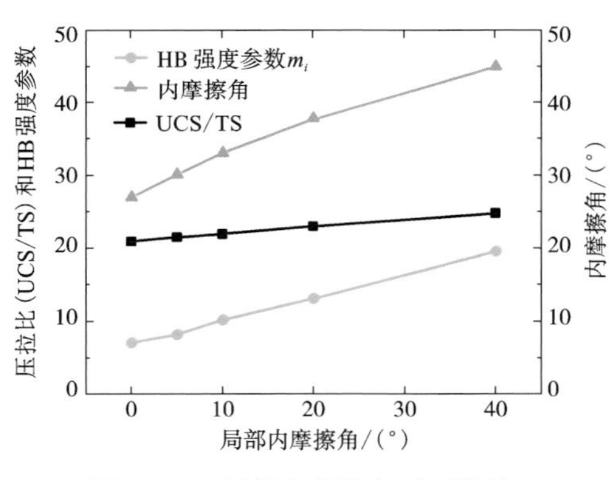

图 3-14　局部内摩擦角对压拉比、HB 强度参数 m_i 和内摩擦角的影响

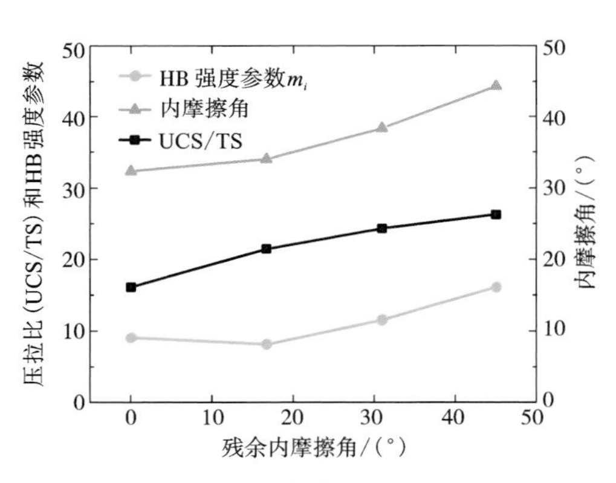

图 3-15　残余内摩擦角对压拉比、HB 强度参数 m_i 和内摩擦角的影响

3.2.3　脆性岩石细观参数标定方法

传统的细观参数标定调试步骤，将变形属性(弹性模量和泊松比)和单轴抗压强度作为主要匹配参数，缺少考虑脆性岩石破坏中的三大重要特征。通过对锦屏大理岩的标定调试过程和前期参数敏感性分析结论的总结，提出了一套完善的标定方法。该方法首先考虑岩石的压拉比、内摩擦角和应力-应变曲线峰后行为，然后再匹配变形属性和强度参数，具体调试步骤如下：

①选取合适 g_{ratio}，变化 c_b/σ_b 值，看是否满足或者达到压拉比；

②选取合适 φ_b 和 φ_r 值，匹配三轴试验的内摩擦角和峰后行为特征；

③选取合适 $E_c=\overline{E}_c$ 和 k_n/k_s 值，匹配试验结果的弹性模量和泊松比；

④选取合适 σ_b 值，通过直接拉伸试验或者巴西劈裂试验匹配抗拉强度；

⑤选取合适 c_b 值，通过单轴抗压试验匹配单轴抗压强度。

需要注意，每一步可能会改变前一步的匹配结果，因此，每一步结束后都需要不断重复之前的调试步骤，直到获得较为满意的细观力学参数。当匹配计算量大时，为了加快标定匹配速度，可以借助一些反演算法，如全局优化包 SNOBFIT 和 BP 神经网络等。

基于试样宏观力学属性对细观力学参数的敏感性，对于不包含初始裂纹(即裂纹密度 CD=0)，特别是不含张开裂纹的试样，已经提出了一个简化的标定流程，需要标定的细观参数及其物理含义如表 3-5 所示。诸多研究结果表明：岩石的初始裂纹对其强度和变形特性存在较大影响，其中初始裂纹密度对岩石的峰值强度、初始切线模量、弹性切线模量以及泊松比等力学参数影响显著。试样的峰值强度及裂纹闭合应力同样受到了裂纹张开度的影响，但其对试样的初始切线模量影响较小。随着裂纹张开度增大，试样的峰值强度略微下降而裂纹闭合应力则有增大的趋势。初始裂纹的方向也同样会对试样的力学行为产生较大影响。因此，提出了一种修正的考虑初始裂纹的试样标定流程。

①调整颗粒接触刚度比 k_n/k_s 以及黏结刚度比 $\overline{k}_n/\overline{k}_s$ 以匹配试样的泊松比。

②调整试样初始裂纹密度 ρ_d 以大致匹配试样初始切线模量 E_{IR} 和弹性切线模量 E_{ER} 之间的比值，即 E_{IR}/E_{ER}。此步骤中，将黏结强度设置为无穷大以确保裂纹的完全闭合。

③调整颗粒接触模量 E_c 以及黏结模量 $\overline{E}_c$ 以匹配试样的弹性模量。

④调节裂纹的张开度以匹配试样的应力-应变曲线中的裂纹闭合阶段，特别裂纹闭合应力 σ_{cc}。由于裂纹张开度对试样的弹性模量也有一定的影响，因此可能需要对步骤②至步骤④进行一定的重复调整。

⑤试样的破坏模式通过调整黏结法向抗拉强度与切向抗剪强度之间的比值 $\overline{\sigma}_c/\overline{\tau}_c$ 来进行匹配；最后调节黏结法向抗拉强度 $\overline{\sigma}_c$ 以匹配试样的峰值强度。

表 3-5　细观参数及其物理含义

颗粒参数	物理含义	平行黏结参数	物理含义
ρ	颗粒密度	λ	黏结半径系数
R_{min}	最小颗粒半径	$\overline{E}_c$	黏结模量
R_{max}/R_{min}	最大与最小颗粒比	$\overline{k}_n/\overline{k}_s$	黏结法向与切向刚度比
E_c	颗粒模量	$\overline{\sigma}_c$	黏结抗拉强度
k_n/k_s	颗粒法向与切向刚度比	$\overline{\tau}_c$	黏结抗剪强度
μ	颗粒摩擦因数		

3.3　岩石破坏声发射特性的细观模拟方法

本节基于颗粒流理论和矩张量理论介绍细观尺度的岩石声发射模拟方法，开展岩石破裂过程及其机制的声发射模拟方面的研究具有如下理论价值：

①根据矩张量理论构建声发射模拟方法，可弥补现有声发射试验研究及细观机理模拟的不足，为岩石破裂机制和声发射特性的科学分类、判别与验证提供支撑。

②基于声发射技术研究岩石破裂机理有助于认识岩石的破裂全过程、破裂空间位置、破裂数量和能量、破裂类型、破裂方位和破裂演化规律等细观破裂特征，为岩石工程稳定性分析和防治措施的制定提供理论依据。

3.3.1　矩张量分析方法

地震矩张量基于广义力对描述震源的变形：3 个力偶极(对角分量)和 3 个带力矩的力对(图 3-16)。目前在震源机制研究领域广泛运用 Knopoff 和 Randal[14] 提出的矩张量分解方法，即通过式(3-10)确定矩张量的各向同性(Isotropic，ISO)、双力偶(Double Couple，DC)和补偿线性矢量偶极(Compensated Linear Vector Dipole，CLVD)分量。

$$\boldsymbol{M}_{ij}=\begin{bmatrix} m_{11} & m_{12} & m_{13} \\ m_{21} & m_{22} & m_{23} \\ m_{31} & m_{32} & m_{33} \end{bmatrix} \tag{3-10}$$

式中：m_{ij} 是常数，代表二阶矩张量 $\boldsymbol{M}_{ij}$ 的分量。若 $i=j$，表明力和力臂在同一方向，为无矩单力偶；若 $i\neq j$，表明力作用于 i 方向，力臂在 j 方向，为一个力矩为 m_{ij} 的单力偶。

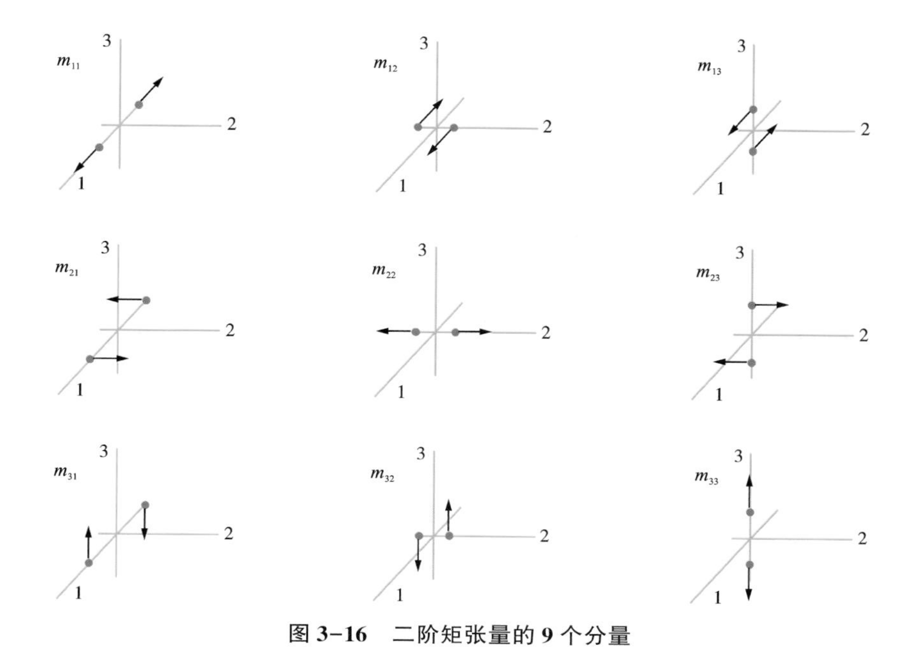

图 3-16　二阶矩张量的 9 个分量

将矩张量对角化后，在主轴坐标系中可简化表示为

$$\boldsymbol{M}_{ij}=\begin{pmatrix} m_1 & & \\ & m_2 & \\ & & m_3 \end{pmatrix} \tag{3-11}$$

式中：m_1、m_2、m_3 分别为矩张量的 3 个特征值。

综上，矩张量 $\boldsymbol{M}$ 可分解为各向同性部分加上偏量部分：

$$\boldsymbol{M}=\boldsymbol{M}^{\mathrm{ISO}}+\boldsymbol{M}^{\mathrm{dev}}=\begin{pmatrix} 1/3\mathrm{tr}(M) & & \\ & 1/3\mathrm{tr}(M) & \\ & & 1/3\mathrm{tr}(M) \end{pmatrix}+\begin{pmatrix} m_1-1/3\mathrm{tr}(M) & & \\ & m_2-1/3\mathrm{tr}(M) & \\ & & m_3-1/3\mathrm{tr}(M) \end{pmatrix} \tag{3-12}$$

式中：$\mathrm{tr}(M)$ 为矩张量 3 个特征值之和。

偏量部分可进一步分解为双力偶成分和补偿线性矢量偶极成分：

$$\boldsymbol{M}^{\mathrm{dev}}=\begin{pmatrix} m_1^* & & \\ & m_2^* & \\ & & m_3^* \end{pmatrix}=\boldsymbol{M}^{\mathrm{DC}}+\boldsymbol{M}^{\mathrm{CLVD}} \tag{3-13}$$

根据 Feignier 和 Young[15]提出以表示体积成分与剪切成分的比值来量化矩张量破裂类型，如果体积成分与剪切成分的比值大于 30%，表明该震源以张拉破裂为主；如果比值在-30%和 30%之间，则表明该震源以剪切破裂为主；如果比值小于-30%，表明其为内缩源。

根据 Ohtsu[16]提出以 M^{DC} 分量占矩张量的比重 P_{DC} 来量化震源事件的破裂类型，$P_{DC}\geqslant 60\%$定义为剪切破裂，$P_{DC}\leqslant 40\%$为张拉破裂，$40\%<P_{DC}<60\%$则为混合型破裂。

为了简化该机制的可视化，Hudson 等[17]将矩张量定义为 T、k 两个参数，并忽略对震源破裂方向的研究，提出了震源类型图(Source Type Plot)，也称为震源机制 T-k 值分布图，如图 3-17 所示。参数 T 表示矩张量的偏量成分，其范围从位于-1 的正补偿线性向量偶极(+CLVD)到位于+1 的负补偿线性向量偶极(-CLVD)，并经过位于原点的纯双力偶(DC)。参数 k 表征震源体积的变化，衡量矩张量各向同性成分，其范围从位于底部-1 的均匀压缩类型到位于顶部+1 的均匀膨胀类型。

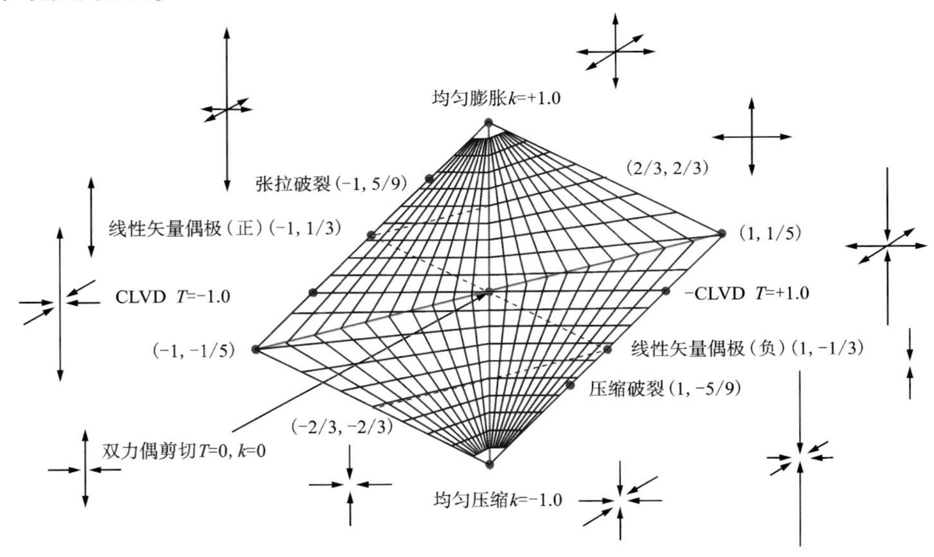

图 3-17　震源机制 T-k 值分布图

假设 $M_1>M_2>M_3$ 为矩张量对应的 3 个特征值，有

$$T=\frac{2M_2'}{\max(|M_1'|,\ |M_3'|)} \tag{3-14}$$

$$k=\frac{M^{ISO}}{|M^{ISO}|+\max(|M_1'|,\ |M_3'|)} \tag{3-15}$$

式中：$M^{\text{ISO}}=\frac{1}{3}\text{tr}(M)$，$M'_1$、$M'_2$、$M'_3$为矩张量偏量特征值。

3.3.2　声发射细观模拟

PFC 软件模拟声发射中，若多个黏结破裂发生的时空相近，则认为这些黏结破裂属于同一个声发射事件[18, 19]，即一个声发射事件可以是单一的微裂纹，也可以由多个微裂纹构成。在地震学中，通过记录震源释放出的动力波可反演获取震源信息，目前常采用矩张量理论研究震源信息。在颗粒离散单元法中，矩张量可以视作将作用在颗粒表面上所有接触力产生的相应位移，等效为体力所产生的相同效果。颗粒流程序中，若根据记录的动力波转换成矩张量，计算过程将十分复杂。由于颗粒的受力及其产生的运动可以在模型中直接获取，根据黏结破坏时周围颗粒接触力的变化进行矩张量计算较易实现。

如果声发射事件只包含一个微裂纹，则声发射事件的中心即为微裂纹的中心；如果声发射事件包含多个微裂纹，则所有的微裂纹的几何中心即为声发射事件的中心。矩张量为与破裂相关各单元上接触力的变化值与其至声发射事件中心的距离乘积的总和，计算如下：

$$M_{ij} = \sum_{s} \Delta F_i R_j \tag{3-16}$$

式中：ΔF_i 为第 i 个单元接触力的变化值；R_j 为接触点与声发射事件中心的距离。求和是在表面 s 上执行的，s 将事件包围起来。

图 3-18 为仅含一条张拉型微裂纹的声发射事件。图 3-18(a)中，微破裂产生后，源颗粒速度矢量表明源颗粒垂直于微裂纹向两侧快速移动。图 3-18(b)中，矩张量通过式(3-16)计算得到，其两组箭头的长度和方向，用矩张量矩阵的特征值计算和表示。图 3-18 表明，该微裂纹产生时，存在着张拉分量和压缩分量，张拉分量导致源颗粒向微破裂两侧分离，压缩分量导致周围颗粒向源颗粒挤压。

在 PFC 软件中，如果在整个声发射持续时间内，每一时步均计算矩张量，将得到一个与时间相关的完整矩张量。然而，存储与时间相关的完整矩张量需要大量内存，因此，采用最大标量力矩值时刻的矩张量作为每个声发射事件的矩张量并存储。标量力矩的计算表达式如下

$$M_0 = \left(\frac{1}{2}\sum_{j=1}^{3} m_j^2\right)^{1/2} \tag{3-17}$$

式中：m_j 是第 j 个矩张量特征值。

声发射事件的震级 M 可根据标量力矩求得，计算公式如下

$$M=\frac{2}{3}\lg M_0-6 \tag{3-18}$$

在实际试验中，破裂以一定的速度向外扩展。为了确定声发射事件持续时

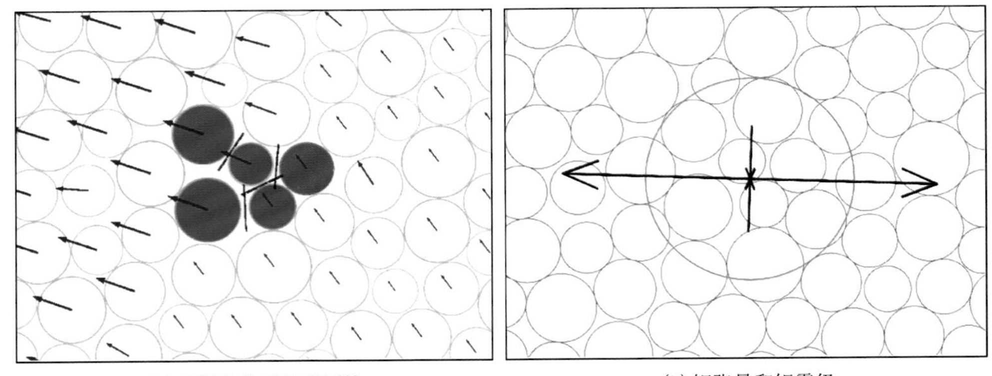

(a) 颗粒的位移和源颗粒　　(b) 矩张量和矩震级

图 3-18　微裂纹组成的声发射事件示例

间，一般假定岩石中破裂扩展为剪切波速度的一半。对于声发射事件破裂范围，需根据持续时间和包含的破裂数量确定。从微裂纹产生时刻起，至微破裂引起的剪切波传播至微破裂作用区域内边界，记为 t^i_{shear}，声发射事件持续时间 t^i_{duration} 为 t^i_{shear} 的 2 倍。在声发射事件持续时间 t^i_{duration} 内，每一时步均重新计算矩张量；若 t^i_{duration} 内，该微破裂作用区域内没有新的微裂纹产生，则此次声发射事件仅包含一条微裂纹；若 t^i_{duration} 内有新的微破裂产生，且其作用区域与旧的微破裂作用区域重叠，则该微裂纹被认为属于同一声发射事件，此时声发射包含多条微裂纹，而源颗粒区域被叠加，持续时间被重新计算并延长。

通过大量室内岩石力学试验发现，声发射事件产生的较大宏观裂纹均由许多较小的微裂纹贯通构成，因此，可以采用前述方法实现包含多条微裂纹的单次声发射事件模拟。

3.4　脆性岩石力学性质细观模拟

3.4.1　岩石抗拉强度数值试验

岩石工程的稳定性高度依赖于抗拉强度，如地下巷道稳定性、爆破和水力压裂等，与岩石的抗压强度和抗剪强度相比，抗拉强度小，因此岩石易发生张拉破裂，在分析岩石破坏机理或进行岩石工程设计时需要引起足够的重视。由于巴西劈裂试验的便利性以及试样制备的简单性，其已被广泛用于获得脆性材料的抗拉强度。

(1) 巴西圆盘模型构建

本节选取武夷山北部质地均匀的花岗岩作为研究对象，主要由 70%的长石、

20%的黑云母、5%的石英以及少量的角闪石和铁氧化物构成，密度为 2.8 g/cm^3，孔隙率为 0.41%，单轴抗压强度为 196 MPa，P 波波速约为 5700 m/s。试样直径约为 52 mm，厚度约为 26 mm。

根据上述材料属性及巴西劈裂试验中得到的力学参数，对模型进行了参数匹配与标定。数值模拟试样尺寸与试验试样相同，细观参数如表 3-6 所示，生成的试样包含 29191 个颗粒以及 134418 个黏结。加载速率恒定为 0.0075 m/s，在加载的同时记录声发射数据，直至荷载降低到峰值荷载的 70%。图 3-19 与图 3-20 分别展示了模拟与试验中的力-位移曲线及劈裂后的试样与模型。

表 3-6 花岗岩模拟中模型细观参数

细观参数	数值
最小颗粒直径，d_{min}/mm	1.0
最大最小粒径比，d_{max}/d_{min}	1.66
安装间距比，g_{ratio}	0.4
颗粒及黏结弹性模量，$E_c=\bar{E}_c$/GPa	7
颗粒及黏结的法向与切向刚度比，$k_n/k_s=\bar{k}_n/\bar{k}_s$	1.5
黏结抗拉强度的平均值与标准差，σ_b/MPa	(11, 0)
黏结黏聚力的平均值与标准差，c_b/MPa	(110, 0)
黏结摩擦角，φ_b/(°)	10
颗粒间摩擦因数	0.4

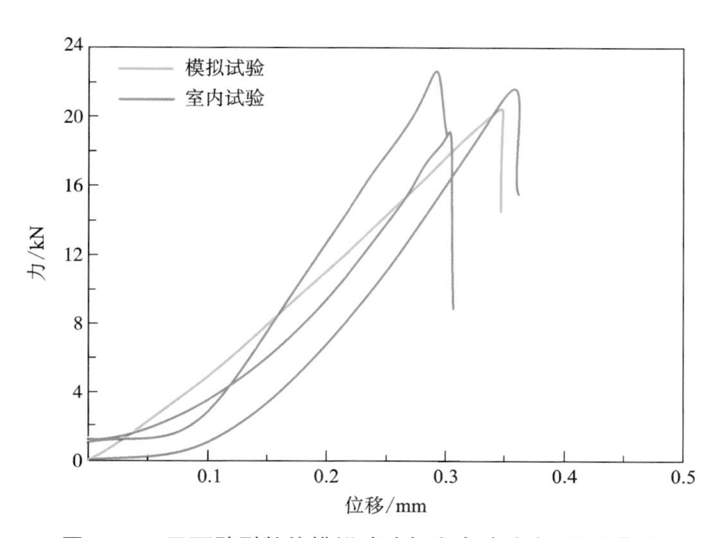

图 3-19 巴西劈裂数值模拟试验与室内试验力-位移曲线

(a) 室内试验试样

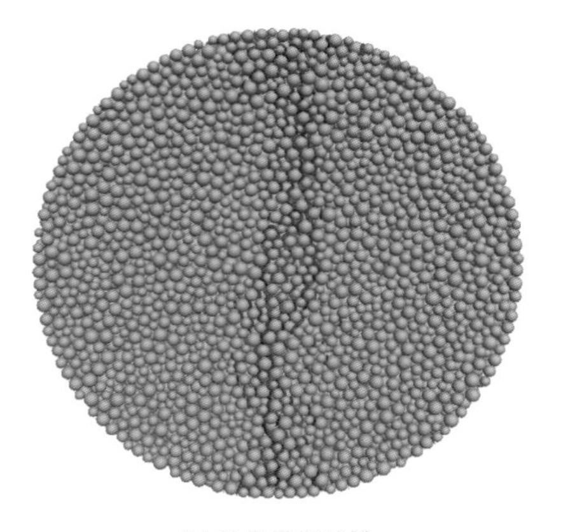
(b) 数值模拟试样

图 3-20　巴西劈裂试验结果

(2) 裂纹演化及声发射定位

试验中微裂纹以及声发射事件频数随力-位移曲线的变化如图 3-21 及图 3-22 所示。根据荷载变化在曲线上标记 6 个点，对应峰值荷载的 20%、40%、60%、80%、100%以及 80%(峰后)。可以看出，在 *C* 点前几乎没有微裂纹和声发射事件。在 *CD* 段，试样处于弹性变形阶段，加载曲线呈线性且声发射频率逐渐上升。随着试验进行，加载曲线呈非线性上升，声发射频数涨幅逐渐变快，达到

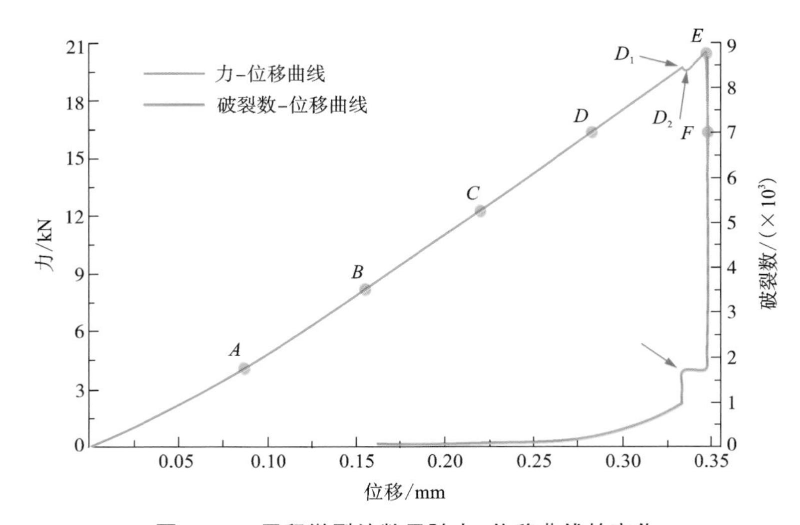

图 3-21　累积微裂纹数目随力-位移曲线的变化

峰值荷载时，微裂纹数目及声发射频数急剧上升。值得注意的是，在峰值前，加载曲线存在较小波动，此时声发射频数存在一个低谷，对应阶段微裂纹增加缓慢。在 *E* 点，宏观裂纹贯通，荷载迅速下降，伴随着最高的声发射频数，在 D_1 点出现较小的应力降，也伴随着较高的声发射频数，因此推断在试验过程中如出现应力降，则代表有大量微裂纹产生，从而表现为声发射频数明显增大。

需要注意的是，在数值模拟试验中，提高模型的分辨率(减小颗粒尺寸，增加颗粒数目)会产生更多的微裂纹和声发射事件，但其变化规律仍会保持较好的一致性。

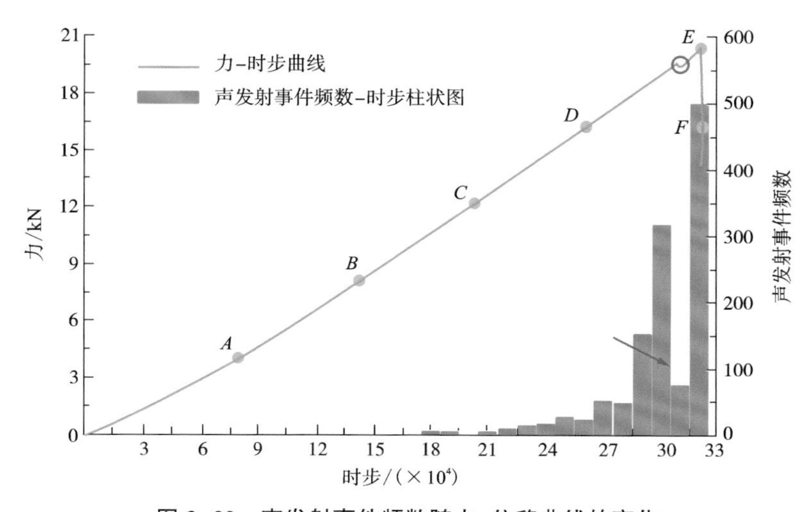

图 3-22　声发射事件频数随力-位移曲线的变化

图 3-23 展示了各加载阶段声发射事件定位的分布。图中圆圈代表声发射事件，圆圈直径与声发射事件震级呈正比，圆圈颜色代表不同的震源类别(其中红色代表内缩源，绿色代表剪切源，蓝色代表张拉源)。在 *AB* 段，3 个震级较小的张拉事件出现在下加载板附近；在 *BC* 段，上加载板附近开始出现声发射事件，并开始出现剪切源，声发射事件上下分布不对称推测为试样的非均质性导致。荷载达到 80%时，声发射事件集中在加载端附近，推测为裂纹起始。声发射事件趋于向试样中心扩展，*DE* 段声发射事件显著增加并沿着加载直径分布。在峰后阶段(*EF* 段)，声发射事件依旧沿着试样加载直径出现，相对上一阶段，声发射数目有所下降，但震级较大的声发射事件大量涌现。在 *F* 点后，声发射事件数量急剧增加，集中分布于加载直径，模型试样沿着加载直径劈裂。

在 *DE* 阶段，大量声发射事件出现，并伴随着明显的应力降，为探究应力降与声发射事件演化的关系，将局部峰值标记为 D_1，局部最低点标记为 D_2。如

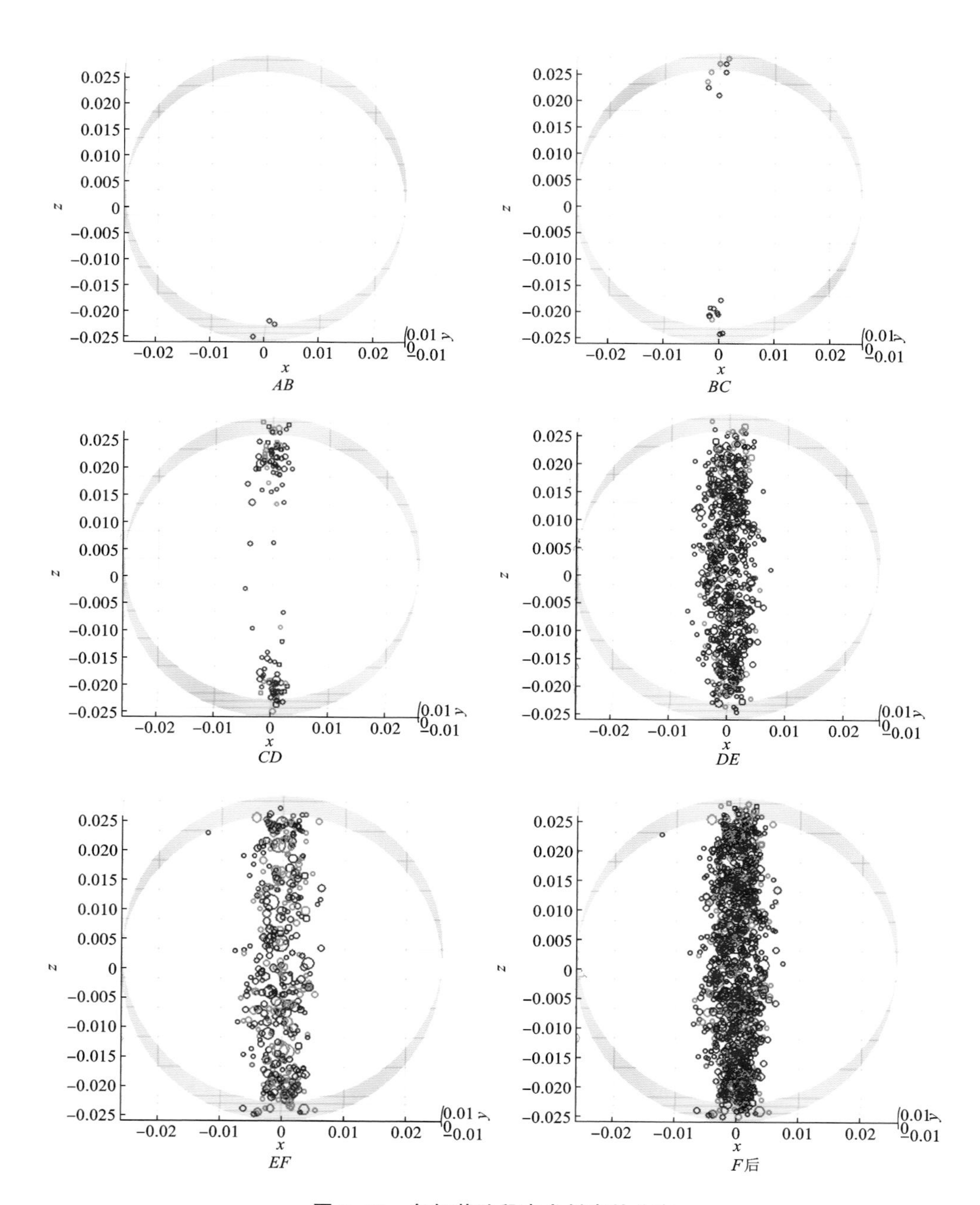

图 3-23 各加载阶段声发射事件分布

图 3-24 所示，在 D_1 前，声发射事件集中在加载板与试样圆心之间的部分，应力降出现时，极短时间内出现了大量声发射事件(D_1D_2 段仅有 1000 时步，相对于加载全程超过 3×10^5 时步，可认为 D_1D_2 段极为短暂)。随后，在经历了应力重分布，试样可继续承载，外荷载继续稳定增加，在 D_1E 段仅有个别声发射事件出现。可以推测，应力降伴随着声发射事件的急剧增加。

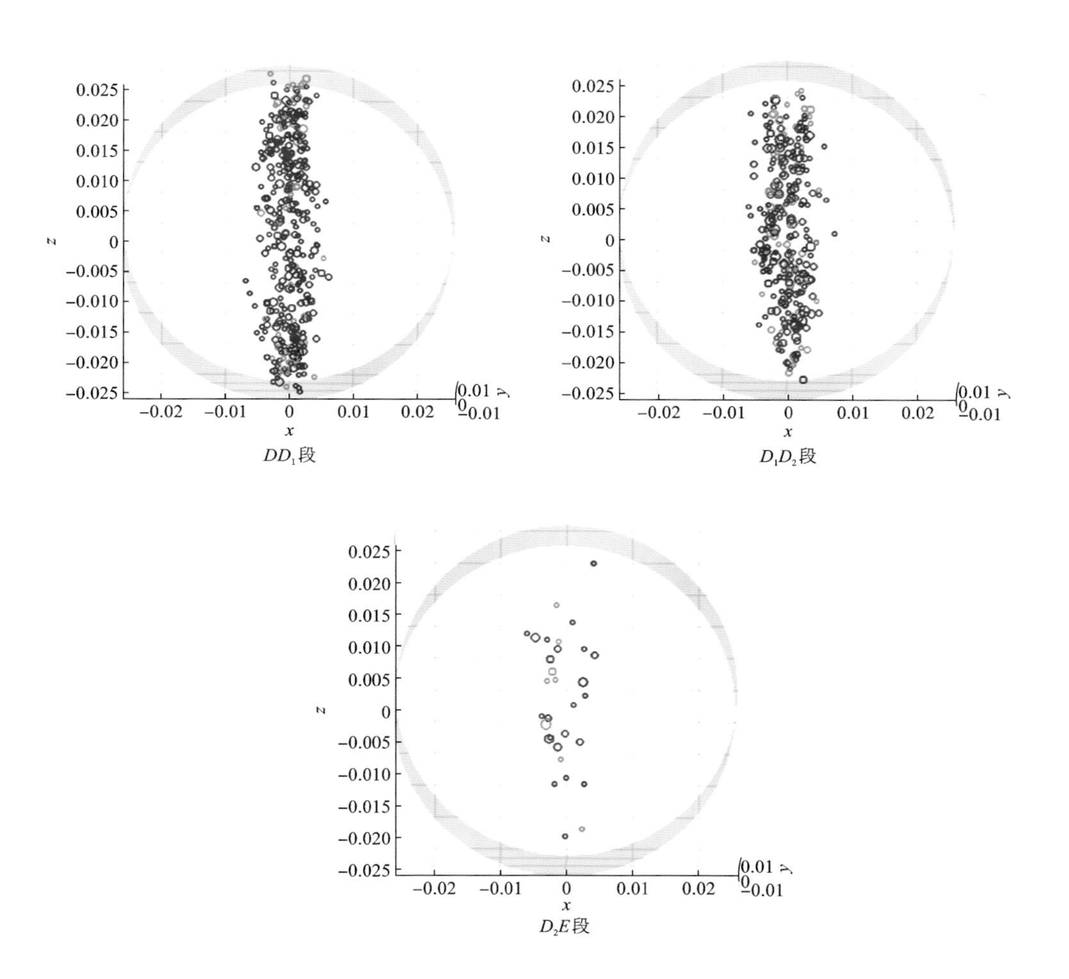

图 3-24　细化 *DE* 阶段的声发射事件演化过程

(3)震源分类及演化

本节通过声发射矩张量反演的方法对巴西劈裂试验中的起裂、破裂机制进行分析。图 3-25 展示了各类震源数目随加载的发展及不同阶段中各类震源的占比。可以看出，随着外荷载的增加，爆破源和剪切源的曲线斜率越来越大，意味着事件增长速率越来越快；对于内缩破坏，因为数量太少无法得出其变化趋势，峰值前只出现 4 个内缩破裂源。从数目上看，张拉破裂(爆破源)对试样破裂起到决定性作用，张拉破裂数目的总占比高达 81%。但在 *EF* 段，张拉破裂的占比为最小值(58%)，此时剪切破裂的占比为其最大值(36%)。对于剪切破裂，随着加载的进行其占比呈现先减少后上升的趋势。

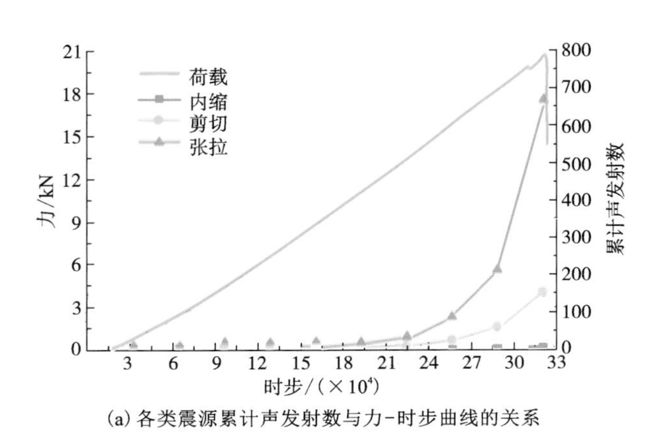

(a) 各类震源累计声发射数与力-时步曲线的关系

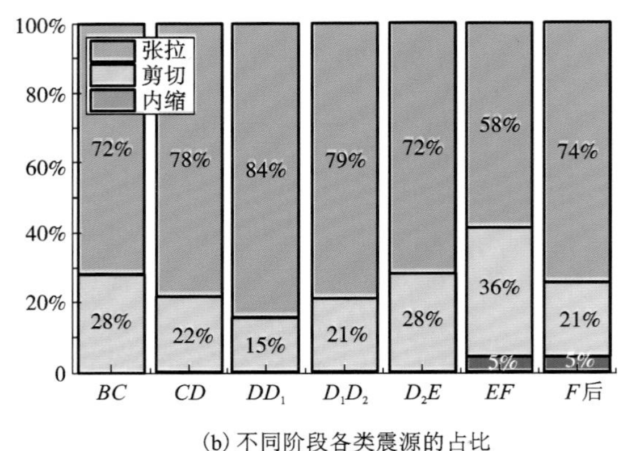

(b) 不同阶段各类震源的占比

图 3-25　依据矩张量反演的震源分类

在加载初期，剪切破裂的高占比现象推测为圆盘端部应力集中导致，该现象也出现在早期巴西劈裂试验研究中[20]，Steen 等[21]发现巴西劈裂试验中裂纹起始于加载板附近，并多为剪切裂纹，随后以张拉裂纹的形式扩展。本节试验中，加载前期矩张量反演的结果与 Steen 得到的结论相似，即在前期剪切破裂占比降低。峰后阶段，高剪切破裂占比可能是由于裂纹的不稳定扩展及裂纹间的连通。试样劈裂后，两部分沿着劈裂面的相对运动也会增加剪切破裂的比例。

荷载下降到峰值的 80%时，仅出现了 27 个内缩破裂源，且其中 23 个出现在 *EF* 段，占该阶段总数的 5%。在实际中，内缩破裂通常是晶内破坏或孔洞坍塌的结果，但在 PFC 模拟中，颗粒单元被假设为刚性且无法破裂，尽管学者们为模拟晶内破裂提出了一些方法，如将众多圆(球)形颗粒聚合成一个"丛(clump)"或者晶格，但晶内破裂及孔洞坍塌现象通常出现在高围压的压缩条件下，因此对于内缩破坏的成因仍需讨论。

Hazzard 和 Young[18, 22]认为，在离散元模拟中，内缩破裂的成因是颗粒在外荷载作用下，移动至已形成的裂纹中，致使在该震源中整体的体积变小。本节中，由于纵向的压力导致横向的张拉，在荷载达到 80%后，试样已沿其加载直径出现大量张拉裂纹，导致该范围内孔隙率增加。随着外荷载的增加，加载端附近的黏结断裂，导致黏结颗粒成为悬浮颗粒，悬浮颗粒受竖直方向的压力作用，向试样中部运动，由于悬浮颗粒的注入，既促进了试样的劈裂，又导致了局部孔隙率的降低。在实际巴西劈裂试验中，圆盘加载端也经常出现压碎区域，该区域成因与模拟中的内缩破裂一致，在宏观上表现为压致拉的破裂。

3.4.2　单轴及常规三轴数值试验

锦屏大理岩是一种典型的脆性岩石。Wawersik 和 Fairhurst[23]依据应力-应变曲线峰后行为将脆性岩石分为Ⅰ类脆性和Ⅱ类脆性，根据该分类标准，锦屏大理岩属于Ⅰ类脆性。针对锦屏大理岩，国内研究者已经开展了大量室内试验研究。

(1)抗压强度室内试验结果

王建良[24]钻取了锦屏Ⅱ级水电站引水隧洞深埋 2200 m 白山组大理岩，加工成 22 个标准岩样：$\phi 50$ mm×$H100$ mm，其中 10 个岩样分成 A、B 两组用于单轴压缩声发射试验，试验结果如表 3-7 所示。锦屏大理岩单轴抗压强度平均值为 114 MPa，起裂应力介于(0.49~0.63)倍单轴抗压强度之间，弹性模量和泊松比波动较大，平均值分别为 42.8 GPa 和 0.26；另外 12 个岩样分成 C、D 两组进行常规三轴压缩试验，试验结果如表 3-8 所示，除在 20 MPa 围压下由于试验机故障造成的试验结果存在较大偏差外，随着围压的增加，抗压强度和残余强度都在增加，且两者之差越来越小，峰后延性特征越来越明显。

表 3-7　锦屏大理岩单轴压缩试验结果汇总表

岩样编号	单轴抗压强度 σ_c/MPa	起裂应力 σ_{ci}/MPa	弹性模量 E/GPa	泊松比 υ
A1	121	71	47.9	0.240
A2	123	78	47.6	0.295

续表3-7

岩样编号	单轴抗压强度 σ_c/MPa	起裂应力 σ_{ci}/MPa	弹性模量 E/GPa	泊松比 υ
A3	142	81	64.4	0.279
A4	105	61	40.1	0.241
A5	122	63	41.7	0.265
B1	99	58	33.8	0.245
B2	101	56	27.2	0.176
B3	105	58	34.6	0.198
B4	98	61	35.1	0.326
B5	124	61	55.7	0.336
平均值	114	64.8	42.8	0.26

表 3-8 锦屏大理岩三轴压缩试验结果汇总表

岩样编号	围压/MPa	峰值强度 σ_p/MPa	残余强度 σ_r/MPa	差值
C1	2	139	41	98
C2	5	165	67	98
C3	10	171	89	82
C4	20	160	121	39
C5	30	220	180	40
C6	40	245	210	35
D1	2	125	23	102
D2	5	131	47	84
D3	10	141	78	63
D4	20	169	119	50
D5	30	241	203	38
D6	40	250	220	30

图 3-26 为典型的巴西劈裂试验和三轴压缩试验结束后的破坏试样。巴西圆盘试样沿着加载直径劈裂为两半，圆柱试样沿一上下贯通的主破裂破坏，主破裂与加载轴成一定夹角，在主破裂沿线上可以发现一些雁阵裂纹。锦屏大理岩的室内试验结果统计见表 3-9，其中，黏聚力和内摩擦角是根据莫尔-库仑准则拟合得到，分别为 34.47 MPa 和 31.22°，HB 强度参数 m_i 通过 HB 强度准则进行拟合，结果为 7.34。A、B 组单轴压缩和 C、D 组三轴压缩的应力-应变曲线分别见图 3-28、图 3-29。

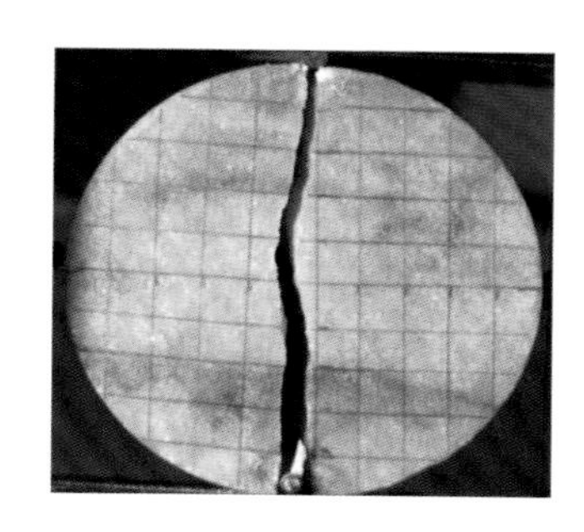

(a) 巴西试验破裂后试样

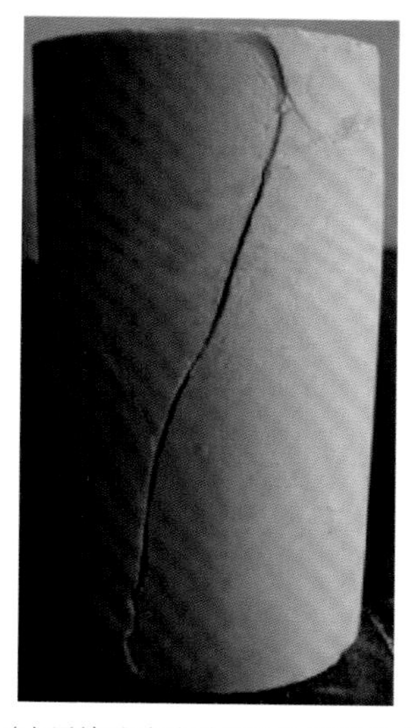

(b) 压缩试验破裂后试样 (40 MPa)

图 3-26　试样宏观破坏照片

表 3-9　锦屏大理岩室内试验和 FJM3D 细观模型数值试验结果

属性	室内试验结果	数值试验结果
抗拉强度, TS/MPa	5.2±1.35($n=5$)	5.183±0.243($n=10$)
抗压强度, UCS/MPa	114±23($n=10$)	113.9±5.223($n=10$)
弹性模量, E/GPa	42.8±18.6($n=10$)	42.286±0.337($n=10$)
泊松比, υ	0.26±0.06($n=10$)	0.255±0.09($n=10$)
黏聚力, c/MPa	34.47±4.94($n=2$)	39.14($n=1$)
内摩擦角, φ/(°)	31.22±3.24($n=2$)	29.90($n=1$)
HB 强度参数, m_i	7.34	7.89

注：n 表示试验次数或随机种子数。

(2)单轴/三轴压缩数值试验

为便于与室内试验比较，FJM3D 细观模型的尺寸与试验试样一致：直径 $D=$ 50 mm，高径比为 2∶1；颗粒的密度与大理岩相同，均为 2.690 g/cm^3；颗粒最小直径为 2.2 mm，最大与最小颗粒直径比为 1.66，颗粒尺寸服从正态分布，模型分辨率(试样的最小尺寸与颗粒平均直径比值)约为 17.3，依据 Ding 等[25]的研究结论，此模型分辨率对数值计算结果影响较小。

用于生成模型试样的细观参数如表 3-10 所示，试验细观模型均包含 8748 个颗粒，考虑到锦屏大理岩属于致密岩石，孔隙率低，存在少许裂纹，细观模型赋予了 118626 个平节理接触，其中类型 B 接触单元占 90%，类型 S 接触单元占 10%，试验细观模型见图 3-27，每个 FJM3D 模型采用 10 个随机种子数生成 10 种不同颗粒排列的模型试样，再进行单轴压缩试验；考虑三轴压缩试验的计算个数和计算效率，仅采用一种颗粒排列的模型试样。

压缩试验通过相向移动上、下两墙压缩细观模型试样，同时采用伺服原理保持侧边墙围压不变，当伺服围压为零时，此时压缩试验即为单轴压缩试验；由于直接拉伸试验在数值模拟中容易实现，同时该方法能获得较为精确的抗拉强度，采用直接拉伸试验测试细观模型的抗拉强度。在直接拉伸试验中，将模型上、下两端 3~5 层厚的颗粒作为抓柄部分，通过抓柄施加拉伸荷载实现细观模型试样拉断分离。加载或张拉速率控制在较低水平，以保证在每一时步中模型都处于准静态平衡中。

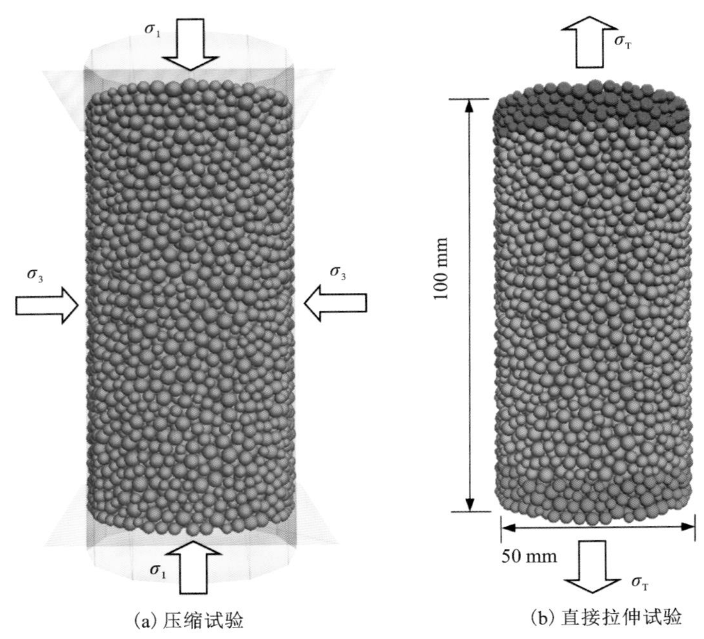

(a) 压缩试验　　(b) 直接拉伸试验

图 3-27　数值模拟试验细观模型

表 3-10　用于模拟锦屏大理岩宏观力学性质的细观参数

细观参数	数值
最小颗粒直径，d_{min}/mm	2.2
最大与最小颗粒直径比，d_{max}/d_{min}	1.66
安装间距比，g_{ratio}	0.3

续表3-10

细观参数	数值
类型 B 单元比例，φ_B	0.9
类型 S 单元比例，φ_S	0.1
径向单元个数，N_r	1
圆周方向单元个数，N_α	3
颗粒和黏结的有效模量，$E_c=\overline{E}_c$/GPa	46
颗粒和黏结的法向与切向刚度比，$k_n/k_s=\overline{k}_n/\overline{k}_s$	1.9
黏结抗拉强度平均值和标准偏差，σ_b/MPa	(7.6，0)
黏结黏聚力的平均值和标准偏差，c_b/MPa	(112，0)
局部内摩擦角，φ_b/(°)	5
残余内摩擦角，φ_r/(°)	16.7

FJM3D 细观模型典型的单轴压缩和三轴压缩应力-应变曲线分别如图 3-28、图 3-29 所示。可以看出，随着围压增加，应力-应变曲线峰后行为由脆性过渡到延性，最终显现理想塑性特征。其中，在 20 MPa 围压下，细观模型计算结果和室内试验结果存在较大不同，其原因是室内试验中此围压下的试验结果异常。

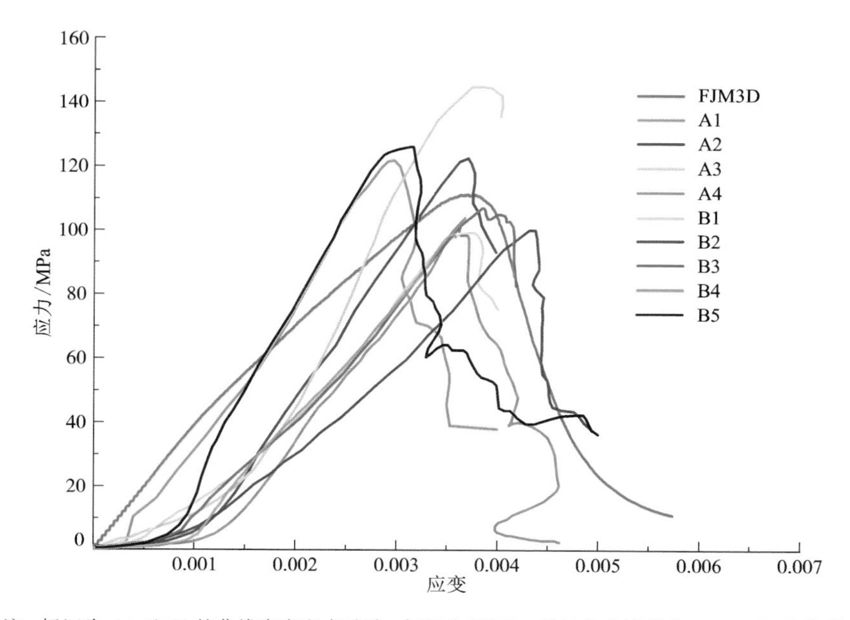

注：标记为 A1 至 B5 的曲线来自室内试验，标记为 FJM3D 的红色曲线来自 FJM3D 细观模型。

图 3-28　单轴压缩试验应力-应变曲线

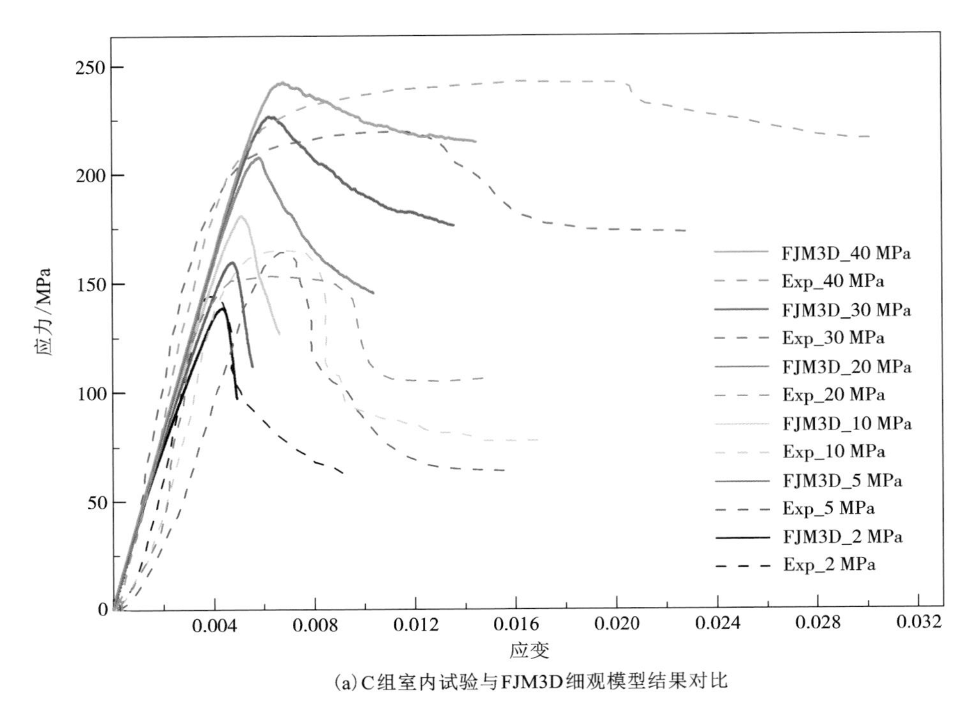

(a) C组室内试验与FJM3D细观模型结果对比

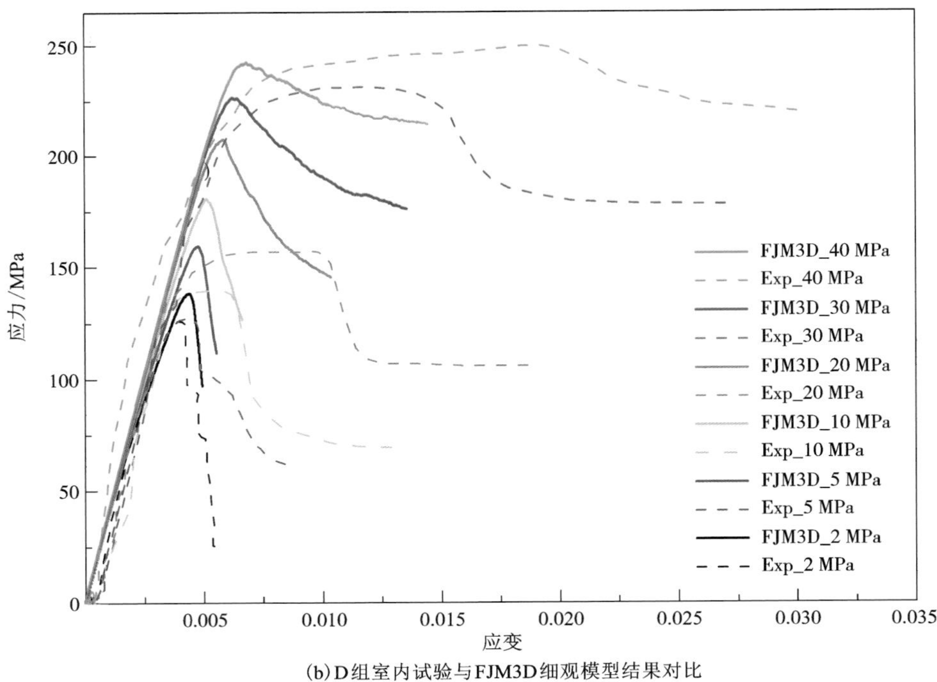

(b) D组室内试验与FJM3D细观模型结果对比

图 3-29 室内试验与 FJM3D 细观模型三轴压缩试验应力-应变曲线

室内试验和 FJM3D 细观模型计算结果的非线性强度包络线拟合结果如图 3-30 所示。可以看出，HB 强度准则较好地拟合了抗压部分，但拟合结果中抗拉强度均高于室内试验和细观模型计算结果。

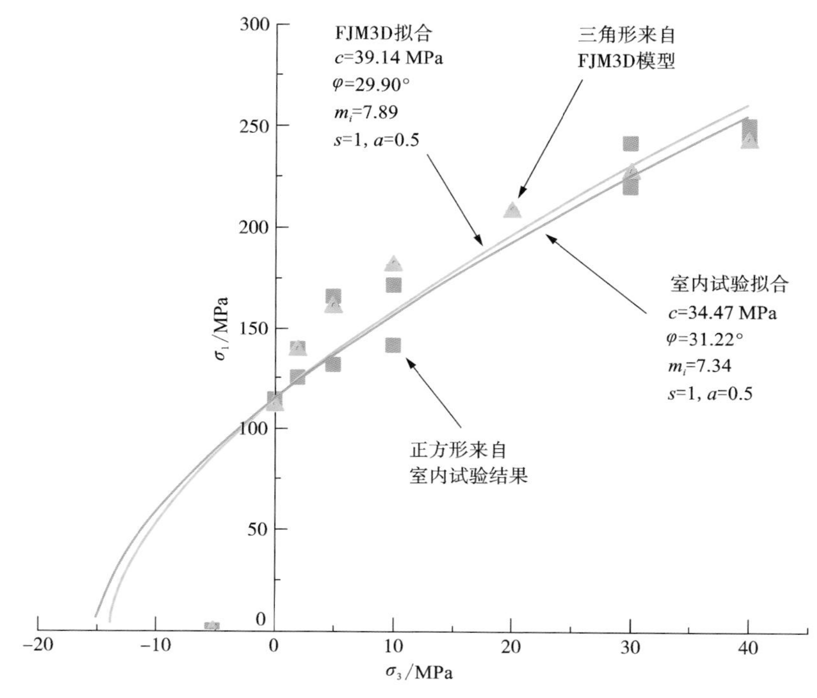

图 3-30　采用 HB 强度准则拟合的锦屏大理岩非线性强度包络线

3.4.3　断裂韧度数值试验

人字形切槽巴西圆盘(CCNBD)断裂韧度室内试验结果受试样加工条件和加载条件影响很大，呈现较大的离散性，且室内试验很难反映试样内部的细观变形和破裂特征。数值分析方法基于细观角度为其分析研究提供了可能，能有效再现内部应力-应变变化、裂纹扩展过程、声发射特征等。因此，本节采用颗粒离散元模型结合矩张量理论，从细观尺度上分析人字形切槽巴西圆盘断裂过程。

采用近似求圆周长的方法运用 FJM3D 模型建立巴西圆盘细观模型，采用光滑节理模型(Smooth Joint Model, SJM)模拟人字形切槽(图 3-31)。SJM 可以赋予一定范围内的颗粒接触为光滑节理接触，从而控制节理宽度。CCNBD 数值模型构建及加载过程中裂纹扩展、声发射特征等结果详见第 8 章，本节主要介绍数值模型中细观参数对 Ⅰ 型断裂韧度的影响规律。

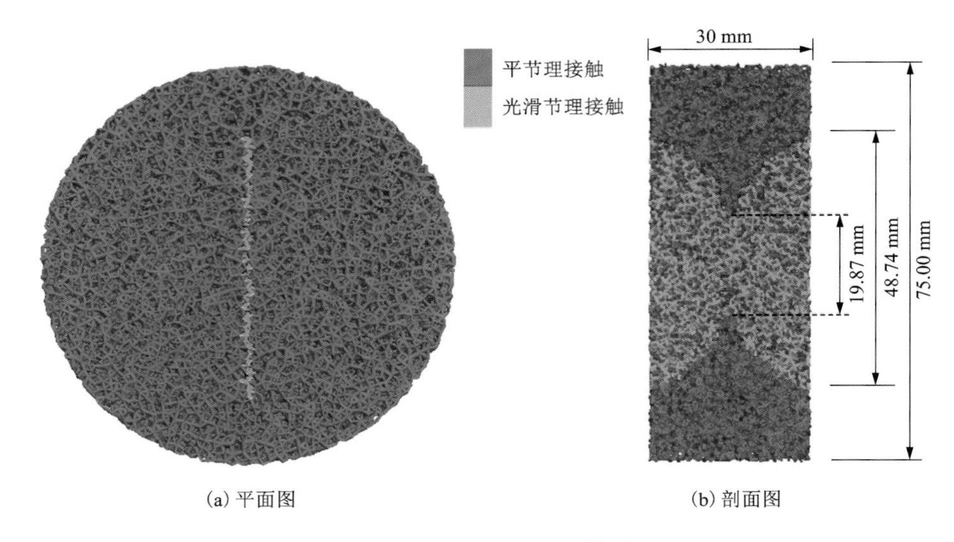

图 3-31 CCNBD 细观模型

利用颗粒流离散单元模型，Potyondy 和 Cundall[26]通过对含有长度为 $2a$ 且贯穿厚度的中间裂缝的长方体细观模型进行拉伸断裂韧度试验，指出Ⅰ型断裂韧度(K_{Ic})与黏结抗拉强度和颗粒尺寸呈正相关，可表示为

$$K_{Ic} \propto \sigma_t' \sqrt{R} \tag{3-19}$$

式中：σ_t'是颗粒间黏结的张拉强度；R 是颗粒的平均半径。根据上述人字形切槽巴西圆盘细观模型，从黏结抗拉强度 σ_b、颗粒平均直径和颗粒尺寸非均匀性 3 个方面开展对Ⅰ型断裂韧度(K_{Ic})的影响研究。

(1)黏结抗拉强度对Ⅰ型断裂韧度的影响

设计 4 组不同黏结抗拉强度 σ_b 的细观模型，σ_b 分别取 10 MPa、20 MPa、30 MPa 和 50 MPa，每组采用 5 种随机种子数生成不同排列的细观模型，其他细观参数同表 3-10，计算结果取平均值。黏结抗拉强度 σ_b 与断裂韧度 K_{Ic} 的关系如图 3-32 所示，两者呈线性关系，拟合结果如下

$$K_{Ic} = 0.0676\sigma_b + 0.0328 \tag{3-20}$$

式中：K_{Ic} 的单位为 $MPa \cdot m^{1/2}$；黏结抗拉强度 σ_b 的单位为 MPa；相关系数 $R^2 = 1$。式(3-20)中含有非零截距 0.0328，是由于 CCNBD 试验中的张拉裂纹由压致裂引起，而式(3-19)的拉伸断裂韧度试验中张拉裂纹是由拉应力造成的，印证了巴西抗拉强度总体上大于直接拉伸强度的现象。

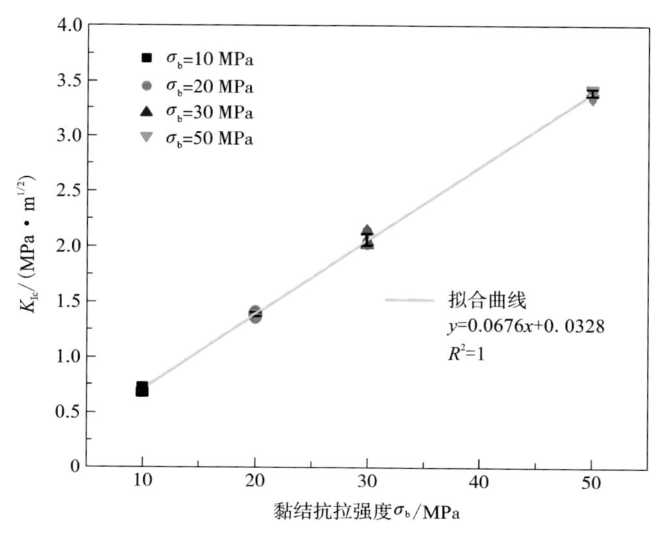

图 3-32 黏结抗拉强度 σ_b 对 Ⅰ 型断裂韧度 K_{Ic} 的影响

(2)颗粒平均直径对 Ⅰ 型断裂韧度的影响

针对颗粒平均直径 D_{avg} 对断裂韧度的影响共设计 4 组细观模型，D_{avg} 分别取 1.5 mm、2.0 mm、3.0 mm 和 5.0 mm，每组细观模型采用 5 种不同随机种子数生成 5 种排列模型，其他细观参数保持不变，计算结果取平均值。考虑式(3-19)采用颗粒半径的平方根$\sqrt{R}$，此处采用颗粒直径的平方根$\sqrt{D_{avg}}$，其与 Ⅰ 型断裂韧度平均值关系如图 3-33 所示，两者符合非线性函数关系，如图 3-33 中绿线所示。

$$K_{Ic}=0.5928e^{0.611\sqrt{D_{avg}}},\ R^2=0.9971 \tag{3-21}$$

同时进行了两者的线性拟合，如图 3-33 中黄线所示，拟合结果如下：

$$K_{Ic}=1.0757\sqrt{D_{avg}}-0.1035,\ R^2=0.9839 \tag{3-22}$$

前述两式中 K_{Ic} 单位为 MPa · m$^{1/2}$，颗粒平均直径 D_{avg} 单位为 mm。对比两式拟合结果中的相关系数，可知采用指数函数关系表示颗粒平均直径平方根$\sqrt{D_{avg}}$与断裂韧度 K_{Ic} 的关系更为准确。

(3)颗粒尺寸非均匀性对 Ⅰ 型断裂韧度的影响

颗粒尺寸非均匀性对巴西圆盘抗拉强度有很大影响，采用 3 种不同的最大颗粒直径与最小颗粒直径之比 $d_{max}/d_{min}=1.0$、1.667 和 2.667 分析颗粒尺寸非均匀性对 Ⅰ 型断裂韧度 K_{Ic} 的影响。每组细观模型采用 5 种不同随机种子数生成 5 种排列模型，其他细观参数保持不变，计算结果取平均值，最大颗粒直径与最小颗粒直径之比 d_{max}/d_{min} 对断裂韧度 K_{Ic} 的影响如图 3-34 所示，与颗粒直径平均值

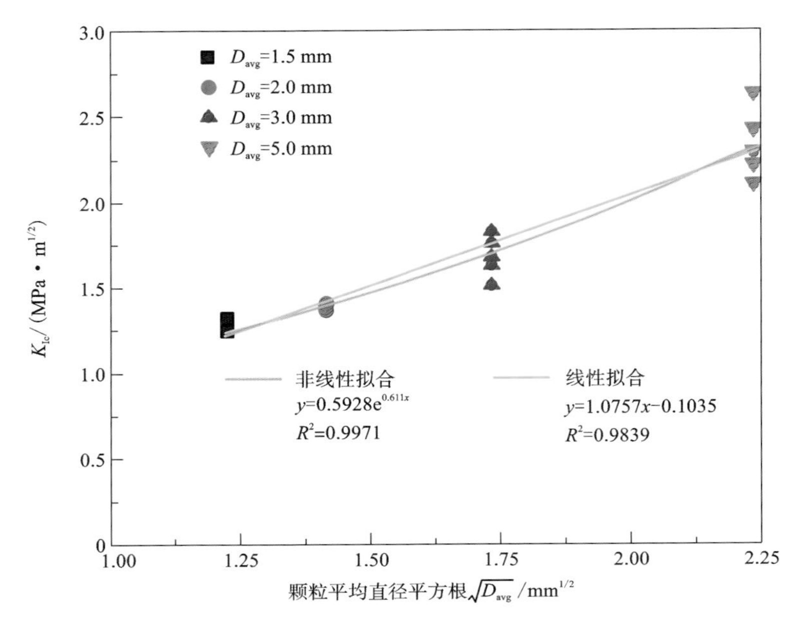

图 3-33　颗粒平均直径 D_{avg} 对 Ⅰ 型断裂韧度 K_{Ic} 的影响

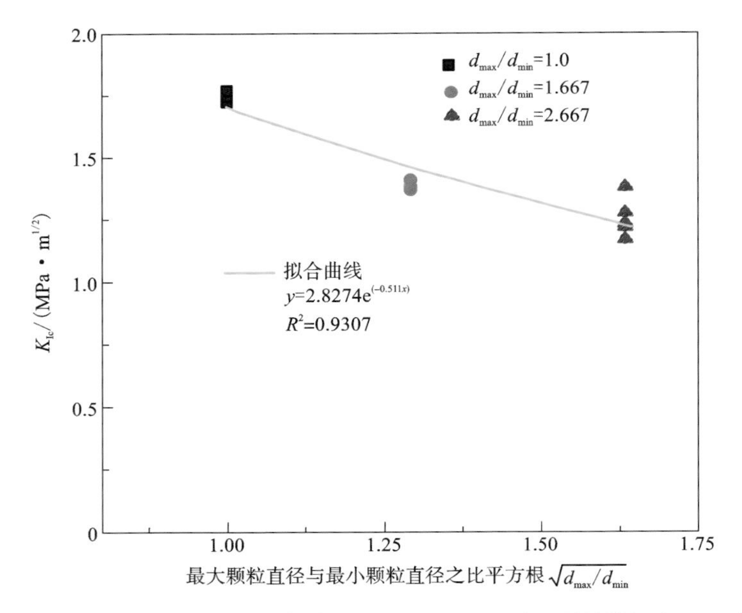

图 3-34　最大颗粒直径与最小颗粒直径之比 d_{max}/d_{min} 对 Ⅰ 型断裂韧度(K_{Ic})的影响

D_{avg} 对断裂韧度 K_{Ic} 影响类似，采用指数函数拟合最大颗粒直径与最小颗粒直径之比的平方根 $\sqrt{d_{max}/d_{min}}$ 与断裂韧度 K_{Ic} 的关系：

$$K_{Ic}=2.8274e^{-0.511\sqrt{d_{max}/d_{min}}},\ R^2=0.9307 \tag{3-23}$$

随着最大颗粒直径与最小颗粒直径之比 d_{max}/d_{min} 不断增大，即颗粒尺寸的非均匀性程度不断增加，断裂韧度不断减小，在较低的应力水平下，最小颗粒处的应力集中水平和数量也就越多，对裂纹的扩展抵抗能力降低。

综上，断裂韧度 K_{Ic} 与黏结抗拉强度 σ_b 呈线性正相关，与颗粒直径平方根 $\sqrt{D_{avg}}$ 呈指数正相关，与颗粒尺寸非均匀性平方根 $\sqrt{d_{max}/d_{min}}$ 呈指数负相关，总结表达式如下：

$$K_{Ic}\propto\sigma_b e^{\sqrt{D_{avg}}-\sqrt{d_{max}/d_{min}}} \tag{3-24}$$

式(3-24)与式(3-19)不同的原因可能是获取Ⅰ型断裂韧度所采用的试验不同。同时可以看出，如果细观模型的黏结强度已经用于匹配岩石的宏观抗拉和抗压强度(尤其是单轴抗压强度)，K_{Ic} 可通过调整颗粒尺寸进行匹配，此时细观模型颗粒尺寸可能与实际的岩石颗粒尺寸一致。值得注意的是，如采用颗粒模型用于分析工程尺度(如隧道、储存库)的岩石破裂扩展，那么前述用于匹配实际断裂韧度的方法将会导致模型规模大且计算效率低，因此，可以通过降低黏结强度或其他方式[27]，实现断裂韧度的准确匹配，并缩短计算时间。

3.5　本章小结

颗粒离散元法在模拟岩体破裂机制、裂纹孕育演化规律等方面发挥了重要作用，不同类型的接触本构模型已在岩石脆性特征模拟方面得到了广泛应用。本章简要介绍了颗粒流软件 PFC 的基础理论、接触模型、细观参数标定方法、声发射模拟方法和数值分析在脆性岩石中的应用。

(1)阐述了 PFC 软件中颗粒流模型所包含的基本假设，PFC 软件每一次计算循环依据时步确定、运动定律、时间推进、接触检测和力-位移定律完成更新迭代；PFC 中接触模型可分为非黏结模型与黏结模型两类，其中非黏结模型主要用于模拟散体材料，黏结模型主要用于模拟岩石及类岩石材料；最后，介绍了广泛应用的平节理模型。

(2)完整脆性岩石室内试验结果呈现出 3 个显著特征：高压拉比、大内摩擦角和非线性强度包络线。采用 FJM 模型对脆性岩石三大特征进行细观参数敏感性分析，得到了平均配位数(CN)、裂纹密度(CD)、黏结的黏聚力与抗拉强度比(c_b/σ_b)、局部内摩擦角(φ_b)和残余内摩擦角(φ_r)对宏观力学参数的影响规律，基于此提出了一套完善的细观参数标定方法；通过试验发现岩石的初始裂纹对其强度和变形特性存在较大影响，进一步提出了考虑初始裂纹的试样标定方法。

(3)基于典型脆性岩石(花岗岩和大理岩)开展巴西劈裂、单轴/三轴压缩和断裂韧度数值模拟研究，分析了巴西劈裂试验裂纹扩展规律、声发射事件时空演化及震源机制；结合锦屏大理岩室内试验物理力学参数进行单轴/三轴压缩数值试验细观参数匹配，验证了 FJM3D 细观模型能够很好地再现脆性岩石的力学特性；最后，分析了黏结的抗拉强度 σ_b、颗粒平均直径和颗粒尺寸非均匀性对Ⅰ型断裂韧度的影响。

参考文献

[1] Potyondy D O. A flat-jointed bonded-particle material for hard rock[C]// The 46th U. S. Rock Mechanics/Geomechanics Symposium. Chicago: ARMA, 2012: 1510-1519.

[2] Cho N A, Martin C D, Sego D C. A clumped particle model for rock[J]. International Journal of Rock Mechanics and Mining Sciences, 2007, 44(7): 997-1010.

[3] Huang H, Lecampion B, Detournay E. Discrete element modeling of tool-rock interaction I: rock cutting[J]. International Journal for Numerical and Analytical Methods in Geomechanics, 2013, 37(13): 1913-1929.

[4] Yang B D, Jiao Y, Lei S T. A study on the effects of microparameters on macroproperties for specimens created by bonded particles [J]. Engineering Computations, 2006, 23(6): 607-631.

[5] Scholtès L, Donzé F. A DEM model for soft and hard rocks: Role of grain interlocking on strength [J]. Journal of the Mechanics and Physics of Solids, 2013, 61(2): 352-369.

[6] Oda M. Co-ordination number and its relation to shear strength of granular material[J]. Soils and Foundations, 1977, 17(2): 29-42.

[7] Marinos P, Hoek E. Estimating the geotechnical properties of heterogeneous rock masses such as flysch[J]. Bulletin of Engineering Geology and the Environment, 2001, 60: 85-92.

[8] Ding X, Zhang L. Simulation of rock fracturing using particle flow modeling: Phase I-model development and calibration [C]// The 45th U. S. Rock Mechanics/Geomechanics Symposium. San Francisco, 2011: 26-29.

[9] Schöpfer M P, Abe S, Childs C, et al. The impact of porosity and crack density on the elasticity, strength and friction of cohesive granular materials: Insights from DEM modelling [J]. International Journal of Rock Mechanics and Mining Sciences, 2009, 46(2): 250-261.

[10] Mahmutoglu Y. Mechanical behaviour of cyclically heated fine grained rock [J]. Rock Mechanics and Rock Engineering, 1998, 31(3): 169-179.

[11] Brown E T, Hoek E. Underground Excavations in Rock[M]. Florida: CRC Press, 1980.

[12] Ding X B, Zhang L Y. A new contact model to improve the simulated ratio of unconfined compressive strength to tensile strength in bonded particle models[J]. International Journal of

Rock Mechanics and Mining Sciences, 2014, 69: 111-119.

[13] Zhang Q, Zhu H, Zhang L, et al. Effect of micro-parameters on the Hoek-Brown strength parameter m_i for intact rock using particle flow modeling [C]// The 46th U. S. Rock Mechanics/Geomechanics Symposium. Chicago: ARMA, 2012: 2187-2193.

[14] Knopoff L, Randall M J. The compensated linear-vector dipole: A possible mechanism for deep earthquakes[J]. Journal of Geophysical Research, 1970, 75(26): 4957-4963.

[15] Feignier B, Young R P. Moment tensor inversion of induced microseisnmic events: Evidence of non-shear failures in the $-4<M<-2$ moment magnitude range [J]. Geophysical Research Letters, 1992, 19(14): 1503-1506.

[16] Ohtsu M. Acoustic emission theory for moment tensor analysis[J]. Research in Nondestructive Evaluation, 1995, 6(3): 169-184.

[17] Hudson J A, Pearce R G, Rogers R M. Source type plot for inversion of the moment tensor [J]. Journal of Geophysical Research: Solid Earth, 1989, 94(B1): 765-774.

[18] Hazzard J F, Young R P. Dynamic modelling of induced seismicity[J]. International Journal of Rock Mechanics and Mining Sciences, 2004, 41(8): 1365-1376.

[19] Madariaga R. Dynamics of an expanding circular fault[J]. Bulletin of the Seismological Society of America, 1976, 66, 639-666.

[20] Fairhurst C. On the validity of the 'Brazilian' test for brittle materials[J]. International Journal of Rock Mechanics and Mining Science & Geomechanics Abstracts, 1964, 1(4): 535-546.

[21] Steen B V D, Vervoort A, Napier J. Observed and simulated fracture pattern in diametrically loaded discs of rock material[J]. International Journal of Fracture, 2005, 131: 35-52.

[22] Hazzard J F, Young R P. Moment tensors and micromechanical models[J]. Tectonophysics, 2002, 356(1-3): 181-197.

[23] Wawersik W R, Fairhurst C. A study of brittle rock fracture in laboratory compression experiments[J]. International Journal of Rock Mechanics and Mining Science & Geomechanics Abstracts, 1970, 7(5): 561-575.

[24] 王建良.深埋大理岩力学特性研究及其工程应用[D].昆明:昆明理工大学, 2013.

[25] Ding X B, Zhang L Y, Zhu H H, et al. Effect of model scale and particle size distribution on PFC3D simulation results [J]. Rock Mechanics and Rock Engineering, 2014, 47: 2139-2156.

[26] Potyondy D O, Cundall P A. A bonded-particle model for rock[J]. International Journal of Rock Mechanics and Mining Sciences, 2004, 41(8): 1329-1364.

[27] Damjanac B, Detournay C, Cundall P A. Application of particle and lattice codes to simulation of hydraulic fracturing[J]. Computational Particle Mechanics, 2016, 3(2): 249-261.

第 4 章 / 岩石室内试验监测方法

室内试验是获得岩石物理力学性质最基本、最重要的方法。脆性岩石破坏的宏观力学特性可通过应力、应变监测获得，随着试验技术的进步，主/被动联合声发射监测、非接触表面应变场监测、试样破坏后细微观表征等技术被广泛应用于获取脆性岩石破坏过程的内部变化及细观特征。第二章已从岩石的基本力学特征方面介绍了岩石强度与变形特性、岩石破坏全过程力学特性及其影响因素，这些基本力学特性需要通过多手段联合监测获取。本章主要介绍脆性岩石试样破坏过程中常用的应力-应变、位移、声学、表面应变场、破坏后形态分析等室内试验监测方法。

4.1　应力-应变与位移监测

岩石单轴压缩、三轴压缩、巴西劈裂、断裂韧性、蠕变等试验中，获取试样的应力、应变及位移变化是最常用的监测手段，也是揭示试样强度、变形特性及获取弹性参数的重要途径。

试验过程中通过测力传感器获取应力变化，传输到采集端，通过试验控制电脑实时记录和反馈力的变化，是实现伺服控制的一个关键步骤。试验过程中岩石的轴向变形、径向变形同样是重要的监测参数，变形监测通常包括电阻式应变片和引伸计监测，其中电阻式应变片工作原理是基于金属导体的应变效应，即金属导体电阻值随着所受机械变形的变化而发生改变，当试件沿电阻丝方向发生线性变形时，电阻丝也同步发生变形(伸长或缩短)，此时电阻丝的电阻发生改变(增大或减小)，其变化值与试样表面的应变成正比，最后通过应变仪的惠斯通电桥将电阻信号转换成电压信号，再通过应变仪进行放大、滤波、模数转换等显示出应变值。

随着技术设备的进步，通常运用变形引伸计对岩石轴向变形、径向变形等参数进行监测，引伸计是测量试件或其他物体两点间变形的一种仪器，由传感器、放大器和记录器3部分组成，在测试过程中实时获取被测对象的变形量，实现应变控制，可提高试验系统加载的稳定性和测试数据的可靠性。

引伸计可根据工作原理、装卡方式、量程、标距、适用环境、试验加载方式及测量方式的差异进行分类，其中按测量方式可分为接触式和非接触式引伸计，如图4-1所示。其中，接触式引伸计包括单向引伸计和双向平均引伸计；非接触式引伸计包括视频引伸计和激光引伸计。

(a) 接触式轴向引伸计

(b) 非接触式视频引伸计　　(c) 非接触式激光引伸计

图4-1　常用轴向引伸计与非接触式引伸计

4.2　声发射监测

声发射监测技术不仅用于采矿、交通、地质、石油、土木建筑、水利水电、海洋工程等传统工程领域，还广泛运用于地热开发、非常规油气开发、核废料与二氧化碳储存等新兴领域。

声发射在岩土、矿山、边坡工程中的应用历时已久，但基础理论在实际工程中的应用仍面临挑战。岩石材料本身结构的复杂性及破坏过程中的难预测性，导致难以准确判断岩石的破坏行为，大量学者通过在实验室监测岩石破裂全过程的声发射特征参数与岩石破裂三维时空演化过程，进一步掌握岩石破裂的内在机理，提出了合理的岩石破坏先兆信息判据，同时为矿山、水利、交通等领域的岩土工程灾害和失稳问题提供基础理论支撑。

4.2.1 基本原理

声发射(AE)是指材料或构件在受力过程中产生变形或裂纹时，以弹性波形式释放出应变能的现象。由于应力重分布导致材料内部结构发生变化而产生破裂，进而产生弹性波，声发射的频率一般在 1 kHz 至 1 MHz 之间；微震(Micro Seismic)是由工程现场规模的岩石破裂(如矿山中的岩爆、矿震)引起的，工程中常通过微震监测进行灾害的预测预警。声发射与微震监测关注的信号频率范围不同，但其监测方法及原理基本相同，声发射已成为室内试验中研究岩石破裂过程、监测微裂纹扩展的有力手段。

早期声发射监测使用单通道数据采集，仅从声发射事件率、能量变化等方面表征岩石破裂的基本特征。随着研究的深入，大量学者发现声发射事件时空演化规律对于表征岩石内部破裂特征具有重要意义，而源位置的确定需要记录多个传感器的波形并确定信号到达每个传感器的时间，多通道数据采集系统为监测岩石破裂三维演化全过程提供了有效手段。多通道数据采集系统通常包括传感器、前置信号放大器、触发计数系统、连续采集系统、脉冲放大器发生系统，系统主要构成如图 4-2 所示。

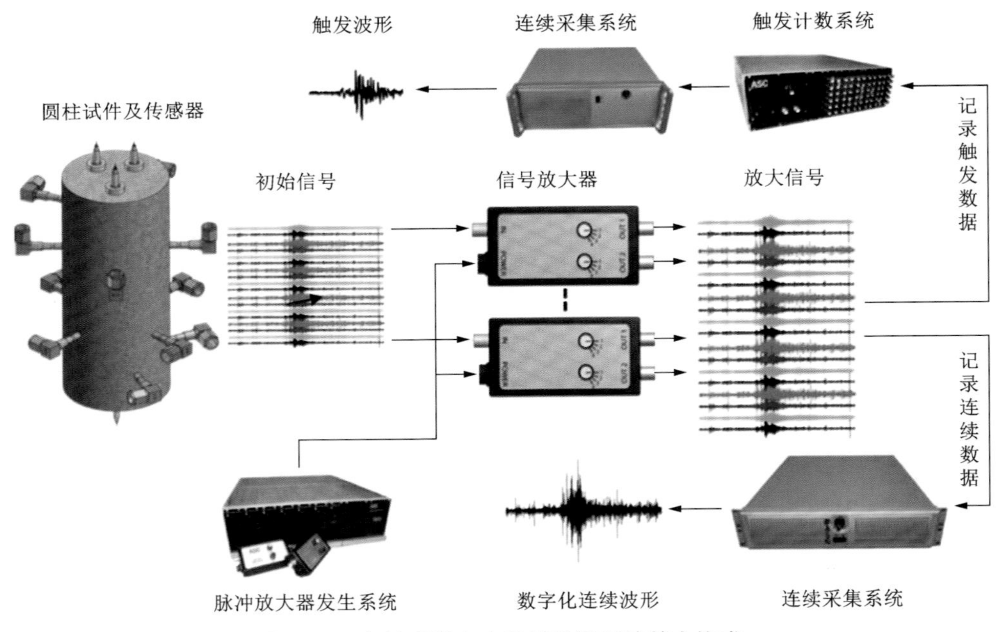

图 4-2 主被动联合声发射监测系统基本构成

4.2.2 声发射特征参数

声发射参数分析可通过提取一组包含波形特征的参数，用于震源表征，与全波形记录相比，参数提取不需要存储产生波形的所有信息，有助于数据管理，可实现更高速的采集速率[1]。在岩石力学室内试验中，声发射特征参数与典型波形如图4-3所示。

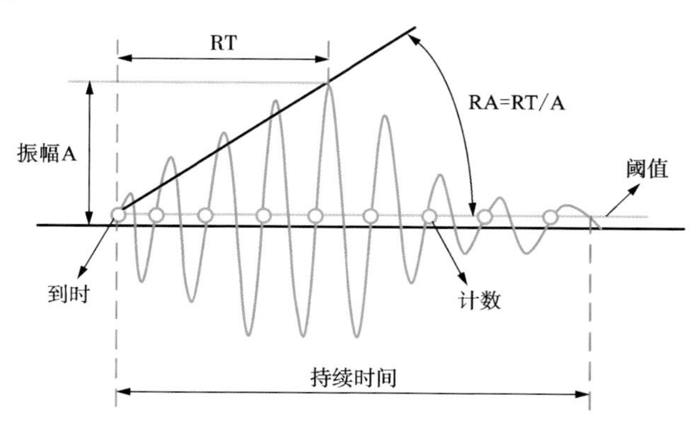

图4-3　典型声发射波形及参数解释[2]

常用的声发射特征参数总结如下。

①阈值(Threshold)：一个预定义的电压值，当接收到的波形超过该电压值时会触发采集，阈值设置的大小与背景噪声和采集设备增益设置相关。

②撞击(Hit)：超过阈值并使得系统通道开始记录数据的信号。

③振铃计数(Counts)：信号中超过阈值的次数，即阈值与波形上升的相交次数(图4-3中蓝色圆形)，振铃计数强烈依赖于设置的阈值大小，在第一次计数和峰值振幅之间的计数被称为峰值计数。

④振幅(Amplitude，A)：波形信号的峰值电压，振幅通常以分贝表示。振幅与震源事件剧烈程度密切相关，随着传播距离的增加，振幅相应衰减。

$$A = 20\lg \frac{U}{U_{ref}} \tag{4-1}$$

式中：A 为振幅；U 为电压；U_{ref} 为参考电压(1 μV)，通常传感器上的1 μV被定义为0 dB。

⑤持续时间(Duration，DUR)：第一次计数开始和最后一次波形下降阈值之间的时间间隔。

⑥上升时间(Rise Time，RT)：声发射信号触发时刻(第一次计数)与峰值振幅时刻之间的时间间隔。

⑦声发射上升时间/振幅(RA)：由 RT/A 定义，可视作波形张开线斜率的倒数，被广泛应用于材料中破裂模式测定。

⑧平均频率(Average Frequency，AF)：振铃计数与波形持续时间的比值，单位为 kHz。

常用声发射分析特征参量主要包括以下内容。

(1)声发射能量

声发射能量通常与裂纹面积成正比关系，声发射能量可通过波形振幅的平方积分来计算[3, 4]，针对 AE 事件，声发射能量可由下式计算：

$$E_i = \int_{t_0}^{t_1} U_i(t)^2 \mathrm{d}t \tag{4-2}$$

式中：i 为 AE 事件传感器通道编号；t_0 为波形信号起始时间；t_1 为波形信号结束时间；$U_i(t)$ 为通道 i 的电压振幅。

(2)RA 与 AF 值

采用 RA 与 AF 值可对岩石破裂机制进行分类[5, 6]。通常，张拉破裂对应于较小的 RA 值与较大的 AF 值，剪切破裂对应于较小的 AF 值与较大的 RA 值(图 4-4)。多位学者[7-9]基于 RA 与 AF 值分析了单轴压缩试验、巴西劈裂试验、卸荷试验中试样的破裂机制。需要注意的是，运用 RA 与 AF 值判定破裂机制时，不同破裂机制的分界线非恒定，其受到材料、传感器类型等因素影响。

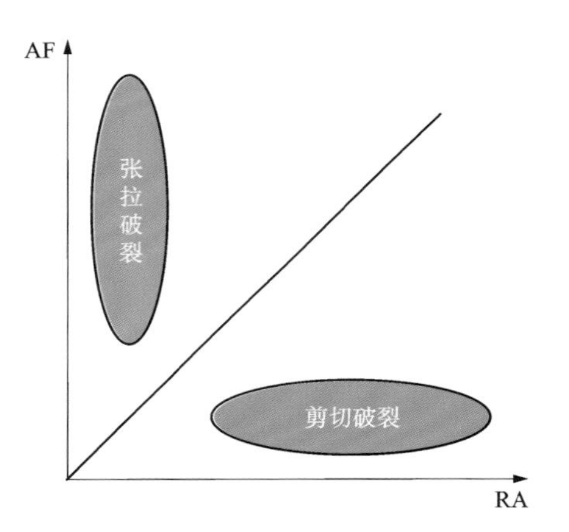

图 4-4 基于 RA 与 AF 值的破裂机制判定

(3)地震震级-频度定律

Gutenberg 和 Richter[10]在研究地震活动时发现地震震级与频度之间存在幂律关系，即地震震级-频度(Gutenberg-Richter，G-R)定律，表达式如下：

$$\lg N = a - bM \tag{4-3}$$

式中：N 为大于震级 M 的事件频度；M 为震级；a 和 b 为常数。

诸多学者[11-13]在室内试验中观察到破裂活动与地震活动的统计行为具有相似性，G-R 定律被广泛应用于试验声发射的振幅-频度分布分析，b 值可作为描述岩石损伤的关键参数，用于评价岩石破坏的剧烈程度。其中，b 值较大代表小震级事件占比较多，b 值较小代表大震级事件占比较多。

4.2.3　数据采集与分析

声发射监测试验中，需提前结合试样尺寸、试验系统及各种监测设备，合理设计试验中声发射传感器布置方式，形成监测阵列。部分试验系统已将声发射传感器与试验机压头设计成整体，简化了传感器安装步骤，提高了采集数据的有效性。

以巴西圆盘劈裂的典型试验为例[14]，声发射监测传感器布设方式与采集系统如图 4-5 所示，12 个 Nano30 声发射传感器构成三维监测阵列，其中，8 个传感器以 40°等角分布在试样圆周上，试样前后两面的水平直径上各包含 2 个传感器，距离圆心 15 mm。采用特制的“几”字形夹具固定传感器，保证所有传感器与试样表面的接触力一致。同时，在试样与传感器之间均匀涂抹耦合剂以提高弹性波能量传递。

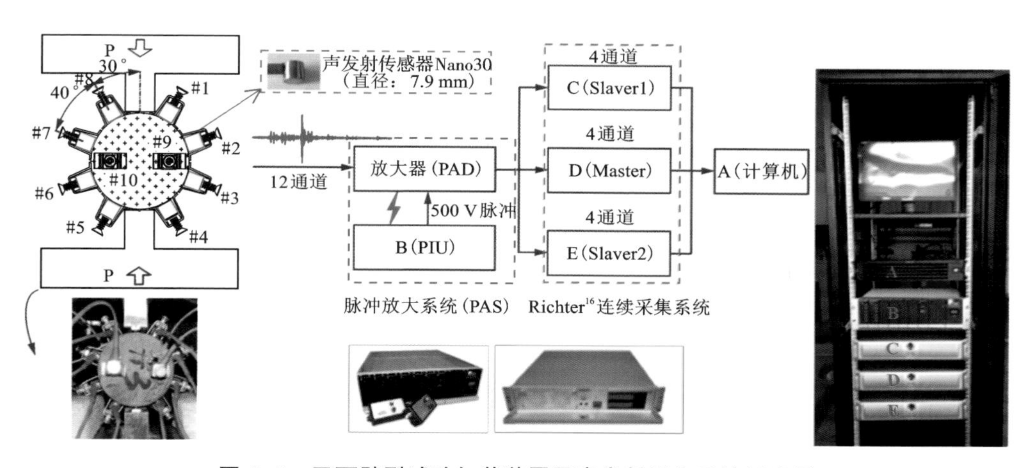

图 4-5　巴西劈裂试验加载装置及声发射采集系统示意图

巴西劈裂试验过程中，微裂纹的产生可在试样表面产生力学扰动，该扰动可被高频压电传感器检测并以电压的形式输出。电信号的信噪比随传输距离而减小，需采用 PAD 放大器单元将原始声发射信号进行前置放大。在放大的电信号传输至连续采集系统时，模拟数字转换(A/D)采集卡将电信号连续数字化并记录在固态硬盘中。

对原始数据波形进行识别和处理，获取声发射时序信息和特征参数，经过相关算法计算，可获得岩石破裂全过程声发射三维演化特征，典型的声发射数据处理流程如图 4-6。传感器数量较少时，仅能获得声发射基础特征参数、时序信息及部分波形频谱特征。当传感器数量满足三维空间监测时，可通过对声发射事件的定位、事件震源机制分析等获得破裂三维演化特征，能够更全面地分析岩石破裂机制。

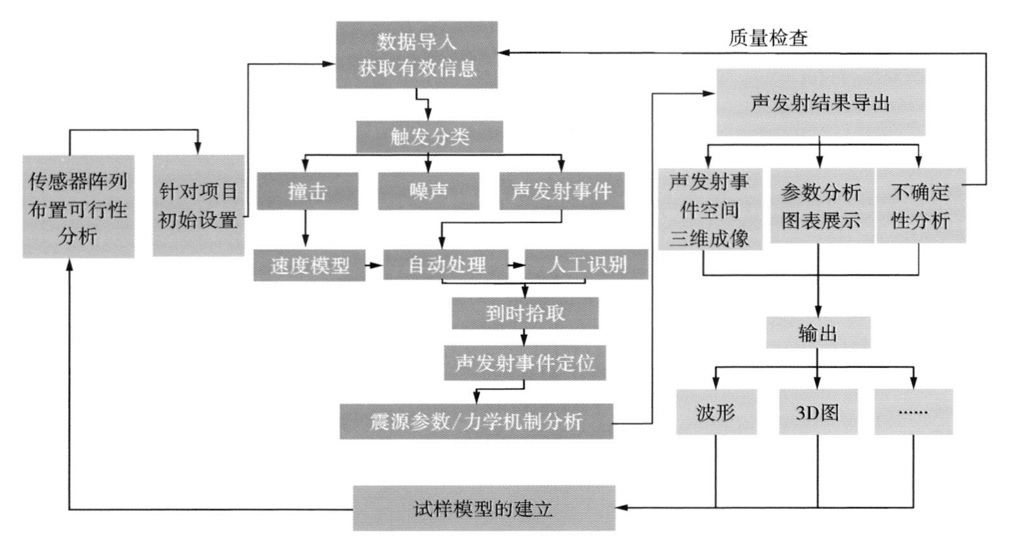

图 4-6　典型声发射数据处理流程

4.3　数字图像相关技术

目前，岩石力学试验监测主要采用电测和声发射监测，二者均属于点测量，在岩石试样变形与破坏监测过程中存在诸多困难，特别是变形局部化和复杂岩石结构的破坏过程等问题的研究，要求试验监测方法具有全场、非接触、动态、容易实施等特点。

随着激光和计算机技术的发展，促进了光测方法及技术在试验力学中的应用，特别是在细观和微观测量领域。光测方法可以实现全场、无接触、高自动化和高精度测量，且测量结果直观，特别适用于动态观测。数字图像相关(DIC)监测技术是岩石力学试验中一种广泛运用的光测方法，基于其全场、高精度的优点，DIC 监测技术表征岩石材料破坏过程的变形场演化有助于加深对岩石破坏机理、过程及先兆特征的认识，同时有助于发展和验证相关理论模型和数值模拟方法。

4.3.1　基本原理

数字图像相关监测技术，是跟踪与比较物体表面散斑图案的变形过程，计算散斑域的灰度值变化，进而得到被测物体表面全场变形和应变数据的一种方法，该方法根据获取散斑图像的方式和计算结果的不同，分为二维 DIC 和三维 DIC，并且在分析过程中，可以针对目标区域(Region of Interest，ROI)有针对性地进行研究。

在进行 DIC 监测和分析前，需在试样表面制作均匀的散斑，以此作为特殊标记点。DIC 具体计算过程如下：在变形前的图像中以 $A(x, y)$ 像素点为中心确定正方形区域为参考子集，如图 4-7 所示，用 $f(x, y)$ 表示；然后在变形后的图像中识别该像素点，以其为中心建立正方形搜索子集和与参考子集大小相同的变形子集，$g(x', y')$；随后通过相关性计算确定目标子集中与 A 点对应的变形后的 $A'(x', y')$ 点，两者之间的坐标之差为 A 点的矢量位移 $u(x, y)$；最后通过该方法对变形前后的每一个像素点进行计算即可获得位移场，应变可进一步采用柯西方程计算获得。总体上，DIC 技术以变形前的图像为参照，对研究区域网格化，将每个子区域看作刚性运动，通过一定搜索算法按预先定义的相关函数对子区域进行应变和位移的相关性计算。

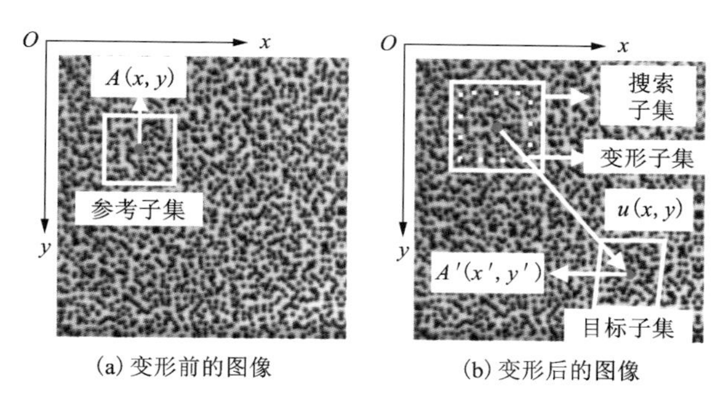

(a) 变形前的图像　　(b) 变形后的图像

图 4-7　数字图像相关技术子集变形计算流程示意图

数字图像相关技术具有无接触、实时性等特点，可基于连续的数字图像得到表面应变场的变化特征，已广泛应用于岩土力学、断裂力学、室内试验及相关工程领域中。

4.3.2　散斑制作

DIC 监测对于散斑的制作要求较高，合适的散斑图像(见图 4-8)是确保试验结果精确性的关键。制作散斑之前需要根据监测区域大小，结合监测设备中相机镜头参数，以及实际场地限制，计算出散斑点的大小尺寸范围，然后依据计算结果制作散斑。

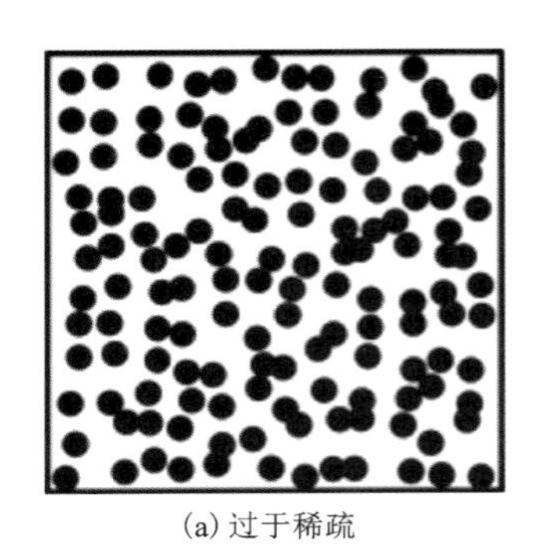
(a) 过于稀疏

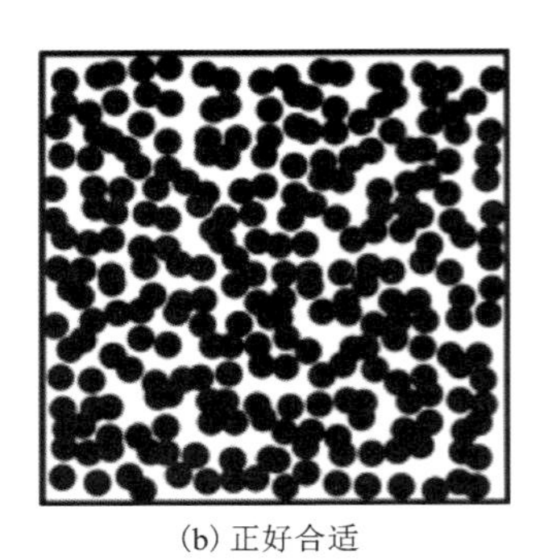
(b) 正好合适

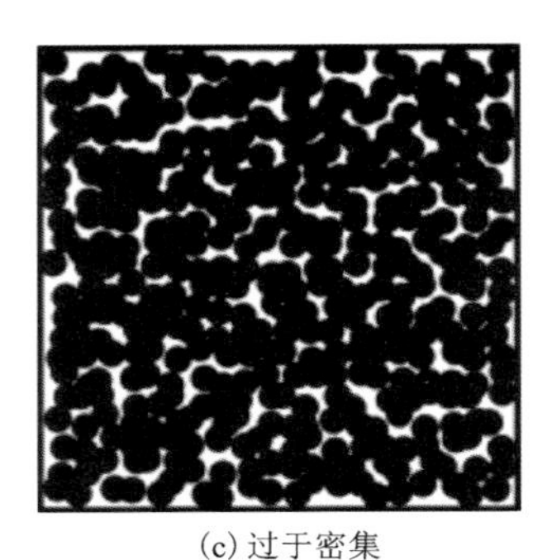
(c) 过于密集

图 4-8　散斑点密集程度示意图(约 50%的散斑密度)

散斑制作工具以及方式有多种，如滚轮式散斑制作工具、喷漆、喷枪、记号笔等，根据不同情况选择合适的散斑制作工具以及方式，结合散斑点大小范围开始制作。

滚轮式散斑制作工具是根据相机分辨率，为不同视野范围提供散斑图案(每个散斑点超过 5 个像素大小)。滚轮尺寸根据相机分辨率和视野范围确定，如果有两个滚轮尺寸适用于视野范围，通常会使用较小的尺寸来得到更好的空间分辨率。该制作方式方便、快捷，但不适合复杂凹凸不平的表面且大视野范围滚轮需要定制。

喷漆是最快捷、简单、容易获得散斑图案的方法。如需制作尺寸较小的散斑点，需使喷漆喷至雾状，然后快速掠过试件表面；如需制作尺寸较大的散斑点，需在按压喷嘴时，稍用力而非将其按到底，得到的散斑点会足够大。对于大多数视野范围，很难制作出大小一致的散斑点，通常情况下散斑点间会有细雾，在底层呈灰色减少了对比度，因此喷漆并不适用于微小应变测量。该制作方式方便、快捷、适用范围广，但需要积累一定的操作经验。

记号笔可为各种形状和材料的试件提供良好的散斑图案。如底层为白色，那么使用记号笔制作的散斑图案则具有良好的对比度，记号笔所制作出的散斑点大小具有一致性，相比于喷漆制作的散斑，记号笔制作的散斑点更能承受较大应变，同时在制作过程中易于控制，但该方法制作散斑需花费更长时间。

为提高监测结果的可靠性和精确性，散斑图案应该满足下列条件。

①高对比度：白底黑点或黑底白点。

②散斑点大小的一致性：为得到良好的空间分辨率，散斑点的大小应该占 5~10 个像素，且点的大小一致。

③50%覆盖率：试件表面白色和黑色的量大致相等，如果散斑点的大小为

5 个像素，那么点间距也应接近 5 个像素。

④随机性：实际操作中，很难制作出十分规则的散斑图案，但要尽可能保证散斑图案的随机性，如果重复打印散斑图案，可能会引起错误的匹配。即使重复使用一块印刷模板来制作散斑，由于渗入模板的漆是不规则的，实际得到的也是非规则的散斑图案。

4.3.3　系统搭建与校正

按照试验设计进行设备搭建，检查相机及附件，在合适的试验场地搭建诸如三脚架、云台、横梁、测量镜头以及电脑等，需要预留适当的工作空间与距离，在该范围内尽量避免存在遮挡物，并确保试验设备供电，最后试验过程中试验场地尽量避免振动，以及提供对 DIC 试验设备的保护措施，如防雨水、气雾等。

二维 DIC 监测技术实施流程见图 4-9，在不影响成像清晰的情况下可不进行系统标定，但在三维 DIC 中需要进行系统校正，系统校正前需通过相机设备调整成像质量，并尽可能使监测区域处于图像中心，确保散斑清晰，保障图像数据的高质量获取。试验设备安装完毕后，试验过程中不可碰撞、移动、调整试验设备，否则需要重新调焦，标定校正相机。

系统校正时一般需要通过拍摄 15～30 组标定板图像来标定两台相机的内部参数以及外部空间位置。校正过程中需要注意调整好相机参数，如：对焦、对比度/光照、反光、光圈(保证景深)、相机角度(15°～60°)，然后选择合适的校正板，对系统进行校正。

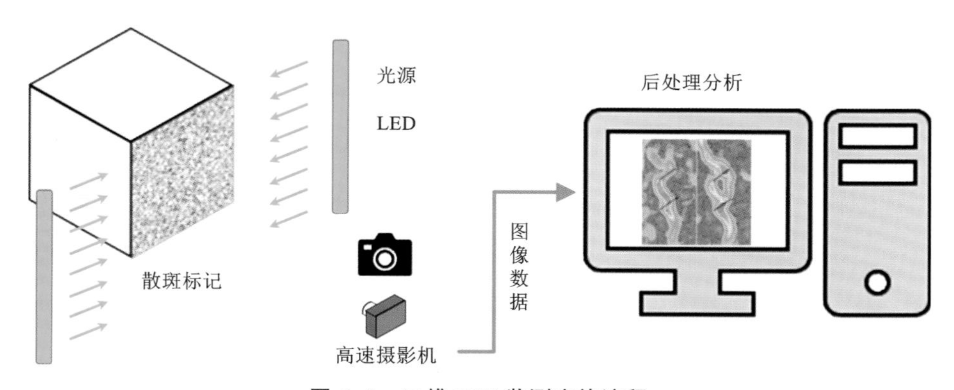

图 4-9　二维 DIC 监测实施流程

4.3.4　数据采集与分析

试验过程中通过相关设备和软件进行试验图像(散斑图案)的采集，首先在试验开始前采集一组未进行试验的参考图像，按照岩石力学试验方案，调整合适的试验采集帧数，确保试验过程中获得稳定且高质量的数据，当试验结束时停止图像采集。在一般性试验及二维 DIC 中可采用满足试验要求的设备(相机或者手机)进行数据采集，通过自行处理得到最终数据，结合现有开源软件或自行编写算法进行分析，但在三维 DIC 中，一般采用商业化软硬件，其能够保证系统稳定，且在试验过程中进行各种条件和参数下的数据采集。

以下以某商业化软件为例，介绍 DIC 工作流程的散斑图案导入以及试样表面的形貌、位移及应变分析。

首先通过软件导入标定结果以及散斑图案，然后圈画出分析区域(删除无散斑区域)，设置子集大小和计算步长。软件建议的子集大小取决于图像质量，其中包括灰度分布(即散斑点大小和分布)、清晰程度、明亮程度等，子集越大，其包含的图像信息越多，得到的结果越准确，计算的时间相对较长。步长越大，数据点越稀疏，计算时间越短，因此计算步长一般选择子集数值的四分之一。

计算参数确定后开始进行相关分析，得到全场位移等结果，运行结束后可计算应变等相关结果，可以在二维界面查看试样表面点、矩形区域、折线、虚拟引伸计的数据图，根据最终结果进行导出和绘图分析，并且根据试验过程中获得的其他应力应变等参数同步分析室内岩石的破裂特征。长方体试样[15]及层状页岩巴西劈裂试样[16] DIC 监测结果如图 4-10、图 4-11 所示。

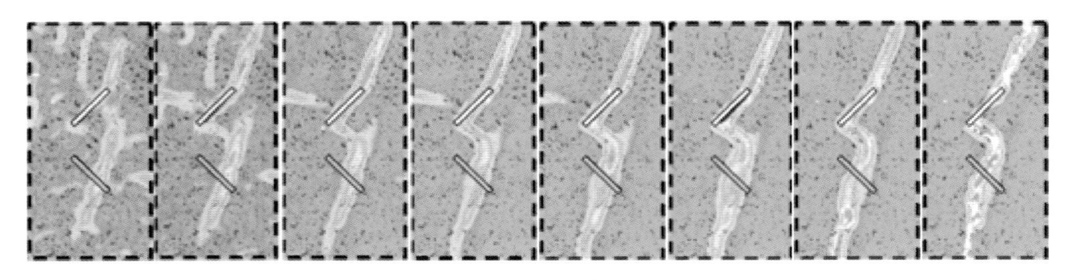

图 4-10　长方体试样破裂试验 DIC 监测结果

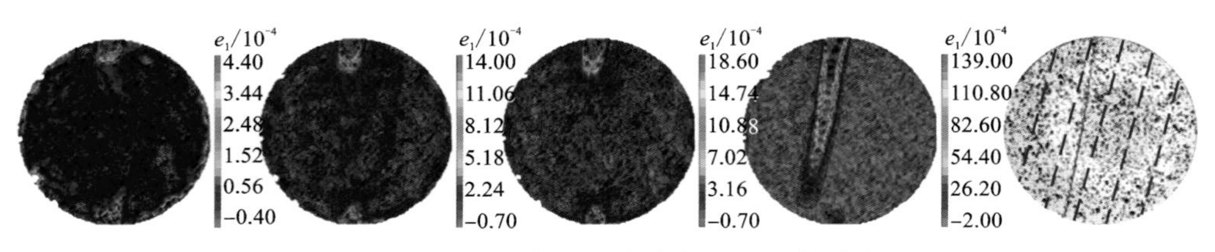

图 4-11　层状页岩巴西劈裂试验 DIC 监测结果

4.4　岩石破坏内部结构细微观表征

岩石是一种多尺度材料，小于 10^{-4} m 尺度范围称为岩石微观，该尺度下显示的是岩石矿物的晶粒结构(纳米级微观尺度)；$10^{-4}\sim10^{-1}$ m 范围称为岩石的细观，不同尺度的岩石示意见图 4-12。通过对岩石细观结构试验研究，将岩石细观结构量化理论引入到力学理论中，能更好地反映岩石的变形特性，定量、定性分析研究岩石细观结构，进而建立岩石力学性质与细观结构的内在联系。目前研究中，扫描电子显微镜(Scanning Electron Microscope，SEM)与计算机断层扫描(Computed Tomography，CT)是最常用的两种技术。

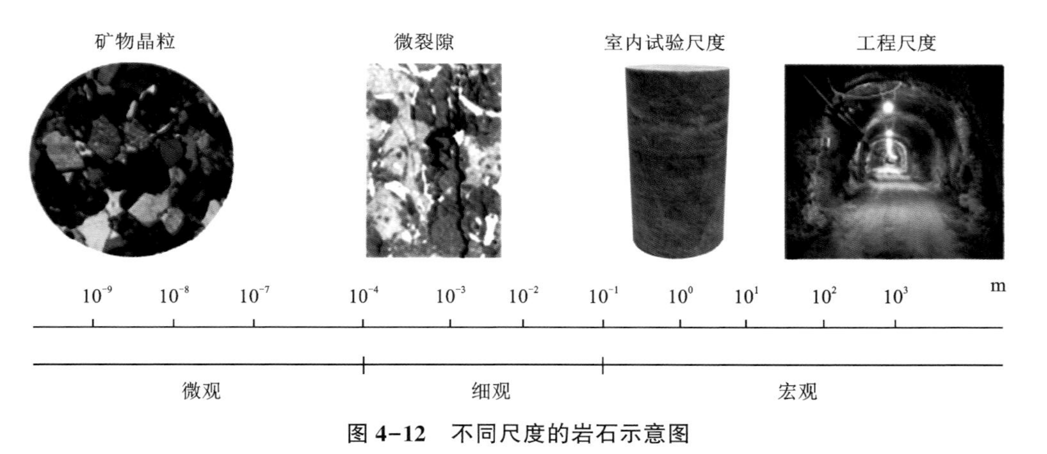

图 4-12　不同尺度的岩石示意图

4.4.1　扫描电子显微镜

(1)基本原理

扫描电子显微镜(SEM)是用于高分辨率微区形貌分析的大型精密仪器，介于透射电子显微镜和光学显微镜之间的一种观察手段(图 4-13)。其利用聚焦很窄的高能电子束扫描试样，通过光束与物质间的相互作用，激发各种物理信息，并对这些信息收集、放大、再成像以达到对物质微观形貌表征的目的。目前，扫描电子显微镜已被广泛应用于生命科学、物理学、化学、地球科学、材料学以及工业生产等领域的微观研究，仅地球科学方面，包括了结晶学、矿物学、矿床学、沉积学、地球化学、宝石学、微体古生物、天文地质、油气地质、工程地质和构造地质等领域。

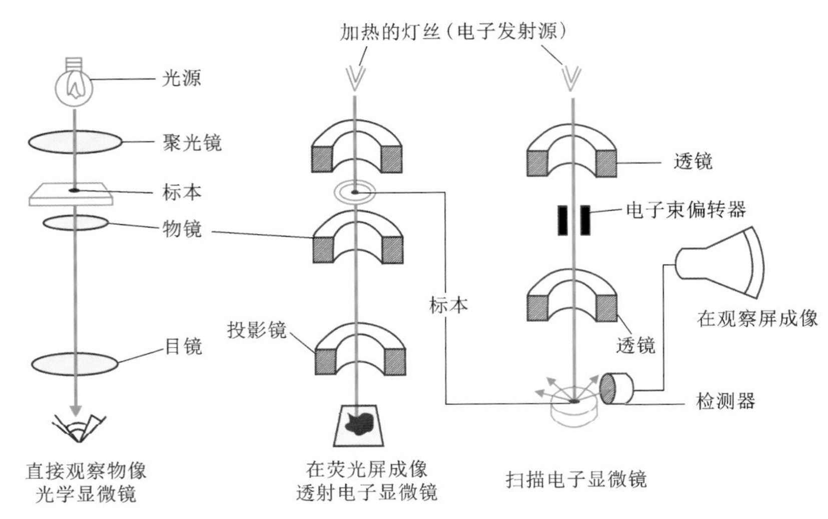

图 4-13　光镜、透射电镜和扫描电镜主要原理示意图

由于常规的岩土测试手段无法获得试样内部的细观结构演化，前人已经将声发射技术以及超声波探伤应用到岩土的无损测试中。声发射是材料或结构在动态演化过程中产生的应力波传播现象，通过记录岩石中局部应力集中区的能量快速释放而产生的瞬态弹性波来反演发生破裂的位置，但不能给出试样内部细观结构的大小和性质，而且由于干扰因素太多而造成反演定位的不确定性。岩土介质超声波测试技术是近 30 多年发展起来的一种新技术，通过测定超声穿透岩土材料后声波信号的声学参数变化，间接了解岩土体的物理力学特性、结构构造特征及应力状态，该技术的缺点是无法对岩土体在力场及环境因素作用下的内部演化进行定位，无法获得试样内部细观结构的实时描述。

随着电子工业技术水平的不断发展，新型扫描电子显微镜分辨率高、获得特征参数多，在岩石破裂形态与矿物学相关的特性观察方面被广泛运用。

扫描电子显微镜的特点：

①能够直接观察试样表面结构，试样尺寸可达 120 mm×80 mm×50 mm；

②试样制备过程简单，不要求必须切成薄片；

③试样可以在试样室中作三维空间的平移和旋转，可以从各种角度对试样进行观察；

④景深大，图像富有立体感，可直接观察各种试样凹凸不平表面的细微结构，扫描电镜的景深较光学显微镜大几百倍，比透射电镜大几十倍；

⑤图像的放大范围广，分辨率较高，可放大十几倍到几十万倍，基本包括从

放大镜、光学显微镜到透射电镜的放大范围，分辨率介于光学显微镜与透射电镜之间，新型扫描电子显微镜的分辨率可达 1 nm；

⑥电子束对试样的损伤与污染程度较小；

⑦能够进行动态观察(如动态拉伸、压缩、弯曲、升降温等)；

⑧在观察形貌的同时，还可利用从试样发出的其他信号开展微区成分及晶体学分析。

(2)试验步骤

1)岩样切片制备

使用扫描电子显微镜对脆性岩石破裂特征进行观察时，观察破裂形貌可不制作切片，直接对符合设备试样仓规格的试样进行观察，而观察内部裂纹形态时则需进行切片处理。

切片的尺寸大小由岩石细观结构的表征单元体积(Representative Elementary Volume，REV)决定，表征单元体积 REV 是指，当岩石尺寸小于 V^* 时，岩石细观结构参数随体积变化而变化，当岩石尺寸大于某一值 V^* 时，岩石细观结构参数(如微裂隙密度)不再随体积变化而变化，此时 V^* 即为表征单元体积。为便于扫描电子显微镜观察及试样加工，一般根据目标观察区域取试样截面为矩形。

进行扫描电镜图像采集前，需对切片进行清洁及镀金，先采用压缩空气或乙醇溶液对试样切片进行杂质去除，然后将干燥的试样放在特定的喷金设备中进行镀金。镀金的试样切片增加了其导电性能，有利于扫描电子显微镜的观察。

2)图像采集及处理

切片制备完成后，进行岩石细观结构图像采集，为获取足够多的细观结构数据，首先对单个切片进行尝试性 SEM 试验，并对获取的图片进行处理，以期获得更详细准确的结果，为后续调整试验观察参数提供参考。

观察过程中，需要根据目标观察区域随时调整采集参数、放大倍数、光学参数及观察区域来获得更加清晰的结果，放大倍数不可过大。另外，从上而下在试样上获取图片，避免图像的重复采集，但为后续观察的连续性，每两张图片可有较小面积的重叠区域。

图像处理中，可对 SEM 图像进行分割，将目标观察对象(如裂隙部分)从图像中分离出来。图像分割算法一般是基于亮度值的两个基本特征：不连续性和相似性。第一类特征的应用途径是基于亮度的不连续变化分割图像，比如图像的边缘；第二类特征的主要应用途径是依据事先制订的准则将图像分割为相似的区域，包括阈值处理、区域生长、区域分离和聚合等方法。

(3)动态 SEM 试验加载观察

随着科技进步和设备发展，目前已经可以在试验过程中对岩石试样进行动态 SEM 观察。试验过程中加载速率会对试验结果产生很大影响，因此，试验中的加载速率应严格按照要求控制，依据观察到的颗粒移动快慢和荷载变化速率进行人为控制，应稍低于 ISRM 对常规单轴压缩试验所建议的加载速率，既保证了静力条件，又可较充分地观察岩石内部破坏时的变化。

现有 SEM 能进行试样的变形测量，SEM 上使用的测力装置，是由传感器组成的数字式荷载仪，其对荷载变化的反应极其灵敏，读数直观。试验过程中，岩石产生初裂时，有一个应力下降过程，表现为荷载仪数值瞬时下跌，因此，荷载的下跌是确定裂纹开始产生和扩展的一个重要方法。岩样的最终破坏，除了观察岩样的破坏图像之外，荷载不再增加是确定岩样破坏的最终标志。

最新的 SEM 设备具有动态拉伸功能，由计算机进行控制和数据采集，配合视频数据采集系统，可实现动态观察和记录。可从岩石表面观察在动态拉伸条件下的滑移、塑性形变、起裂、裂纹扩展(路径和方向)直至断裂的全过程。该装置还具有弯曲功能，从而可以研究岩石在弯曲状态下的形变、开裂直至断裂的情况。

4.4.2 计算机断层扫描

(1)基本原理

计算机断层扫描(CT)，是用 X 射线束对被观测一定厚度的层面进行扫描，由探测器接收透过该层面的 X 射线，转变为可见光后，由光电转为电信号，再经模拟/数字转换器转为数字信号，输入计算机处理。图像处理过程中，将选定层面划分为若干个体积相同的长方体，称为体素，扫描所得信息经计算而获得每个体素的 X 射线衰减系数或吸收系数，再排列成数字矩阵，经数字/模拟转换器把数字矩阵中的每个数字转为由黑到白不等灰度的小方块，即像素，并按矩阵排列，构成 CT 图像。所以，CT 图像是重建图像，每个体素的 X 射线吸收系数可以通过不同的数学方法算出，CT 机物理原理示意图如图 4-14 所示。

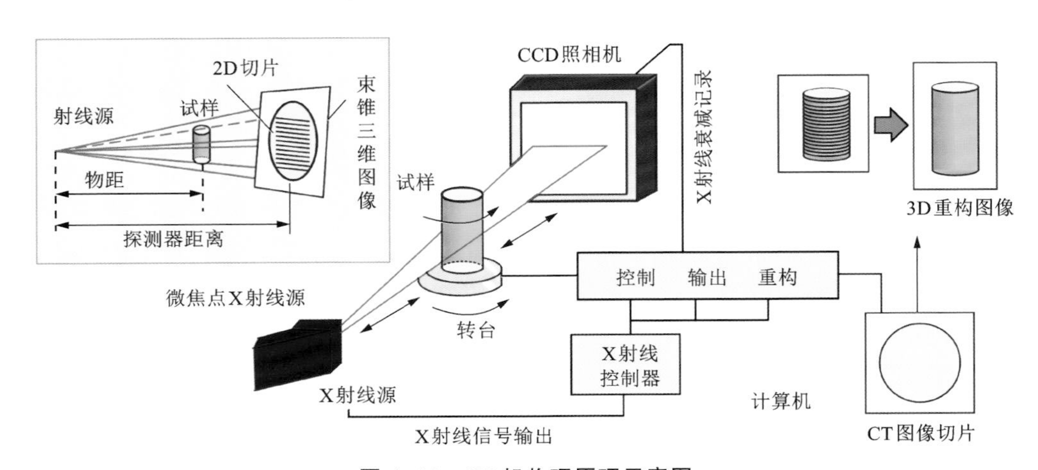

图 4-14 CT 机物理原理示意图

现代工业的发展，使得 CT 在无损检测和逆向工程中发挥重大作用。工业 CT 技术对气孔、夹杂、针孔、缩孔、分层等各种常见缺陷具有很高的探测灵敏度，并能精确测定这些缺陷的尺寸，给出其在零件中的部位。与其他常规无损检测技术相比，工业 CT 技术的空间和密度分辨率小于 0.5%，成像尺寸精度高，不受工件材料种类和几何形状限制，可生成材料缺陷的三维图像，在材料结构尺寸、均匀性、微孔率精确测量和整体微裂纹、夹杂物、气孔、异常大晶粒等缺陷检测中极具研究和应用价值。

(2) 岩石力学中的应用与发展

医用 CT 技术发挥了其在疾病诊断中非接触表征人体内部结构的优势，其成功应用引起了工业界高度关注，开始阶段主要是直接利用医用 CT 技术进行试样的扫描，由于工业试样与医学检测对象的巨大差异，工业 CT 技术逐步发展成为一个独立的体系。工业 CT 技术的检测对象远比医用 CT 技术广泛，利用工业 CT 技术可以非接触、非破坏地检测物体内部结构，得到没有重叠的数字化图像，不仅可以精准获得物体内部细节的三维位置数据，还可定量给出细节的辐射度数据，其系统组成如图 4-15 所示。

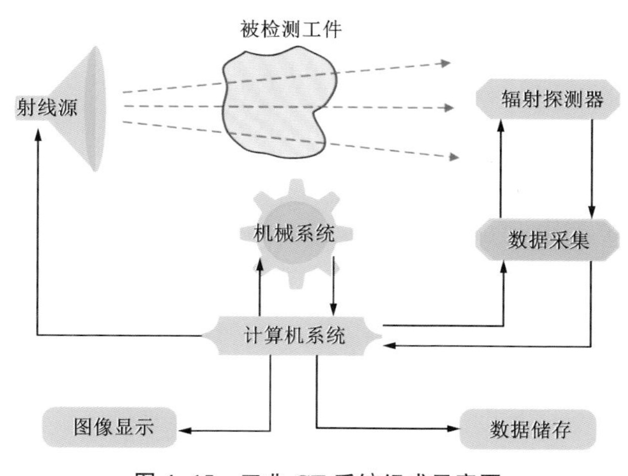

图 4-15　工业 CT 系统组成示意图

常规的岩土试验需要利用多种仪器设备对试样进行测试，解决了试样物理、力学、化学等方面的相关测试问题，据此得到和验证了相关公式，用于理论计算和工程设计。但长期以来，岩土力学界一直在探索一种直接观测试验过程中内部结构变化的方法，以明确试验过程中试样的内部变化，验证各种理论推导的正确性，对岩土力学的本构关系以及试验过程物质变化给出精确描述。由于常规测试手段难以获得试样内部的细观结构变化，前人利用扫描电子显微镜观察到试样在各种力场及环境效应下试样的变化，试样体积太小(最大尺寸约为5 cm)，不具代表性，且只能实时观测到试样的表面变化，而岩土细观裂纹一般萌生在岩石内部缺陷部位，其扩展受附近缺陷和矿物颗粒的影响较大。而CT技术可以在试验过程中实时观察试样的内部变化，并且给出精确的定量特性表达，从而获得更加全面、合理、客观的试验结果。实时加载CT扫描岩石力学试验系统如图4-16所示。

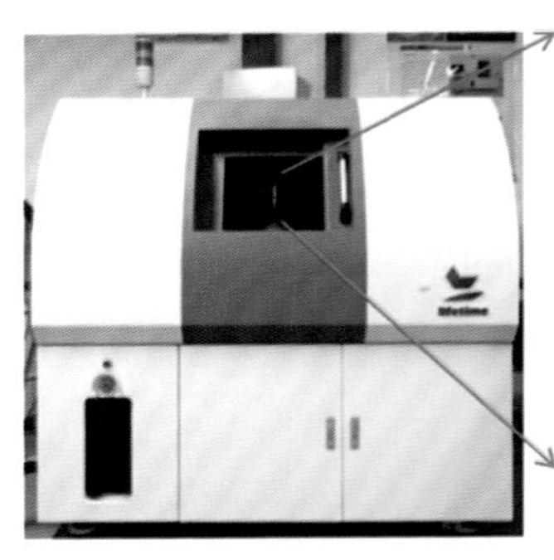

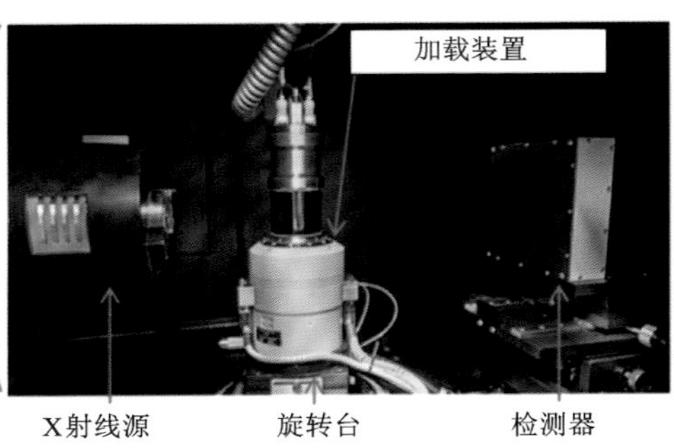

图4-16　实时加载CT扫描岩石力学试验系统

CT试验可以解决岩土工程问题主要包括：①试样内各观测点之间的距离；②试样或试样内目标区域的截面积；③试样或试样内目标区域的放射性密度(CT数)变化；④试样或试样内目标区域放射性密度的方差(CT数的离散指标)；⑤试样内各观测点的位移；⑥试样内裂纹的长度、宽度、面积及变化过程；⑦试样或试样内目标区域的体积及体积变化；⑧试样或试样内目标区域有密度改变的相变情况；⑨试样内的渗流源、位置等；⑩试样在压力温度作用下的气相运移特征；⑪试样内部孔隙率随应力水平的变化情况；⑫试样内部应变局部化及剪切带的形成演化；⑬试样内裂纹的空间展布及分布规律；⑭试样内颗粒形状、形态等几何参数的定量描述；⑮超临界驱替试验试样内部气液运移规律；⑯原状或重塑试样颗粒分布的数学描述；⑰试样内部温度场的分布或其对试样材料损伤的影响；⑱试样内化学侵蚀及其分布；⑲试样内颗粒的动力学及运动规律；⑳实时加载试验过程目标区域的其他细观结构演化问题。

如上所述，CT技术能够对各种岩土试验进行连续的非扰动实时检测，对试样进行高分辨率、无损、3D、定量化、精细化成像，得到其内部各类组构空间信息(骨架、基质、裂隙及孔隙等)，观测与试验条件相联系的各种现象的发生、发展的内在原因；CT检测已经超出了传统意义上的无损探伤的范畴，除了能检测内部的缺陷之外，还在尺寸测量、统计分析和模拟计算等方面体现出独特的优势。

正是由于CT理论与技术的不断更新发展，可以为岩土试验提供富有价值的试验成果，近几年CT技术在各国岩土试验研究中得到了广泛应用。国内外学者将CT技术应用于岩石力学试验，分为试验后CT观测和原位实时观测，主要包括三维孔隙结构分析、三维颗粒分析、岩石损伤破裂分析、内部结构动态监测以及流体流动试验等。CT技术可以打开常规岩土力学测试的黑箱，使岩土试样内部像玻璃一样透明可视[17]，图4-17展示了CT扫描花岗岩试样三维重建图像和二维分析切片，图4-18结合二维切片展示了微裂纹在应力作用下的扩展，图4-19展示了CT观测下岩石破裂过程中不同应力下三维微裂纹的变化。

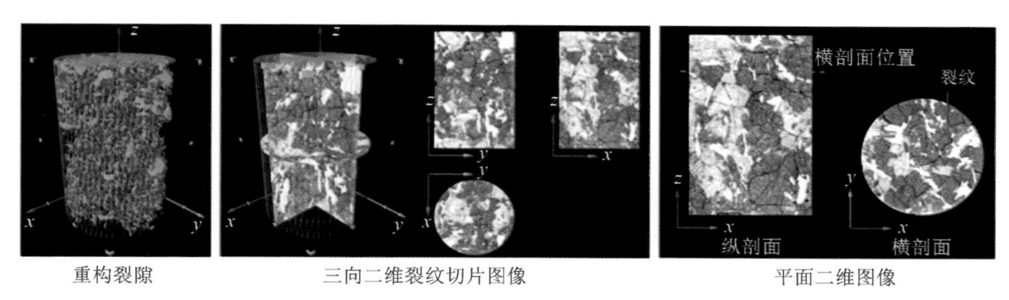

图 4-17　CT扫描花岗岩试样三维重建图像和二维分析切片

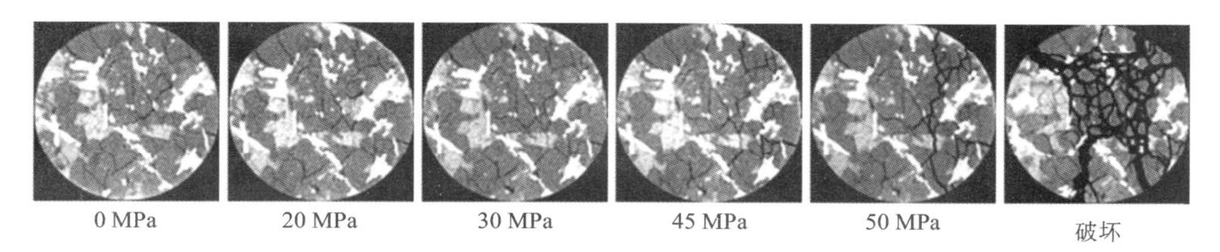

图 4-18　CT观察下的水平截面微裂纹在应力作用下的扩展

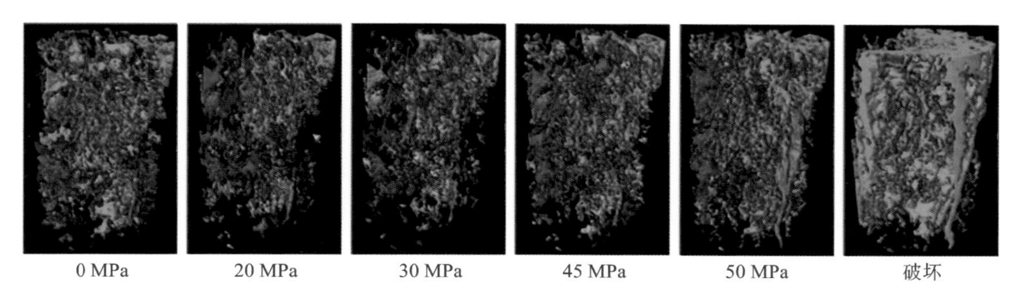

图 4-19　不同应力下三维微裂纹的变化

4.5 本章小结

岩石力学室内试验是脆性岩石力学研究中的重要方法，室内试验可再现脆性岩石材料的破坏现象与过程，因此，试验过程中的监测方法尤为重要，通过设计合理的监测方法观测岩石损伤破裂的全过程，让岩石变形破坏过程中肉眼难以观测的现象和详细信息得以揭示，这一直是岩石力学试验监测手段孜孜以求的目标。

小到微观尺度晶粒，大到数百公里尺度的地质断层，岩石的破裂行为无处不在。常规监测能获得岩石破坏的力学特性，声发射监测能获得岩石破坏的先兆信息以及反演微裂纹萌生、扩展直至形成宏观裂纹的过程，数字图像相关技术及高速摄影能无接触获得试样表面裂纹形成及演化过程，扫描电子显微镜能更加精细、准确地观察岩石破裂过程中细微观结构变化，计算机断层扫描可以动态地观测岩石破裂过程中的裂纹起裂、扩展、连通等行为。

总之，每一种监测手段有其各自的优势，但也存在局限性，如声发射破裂位置的定位存在不确定性，数字图像相关、高速摄影、扫描电子显微镜无法得到三维裂纹信息，计算机断层扫描仅适用于小尺度试样。因此，合理设计试验方案，运用多种监测方法组合，使用新工艺新设备，方能确保岩石破裂演化过程可视化、精细化。

参考文献

[1] Grosse C U, Ohtsu M, Aggelis D G, et al. Acoustic emission testing: Basics for research-applications in engineering[M]. Springer Nature, 2022.

[2] Carpinteri A, Lacidogna G, Accornero F, et al. Influence of damage in the acoustic emission parameters[J]. Cement and Concrete Composites, 2013, 44: 9-16.

[3] Harris D O, Bell R L. The measurement and significance of energy in acoustic-emission testing [J]. Experimental Mechanics, 1977, 17(9): 347-353.

[4] Landis E N, Baillon L. Experiments to relate acoustic emission energy to fracture energy of concrete[J]. Journal of Engineering Mechanics, 2002, 128(6): 698-702.

[5] 刘希灵，刘清林，杜坤，等.张拉作用下岩石破裂的声发射特性及 P 波初动极性[J].工程科学学报，2022，44(8)：1315-1323.

[6] 王桂林，王润秋，孙帆，等.单轴压缩下溶隙灰岩声发射 RA-AF 特征及破裂模式研究[J].中国公路学报，2022，35(8)：118-128.

[7] Aggelis D G. Classification of cracking mode in concrete by acoustic emission parameters [J]. Mechanics Research Communications, 2011, 38(3): 153-157.

[8] 甘一雄，吴顺川，任义，等. 基于声发射上升时间/振幅与平均频率值的花岗岩劈裂破坏评价指标研究[J]. 岩土力学，2020，41(7)：2324-2332.
[9] 何满潮，赵菲，杜帅，等. 不同卸载速率下岩爆破坏特征试验分析[J]. 岩土力学，2014，35(10)：2737-2747.
[10] Gutenberg B, Richter C F. Frequency of earthquakes in California[J]. Bulletin of the Seismological Society of America, 1944, 34(4): 185-188.
[11] Scholz C H. The frequency-magnitude relation of microfracturing in rock and its relation to earthquakes[J]. Bulletin of the Seismological Society of America, 1968, 58(1): 399-415.
[12] Guo P, Wu S C, Zhang G, et al. Effects of thermally-induced cracks on acoustic emission characteristics of granite under tensile conditions[J]. International Journal of Rock Mechanics and Mining Sciences, 2021, 144: 104820.
[13] Lei X L, Ma S L. Laboratory acoustic emission study for earthquake generation process [J]. Earthquake Science, 2014, 27: 627-646.
[14] Zhang S H, Wu S C, Zhang G, et al. Three-dimensional evolution of damage in sandstone Brazilian discs by the concurrent use of active and passive ultrasonic techniques[J]. Acta Geotechnica, 2020, 15: 393-408.
[15] Zhao Y S, Chen C C, Wu S C, et al. Effects of 2D&3D nonparallel flaws on failure characteristics of brittle rock-like samples under uniaxial compression: Insights from acoustic emission and DIC monitoring[J]. Theoretical and Applied Fracture Mechanics, 2022, 120: 103391.
[16] Chu C Q, Wu S C, Zhang C J, et al. Microscopic damage evolution of anisotropic rocks under indirect tensile conditions: Insights from acoustic emission and digital image correlation techniques[J]. International Journal of Minerals, Metallurgy and Materials, 2023, 30(9): 1680-1691.
[17] Gao J W, Xi Y, Fan L F, et al. Real-time visual analysis of the microcracking behavior of thermally damaged granite under uniaxial loading[J]. Rock Mechanics and Rock Engineering, 2021, 54: 6549-6564.

第 5 章

硬/脆性岩石巴西劈裂变形与破坏特征

巴西劈裂试验已被国际岩石力学与岩石工程学会(ISRM)作为测试岩石抗拉强度的主要建议方法，也被引入到美国和中国国家标准及行业标准中，但巴西劈裂试样尺寸标准没有统一，所测巴西抗拉强度(Brazilian Tensile Strength，BTS)亦受到岩石非均质性、加载速率、加载板宽度、试样尺寸等因素影响。本章主要从巴西劈裂室内试验与数值模拟方面介绍主/被动超声技术监测圆盘试样劈裂过程中的内在机制、不同加载条件对抗拉强度影响、数值模拟分析劈裂试验起裂点及裂纹震源机制、平台巴西劈裂试验中的试样破坏机理。

5.1 不同加载条件下的巴西劈裂试验

岩石由众多大小不一的矿物颗粒组成，其内部含有大量解理、纹理、矿物晶界等天然缺陷，表现出显著的非均匀性及不连续性，岩石内部极易产生应力集中，因此，实际试验中，圆盘内部的应力分布、裂纹起裂位置与理论假设有很大区别。此外，巴西劈裂试验中，试验材料、夹具材料与形状及荷载水平等因素均显著改变加载板端部与圆盘试样之间的摩擦，圆盘试样中的应力状态不符合二维应力状态假设。Hondros[1]建议，巴西劈裂试验的加载板宽度应为圆盘半径的1/12，加载板太宽或太窄均会改变圆盘试样内部的应力分布，并影响起裂位置、抗拉强度及断裂韧度。在上述因素影响下，巴西圆盘抗拉强度计算的假设条件难以保证，抗拉强度试验结果与真实抗拉强度存在较大差异，本节主要介绍不同加载条件(线荷载与非线性荷载)对巴西劈裂试验声发射特征与破裂机制的影响。

5.1.1 试验方案与方法

本试验采用红砂岩制备圆盘试样，取自同一岩块且钻取方向一致，晶粒平均尺寸为 0.15 mm，主要组成成分中长石占 64.3%，石英占 30.7%及 5.0%的黏土胶结物。

(1)试验系统

传感器的三维布置方式见图 5-1，试样前后平面上各布置 4 个 Nano30 声发射传感器，距离圆盘中心 15 mm，且均匀分布，两个面传感器分布错开 45°。为确保传感器与试样表面稳定接触、提高弹性波信号的传播质量，运用“几”字形夹具固定传感器，传感器与试样接触部位均匀涂抹耦合剂。非线性荷载加载夹具与试样之间放置减摩片，以减少端部摩擦，试验前分别对试样进行 2 次波速测量，用于检测传感器与试样表面的耦合情况，线荷载与非线性荷载以相同的加载速率(30 N/s)加载至试样破坏。

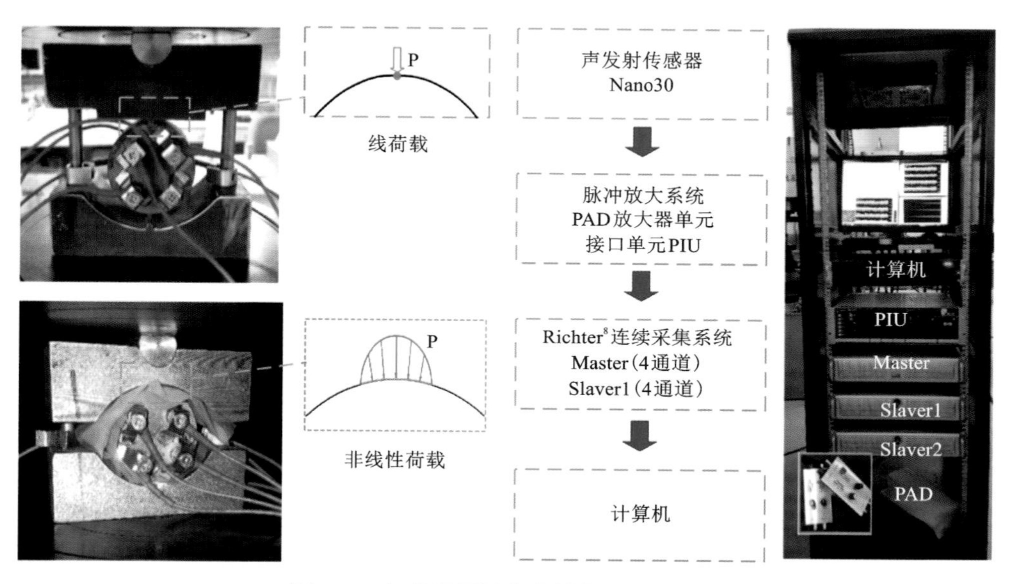

图 5-1　加载装置及声发射信号采集流程

(2)声发射数据采集

声发射信号连续采集流程及原理见第 4 章介绍，本试验中前置放大器增益值设定为 30 dB，共使用 8 通道进行连续数据采集。

5.1.2　声发射特征对比分析

图 5-2 为荷载、声发射事件累计数及频率与时间的关系，其中图 5-2(a)展示了线荷载条件下巴西圆盘劈裂试验声发射特性，试验共采集了 354 s 连续声发射波形信号，以 10 mV 作为阈值，对连续声发射信号进行触发处理，触发过程中，若不少于 4 个通道的波形振幅超过该阈值，则记录存储 204.8 μs 的波形数据，并

认定为一次声发射事件，触发共获得 1131 个有效定位声发射事件，其破裂震级三维分布及时空演化如图 5-3 所示。根据事件频率的变化将试验过程划分为 4 个阶段：阶段 1 中共 20 个有效定位事件，频率不超过 1 s^{-1}，破裂震级不超过-4.21；阶段 2 中共 412 个有效定位事件，此阶段末出现事件集中剧增现象，最大频率 48 s^{-1}，破裂震级最大为-3.38，起裂点距圆盘中心上、下约 15 mm，且上部声发射事件分布范围较大；阶段 3 中共 265 个事件，事件频率随时间分布较为均匀且相对较低(1~7 s^{-1})，阶段末最大事件频率剧增至 47 s^{-1}，破裂震级最大-2.78，位置基本与阶段 1 相同，且圆盘中心以上更为集中；阶段 4 中共 434 个事件，此阶段初期事件相对较少(约 5 s^{-1})，阶段末事件集中剧增(234 s^{-1})，破裂震级最大-2.84，事件主要集中在圆盘中心上方 12 mm，且偏离中心位置。

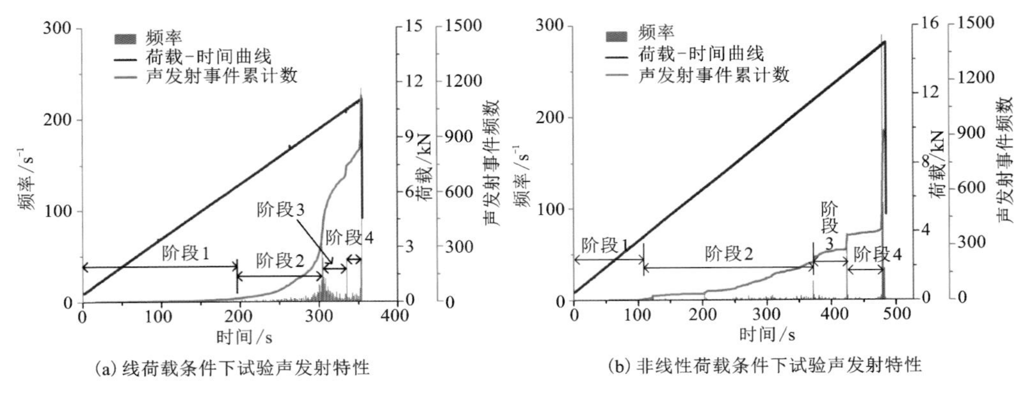

图 5-2　荷载、声发射事件累计频数及频率与时间的关系

图 5-2(b)展示了非线性荷载条件下巴西圆盘劈裂试验声发射特性，共采集 484 s 连续声发射波形信号，触发获得 931 个有效定位声发射事件，事件破裂震级三维分布及时空演化如图 5-4 所示。同样，根据有效定位事件频率的变化将试验过程划分为 4 个阶段：阶段 1 中有效定位事件频率为 1 s^{-1}，破裂震级为-4.41；阶段 2 中共 203 个事件，事件剧增现象出现在阶段末，最大频率 21 s^{-1}，破裂震级最大-3.48，巴西圆盘起裂点位于圆盘中心下方约 12 mm；阶段 3 中共 71 个事件，声发射事件频率随时间先减小后剧烈增加，事件频率由约 3 s^{-1} 增至 72 s^{-1}，破裂震级最大-3.24，分布位置较阶段 1 靠近圆盘中心；阶段 4 中共 654 个事件，初期事件频率相对较低，约 2 s^{-1}，事件集中剧增发生在阶段后期，频率为 289 s^{-1}，破裂震级最大为-2.09。整体来说，非线性荷载条件下声发射事件定位位置较为分散，但基本沿着加载方向分布，与试样破裂结果较为一致。

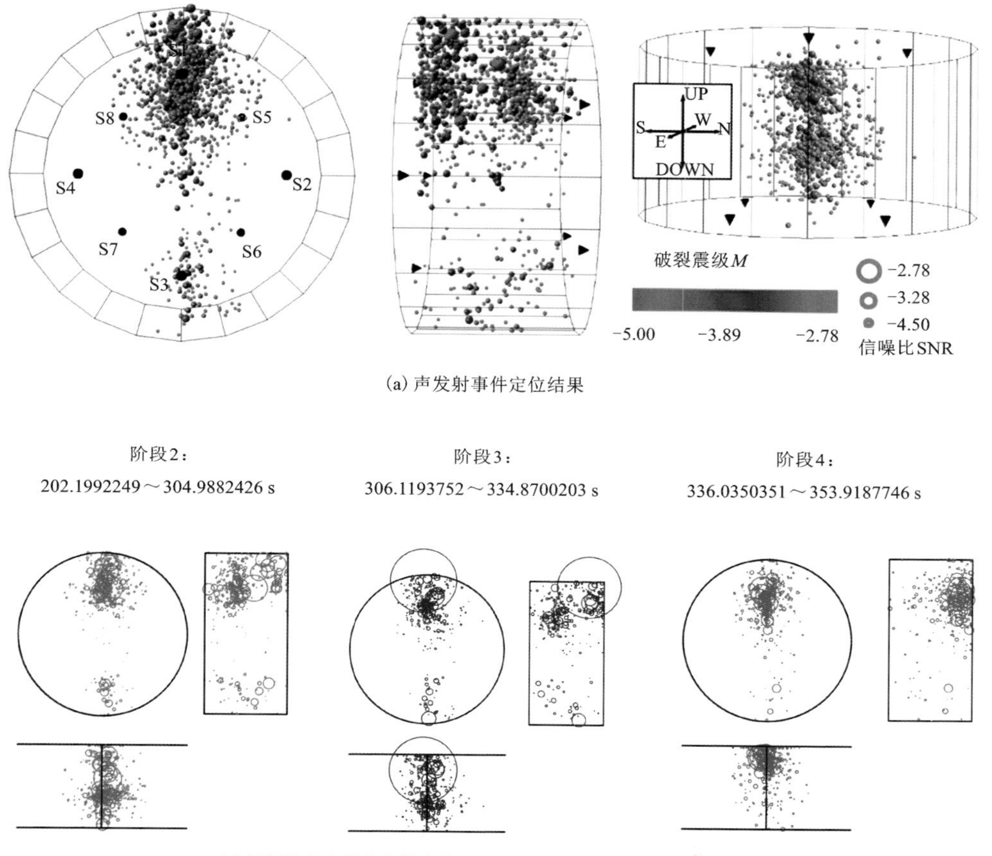

(a) 声发射事件定位结果

(b) 不同阶段有效声发射事件定位三视图（依据信噪比SNR绘制）

图 5-3　线荷载条件下声发射事件破裂震级及时空演化

线荷载与非线性荷载条件下试样损伤演化结果对比可知，相同加载速率下，阶段 2 至阶段 4 中声发射事件分布位置不同，随荷载增加，平均震级增大，信噪比亦呈增大趋势，表明裂纹破裂释放的能量越来越大。线荷载加载方式显著改变了圆盘损伤累积时间和释放能量大小，使得微裂纹迅速成核、扩展及贯通，达到破坏峰值强度后发生剧烈破坏。非线性荷载条件下起裂时刻早于线荷载，且裂纹稳定扩展阶段（阶段 2）持续时间较长，表明非线性荷载方式可有效控制微裂纹的扩展，其原因可能是非线性荷载条件下接触面积增大，圆盘受力面积增大，减缓了应力集中，圆盘内部微裂纹稳定扩展。

采用“三点法”计算裂隙网络的几何分布，取试样的加载方向为 WE 方向，对于任意三个有效定位声发射事件，采用一个假想平面进行空间位置拟合，将所有

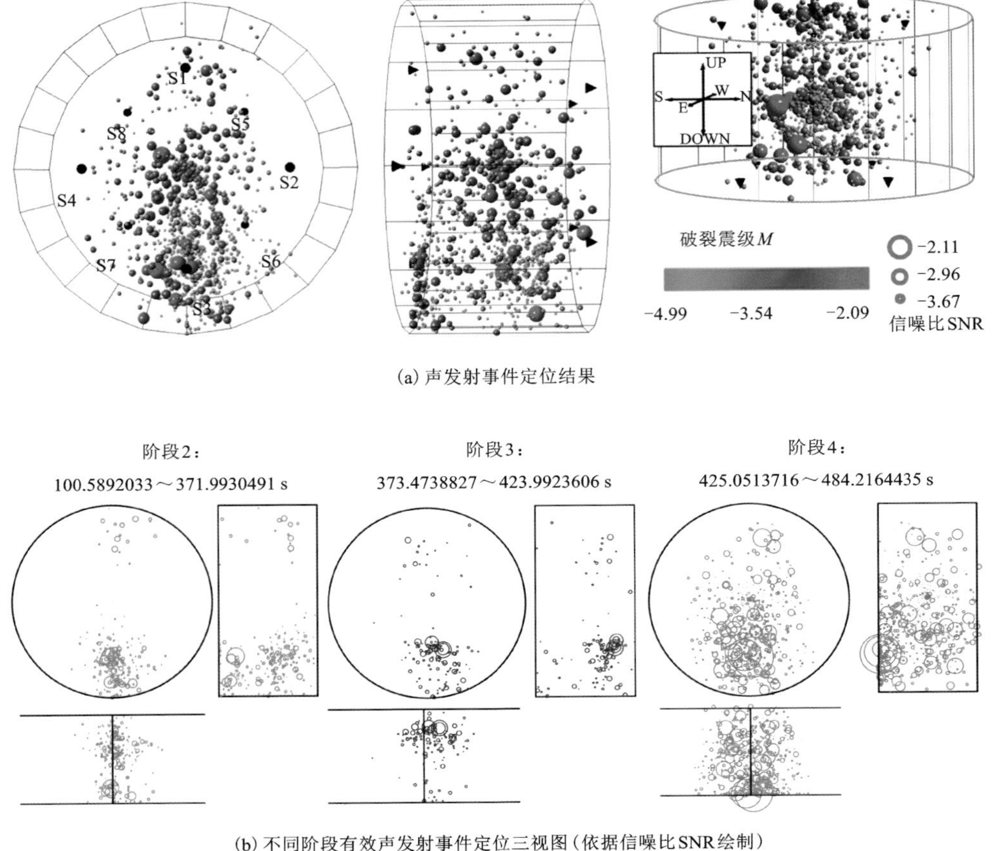

(a) 声发射事件定位结果

(b) 不同阶段有效声发射事件定位三视图（依据信噪比SNR绘制）

图 5-4　非线性荷载条件下声发射事件破裂震级及时空演化

假想平面的极点进行下半球赤平投影，如图 5-5 所示，结果表明线荷载与非线性荷载条件下试样破裂面在整体上均近似垂直，即优势破裂面方向为 WE。然而，线荷载条件下试样破裂面的走向分布在 N12°W 至 N15°E 范围内，非线性荷载条件下巴西圆盘破裂面的走向分布在 N18°W 至 N20°E 范围内，表明非线性荷载破裂面的局部扭曲程度大于线荷载，与试样宏观破裂面局部扭曲程度对比结果一致。

利用地震学中 Gutenberg-Richter 型关系曲线描述巴西劈裂试验中有效定位声发射事件的震级和累计频数之间的关系：

$$\lg N = a - bM_{\mathrm{L}} \tag{5-1}$$

式中：N 为不小于震级 M_{L} 的声发射事件累计频数；a、b 为常数，其中，b 通常称为“b 值”。

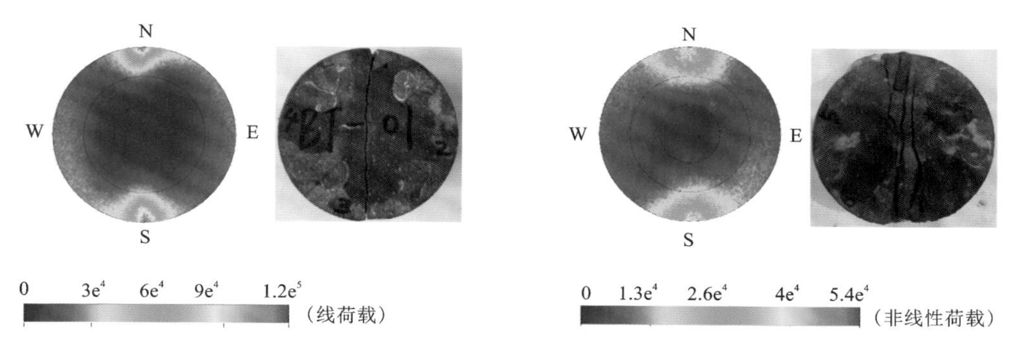

图 5-5　假想平面极点密度及试样宏观破裂结果

b 值是震级分布的一个重要统计指标，其变化规律可为地震提供重要先兆信息。本节只关注相对震级分布，因此选用定位震级 M_L 进行分析。如需获得真实震级，需对所有传感器进行校准，超出了本试验的研究范围。定位震级 M_L 可以表示为

$$M_L = \lg\left[\frac{\sum_{i=1}^{n}(W_{RMSi}d_i)}{n}\right] \tag{5-2}$$

式中：n 为传感器数量；d_i 为第 i 个传感器和震源之间的距离；W_{RMSi} 为第 i 个传感器的均方根振幅。

$$W_{RMSi} = \sqrt{\frac{\sum_{j=1}^{J} W_j^2}{J}} \tag{5-3}$$

式中：W_j 是第 i 个传感器的所有 J 个采样点的第 j 个振幅点。

线荷载条件下事件震级分布在-5.0至-2.78之间，震级 $M_L>-4.0$ 的事件占8.95%，介于-5.0～-4.50的事件出现次数最为集中，事件的累计频数 N 的对数与定位震级依据 Gutenburg-Richter 关系拟合得到：

$$\lg N = a - bM_L = -4.0298 - 1.4955M_L \tag{5-4}$$

常数 $a=-4.0298$，b 值为1.4955，$R^2=0.988$。线荷载条件下另一组砂岩巴西劈裂试验的 b 值为1.3724，两组试验的结果显示出较好的一致性。

非线性荷载条件下，事件震级分布在-4.99至-2.09之间，震级 $M_L>-4.0$ 的事件占36.3%，事件的累计频数 N 的对数与定位震级依据 Gutenburg-Richter 关系拟合得到：

$$\lg N = a - bM_L = -1.3110 - 0.9742M_L \tag{5-5}$$

常数 $a=-1.3110$，b 值为0.9742，$R^2=0.980$。

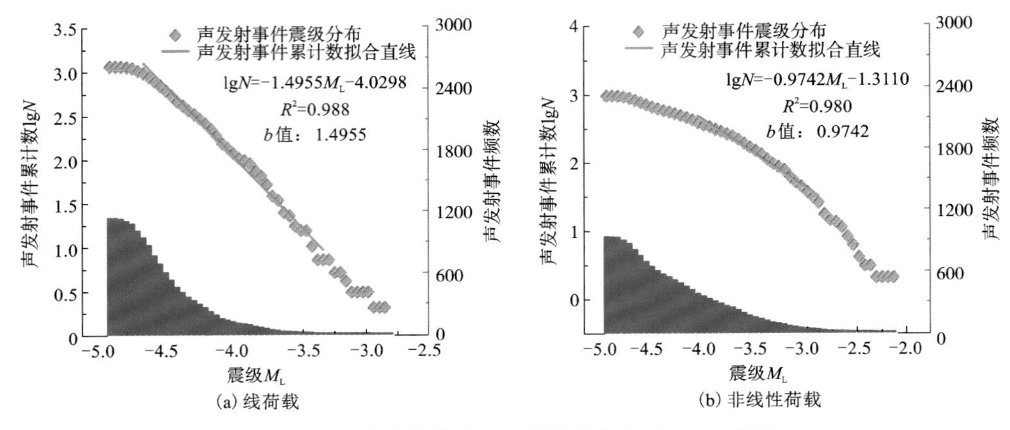

图 5-6　声发射事件频数、累计数与震级 M 的关系

线荷载与非线性荷载条件下试样破坏声发射特征结果见表 5-1，对比发现，相同加载速率下，线荷载条件下大震级事件少，b 值较大，表明线荷载条件能有效控制大震级声发射事件的产生，其原因可能是线荷载条件下接触面积较小，试样边缘产生应力集中，发生局部剪切破裂而诱发圆盘整体破裂。

表 5-1　线荷载与非线性荷载条件下声发射特征对比

荷载条件	有效定位声发射事件	起裂位置的中心距	最大频率/s^{-1}	最大震级	损伤稳定性	破裂面走向	b 值
线荷载	1131	约 15 mm	234	−2.78	不稳定	N12°W～N15°E	1.4955
非线性荷载	931	约 12 mm	289	−2.09	较稳定	N18°W～N20°E	0.9742

5.1.3　震源机制反演

从线荷载条件试验结果中选取震级最大的 5 个事件进行矩张量分解（矩张量分解方法见 3.3.1 节），采用沙滩球直观展示岩石破裂方位（走向、倾角）等震源机制信息，结果如图 5-7（a）所示，DC 成分最小为−55.8%，最大为 45%，其中 2 个事件的震源机制为剪切破坏（Majority DC），另 3 个为非剪切破坏（Majority NON-DC）。运用同样方法分析非线性荷载条件下试验结果，震源机制沙滩球如图 5-7（b）所示，DC 成分最小为−87.3%，最大为 46.5%，其中 3 个事件的震源机制为剪切破坏，其余 2 个为非剪切破坏。

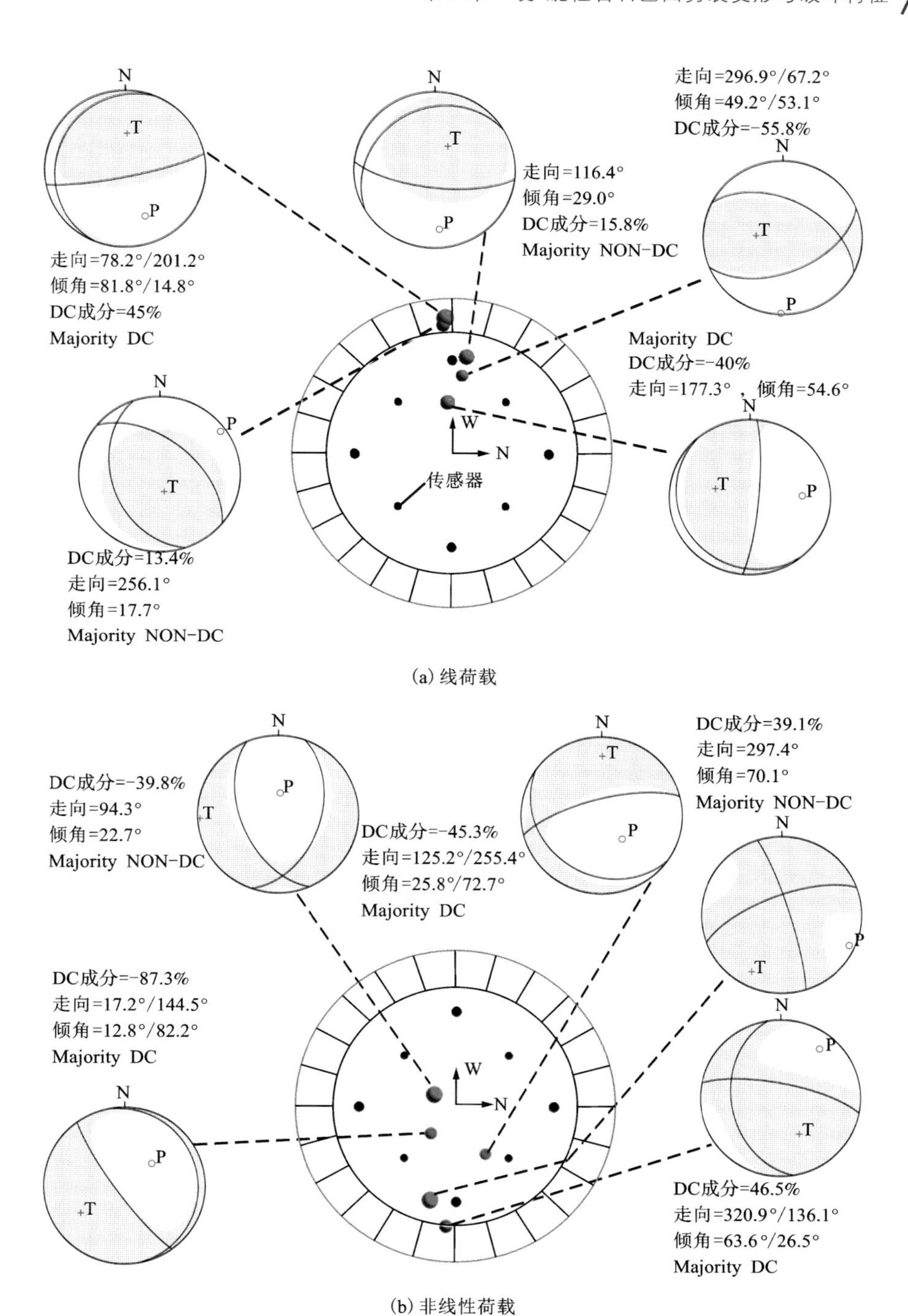

(a) 线荷载

(b) 非线性荷载

图 5-7　震级最大的 5 个声发射事件震源机制解

线荷载与非线性荷载条件下巴西圆盘试样劈裂震源机制结果见表 5-2，对比发现，线荷载与非线性荷载条件下微裂纹破裂主要有张拉及剪切两种破裂形式，其张拉及剪切破裂所占比例接近。破裂的机制均可解释为近似平行于荷载方向上的张拉裂纹的萌生、扩展及贯通。

表 5-2 线荷载与非线性荷载条件下震源机制对比

荷载条件	ISO 成分/%	DC 成分/%	CLVD 成分/%	主要破裂类型
线荷载	-40~60	-80~100	-60~80	张拉及剪切破裂
非线性荷载	-40~50	-80~100	-80~80	张拉及剪切破裂

5.2 基于主/被动超声技术的巴西劈裂损伤三维演化特征

目前，鲜有学者使用主/被动超声技术研究圆盘试样在劈裂过程中的破坏机理。1990 年初，Chow 等[2]和 Falls 等[3,4]通过声发射监测和超声层析成像技术，证明了超声波技术在反演应力状态、震源位置和震源机制等方面的可行性，Falls 采用直径为 19.4 cm、厚度为 5 cm 的 Lac du Bonnet 花岗岩圆盘试样进行巴西劈裂试验。试验过程中，采用 16 个均匀分布在圆盘圆周上的声发射传感器进行层析扫描，分布在圆盘前后表面的 8 个传感器采集声发射信号。试验发现：①层析成像结果表明，岩石的非均质性、各向异性及不均匀荷载等因素可导致圆盘试样内部产生与理论分析不同的应力场，利用层析成像技术反演的速度场可用于检测试样内部的天然缺陷及其方向性；②通过声发射监测技术，确定了声发射事件的时空分布及震源机制，其结果可进一步评估试验的合理性。

然而，这些学者的研究均基于二维平面假设，所用速度模型也仅局限于层析成像传感器所在平面，无法揭示圆盘试样损伤的三维时空演化过程。本节结合超声波测速和声发射监测技术(主/被动超声技术)研究砂岩圆盘在线荷载条件下的微裂纹发育演化过程及震源机制。

5.2.1 试验方案与方法

(1)试样制备

本节所用砂岩取自四川自贡地区，主要由硅酸盐矿物组成，其中长石占 60%，石英占 35%，还有 5%的氧化镁和黏土矿物作为胶结物填充在砂岩孔隙中。平均颗粒直径约为 0.2 mm，通过吸渗法测得其孔隙率约 6.5%。试样无明显层理，根据 ISRM 建议方法按同一方向钻取，完成试样制备。

(2)试验设备

巴西劈裂试验加载装置及声发射采集系统示意如图4-5, 12个Nano30声发射传感器构成三维监测阵列, 其中, 8个传感器(#1至#8)以40°等角分布在试样圆周上, 试样前后两面的水平直径上各包含2个传感器(#9至#10、#11至#12), 距离圆心15 mm。

本试验采用一种简化的ISRM建议方法进行线荷载条件下的巴西劈裂试验(加载端与试样间放置钢丝垫条加载), 线荷载可在圆盘试样大部分区域中产生相似应力场, 但线荷载同样会在荷载施加处产生应力集中, 诱发偏心的剪切破坏。通过主/被动超声技术, 分析试样在线荷载条件下的起裂位置和破裂机制, 可为线荷载条件下的巴西劈裂试验准确性和适用性提供参考。

(3)试验步骤

图5-8为试验过程中荷载施加情况, 试验前, 对未施加应力的圆盘试样进行一次波速测量, 建立三维速度模型, 为试验加载过程中的速度模型构建提供参考; 试验过程中, 以0.033 mm/s的速度移动加载板, 直至预压0.5 kN的荷载并保持恒定, 进行第二次波速测量; 随后, 以50 N/s的加载速率继续施加荷载直至试样破坏。加载过程中, 以同样方式进行6次波速测量, 分别对应试验力2.0 kN、4.0 kN、5.0 kN、7.0 kN、8.0 kN和9.0 kN, 每次波速测量时, 可获得试样三维空间中共计66条射线路径的P波波速。加载过程中保持声发射信号连续采集, 试验中均以压应力为正, 拉应力为负。

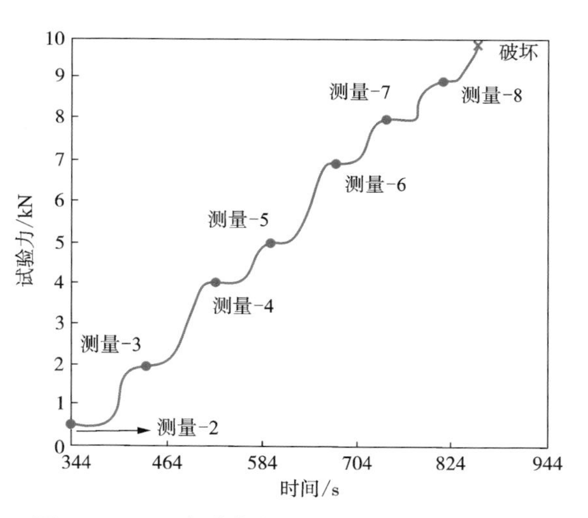

图5-8 巴西劈裂试验力-时间-波速测量的关系

5.2.2 速度场三维演化分析

巴西劈裂试验过程中共进行了8次波速测量, 针对测量1所采集的波形, 手动拾取P波到时, 并以此为参考波形。如图5-9(a)所示, 测量1中#1传感器作为人工震源时, #2至#12传感器可接收其发出的波形信号, 以手动拾取的P波到时点为基准, 截取各通道所采集信号的第一个波。后续波速测量信号中, 可与测量1中同一射线路径的波形信号进行互相关(Cross Correlation, CCR)分析, 求得P波到时差, 获得P波波速差值。以测量7中通道4波形为例(#1传感器为人工震源)，见图 5-9(b)，该波形与测量 1 中通道 4 采集的波形非常相似，对两个波形信号进行互相关分析，求出互相关函数，该函数的最大值对应两个信号的时间滞差，即互相关函数最大值对应的时移为 4 个采样点，试验采样频率为 10 MHz，因此对应的时间滞差为 0.4 μs，结果为正值，说明射线路径 1-4(#1 传感器为人工震源，#4 传感器为检波器)，测量 7 过程中采集的波形信号要比测量 1 早 0.4 μs，表明在该射线路径上，P 波波速随加载的进行而增大。

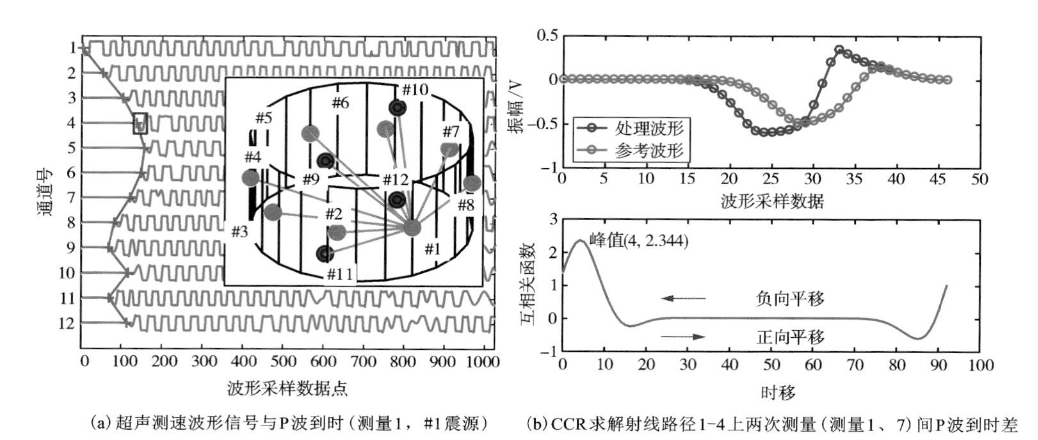

(a) 超声测速波形信号与P波到时（测量1，#1震源）　(b) CCR求解射线路径1-4上两次测量（测量1、7）间P波到时差

图 5-9　互相关方法计算同一射线路径不同阶段 P 波到时差

根据传感器的排布方式及位置关系，利用图 5-10(a)所示的 66 条射线路径构建三维射线网络，结合 P 波到时计算各射线路径的 P 波速度，并依此定量表征圆盘试样内部 P 波速度场三维演化特征。

将互相关分析获得的各射线路径 P 波速度进行下半球赤平投影，如图 5-10(b)所示，发现砂岩圆盘试样的平均 P 波速度约为 3250 m/s，局部 P 波速度的最小、最大值约为 2842 m/s、3769 m/s，表现出显著的各向异性与非均质性。但图 5-10(b)中难以发现圆盘试样在加载过程中 P 波速度的变化，为此，采用 P 波速度差值进行表征。由于测量 2 和测量 1 结果基本相同，图 5-10(c)显示了测量 3 至测量 8 相对测量 1 中所有射线路径的 P 波速度差值，通过下半球赤平投影可发现，P 波速度的变化具有方向性。

在 N-E-D 笛卡尔坐标系中，加载方向为 NS 轴，由于压缩作用，P 波速度在该方向上以不同程度增大，如图 5-10(d)中射线 1-4 和射线 5-8 所示；在 EW 方向，P 波速度则大幅下降，如图 5-10(d)中射线 2-7 和射线 9-12 所示，可以发现，加载过程中试样的应力状态、微裂纹方向及 P 波变化具有显著的方向性。同时，图 5-10(d)中射线 9-11 和射线 10-12 的波速基本不变，说明本试验采用的

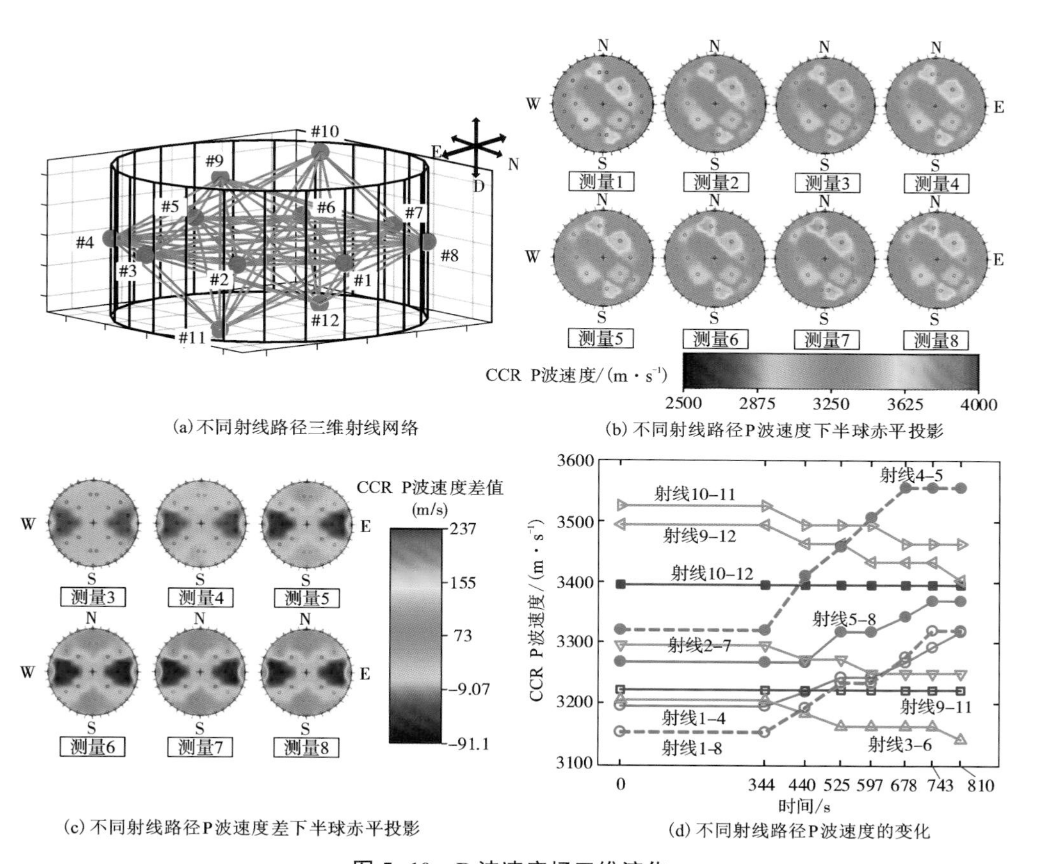

(a) 不同射线路径三维射线网络

(b) 不同射线路径P波速度下半球赤平投影

(c) 不同射线路径P波速度差下半球赤平投影

(d) 不同射线路径P波速度的变化

图 5-10　P 波速度场三维演化

加载方式对这两条射线经过的区域未造成显著影响，进一步表明端部的减摩片能有效降低摩擦对圆盘中心应力状态的影响。

5.2.3　时间相关速度模型建立

基于不同阶段 P 波速度，可以构建圆盘试样随时间变化的横观各向同性速度模型。假设圆盘试样是包含所有震源和传感器的半空间，每对震源-传感器射线可用矢量 $\boldsymbol{r}$ 表示，基于横观各向同性速度模型的假设，根据射线路径 $\boldsymbol{r}$ 与模型对称轴的相对关系，其 P 波速度可表示为

$$V_{\mathrm{P-r}}=\left(\frac{V_{\parallel}+V_{\perp}}{2}\right)-\left(\frac{V_{\parallel}-V_{\perp}}{2}\right)\cos(\pi-2\theta_{\mathrm{r}}) \tag{5-6}$$

式中：$V_{\mathrm{P-r}}$ 是射线路径 $\boldsymbol{r}$ 上的 P 波速度；θ_{r} 为射线路径 $\boldsymbol{r}$ 与对称轴的夹角；$V_{\parallel}$ 和

$V_{\perp}$ 分别是平行、垂直于对称轴的 P 波速度，二者具有如下关系：

$$V_{\perp} = \alpha_{A} V_{\parallel} \tag{5-7}$$

式中：α_{A} 为各向异性系数，取值范围为 0~10。在本试验中，砂岩圆盘的初始各向异性系数为 0.754，说明对称轴方向与最大 P 波速度方向相同。

在相邻两次波速测量时间间隔内，假定 P 波速度保持恒定，可构建子速度模型，所有子速度模型最终合并成时间相关的横观各向同性（Time-dependent Transeversely Isotropic，TTI）速度模型。

为验证 TTI 速度模型的合理性，对超声测量中所有主动事件（即传感器发射脉冲事件）进行定位，并与已知传感器位置进行对比。常用的定位方法有 Geiger 法、下降单纯形法（Downhill Simplex Method）及网格坍塌搜索算法（Collapsing Grid Search Algorithm）等，Geiger 法只适用于均匀、各向同性速度模型，若应用于非均质性和各向异性的砂岩试样中，会产生极大的定位误差；下降单纯形法是一种搜索最小残差空间的迭代算法，无法获得全局最优解。因此，本节采用网格坍塌搜索算法进行震源定位。

为定量评估定位准确性，根据实际到时与理论到时，计算每个 P 波到时残差 ΔT_i，据此计算震源定位均方根（RMS）误差。

$$E_{\mathrm{RMS}} = V_{\mathrm{P-r}} \sqrt{\sum_{i=1}^{N^{\mathrm{P}}} \Delta T_i / N^{\mathrm{P}}} \tag{5-8}$$

式中：N^{P} 是 P 波到时数（通道数，本试验中取 12）。

图 5-11 以误差棒的形式展示了 8 次超声测速中所有主动事件的定位误差，可发现，最大平均定位误差不超过 2 mm，位于圆盘面上的#9、#10、#11 和#12 人工震源相较圆周处的人工震源有更优的定位精度，因此，可认为建立的 TTI 速度模型合理可靠。

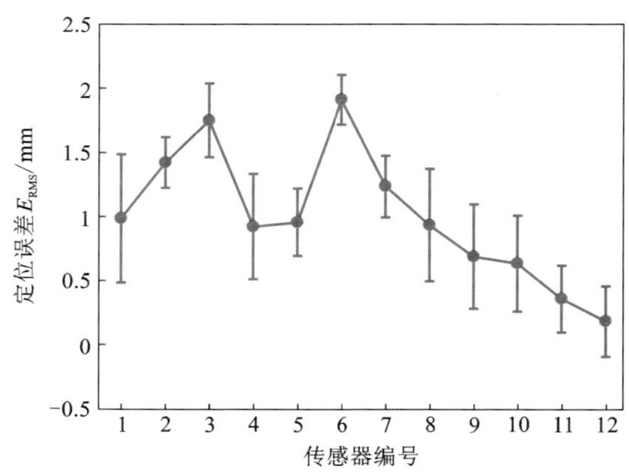

图 5-11　主动事件定位误差分析

5.2.4　声发射特征分析

试验过程中，共采集 521 s 连续波形信号，发现背景噪声的最大振幅不超过 10 mV，因此，以 10 mV 作为阈值进行触发处理，触发过程中，若不少于 4 个通道的波形振幅超过该阈值，则记录存储 204.8 μs 的波形数据，并认定为一次声发射事件。本试验共触发获得 1900 个声发射事件，通过自动到时拾取确定 P 波到时，采用网格坍塌搜索算法进行震源定位分析。

图 5-12(a)显示了 1775 个有效定位声发射事件的三维视图，事件大小依据信噪比绘制，事件颜色依据时间绘制。在图 5-12(b)中，根据有效定位事件率显示的三次事件剧增现象，将加载过程分为 4 个阶段。阶段 1 有效定位事件率相对较低(约 5 s^{-1})，由图 5-12(c)可知，事件集中分布在两个相对圆心对称的区域内，且沿着圆盘试样垂直直径，下部区域的事件较为集中；阶段 2 至阶段 4，出现三次事件集中剧增现象，对应的有效定位声发射事件率均大于 120 s^{-1}，如图 5-12(c)所示，第一次事件集中剧增现象发生在 719.875048~727.717155 s 时间段内，411 个有效定位事件集中出现在圆盘中心以下约 10 mm 处，且集中区域较阶段 1 的起裂位置面积更大，第二次和第三次事件集中剧增现象分别发生在 807.181581~813.843346 s、848.047946~856.877902 s 时间段，分别有 410 个、472 个有效定位事件集中分布于同一位置(起裂位置)。值得注意的是，第二次事件集中剧增现象发生在试验力保持恒定时，可能是由于试验机的轻微扰动造成微裂纹的不稳定扩展。

尽管三次事件集中剧增现象均发生在同一位置，从图 5-12(a)可以看出，圆盘试样接近破坏时，声发射信号信噪比越来越大，证明微破裂释放的能量越来越大。因此，可以得出结论：在起裂阶段，起裂位置处微破裂能量较小，表现为小震级声发射事件，随着试验的进行，微裂纹逐渐扩展、贯通，形成宏观大裂纹并释放更多能量。

本试验中尽管采集了连续声发射信号，但无法观察到宏观大裂纹在阶段 4 的扩展过程，为探究其原因，选取试样破坏时通道 11 采集的 118.4 ms 连续波形信号，如图 5-13 所示。图 5-13(a)中，圆盘试样接近破坏时，短时间内可释放数以万计的声发射信号，但仅 5 个事件(如虚线所示)被有效定位。进一步提取放大破坏点附近 16.87 ms 波形信号(X-X')，如图 5-13(b)所示，可以看出在圆盘试样劈裂的 2.4 ms 内，声发射信号的振幅逐渐增大。由于传感器的采样范围为±2 V，红框内振幅超过此范围的信号被削平，导致重要的破裂信息遗失。因此，为获得脆性破坏瞬间释放的声发射信号，在后续试验中可将部分 PAD 放大器单元的增益值调整为 30 dB 或更低。

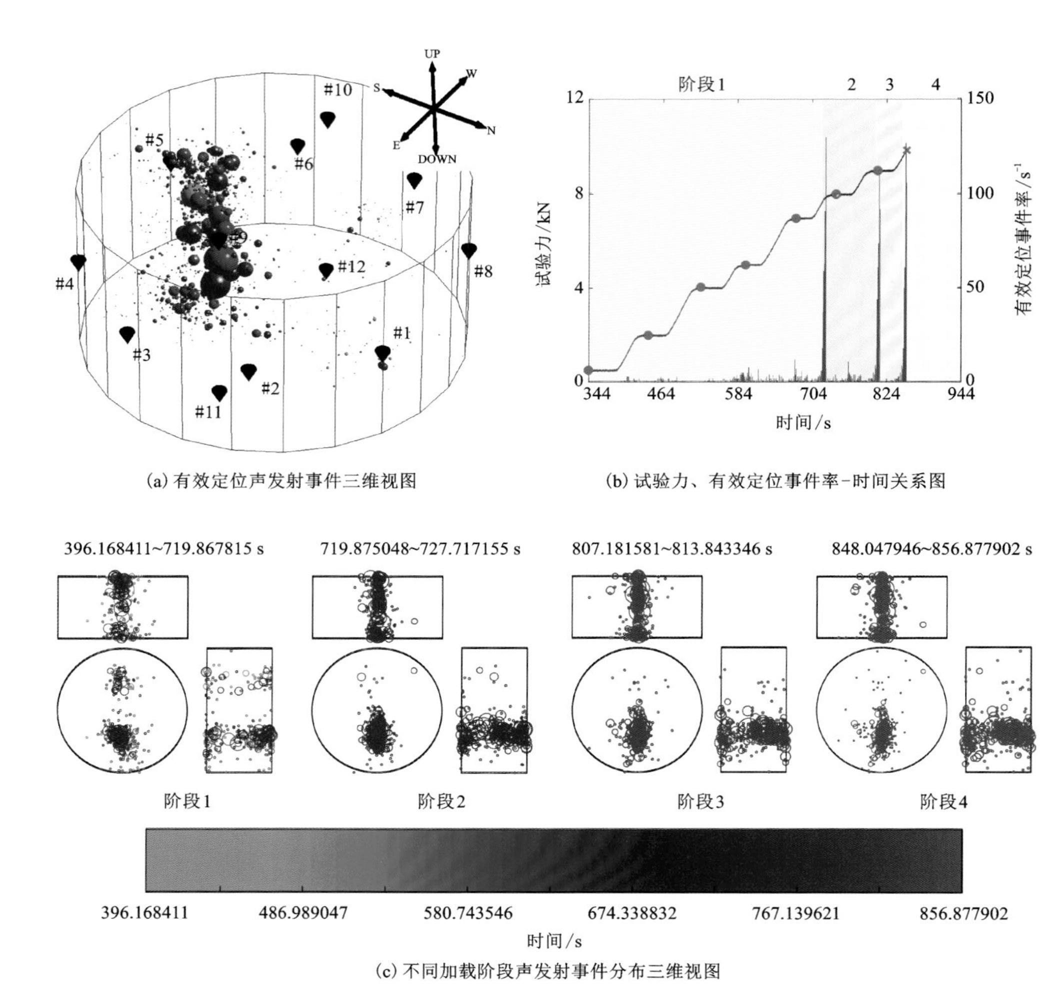

(a) 有效定位声发射事件三维视图

(b) 试验力、有效定位事件率-时间关系图

(c) 不同加载阶段声发射事件分布三维视图

图 5-12　砂岩圆盘试样损伤时空演化

巴西劈裂试验因其试样形状简单、宏观破裂形态可预测，可用于验证主/被动超声技术的合理性的预试验。图 5-14(a) 显示声发射事件集中分布在劈裂方向上，采用“三点法”进行统计分析，可绘制裂隙网络几何分布。对于任意三个有效定位声发射事件，采用一个假想平面进行空间位置拟合，将所有假想平面(共计 1775×1774×1773/6 个平面)的极点进行下半球赤平投影，极点密度表明所有 1775 个有效定位事件构成一个整体近似垂直的破裂面，破裂面的走向分布在 N11°E 至 N7°W 范围内，表明破裂面的局部呈现扭曲形态，与图 5-14(b) 显示的起裂位置附近破裂面亦呈现类似“S”形的扭曲走向一致。

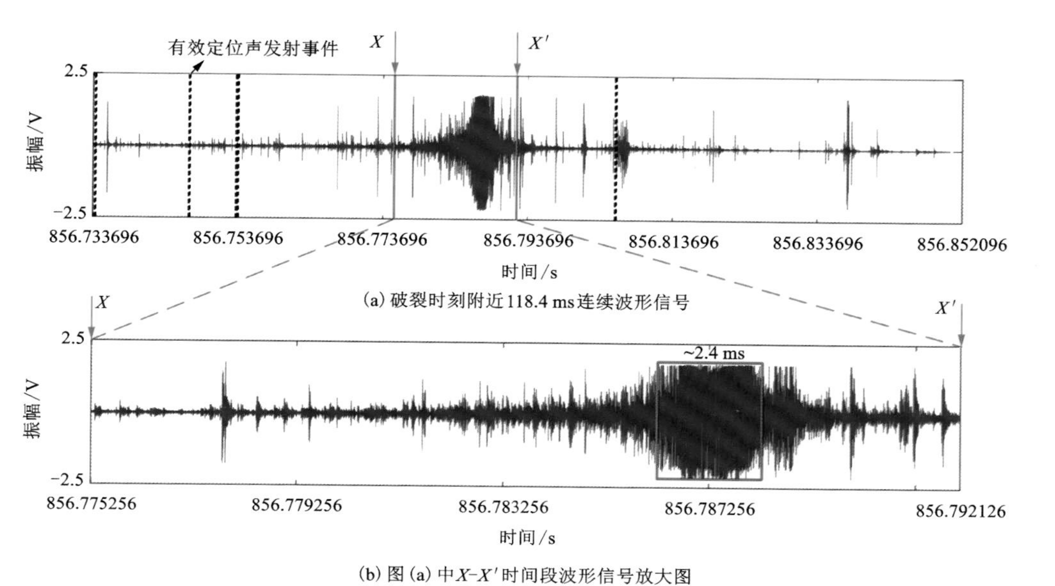

(a) 破裂时刻附近 118.4 ms 连续波形信号

(b) 图 (a) 中 X-X′ 时间段波形信号放大图

图 5-13　砂岩圆盘试样破裂瞬间通道 11 采集的连续波形信号

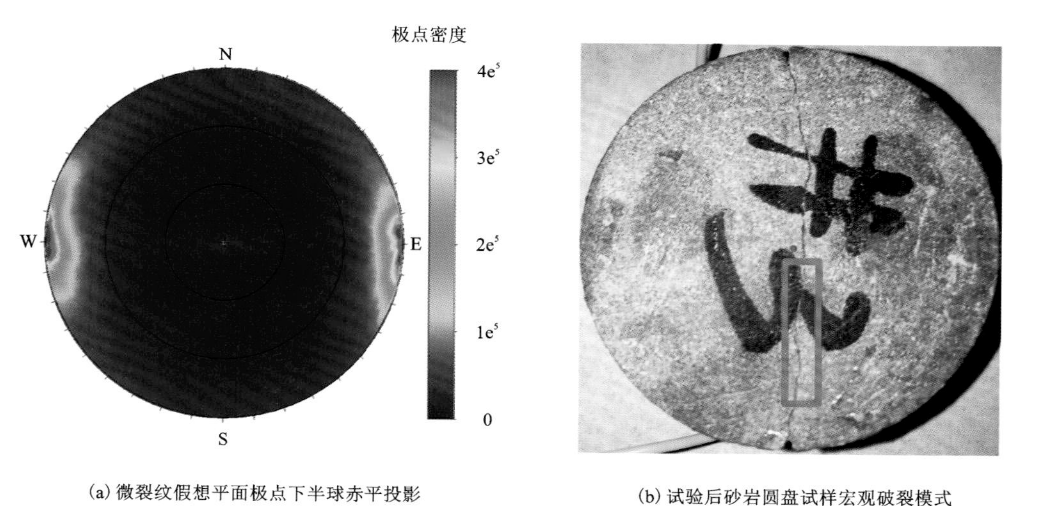

(a) 微裂纹假想平面极点下半球赤平投影

(b) 试验后砂岩圆盘试样宏观破裂模式

图 5-14　砂岩圆盘试样微裂纹优势方向统计与宏观破裂面形态

最后，利用地震学中 Gutenberg-Richter 型关系曲线描述巴西劈裂试验中有效定位声发射事件的震级和累计频数之间的关系，并将所有有效定位声发射事件的震级分布绘制于图 5-15 中，可以发现，声发射事件的定位震级分布在-4.2至-2.6之间，通过直线段数据拟合可得 b 值为 1.3724。

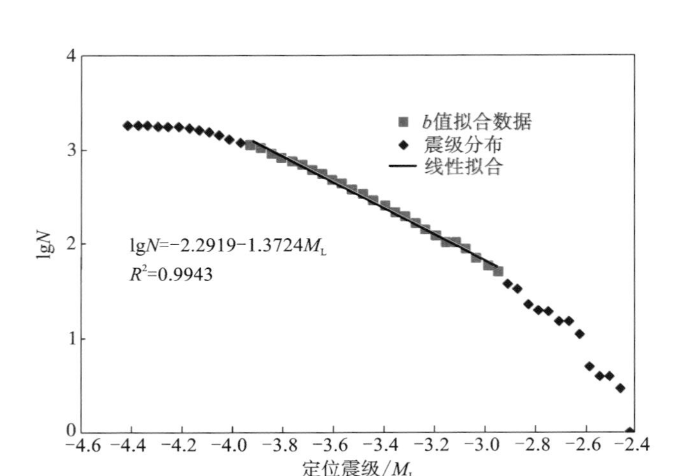

图 5-15　有效定位声发射事件震级分布及 *b* 值确定

5.2.5　震源机制反演

本节采用矩张量反演法分析巴西劈裂过程中微破裂的震源机制，矩张量反演采用如下假设：①定位使用均匀-各向同性速度模型；②每个声发射事件视为点震源；③采用纯脉冲(δ 函数)震源时间函数。

图 5-16 为 1775 个有效定位声发射事件经矩张量分解后，P 轴和 T 轴的极点等面积下半球赤平投影，大部分事件的 P 轴垂直于圆盘试样表面，而 T 轴主要垂直于加载方向，表明大部分微裂纹由垂直于加载轴的张拉应力诱发产生，部分分散的 P 轴和 T 轴分布表明劈裂过程中存在部分剪切微裂纹。总的来说，P 轴和 T 轴的方向与理论预测存在差异，其原因可能是砂岩试样的非均质性改变了局部的应力场。

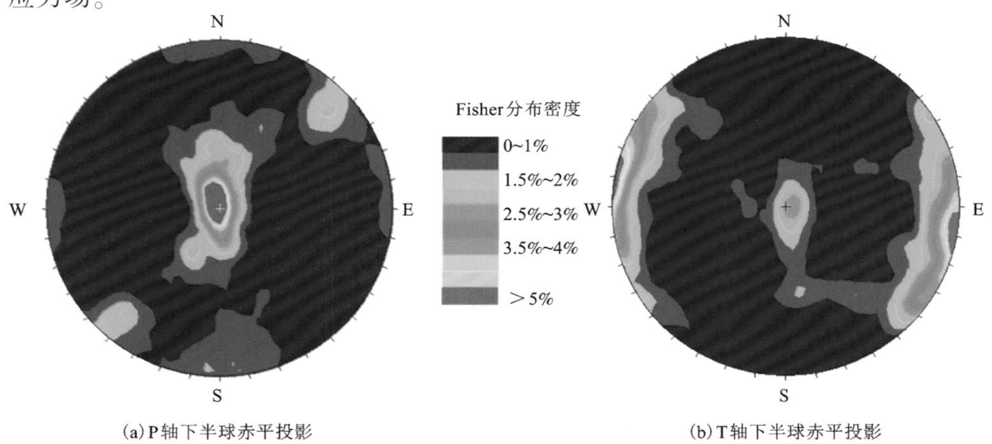

(a) P轴下半球赤平投影　(b) T轴下半球赤平投影

图 5-16　矩张量 P、T 轴下半球赤平投影

为定量分析破裂类型，对 1775 个有效定位声发射事件的矩张量成分比例进行统计，结果见图 5-17 所示。根据 Feignier 和 Young 的分类方法可知，有效定位声发射事件破裂类型可划分为 18.15%的张拉破裂、73.34%的剪切破裂及 8.51%的内缩破裂，根据 Ohtsu 的分类方法，可划分为 43.24%的张拉破裂、27.23%的剪切破裂及 29.53%的混合型破裂。尽管两种分类方法结果不同，但仍表明所有有效定位声发射事件主要为张拉和剪切两种破裂形式。

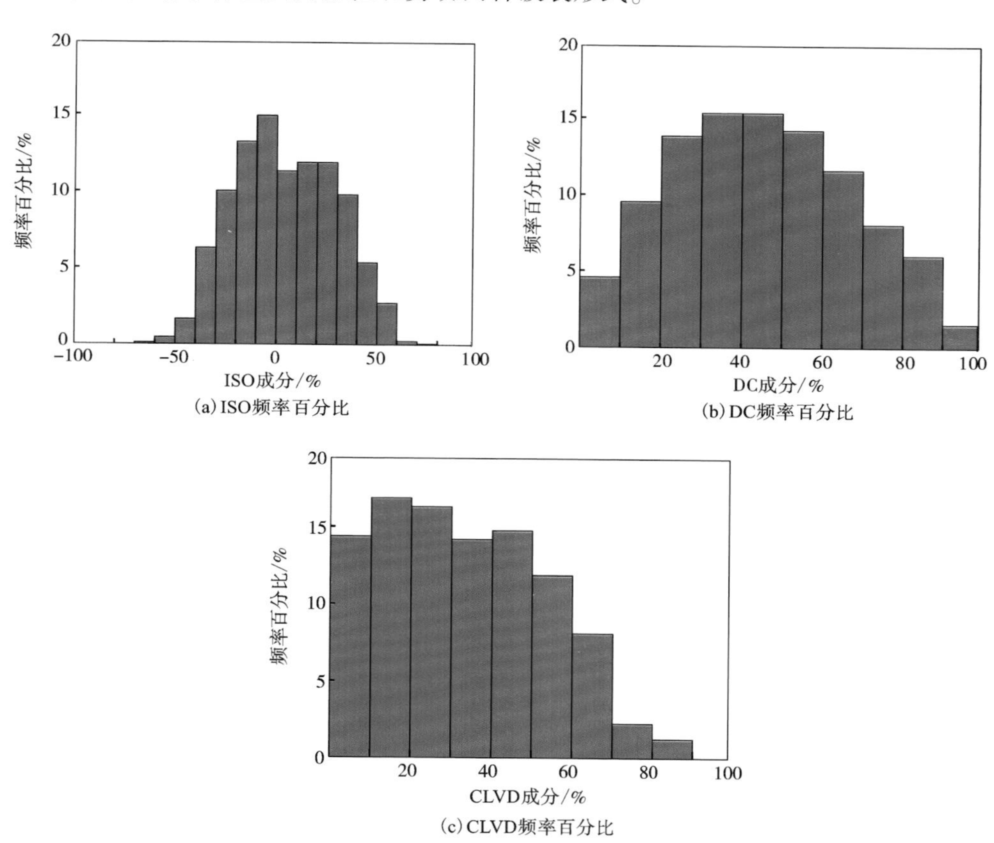

(a) ISO频率百分比

(b) DC频率百分比

(c) CLVD频率百分比

图 5-17　矩张量各分量相对比例统计直方图

5.3　巴西劈裂试验起裂点及裂纹震源机制

巴西劈裂试验中加载接触条件和岩石非均质性影响圆盘的破坏模式及巴西抗拉强度的准确性，其结果与直接拉伸试验存在偏差，因此，本节采用 FJM3D 细观模型分析接触条件和岩石非均质性对巴西劈裂试验起裂点及裂纹震源机制的影响。

5.3.1 细观模型与参数匹配

本节基于 FJM3D 细观模型建立了 4 种类型的数值试样。①线荷载非均质圆盘 $N1$；②线荷载均质圆盘 $N2$；③非线性荷载非均质圆盘 $N3$；④非线性荷载均质圆盘 $N4$。采用第 3 章提出的 FJM3D 细观模型参数校核方法，匹配细观参数，如表 5-3 所示，经过校核的 FJM3D 模型可再现砂岩在单轴压缩和巴西劈裂条件下的主要力学行为(图 5-18 和表 5-4)，据此开展上述 4 种巴西劈裂试验，研究加载条件和非均质性对巴西劈裂微裂纹位置和类型的影响。

表 5-3　FJM3D 模型细观参数

细观参数	$N1$ 和 $N3$	$N2$ 和 $N4$
最小晶粒直径，d_{min}/mm	1.5	1.5
最大和最小晶粒直径比，d_{max}/d_{min}	1.66	1
安装间距比，g_{ratio}	0.3	0.3
类型 B 单元比例，φ_B	0.83	0.83
类型 S 单元比例，φ_S	0.17	0.17
径向单元个数，N_r	1	1
环向单元个数，N_α	3	3
颗粒和黏结的有效模量，$E_c=\bar{E}_c$/GPa	25	25
颗粒和黏结的法向与切向刚度比，$k_n/k_s=\bar{k}_n/\bar{k}_s$	1.88	1.88
黏结抗拉强度的平均值和方差，σ_b/MPa	13.0±1.3	13.0±0.0
黏结黏聚力的平均值和方差，c_b/MPa	90.0±9.0	90.0±0.0
摩擦因数，μ	0.3	0.3
内摩擦角，φ_b/(°)	5	5

线荷载与非线性荷载条件下数值试验与室内试验结果趋势一致，但非线性荷载试验抗拉强度通常大于线荷载试验，岩石的非均质性使圆盘试样更易出现应力集中，导致抗拉强度偏低(表 5-4)。

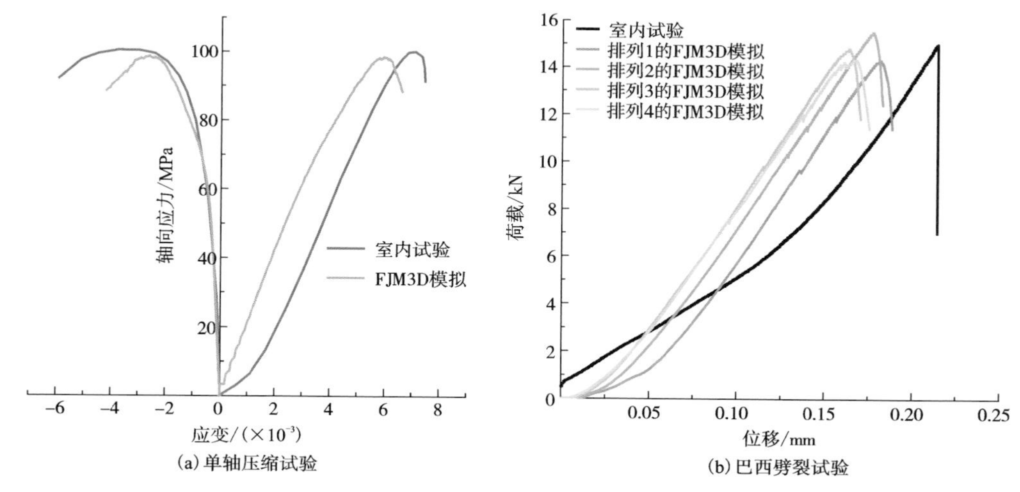

图 5-18　单轴压缩试验的应力-应变曲线和巴西劈裂试验的荷载-位移曲线

表 5-4　室内试验和数值模拟的宏观力学参数对比

宏观力学参数	室内试验结果	FJM3D 结果
单轴抗压强度 UCS/MPa	99.93	98.43
弹性模量 E/GPa	19.15	20.64
泊松比 v	0.17	0.16
巴西劈裂抗拉强度 BTS/MPa	线荷载：5.21±0.30(n=4) 非线性荷载：7.51±0.26(n=4)	N1：6.69±0.297(n=4) N2：7.78±0.202(n=4) N3：7.38±0.337(n=4) N4：8.38±0.365(n=4)

注：n 表示试验次数或随机种子数。

图 5-19(a)-(d)为 4 个数值试验试样破坏结果，红色圆盘代表微裂纹，非均质试样(N1 和 N3)中，沿荷载直径产生多个裂缝，破裂带相对较宽；均质试样(N2 和 N4)中，宏观断裂平行于加载直径，破裂带相对较窄。不同荷载条件下，非线性荷载接触点下方比线荷载易形成楔形裂纹区，导致圆盘试样发生较剧烈的破坏。图 5-19(e)和(f)为不同接触条件下室内试验试样破坏结果，线荷载试验条件下试样沿加载直径产生单一宏观断裂，该断裂产生在圆盘试样最大拉伸应力区域；而非线性荷载试验条件下，弧形加载夹具与试样接触点附近产生楔形裂纹区，沿圆盘加载直径方向出现多条近似平行的宏观断裂。

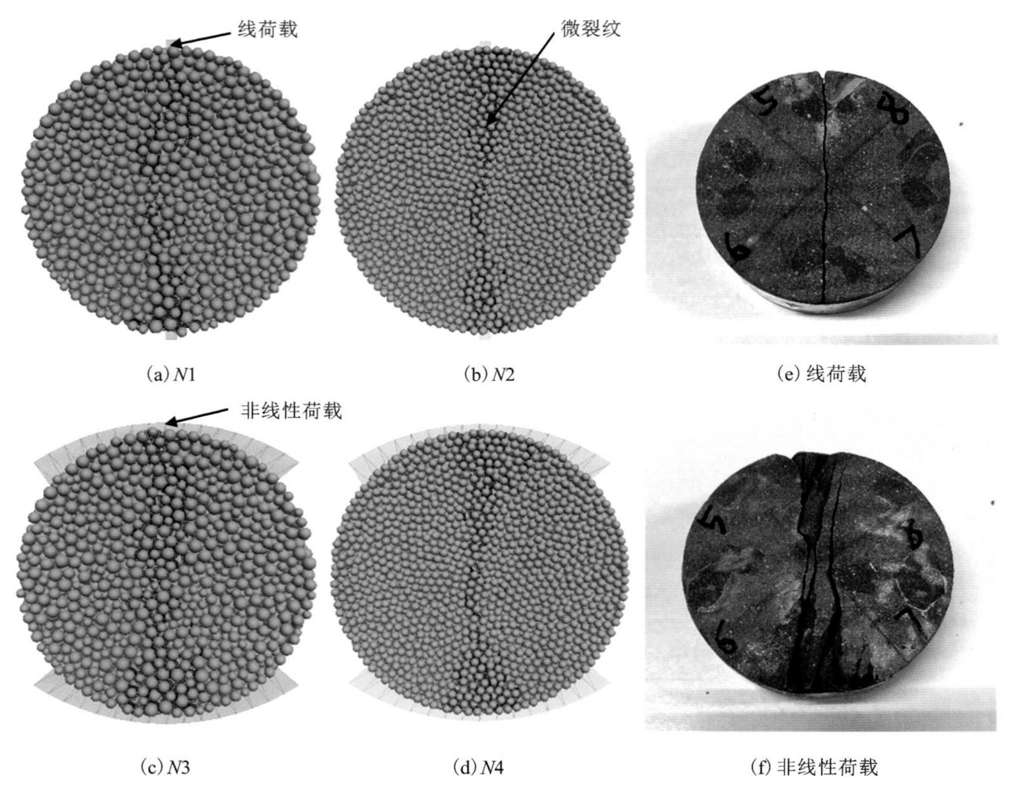

(a) $N1$　(b) $N2$　(e) 线荷载

(c) $N3$　(d) $N4$　(f) 非线性荷载

图 5-19　数值试验和室内试验的典型破坏试样

5.3.2　裂纹起裂模式分析

4 个试验中的裂纹起裂矩张量(二维)和震源类型如图 5-20 所示，以一组箭头(等效力)表示矩张量进行震源机制的图形描述，图中，远离 AE 事件中心的箭头表示扩张，相对的箭头表示压缩，纯剪切源显示为两组相等的箭头，一组为扩张箭头，另一组为压缩箭头。大多数事件为张拉和剪切源，其中张拉源平行于近水平线张开，而剪切源的方向大多与近水平线呈 60°～90°。4 个试验中，裂纹起裂位置均靠近荷载接触点，且位于接触点的正下方，表明裂纹起裂点对接触条件和岩石非均质性不敏感。累计 ISO 是指起裂点附近的 AE 事件的各向同性部分的总和，线荷载非均质圆盘 $N1$ 的总 ISO 大于其他 3 个试验的 ISO，表明破坏类型受岩石的接触条件和非均质性影响，线荷载的非均质圆盘更倾向于在张拉作用下破裂，可能与施加在接触点下方的张拉作用力更大有关。

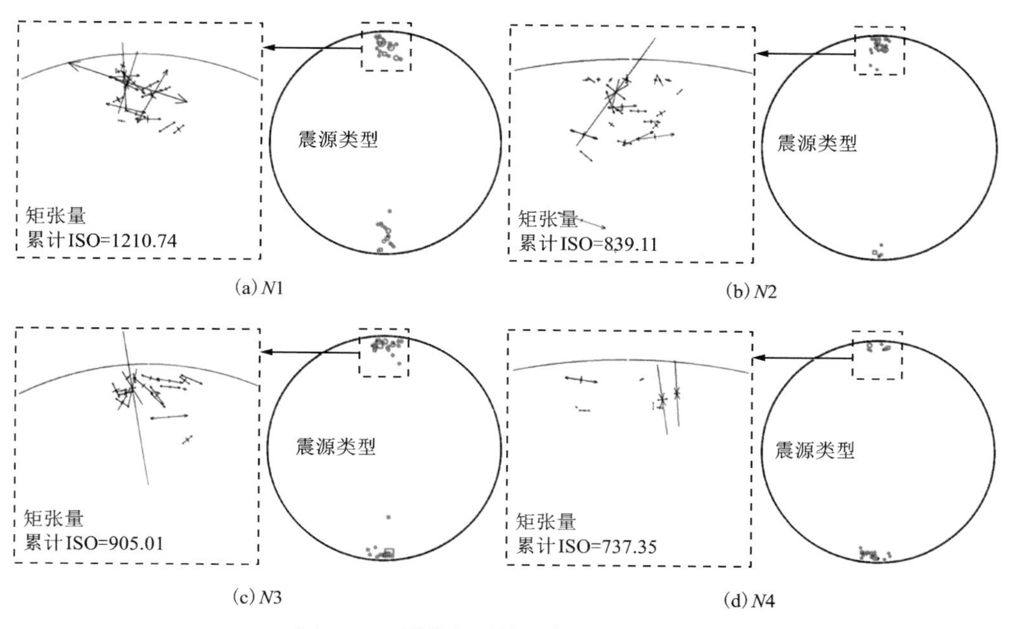

图 5-20　裂纹起裂的矩张量和震源机制

图 5-21 展示了试验 *N*1 破裂过程中矩张量和震源类型的演化，成对箭头表示矩张量，震源类型中绿色圆圈表示张拉源，蓝色十字表示内缩源，红色正方形表示剪切。nI、nS 和 nT 分别代表内缩源、剪切源和张拉源的数量，由于图形比例的缩放，较大的矩张量(矢量)超过了绘图范围，进而并未显示完全。破裂过程分为 4 个阶段：①微裂纹同时从上下加载点附近起裂，后续扩展到中心区域，震源的性质为张拉和剪切源；②随着试验的进行，AE 事件逐渐在圆盘中心产生，表明裂纹开始成簇，破坏类型仍以张拉与剪切为主；③荷载达到峰值时，裂纹沿荷载直径方向贯通，破坏面平行于荷载方向，且在圆盘中心附近的张拉事件矩张量方向接近水平；④达到峰值荷载后，三种类型的震源事件短时间内急剧增加，试样剧烈破坏，当压缩分量超过扩张分量时，少量内缩源事件出现在圆盘两端。

图 5-22 展示了 4 个试验的震源类型分布情况，剪切源主要分布在试样的端部，而张拉源主要沿试样直径分布，这种现象在均质模型中更明显。Hobbs[5] 描述了巴西劈裂试验过程中剪切破坏和张拉破坏模式的转换机制，如图 5-23(b)所示。本节试验中，荷载接触点附近的张拉和剪切破裂对裂纹的产生均有影响，且张拉破裂在裂纹萌生中起着主要作用，表明在接触点下方裂纹萌生的驱动力主要是拉伸-剪切成分而非纯剪切成分[图 5-23(a)]。

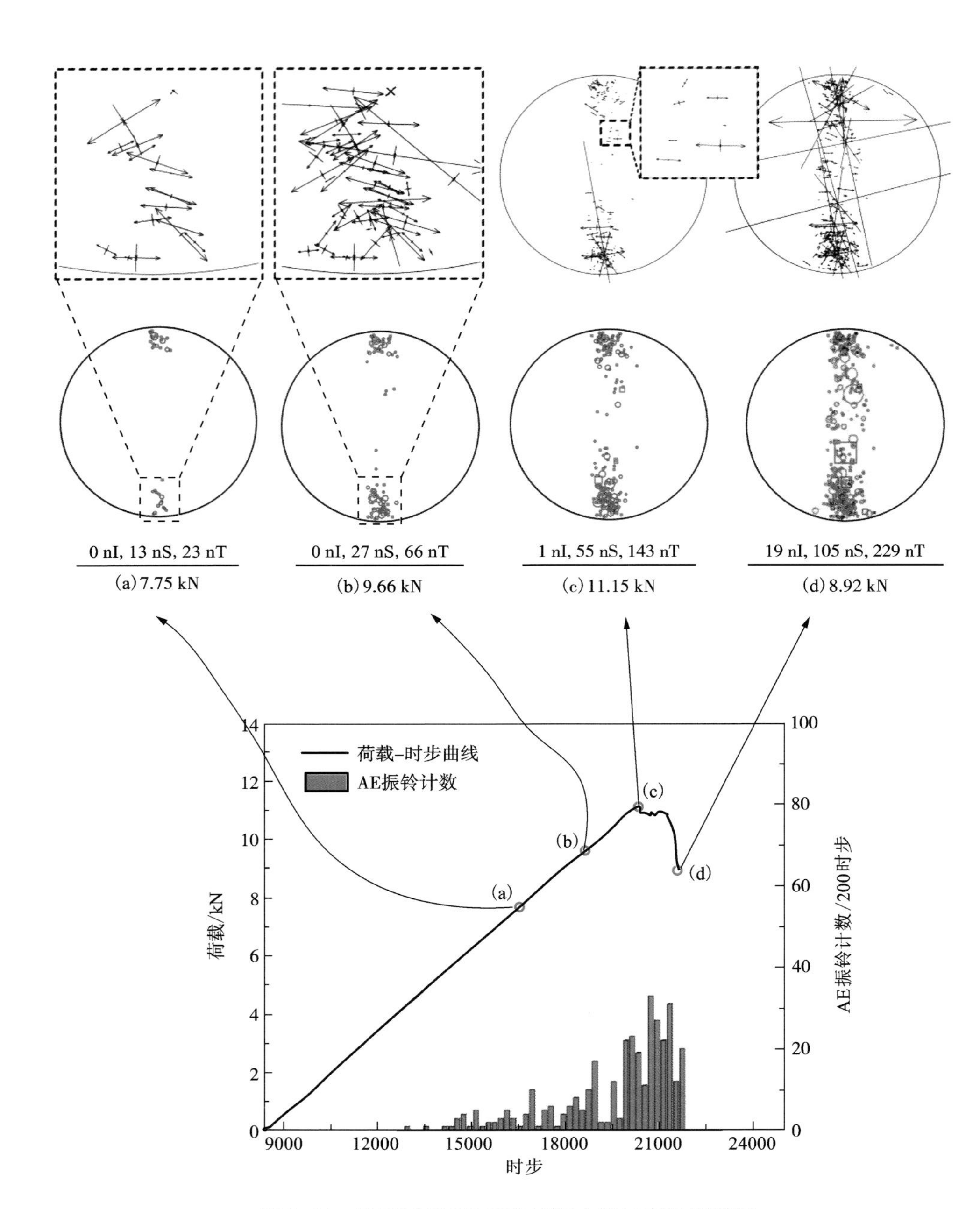

图 5-21　数值试样 *N*1 破裂过程力学与声发射特征

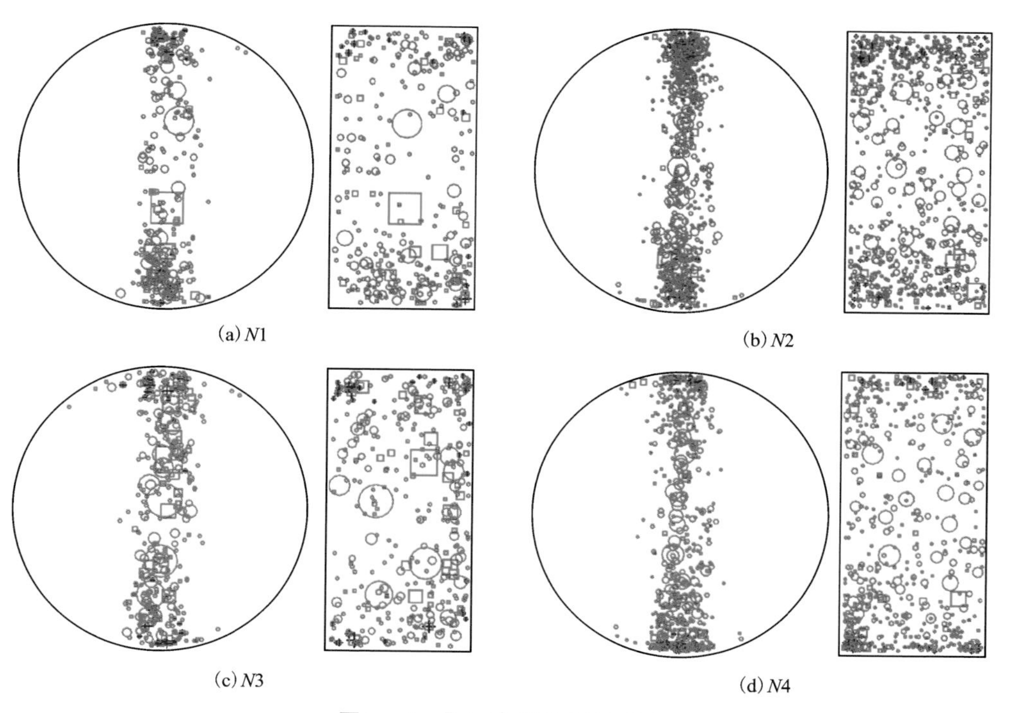

图 5-22　震源类型的分布情况

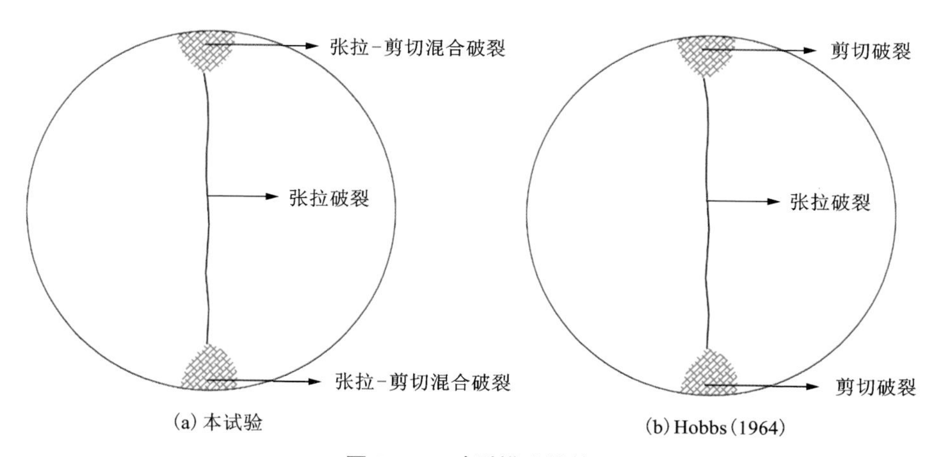

图 5-23　破裂模式转换

图 5-24 展示了 4 种数值试验的裂纹数目与荷载的关系，将其结果与室内试验数据进行比较。对于线荷载（N1 和 N2），裂纹同时从两端起裂，然后扩展到中心区域，峰值前，圆盘中心的微裂纹较少；荷载接近峰值时，微裂纹分布在整个

试样，形成宏观裂纹。室内试验中 AE 事件首先出现在上加载板附近，然后聚集成簇并贯通分布于圆盘中心，最后分布在整个试样中。对于非线性荷载（N3 和 N4），裂纹数目随荷载的演化过程与线荷载的演化过程大致相同。

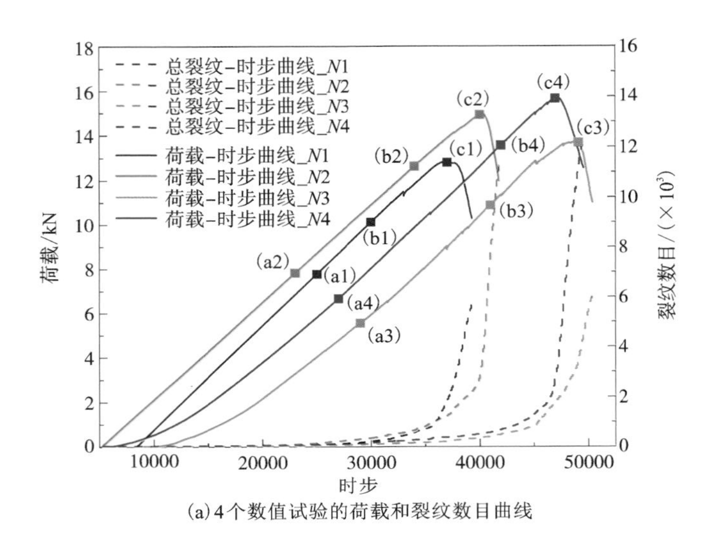

(a) 4 个数值试验的荷载和裂纹数目曲线

(N1) 7.7 kN 76 nT, 0 nS	(N1) 10.0 kN 216 nT, 0 nS	(N1) 12.8 kN 1832 nT, 16 nS	(N2) 7.7 kN 61 nT, 0 nS	(N2) 12.3 kN 681 nT, 0 nS	(N2) 14.8 kN 2678 nT, 3 nS

(b) N1 和 N2 裂纹数目随荷载的演化过程

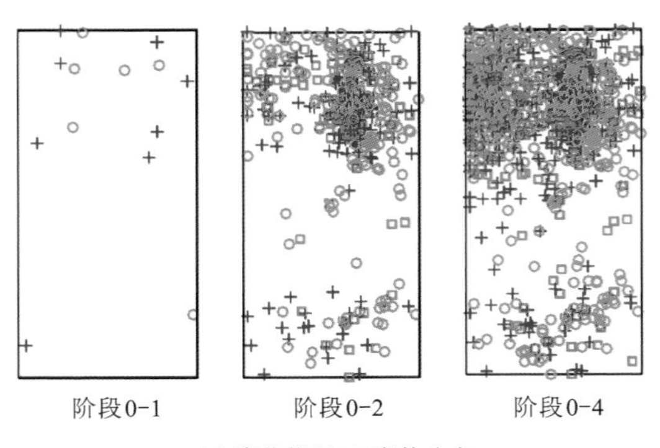

(c) 线荷载下 AE 事件分布

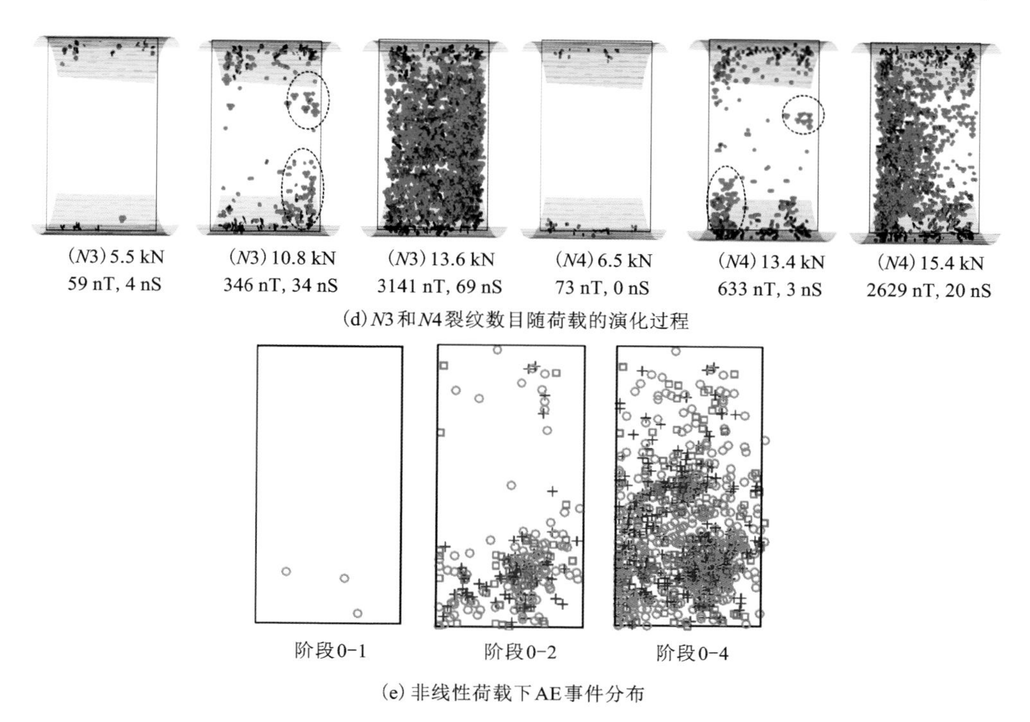

(d) $N3$ 和 $N4$ 裂纹数目随荷载的演化过程

(e) 非线性荷载下AE事件分布

图 5-24　4 种数值试验的裂纹数目与荷载的关系及其与室内试验数据的比较

5.3.3　荷载条件和非均质性对裂纹起裂的影响

为进一步研究荷载条件和非均质性对巴西试验裂纹起裂的影响，加入 17 个监测球，布置在加载直径半平面内，用于记录水平应力 σ_x 分布(图 5-25)，每个监测球包含 2~4 个颗粒。

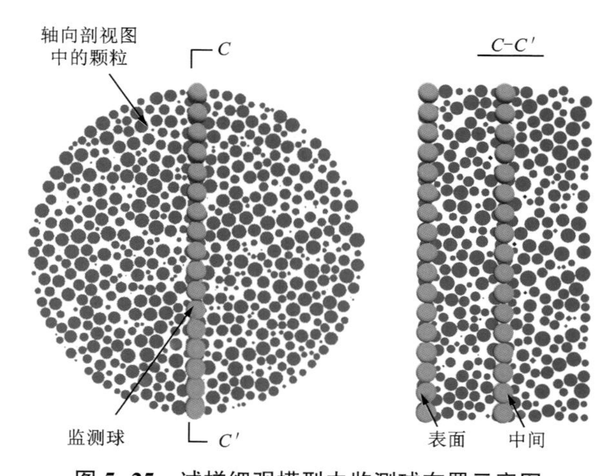

图 5-25　试样细观模型中监测球布置示意图

图 5-26(a)和图 5-26(b)展示了 4 种类型巴西劈裂试验沿加载直径方向的水平应力分布，其与通过连续介质法获得的结果较为相似[图 5-26(c)]。加载点附近的监测球承受水平压应力，而其他大多数监测球则处于受拉状态，因荷载条件不同，试样 $N1$ 和 $N2$ 上的拉应力范围比 $N3$ 和 $N4$ 要大，结果中一些应力值相对较大的监测球出现在上下荷载点之间，沿着加载直径方向的水平应力分布非对称；$N1$ 和 $N3$ 的最大水平应力分别达到 10.66 MPa 和 10.20 MPa，而 $N2$ 和 $N4$ 的最大水平应力分别为 6.08 MPa 和 5.92 MPa，表明在加载点与圆盘轴线中间出现奇点；$N1$ 和 $N3$ 的监测球记录的水平应力大于 $N2$ 和 $N4$，部分应力较大的点与通过连续介质法获得的结果不同，且一些监测球处于受压状态，反映了试样的非均质性，导致试样沿着加载直径方向发生非中心起裂。因此，可推断室内试验声发射结果揭示的非中心起裂现象可能与砂岩的非均质性有关。

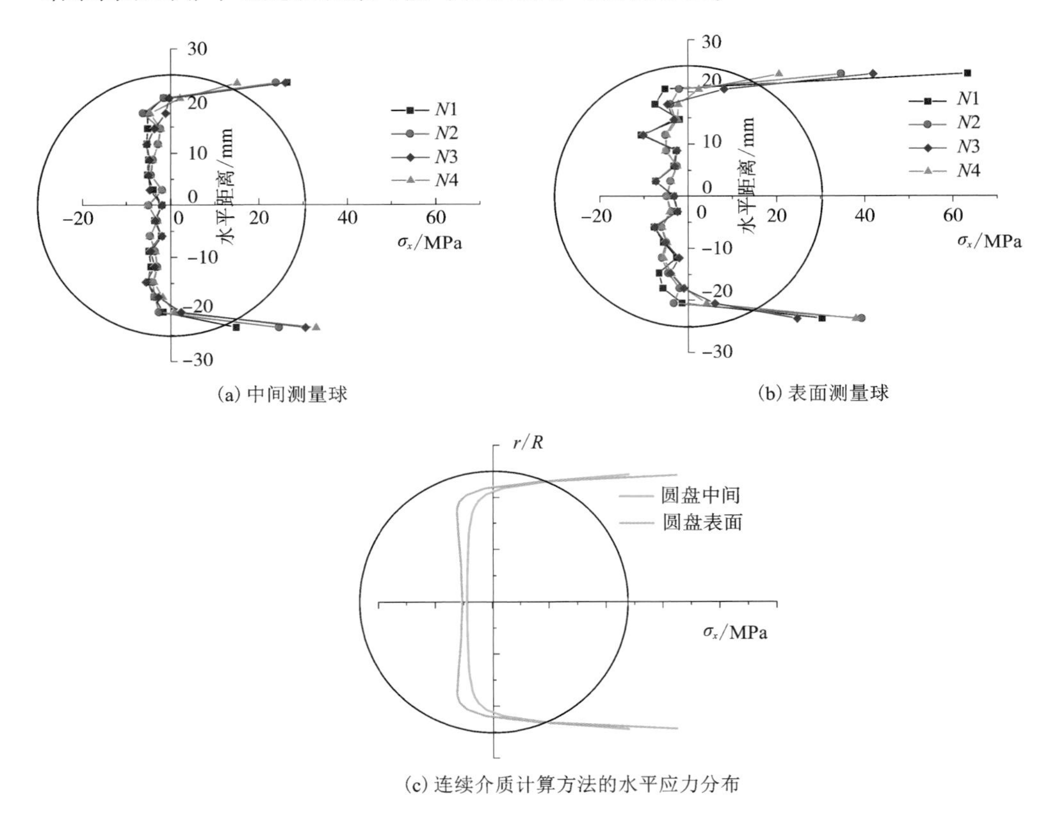

(a) 中间测量球　　(b) 表面测量球

(c) 连续介质计算方法的水平应力分布

图 5-26　不同类型的巴西劈裂试验中的水平应力分布

脆性岩石试样单轴拉伸条件下为纯张拉状态，所产生的裂纹垂直于加载方向延伸，巴西劈裂试验由于其操作简便，被广泛用于获取岩石的抗拉强度，但受到多种因素影响，难以满足抗拉强度计算的假设。因此对于同一岩样总体上巴西抗拉强度大于直接抗拉强度。一些学者提出改变加载方式来实现圆盘试样内部应力分布趋近于理论计算结果，但仍无法避免影响试验结果准确性的应力集中现象，Fairhurst[6] 建议将施加的荷载分布在更为明显的接触弧度（≥20°）上，Erarslan 和 Williams 等[7] 建议最佳的加载夹具几何形状为 20°~30°的加载弧。

为改善应力集中现象，除本节中提到的接触条件和非均质性之外，有学者提出通过采用一种修改后的巴西劈裂试验（平台型巴西圆盘）来测定 BTS，但这些改进的方法还需要进行广泛的理论分析、数值试验和室内试验，验证其是否中心起裂并产生“理想的”张拉破坏。

5.4　平台巴西劈裂室内试验

根据二维弹性理论证明平台巴西劈裂试验在 $2\alpha \geqslant 20°$时可保证中心起裂，且由离散元模拟可得出平台巴西劈裂试验中主裂纹由试样中部向加载端扩展。真实试验中常会出现通过平台末端的破裂（图 5-27），与中心起裂的假设相悖。对于均质、完整的试样，受压直径所在平面即为破裂面，引入加载平台后，加载平台末端为试样边缘新增了不连续点，是重要的边界条件。目前已有的平台巴西劈裂起裂点的解析分析中，研究重点集中在圆盘的受压直径上，默认了破裂面的位置。因此，需同时对通过平台末端的竖直平面和受压直径所在平面进行分析。

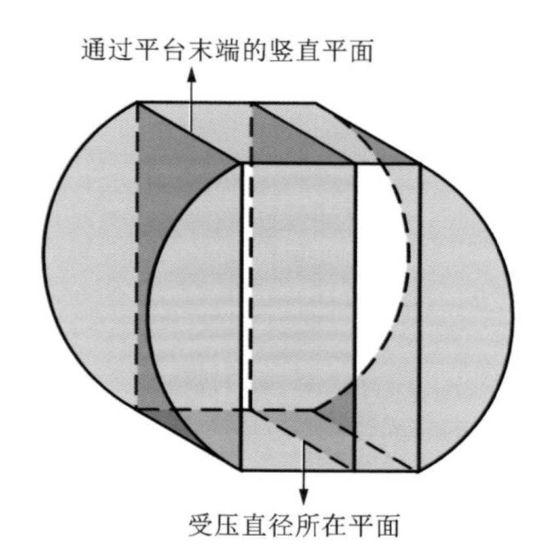

图 5-27　平台巴西劈裂破裂面示意图

Khavari 等[8] 在室内及数值试验中发现，$18° \leqslant 2\alpha < 30°$时，裂纹起始于试样中心及平台末端，$2\alpha \geqslant 30°$时，裂纹起始于试样中部，平台末端未出现裂纹。平台中心角增大，平台末端应力集中效应减小，但中心角过大不利于形成试样内部拉应力条件，诸多学者从数学模型、试验及模拟方面分析，建议平台中心角≤30°。尤明庆等[9, 10] 发现，无论加载角如何变化，试样均未沿对称轴破裂，而在试样与加载板间垫入减摩片后，大部分试样沿对称轴破裂，较好地解决了上述问题。因此，本节通过室内试验、有限元模拟对平台巴西圆盘裂纹起始与扩展开展分析。

5.4.1 试验方案与方法

试样取自武夷山花岗岩，结构致密，近似均质且各向同性。单轴抗压强度约196 MPa，P波波速约5400 m/s，密度约2.8 g/cm^3，孔隙率约0.41%，主要由斜长石、黑云母、石英及少量的角闪石和锆石构成。9个试样取自同一岩块，直径约50 mm，厚度约25 mm，加载平台中心角为20°~30°，试样规格参数见表5-5。

表5-5 平台巴西圆盘规格参数

试样编号	平台间距/mm	直径/mm	厚度/mm	平台中心角/(°)
F1-1	51.95	52.86	25.24	21.30
F1-2	52.20	52.86	25.25	18.20
F1-3	51.89	52.74	25.18	20.60
F2-1	49.63	51.16	25.17	28.10
F2-2	49.76	51.43	25.27	29.28
F2-3	49.38	50.97	25.16	28.70
F3-1	52.30	53.53	25.16	24.61
F3-2	52.48	53.73	25.09	24.77
F3-3	52.71	53.64	25.08	21.40

完成散斑制备的试样如图5-28所示，直接加载试验中，其中两组分别放置厚垫片(厚度为0.1 mm)与特氟龙薄垫片(厚度为0.05 mm)。试验过程中，同步进行DIC监测，二维DIC方法只能检测平面内的位移，需保证采集设备方向与被测表面垂直。

图5-28 散斑制备完成的平台巴西圆盘试样

5.4.2　试验结果初步分析

选取加载中心角约为20°的3个平台巴西圆盘试样进行试验，以下以F1-1至F1-3为例进行分析：

F1-1试样为试验机直接加载，F1-2试样加载时添加厚垫片，F1-3试样加载时添加薄垫片，加载曲线如图5-29所示，对应的破裂照片分别如图5-30、图5-31、图5-32所示，直接加载的试样(F1-1)两侧裂纹明显不对称，正面裂纹

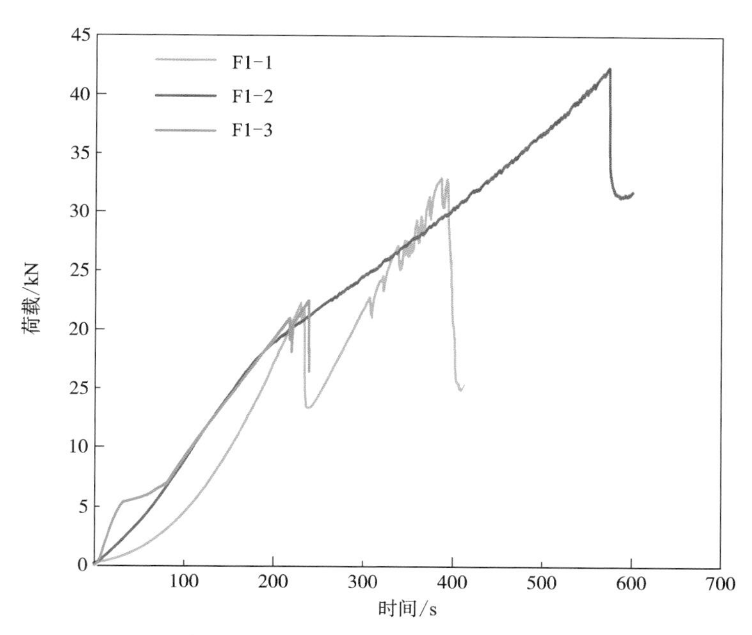

图5-29　试样在不同加载条件下荷载-时间曲线($2\alpha=20°$)

(a) 加载前

(b) 正面破裂照片

(c) 背面破裂照片

图5-30　直接加载条件下的试样破裂照片(F1-1)

为通过一侧平台末端的劈裂裂纹，试样背面沿加载直径及平台末端均出现裂纹，但沿加载直径的裂纹未能贯通，加载端附近均出现较严重的损伤；设置厚垫片加载的试样(F1-2)裂纹正反对称，且裂纹位于平台巴西圆盘对称轴，随着厚垫片出现较大形变，实际加载面积超出平台范围，平台末端外出现损伤痕迹[图 5-31(c)]，此外，设置厚垫片加载的试样峰值荷载远高于其他试样；设置薄垫片加载的试样(F1-3)中部为劈裂裂纹，且位于平台巴西圆盘对称轴附近，加载端附近可观测到明显的剪切破坏损伤区。

(a) 加载前

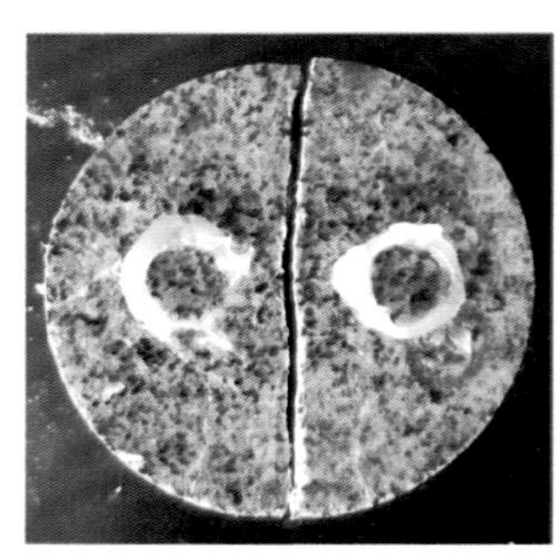
(b) 正面破裂照片

(c) 3D 角度破裂照片

图 5-31　设置厚垫片加载的试样破裂照片(F1-2)

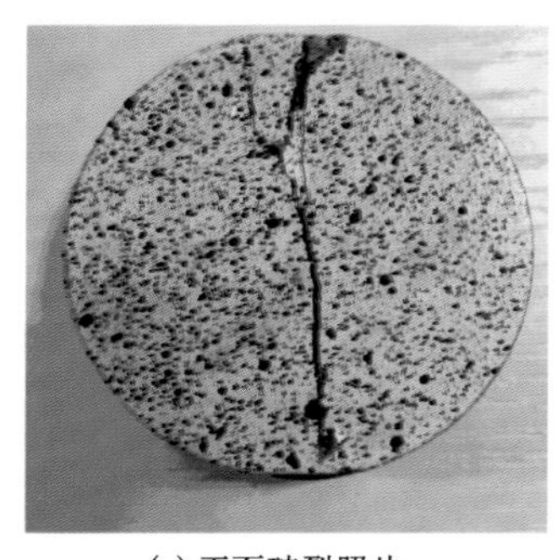
(a) 正面破裂照片

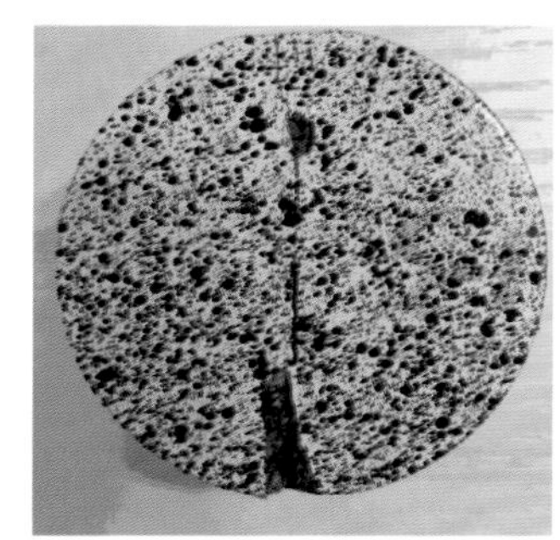
(b) 背面破裂照片

(c) 3D 角度破裂照片

图 5-32　设置薄垫片加载的试样破裂照片(F1-3)

3 个试样的荷载-时间曲线中，荷载达到首个峰值后均出现再次上升现象(试样 F1-2 由于首个峰值后产生次生裂纹，荷载再上升初期即停止加载)。F1-1 试样中观测到两条劈裂裂纹和加载端损伤区，正反两侧裂纹不对称，无法判断两条劈裂裂纹的出现顺序；F1-2 试样多条次生裂纹出现在圆盘圆周处[图 5-31(c)]，为无效试验；F1-3 试样中张拉裂纹出现在圆盘中部，剪切裂纹位于加载端附近，起裂点与起裂裂纹类型无法确定，因此，结合 DIC 监测技术对试样表面应变场进行分析。

F1-3 试样起裂点附近表面应变场分布如图 5-33 所示，图 5-33(a)中较大应变区域主要分布于平台末端，对比发现，图 5-33(b)中较大应变区域逐渐向试样中部扩展，最大应变约 3‰，图 5-33(c)中较大应变主要位于试样中部加载直径附近，此时最大应变上升至 1.3%，随着试验进行，试样中部应变逐渐增大，且伴随着明显的宏观裂纹产生。

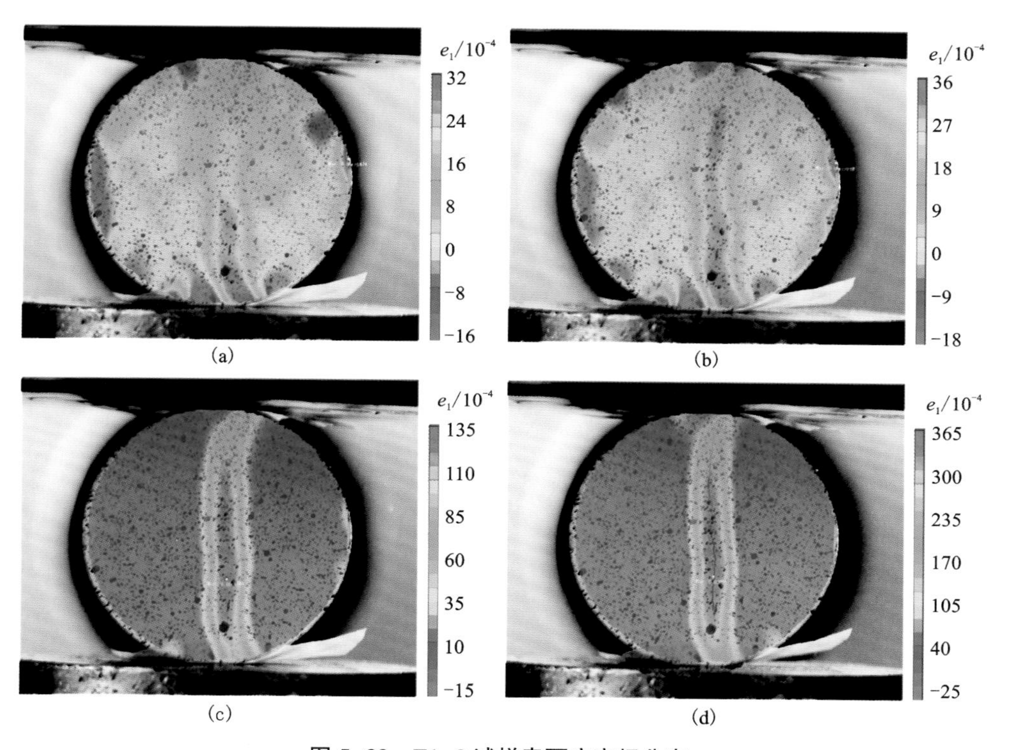

图 5-33　F1-3 试样表面应变场分布

DIC 结果表明，应变最大区域首先出现在平台端部处，裂纹起裂点位于试样中部，即试样中部张拉裂纹主导初始破裂，因此可据其推断 F1-3 试样抗拉强度。裂纹起始时刻与荷载首个峰值时刻接近，试样仍具备承载能力，荷载继续上升，第二个应力降出现时，加载端附近产生剪切裂纹。

图 5-33 中试样起裂后，最大应变区域位于试样中部偏下位置，理论假设中试样为均质、各向同性、线弹性材料，故最大张拉应力点位于试样中心，而实际试验中，材料的非均质性、加工误差及试验设备均对结果产生影响，导致实际应

力分布与理论结果存在差异，因此起裂点通常不在圆盘中心。本试验中最大应变点虽不在圆盘中心，但位于试样中部张拉区域，据此可认为试样主破裂为张拉破坏，试验有效。

5.4.3 巴西劈裂等效应力分析

应力分布不同是起裂点位置差异的根本原因，因此本节使用有限元软件 ANSYS 分析三维平台巴西圆盘受压时的应力分布(图 5-34)。三维试样平台中心角分别为 20°和 30°，坐标原点位于圆盘中心处，圆盘直径 50 mm，厚度 25 mm，弹性模量 42.8 GPa，泊松比 0.26。有限元模型采用 solid185 单元，其中 $2\alpha=20°$ 模型包含 93174 个结点、431920 个单元，$2\alpha=30°$ 模型包含 84856 个结点、359223 个单元。

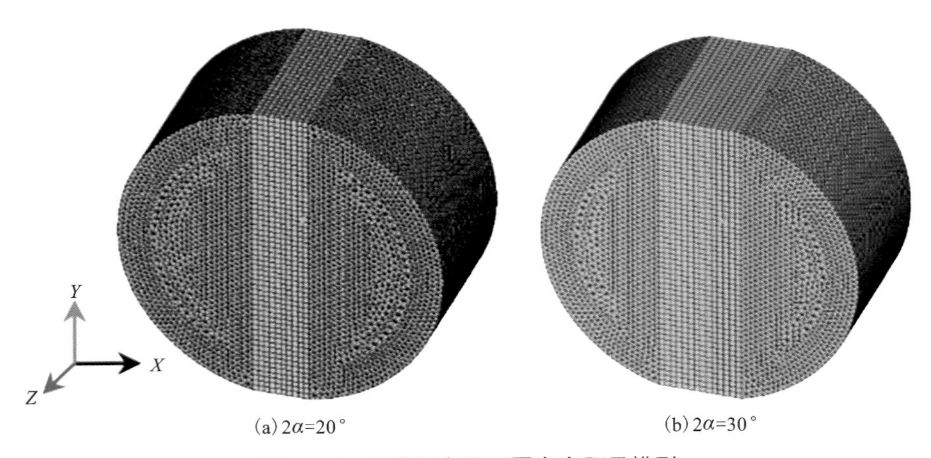

图 5-34 三维平台巴西圆盘有限元模型

有限元建模及试验加载需注意以下两点：

①网格的划分。为准确地分析两平台受压范围内的应力情况，受压平台内的网格采取 6 面体单元，平台之间区域网格均匀划分，如图 5-34 所示。

②采用位移加载，且不约束平台面的水平应变。根据圣维南原理，在外部荷载相同时，不同的分布形式对原点(试样圆心处)应力分布的影响可忽略不计，其误差仅为 1%左右，但其对平台附近应力分布的影响较大，均布应力加载时，中心点位移是边缘处的 1.36 倍，均布位移加载时，边缘处应力是中心点的 3.19 倍。常规压缩试验中，通常采用控制刚性压头的位移施加荷载，因此，为真实反映试验中平台的应力分布，建议采用位移加载。

根据 Griffith 强度准则判断裂纹起裂：

当 $3\sigma_1+\sigma_3 \geqslant 0$ 时，

$$\sigma_G=\sigma_1 \tag{5-9}$$

当 $3\sigma_1+\sigma_3<0$ 时，

$$\sigma_G=-\frac{(\sigma_1-\sigma_3)^2}{8(\sigma_1+\sigma_3)} \tag{5-10}$$

式中：σ_1、σ_3 分别为最大、最小主应力；σ_G 为等效应力。上述参数符号以拉应力为正。

由完整圆盘试样弹性力学解析可知，圆盘中心处满足 $3\sigma_1+\sigma_3=0$，而平台巴西圆盘试样内任意点有 $3\sigma_1+\sigma_3<0$，结合式(5-10)，根据 σ_1、σ_3 计算出等效应力，并判断起裂点。尽管 Griffith 强度准则忽略了中间主应力的影响，但其对脆性材料表现出良好的适用性，且在平台较小时，采用其计算抗拉强度结果合理可靠。

(1) $2\alpha=20°$ 模型应力分析

三维模型中应力分布十分复杂，由于圆盘具有对称性，选取圆盘中心圆截面($z=0$ mm)与试样表面($z=\pm 12.5$ mm)进行分析。

首先对于中心圆截面($z=0$ mm)，选取受压直径面($x=0$ mm)及通过平台末端的竖直平面($x=\pm 4.34$ mm)进行对比分析，等效应力分布如图 5-35(a)所示。受压直径面上等效应力在试样中部变化较平缓，但距平台约 3 mm 的位置应力变化趋势发生改变，变化幅度较小且等效应力水平低，最大值出现在中心位置；通过平台末端的竖直面上，中间区域应力变化平缓，且其应力水平小于受压直径对应位置，曲线在距平台约 5 mm 处发生突变，等效应力急剧增大，最大等效应力位于两平台边缘处并略大于受压直径中心处，表明起裂点最可能位于平台末端，其次为受压直径中心位置。

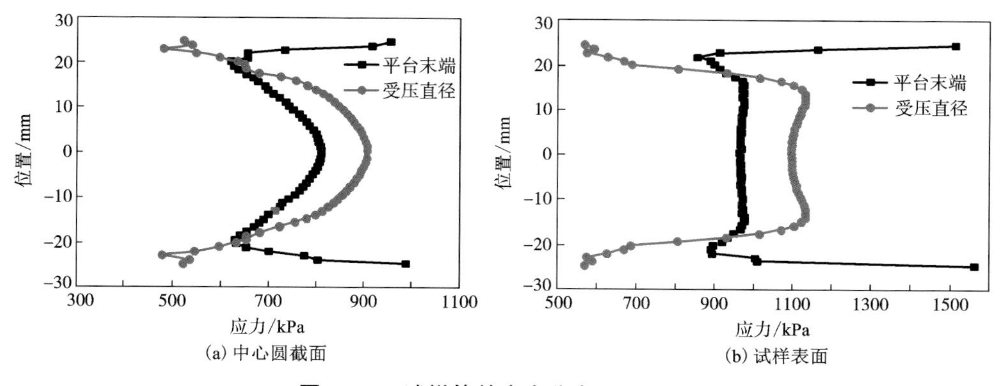

图 5-35　试样等效应力分布($2\alpha=20°$)

对于试样表面($z=\pm12.5$ mm),选取受压直径面($x=0$ mm)及通过平台末端的竖直平面($x=\pm4.34$ mm)进行对比分析,等效应力分布如图 5-35(b)所示。受压直径面上应力分布呈"M"形,最大等效应力位于距平台约 10 mm 位置;而在通过平台末端竖直平面内,中部等效应力分布均匀且应力水平较低,接近平台末端处(约距离平台末端 1 mm),应力急剧上升,并远超其他位置,形成高应力集中区,为圆盘最大等效应力点。此外,试样表面等效应力均大于中心圆截面对应位置的等效应力。

(2)$2\alpha=30°$模型应力分析

采取同样的分析方式,$2\alpha=30°$模型中心圆截面($z=0$ mm)处等效应力分布如图 5-36(a)所示,在受压直径上($x=0$ mm),最大等效应力值在中心位置,并向两平台端部均匀递减,距平台 9 mm 位置应力变化率有较大改变,推测在该位置主应力方向发生转变;通过平台末端的竖直面上($x=\pm6.47$ mm),中间区域等效应力由中点向两侧递减,等效应力小于受压直径对应位置,曲线在距离平台约 13 mm 处发生突变,应力迅速增大,最大等效应力出现在两平台边缘处。虽最大等效应力位于试样中心,但平台末端等效应力与其十分接近,因此平台末端发生破裂的可能性较大。

试样表面($z=\pm12.5$ mm)等效应力结果如图 5-36(b)所示,与 $2\alpha=20°$模型情况不同的是,受压直径上等效应力并未呈"M"形分布,而呈"凸"字形分布,等效应力在中心处最大且向两侧递减,大于中心圆截面上所对应的位置;平台末端($x=\pm6.47$ mm)等效应力分布类似于 $2\alpha=20°$模型情况,试样中部应力水平较低,等效应力在距离平台末端约 1 mm 位置急剧升高,形成高应力集中区,为试样最大等效应力点。

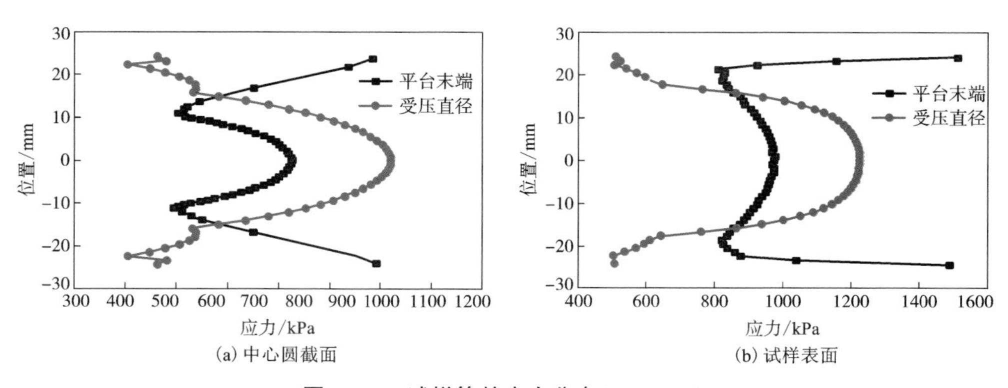

图 5-36 试样等效应力分布($2\alpha=30°$)

5.4.4　室内试验结果讨论

平台巴西圆盘内的应力分布十分复杂，且分布形式受试样几何形状、材料性质等因素的影响。对于中心圆截面，假定试样为线弹性材料且网格划分对称，则在 z 方向上，该截面应变为 0，可视为平面应力问题，与二维分析结果吻合；对于试样表面，其应力水平明显大于中心圆截面，故裂纹由试样表面向内部扩展。平台角较小时，表面受压直径上等效应力呈“M”形分布，随着角度增加，应力呈“凸”形分布，而喻勇和徐跃良[11]、LIN 等[12, 13]也发现应力分布受高径比、泊松比等因素的影响。因此，选择加工平台中心角时，为保证试样中心起裂并非单纯满足 $2\alpha \geqslant 20°$ 即可，还需要综合考虑试样尺寸及材料性质。

力学分析发现，若以 Griffith 准则计算等效应力并以等效应力最大点作为起裂点时，两种模型起裂点最可能位于圆盘表面的平台末端，虽平台末端出现较大等效应力，但应力集中范围小，基本只存在于试样表面，而在通过平台末端的竖直平面其它位置，等效应力远小于受压直径处应力水平，且变化平缓，应力梯度小。Lajtai[14]认为最大拉应力等于单轴抗拉强度是裂纹起始的必要不充分条件，断裂起始应力取决于断裂路径上的应力梯度，将该理论扩展到等效应力，即加载端附近局部点处于高应力集中状态，其扩展路径上的平均应力水平仍可能较低；随着荷载的增加，平台末端的裂纹并未继续扩展，反而在试样中部产生大量微裂纹，沿轴向贯通发生宏观破裂；准静态加载过程中，平台末端微裂纹未能向应力水平较低处继续扩展，在峰值荷载附近，试样内微裂纹的贯通致使平台圆盘内应力重分布，平台末端裂纹得以继续扩展。

试样弹性变形阶段应力分析只能判断微裂纹起始位置，无法预测裂纹产生后的应力重分布，结合室内试验 DIC 分析结果，发现加载初期的应变集中位置为等效应力最大点，主裂纹起始于试样中部，验证了等效应力分析结论，室内试验、应力分析、应变分析等多种方法分析结果较为吻合且能相互验证。

平台巴西劈裂试验由于端部末端存在应力集中，也可能导致试验无效，室内试验中直接加载的试样曾出现了沿平台末端劈裂的裂纹。有限元模拟中，试样形状由命令直接生成，网格尺寸足够小，可认为无加工误差，此时，平台边缘处应力为平台中心处 3 倍以上。而实际试验中，对于硬脆性岩石，其受力变形较小，且试样尺寸较小，当 2α 为 $20° \sim 30°$ 时，两平台加工平行度的偏差难以消除，试样受压时某一平台的受力可等效为作用于该平台末端的线荷载，因此，平台加工的精度对试验结果影响较大，会加剧平台末端应力集中现象，垫片的使用较大程度上解决了沿平台末端产生劈裂的情况，一方面可以弱化平台边缘的应力集中，另一方面可以弥补平台加工精度不足带来的缺陷。

上述结论与尤明庆、苏承东的研究较为一致，但在垫片对平台巴西圆盘试验改善原理上与其见解不同：两位学者认为圆盘平台与加载试验机间的摩擦力导致试样平台末端破裂，前述分析则倾向于试样加工及加载仪器误差。使用 0.05 mm 的特氟龙薄垫片加载试验中，垫片同时具有减摩效果，试样中部裂纹扩展到加载端附近且通过加载平台的端部，减摩效果有限，平台中心角较小时，端部摩擦效应并不显著。因此，影响平台巴西圆盘劈裂模式的原因是垫片相对刚度小，其变形可削弱平台末端的应力集中及加工、加载误差的影响。

垫片加入的同时改变了试验的边界条件，对破裂荷载及破裂模式均有影响。尤明庆、苏承东发现，高强度岩石（如花岗岩、辉绿岩）使用垫片后抗拉强度随平台角的增大而减小，而在红砂岩类强度较低的试样中变化不明显，原因是垫片在受到较大压力时其横向变形大于岩石试样，垫片的侧向变形对圆盘平台施加了额外的水平拉力，垫片厚度的增加及其与试样接触面积的增大，使得水平拉力增加显著，垫片使加载平台上应力分布介于均布位移加载和均布应力加载之间。然而，垫片对试验的影响十分复杂，垫片的厚度相对试样尺寸过小，且影响因素较多，如垫片与岩石试样的相对刚度、与加载平台间的摩擦力等，有限元方法也无法较好地进行模拟验证。因此，目前只能定性地认为当 $2\alpha \leqslant 30^\circ$ 时，垫片能较好地改善平台巴西圆盘端部的接触状态，且垫片不宜过厚。

5.5 不同加载条件下的巴西劈裂数值试验

目前针对平台巴西圆盘加载中心角范围、二维应力分析及计算公式的相关修正研究，均基于二维弹性假设，而对于加载平台的引入是否能解决加载端部应力集中效应这一问题，仍需深入对比分析。本节采用相同的细观参数，建立三维巴西圆盘与平台巴西圆盘的离散元模型和有限元模型，对比两种试验方法的裂纹扩展规律及三维应力分布。

5.5.1 数值模型构建

采用 PFC 软件开展离散元模拟，以锦屏大理岩室内试验结果匹配细观参数，选择平节理模型（FJM）作为黏结模型，每个黏结离散为 3 个单元，颗粒直径范围 1.0~1.66 mm（满足 ISRM 建议方法），黏结张拉强度与黏聚力的标准差离散范围为 10%，滑动黏结单元比例为 10%，模型细观参数选择及试验结果对比见表 5-6 和表 5-7。

试样直径 50 mm，为避免端部摩擦效应，颗粒与墙体间的摩擦因数设置为 0，加载速率为 0.0075 m/s。

表 5-6　锦屏大理岩模型细观参数

细观参数	数值
最小颗粒直径，d_{min}/mm	1.0
最大最小粒径比，d_{max}/d_{min}	1.66
安装间距比，g_{ratio}	0.35
类型 S 单元比例，φ_S	0.1
颗粒及黏结模量，$E_c=\overline{E}_c$/GPa	46
颗粒及黏结刚度比，$k_n/k_s=\overline{k}_n/\overline{k}_s$	1.9
黏结张拉强度平均值及标准差，σ_b/MPa	(7.6，0.76)
黏结黏聚力平均值及标准差，c_b/MPa	(123，12.3)
黏结内摩擦角，φ_b/(°)	5.0
颗粒间摩擦因数	0.3

表 5-7　锦屏大理岩室内试验结果与离散元模拟结果对比

宏观力学参数	室内试验结果	离散元模拟结果
弹性模量/GPa	42.8±18.6	42.3±0.4
泊松比	0.26±0.06	0.255±0.1
单轴抗压强度/MPa	114.0±23	110.0±7
抗拉强度/MPa	5.2±1.35	5.23±0.21

5.5.2　弧形夹具加载数值试验

根据 ISRM 建议，巴西圆盘加载的弧形夹具半径应为试样半径的 1.5 倍，此时试样破坏加载夹具与试样接触的中心角约为 10°，数值试验中，通常在试样圆周施加较小范围的荷载实现弧形加载，例如，LI 等[15]开展的有限元模拟中，在 3 个网格范围内施加了竖直方向的均布荷载，而 XU 等[16]在离散元模拟中选用宽度与颗粒平均粒径相同的墙体进行加载。两种加载方式均无法再现加载过程中试样变形导致的加载面积变化，与实际试验存在差距，且加载端应力分布对试验结果影响较大。本节直接生成半径为试样半径 1.5 倍的两个弧形墙体模拟弧形加载夹具，模型试样由 24482 个颗粒及 108167 个黏结构成，模拟试验的力-位移曲线如图 5-37 所示。根据力-位移曲线以及裂纹扩展状态，将试验过程分为 4 个阶段：

①M 点之前，试样处于弹性变形阶段，曲线线性增长，无微裂纹产生，在 M 点，靠近下夹具位置出现首个微裂纹；②MN 阶段，微裂纹数目缓慢增长，逐渐向试样中心扩展，但仍主要集中在加载夹具附近，可见采用弧形夹具加载无法完全

消除端部应力集中效应。该阶段力-位移曲线为非线性变化，推测其是由加载接触面积变化导致；③*NP* 阶段，微裂纹快速增加，沿加载直径方向由端部扩展到试样中部，随后荷载达到峰值；④*PQ* 阶段，试样处于峰后阶段，大量裂纹迅速产生、贯通，荷载急速下降，试样沿加载直径劈裂。

试验中，荷载峰值为 8.9 kN，抗拉强度为 4.53 MPa。尽管弧形加载夹具能一定程度上增大加载中心角，但裂纹仍起始于加载端附近，随后向试样中部扩展，与理论分析中裂纹起始于试样中部的基本假设相悖，计算得到的抗拉强度与实际抗拉强度存在较大差异。

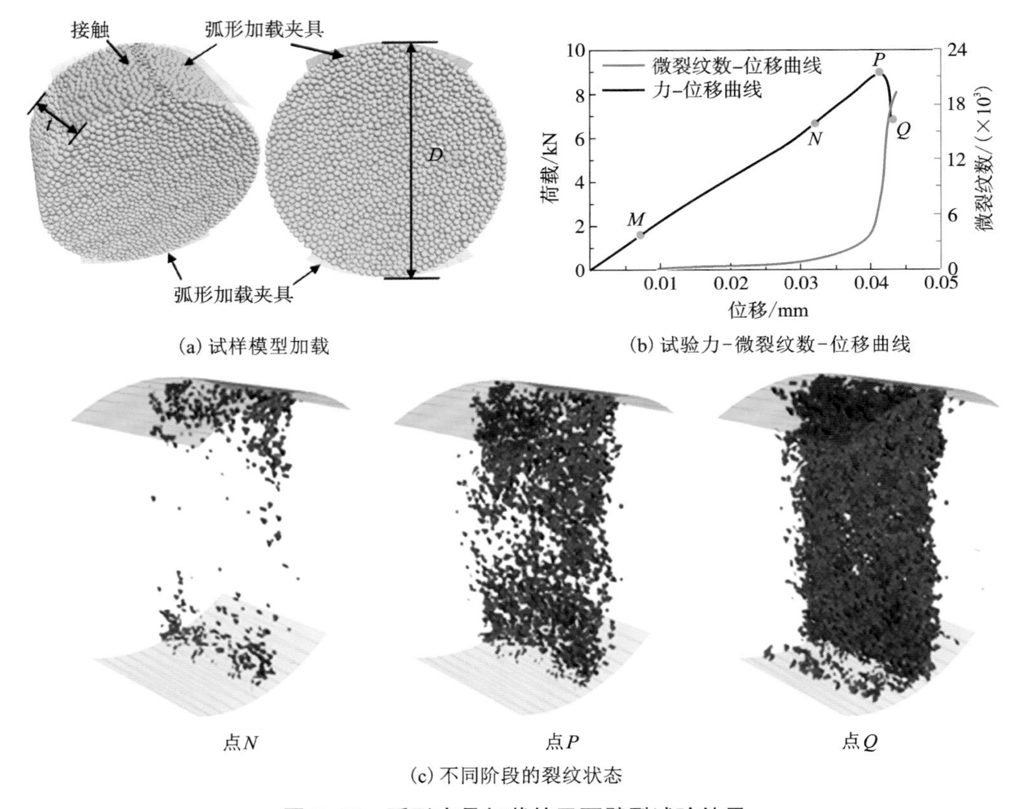

(a) 试样模型加载　　(b) 试验力-微裂纹数-位移曲线

(c) 不同阶段的裂纹状态

图 5-37　弧形夹具加载的巴西劈裂试验结果

5.5.3　线荷载加载数值试验

二维巴西劈裂试验解析分析中，试样荷载为受压直径上的集中荷载，三维条件下，如图 5-38(a)所示，集中荷载为沿轴线方向的线荷载，设置加载墙体宽度与颗粒平均粒径相同。

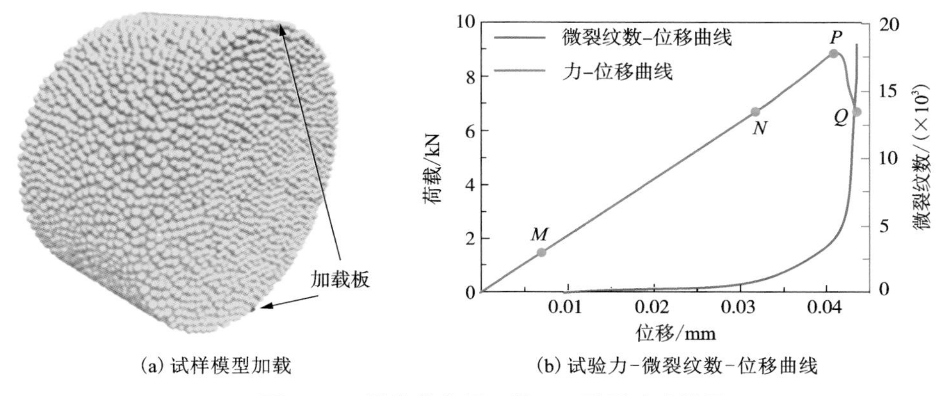

(a) 试样模型加载　　(b) 试验力-微裂纹数-位移曲线

图 5-38　线荷载作用下的巴西劈裂试验结果

试样加载曲线及裂纹扩展规律分别如图 5-38(b)、图 5-39 所示，峰值荷载为 8.22 kN，抗拉强度为 4.18 MPa，与弧形夹具加载结果相比，其抗拉强度偏低，

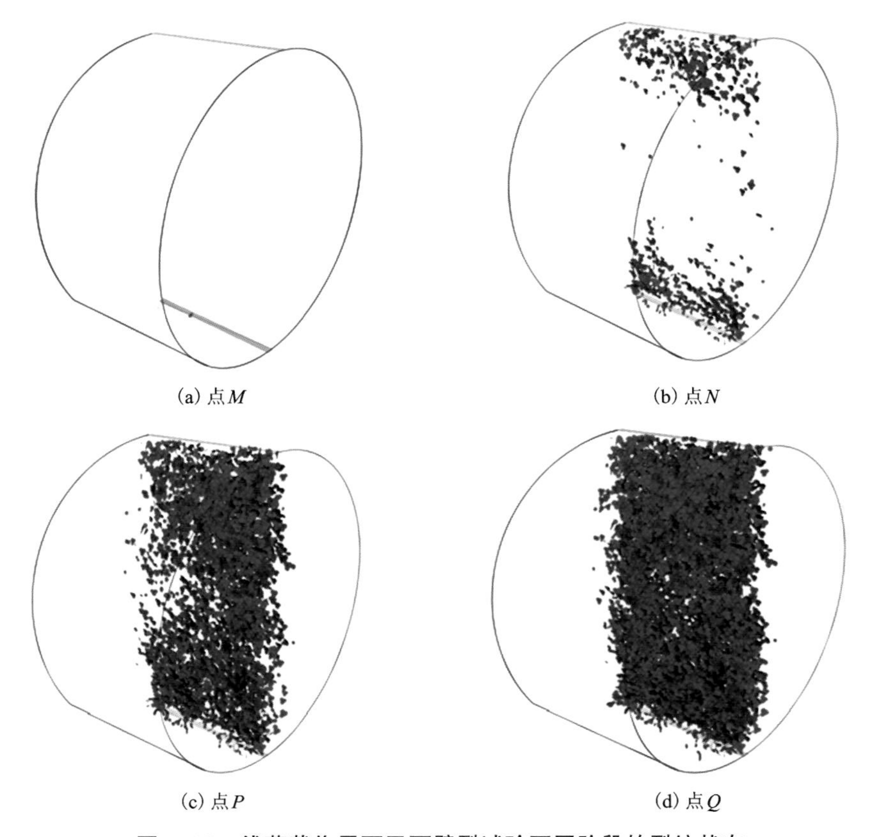

(a) 点 M　　(b) 点 N

(c) 点 P　　(d) 点 Q

图 5-39　线荷载作用下巴西劈裂试验不同阶段的裂纹状态

力-位移曲线在峰值前更接近线性变化，两种加载条件下的裂纹扩展与分布规律相似，裂纹均由加载端附近向试样中部扩展，但在试验结束时，弧形夹具加载试验的加载端附近裂纹分布范围更大；线荷载加载试验的端部裂纹主要集中在加载板宽度范围内。

为进一步探究平台巴西劈裂试样破坏的力学行为及细观机理，构建直径为 50 mm、厚度为 25 mm、加载中心角为 20°的平台巴西圆盘模型，包含 23946 个颗粒、108675 个黏结，如图 5-40 所示。

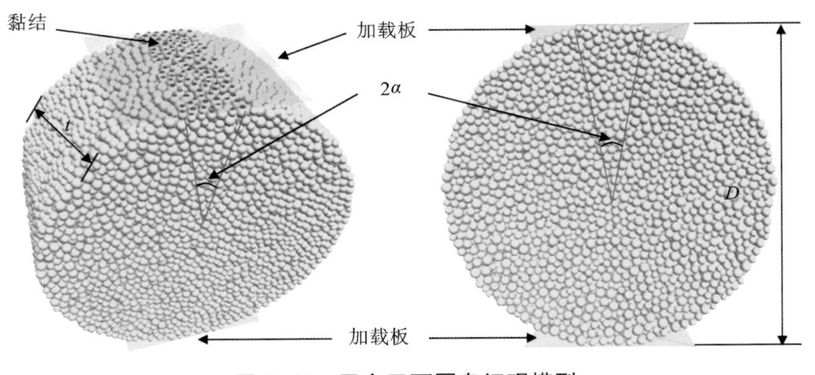

图 5-40　平台巴西圆盘细观模型

平台巴西圆盘试验荷载及微裂纹数目随加载位移的变化如图 5-41 所示，根据裂纹扩展状态将试验过程分为 6 个阶段，各点对应微裂纹状态如图 5-42 所示。

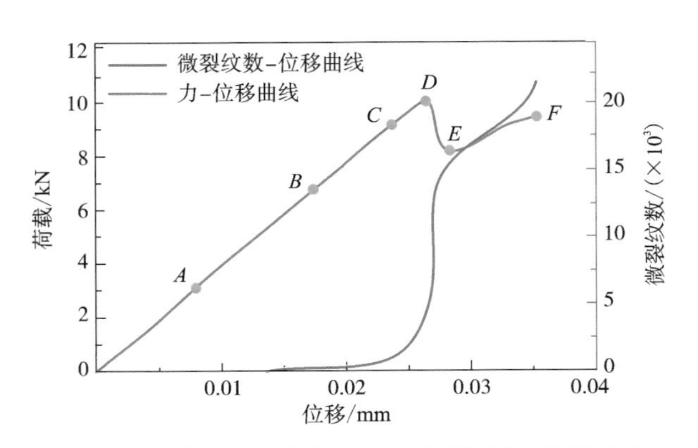

图 5-41　平台巴西劈裂试验力-微裂纹数-位移曲线

OA 段，试样处于弹性变形阶段，试样内无裂纹产生；*AB* 段，加载端附近首先

出现微裂纹，随后在加载端和试样中部产生少量微裂纹；*BC* 段，微裂纹数目稳定增长，且主要集中在试样中部区域，力-位移曲线呈线性上升趋势；*CD* 段，微裂纹数目急剧增加，在试样中部贯通，加载曲线呈非线性增长趋势，并于 *D* 点达到荷载峰值；*DE* 段为峰后破裂阶段，微裂纹由试样中心向两端扩展，沿加载直径贯穿试样，当荷载下降至 *E* 点时，荷载-位移曲线再次上升，下加载端附近试样圆周处出现次生裂纹，向试样中部扩展，该阶段荷载-位移曲线斜率小于加载初期斜率。

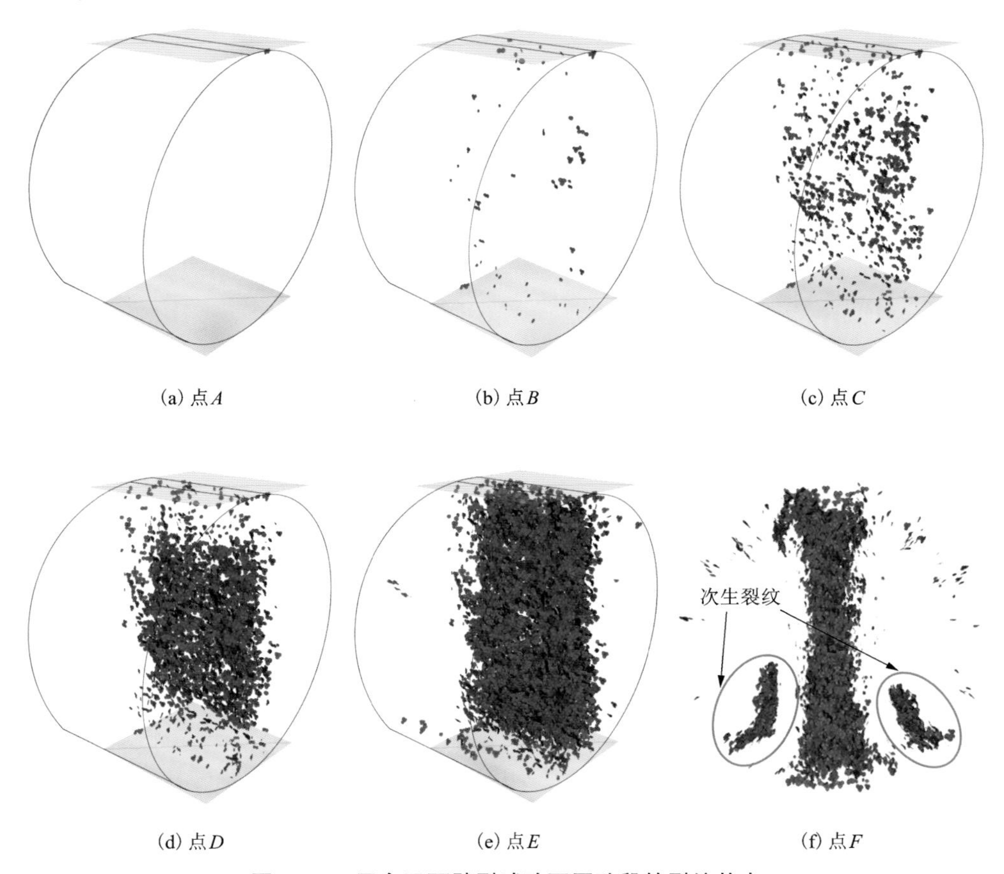

(a) 点 *A*　(b) 点 *B*　(c) 点 *C*

(d) 点 *D*　(e) 点 *E*　(f) 点 *F*

图 5-42　平台巴西劈裂试验不同阶段的裂纹状态

5.5.4　应力分布规律对比分析

应力状态改变通常是产生裂纹的诱因，本节通过离散元及有限元方法分析弹性加载阶段试样内的应力分布情况。弹性加载阶段，弧形夹具与试样变形较小，其加载角与平台加载条件十分接近，此时，弧形夹具加载的圆盘试样与线荷载加载的圆盘试样应力分布基本相同，故不重复列出。

离散元模型中，在巴西圆盘和平台巴西圆盘试样纵向分别布设 25 个和 24 个监测球，记录加载直径上的应力分布，如图 5-43 所示。图 5-44(a)展示了离散元模型中两种试样加载直径上的水平应力分布，试样均在加载端附近存在压应力集中区，而试样中部区域为拉应力区，对比可知，平台巴西劈裂试验加载端应力集中效应明显偏低，但由于离散元模型固有的非均质性，应力分布曲线波动较大，为获得更平滑的应力分布曲线，需借助有限元分析方法。

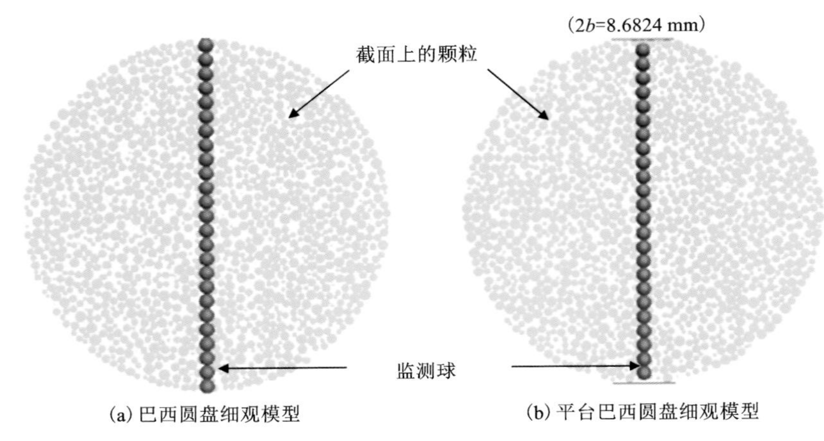

图 5-43　监测球布设

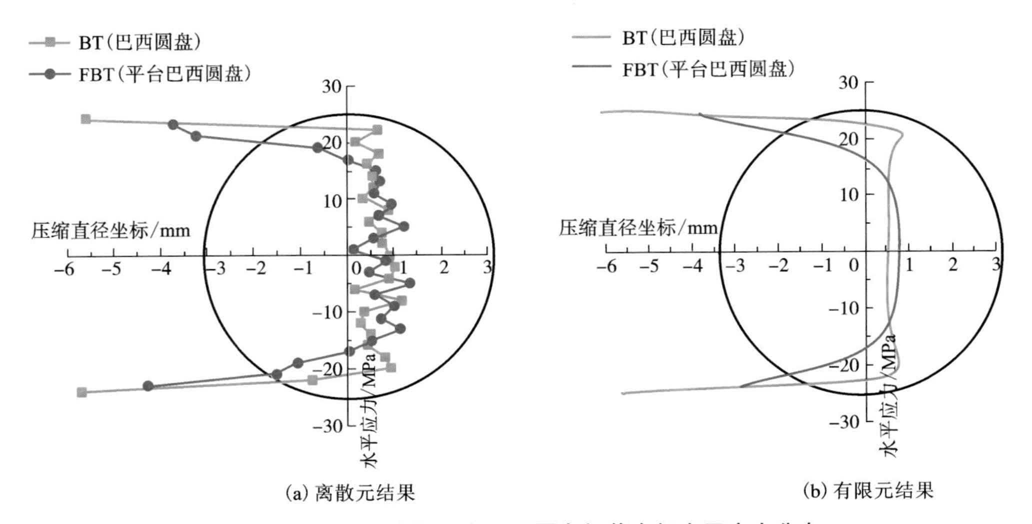

图 5-44　巴西圆盘与平台巴西圆盘加载直径水平应力分布

裂纹产生前，试样可视为均质、各向同性、线弹性材料，作为对照，通过有限元软件 ANSYS 建立了具有相同弹性参数的两种细观模型，施加相同的位移荷载，试样水平应力分布见图 5-44(b)。有限元与离散元水平应力分布规律相似，但曲线平滑，规律明显。离散元分析结果表明，平台巴西劈裂水平最大压应力相较于巴西劈裂试样下降约 30%，而在有限元计算结果中，下降约 50%，尽管离散元数据波动较大，由于加载平台的存在，加载端应力集中效应仍被大幅削弱。此外，平台巴西圆盘中，压-拉应力过渡区更为平缓，最大水平拉应力出现在试样圆心处，而巴西圆盘最大水平拉应力出现在加载端附近，这是两种方法分析裂纹扩展规律不同的关键原因。

最后，分析得到两种试样水平应力及最大主应力分布云图，如图 5-45、图 5-46 所示。

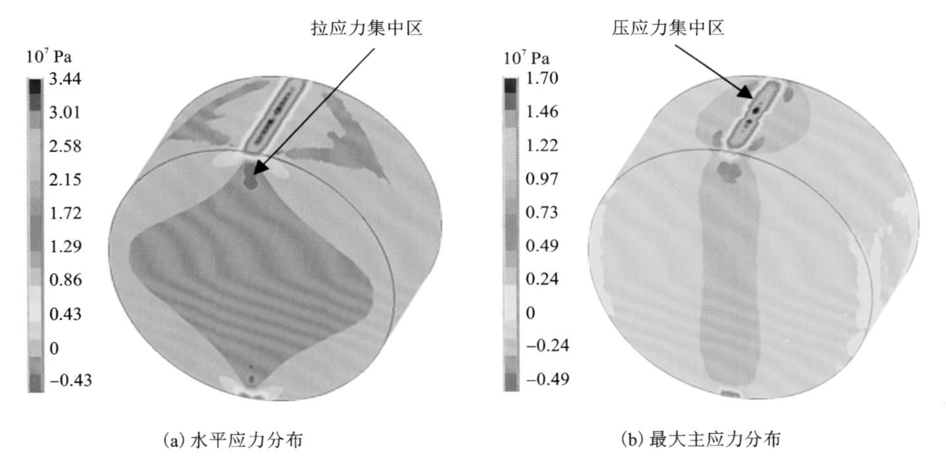

(a) 水平应力分布　　(b) 最大主应力分布

图 5-45　巴西圆盘应力云图

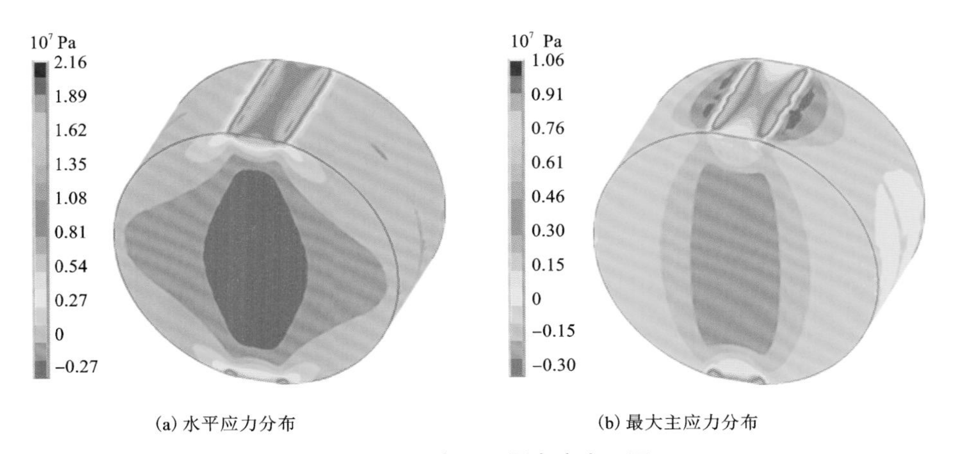

(a) 水平应力分布　　(b) 最大主应力分布

图 5-46　平台巴西圆盘应力云图

5.6 本章小结

本章从脆性岩石的抗拉特性出发，采用岩石抗拉强度间接测试方法(巴西劈裂试验)，探究了线荷载与非线性荷载条件下试样损伤的演化过程及起裂位置。基于颗粒流分析软件构建数值模型，研究了圆盘损伤和起裂的细观机制。最后，为了减弱传统巴西劈裂试验中试样端部的应力集中效应，引入平台巴西圆盘，基于室内试验与离散元模拟，验证了采用平台巴西圆盘试验获取岩石抗拉强度的合理性。主要结论如下：

(1)线荷载与非线性荷载条件下，红砂岩圆盘试样在相同加载速率下均为非中心起裂，两者不同阶段声发射事件发生在不同的位置。圆盘所受荷载面积显著影响损伤累积的时间和释放能量的大小，圆盘接触面积的变化，减弱了荷载接触附近的应力集中现象，因此，非线性荷载获取抗拉强度的方法相对合理。线荷载与非线性荷载条件下矩张量结果中各向同性部分(ISO)、纯双力偶(DC)和补偿线性矢量偶极成分(CLVD)频率百分比对荷载条件不敏感，两者破裂的主要机制可解释为近似平行于荷载方向上的张拉裂纹的萌生、扩展及贯通，同时剪切裂纹也发挥了一定作用。

(2)基于主/被动超声技术(超声波测速和声发射监测技术)，从圆盘试样内部P波速度场三维演化、声发射事件定位空间分布、震源机制等角度揭示了巴西劈裂损伤三维演化特征，速度场变化验证了试样内部应力状态区域分布，声发射定位从三维角度揭示了圆盘在线荷载条件下的微裂纹发育演化过程，震源机制定量分析了试样劈裂过程中的破坏模式。巴西劈裂试验因其试样形状简单、宏观破裂形态可预测，验证了主/被动超声技术监测岩石破坏的合理性，为主/被动超声技术监测岩石(岩体)破裂损伤演化提供了技术支撑。

(3)室内试验和数值试验结果显示，接触条件对抗拉强度影响较大，线荷载条件下的抗拉强度常低于非线性加载。室内试验中，线性和非线性加载条件下起裂点均偏离理论上的最大拉应力点，同时数值试验中可观察到，一些较大的水平应力出现在远离圆盘中心的区域，引起圆盘的非中心起裂。对于非中心起裂破坏模式的试样，其抗拉强度低于实际值，基于矩张量反演分析，发现巴西劈裂试验声发射事件非纯张拉或剪切源。

(4)平台巴西劈裂试验中，最大等效应力点位于平台末端，在平台末端附近形成高应力集中区，平台末端裂纹很难向试样内部扩展，同时，试样表面的应力水平高于中心圆截面，裂纹将从试样表面向试样中部扩展。应力分析与室内试验结果表明：加载平台的引入能较大程度地削弱端部应力集中效应，但平台端部与试样中部等效应力接近，均有起裂的可能性。薄垫片能进一步分散加载端部的应力，且能一定程度上找平加载平台的加工误差，因此，在试样与试验机压头间垫入薄垫片是解决加载平台末端出现破裂现象较为有效、可行的方法。

参考文献

[1] Hondros G. The evaluation of Poisson's ratio and the modulus of materials of a low tensile resistance by Brazilian(indirect tensile)test with particular reference to concrete[J]. Australian Journal of Applied Sciences, 1959, 10: 243-268.

[2] Chow T, Hutchins D A, Falls S D, et al. Ultrasonic attenuation tomography in disks under load [C]// The IEEE 1990 Ultrasonics Symposium. Hawaii: IEEE, 1990: 1241-1244.

[3] Falls S D, Young R P, Chow T, et al. Acoustic emission analyses and tomographic velocity imaging in the study of failure in Brazilian disk tests[C]// The 30th U. S. Symposium on Rock Mechanics (USRMS), Morgantown: ARMA, 1989: 647-654.

[4] Falls S D, Chow T, Young R P, et al. Acoustic emission analysis and ultrasonic velocity imaging in the study of rock failure[J]. Acoustic emission: Current practice and future directions, ASTM STP, 1991, 1077: 381-391.

[5] Hobbs D W. The tensile strength of rocks[J]. International Journal of Rock Mechanics and Mining Sciences and Geomechanics Abstracts, 1964, 1(3): 385-396.

[6] Fairhurst C. On the validity of the 'Brazilian' test for brittle materials[J]. International Journal of Rock Mechanics and Mining Sciences & Geomechanics Abstracts, 1964, 1: 535-546.

[7] Erarslan N, Williams D J. Experimental, numerical and analytical studies on tensile strength of rocks[J]. International Journal of Rock Mechanics and Mining Sciences, 2012, 49: 21-30.

[8] Khavari P, Heidari M. Numerical and experimental studies on the effect of loading angle on the validity of flattened Brazilian disc test[J]. Joumal of Geology and Mining Research, 2016, 8: 1-12.

[9] 尤明庆，苏承东. 平台巴西圆盘劈裂和岩石抗拉强度的试验研究[J]. 岩石力学与工程学报，2004，23(18)：3106-3112.

[10] 尤明庆，苏承东. 平台圆盘劈裂的理论和试验[J]. 岩石力学与工程学报，2004，23(1)：170-174.

[11] 喻勇，徐跃良. 采用平台巴西圆盘试样测试岩石抗拉强度的方法[J]. 岩石力学与工程学报，2006，25(7)：1457-1462.

[12] Lin H, Xiong W, Yan Q X. Modified formula for the tensile strength as obtained by the flattened Brazilian disk test[J]. Rock Mechanics and Rock Engineering, 2016, 49: 1579-1586.

[13] Lin H, Xiong W, Xiong Z Y, et al. Three-dimensional effects in a flattened Brazilian disk test [J]. International Journal of Rock Mechanics and Mining Sciences, 2015, 74: 10-14.

[14] Lajtai E Z. Effect of tensile stress gradient on brittle fracture initiation[J]. International Journal of Rock Mechanics and Mining Sciences & Geomechanics Abstracts, 1972, 9: 569-578.

[15] Li D Y, Wong L N Y. The Brazilian disc test for rock mechanics applications: Review and new insights[J]. Rock Mechanics and Rock Engineering, 2013, 46: 269-287.

[16] Xu X L, Wu S C, Gao Y T, et al. Effects of micro-structure and micro-parameters on Brazilian tensile strength using flat-joint model[J]. Rock Mechanics and Rock Engineering, 2016, 49: 3575-3595.

第 6 章 岩石受压变形与破坏三维演化特征

深部岩体工程通常处于压应力环境中，在高地应力条件下，开挖卸荷会改变工程围岩的应力状态，引起开挖边界围岩应力的强烈释放及重分布，导致岩体产生板裂、V 形剥落、岩爆等脆性破坏现象，给深部工程施工和后期安全运营带来了极大挑战。因此，本章选取一种硬脆性砂岩(自贡砂岩)为研究对象，开展单轴压缩试验、常规三轴压缩试验及真三轴压缩试验等室内试验，结合声发射监测、电镜扫描等手段，系统深入地研究其在不同压应力条件下的强度与变形破坏的宏微观机理。

6.1 单轴压缩条件下砂岩峰后自持式破坏及声发射特征

深部硬脆性岩体在开挖卸荷作用下，围岩内应力场重分布，导致存储的弹性能急剧释放，岩石进入不稳定、剧烈的峰后破坏阶段。因此，深入理解硬脆性岩石在单轴压缩条件下的峰后力学行为与破裂机理对地下工程设计和稳定性评价至关重要。以下将采用轴向应变控制(Axial Strain Control, ASC)和环向应变控制(Circumferential Strain Control, CSC)两种加载控制方式，对比研究自贡砂岩在单轴压缩条件下的脆性破裂行为，并采用主/被动超声技术研究试样在峰后阶段的自持式破坏过程及相应的 P 波速度、损伤时空演化、振幅谱衰减等特征。

6.1.1 试验方案及方法

(1)试样制备及安装

根据 ISRM 建议方法[1]，从同一砂岩岩块中钻取标准圆柱试样(ϕ50 mm×H100 mm)，两端面平整度误差小于 0.01 mm，与轴线垂直公差小于 0.001 rad。为保证试样的均质性，剔除表面有明显裂纹或破损的试样，并将试样置于 60 ℃

的烘箱中干燥 48 h，如图 6-1 所示。本节试验选用编号为 ST-14、ST-15 和 ST-16 的试样进行环向应变控制的单轴压缩试验，选用编号为 ST-08 和 ST-18 的试样进行轴向应变控制的单轴压缩试验。其中，针对试样 ST-14 和 ST-18 的破裂过程进行了声发射监测。

图 6-1　自贡砂岩标准圆柱试样

采用美国 MTS815 岩石力学测试系统，如图 6-2(a)所示，环向引伸计置于试样中部，两个轴向引伸计相隔 180°固定于距试样端面 2.5 cm 处。由于轴向引伸计和环向引伸计占据了较大空间，试验前需先安装调试两个引伸计，再根据剩余空间确定传感器的布设方式，具体如图 6-2(b)所示。声发射监测采用 8 个 Nano30 声发射传感器，分布于距端面 2.5 cm 的两个平面上。同时，为减小摩擦带来的端部效应，在试样端面和加载压头间放置减摩片，减摩片由 0.05 mm 厚的铜片和特氟龙薄膜构成，二者以 MoS_2 作为润滑剂进行黏合。

(a) 单轴压缩声发射试验装置

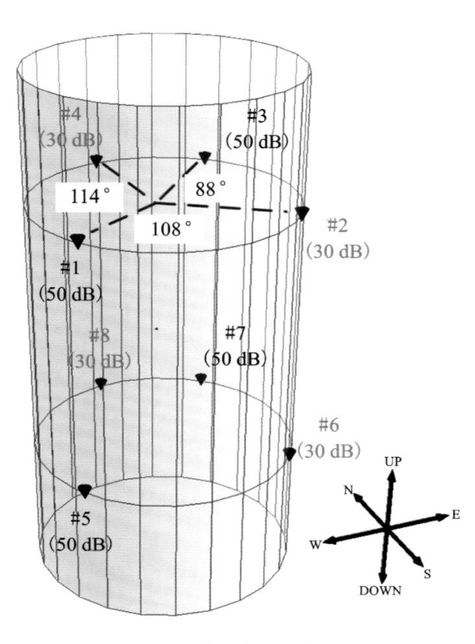

(b) 传感器阵列三维布设

图 6-2　试验加载装置及声发射传感器布设方式

(2)试验过程

如图 6-3 所示，CSC 试验中，先以 0.5 kN/s 的速率施加轴向力，当轴向荷载达到 120 kN 时，切换为环向应变控制，通过伺服系统将环向应变率保持在 $2\times10^{-6}\ s^{-1}$；ASC 试验中，以轴向应变为反馈信号，通过伺服系统将轴向应变率保持在 $2.5\times10^{-6}\ s^{-1}$，单调加载直至试样破坏。声发射信号采集过程中设置放大器增益值为 30 dB 和 50 dB，图 6-3 中的三角形代表试验过程中的每次超声测速，在试验前进行第一次超声测速，因此并未显示。

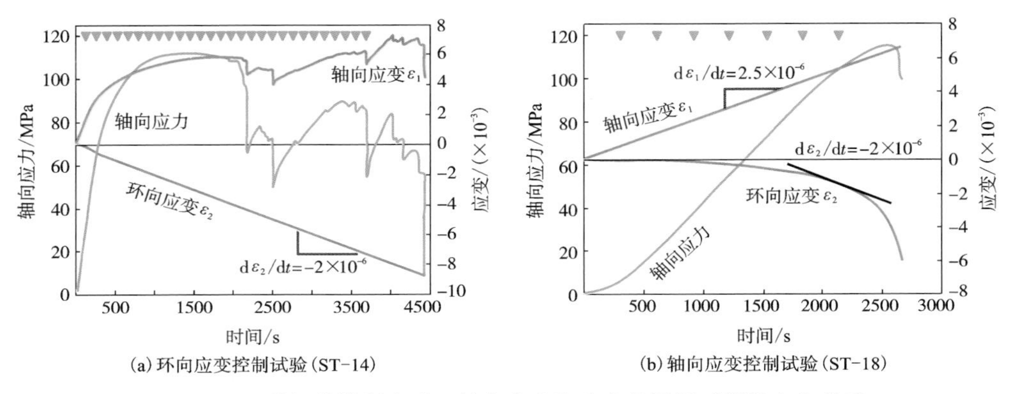

图 6-3　两种加载控制方式下轴向应力和应变分量随时间的变化关系

6.1.2　试样破坏的力学特征

从图 6-3 可以看出，采用环向应变控制，轴向应变率在接近峰值时逐渐降低；采用轴向应变控制，环向应变率在接近峰值应力时迅速增大。这一现象说明，砂岩试样在单轴压缩条件下的破裂过程与轴向平行或近似平行的张拉微裂纹密切相关，当裂纹处于不稳定扩展阶段，环向应变率将呈现指数型增长趋势。另一方面，采用环向应变控制，试样 ST-14 从峰值应力到第一次应力降发生，其时间间隔为 658 s，而试样 ST-18 在轴向应变控制下，该时间间隔缩短为 94 s，因此可以认为，环向应变控制是实现裂纹稳定扩展的有效方式。

图 6-4 为 CSC 单轴试验和 ASC 单轴试验的应力-应变曲线和其相应的试样破裂模式。试样 ST-14 和 ST-18 的单轴抗压强度分别为 111.2 MPa、114.9 MPa，对应的峰值轴向应变为 5.55×10^{-3}、6.26×10^{-3}，表现出较好的一致性。两组试验均表明：当轴向应力超过峰值应力(蓝点)时，试样的起始峰后曲线特征为Ⅰ型，随后转换为Ⅱ型，过了转换点(红点)，由于试样内部积累的弹性能远大于其破裂所需的能量，试样将发生自持式破坏。因此，试样 ST-18 在转换瞬间发生剧烈破

坏，而环向应变控制能有效移除试样ST-14内部的多余能量，形成两条稳定扩展的轴向宏观裂纹（裂纹1和裂纹2）。此外，从图6-3(a)和图6-4(a)中可知，试样ST-14在峰后出现了4次明显的应力降（Stress Drop，SD），在本书6.1.4节中，将通过声发射震源定位揭示SD1和SD2与裂纹1的形成过程的紧密关系，SD3和SD4与裂纹2的形成过程的紧密关系。

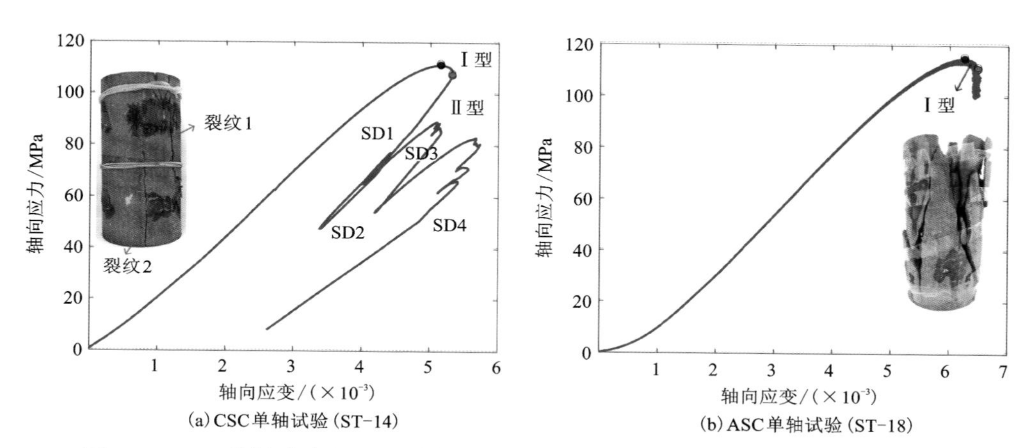

(a) CSC单轴试验(ST-14)　(b) ASC单轴试验(ST-18)

图6-4　CSC单轴试验和ASC单轴试验的应力-应变曲线和其相应的试样破裂模式

6.1.3　超声测量与P波速度模型

本小节将基于两组试验过程中的超声测量数据，采用本书第5章所描述的方法，对加载过程中的P波波速变化进行分析并构建相应与时间相关的横观各向同性速度模型(TTI)。

如图6-5所示，沿着加载轴方向（如射线1-8、3-5、4-5、1-6），P波速度总是大于垂直加载轴方向（如射线1-3、6-8、2-3）的波速，再次验证了岩石试样在单轴压缩条件下的破裂过程与轴向张拉裂纹密切相关。此外，所有射线路径的P波速度均呈现先增大后在接近峰值应力时开始减小的特点。在加载初期，由于孔隙压密和裂纹闭合，试样内部P波速度随着轴向应力的增加不断增大。随着轴向裂纹开始萌生、发育、扩展及相互贯通，P波速度因散射、弥散等原因开始大幅度下降。

基于所有射线的P波速度，采用式(6-1)所定义的“各向异性度”指标定量表征应力诱导的损伤累积程度A_{ni}：

$$A_{ni}=(v_{max}-v_{min})/v_{max}\times100\% \tag{6-1}$$

式中：v_{max}和v_{min}分别为同一次超声测量所有射线中最大和最小的P波速度。

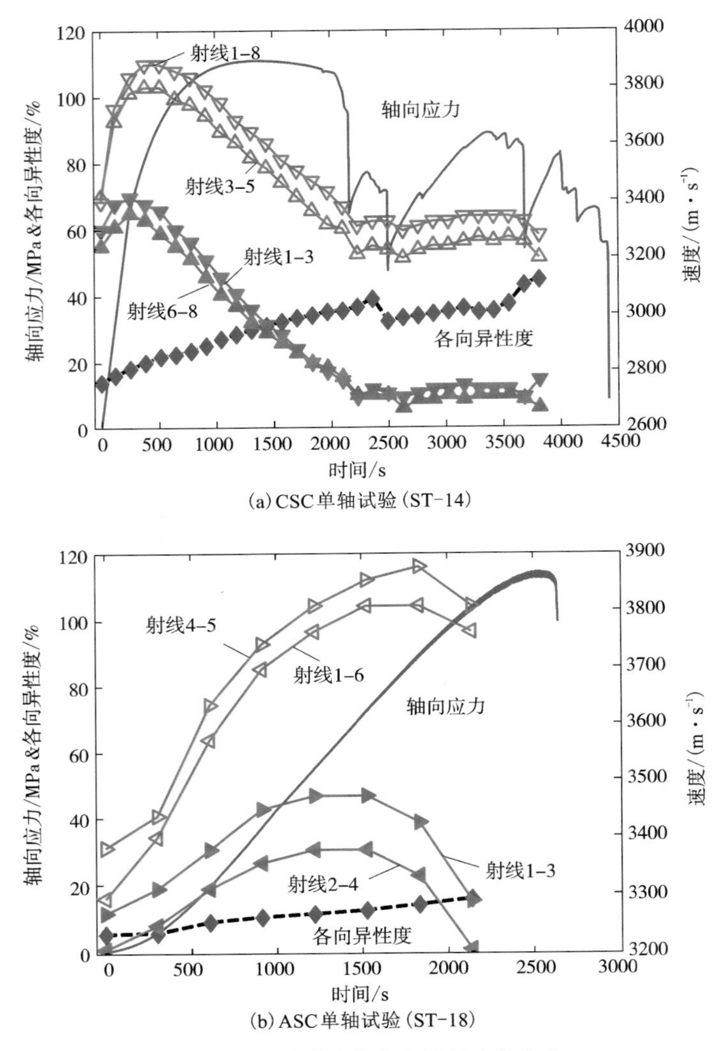

(a) CSC单轴试验 (ST-14)

(b) ASC单轴试验 (ST-18)

图 6-5　P 波速度与各向异性度的变化

在 ASC 单轴试验中，试样 ST-18 的初始各向异性度为 5.26%，当轴向应力达到峰值应力的 89.8% 时，该试样的各向异性度增大至 15.9%，相对增大了 202.28%。作为对比，试样 ST-14 在环向应变控制下，当轴向应力达到峰值应力的 89.8%时，其各向异性度从初始的 13.66%逐渐增大至 22.14%，相对增大了 62.08%。可以发现，尽管试样 ST-18 在初始状态为均质，但由于控制方式的不同，该试样内的损伤累积速度和程度远大于试样 ST-14。在峰后阶段，试样

ST-18 发生剧烈破坏，而 ST-14 只产生了两条宏观裂纹，试验结束时，其各向异性度增大至 44.7%，相对增幅为 227.23%。

分别对试样 ST-14 和试样 ST-18 构建 TTI 速度模型并进行验证。图 6-6(a)为 CSC 单轴试验过程中所有 30 次超声测量的人工震源定位结果，结果发现定位事件均聚集在相应的传感器周围，定性地证明了 TTI 速度模型及定位算法的合理性。图 6-6(b)为 CSC 单轴试验定位结果的误差分析，结果发现前 15 次超声测量的定位误差要优于所有 30 次超声测量，其原因是不断累积的损伤极大程度地增强了试样速度场的各向异性。试样 ST-14 在试验全过程中的整体最大误差为 5.5 mm，占试样最小尺寸(ϕ50 mm)的 11%。然而，Pettitt[2] 指出，试样中心处的声发射事件定位误差要比边缘处低 25%~50%，因此，可以推测，试验中 ST-14 声发射定位误差为 2.75~4.12 mm，对于试样 ST-18，其定位误差为 2.9~4.5 mm。

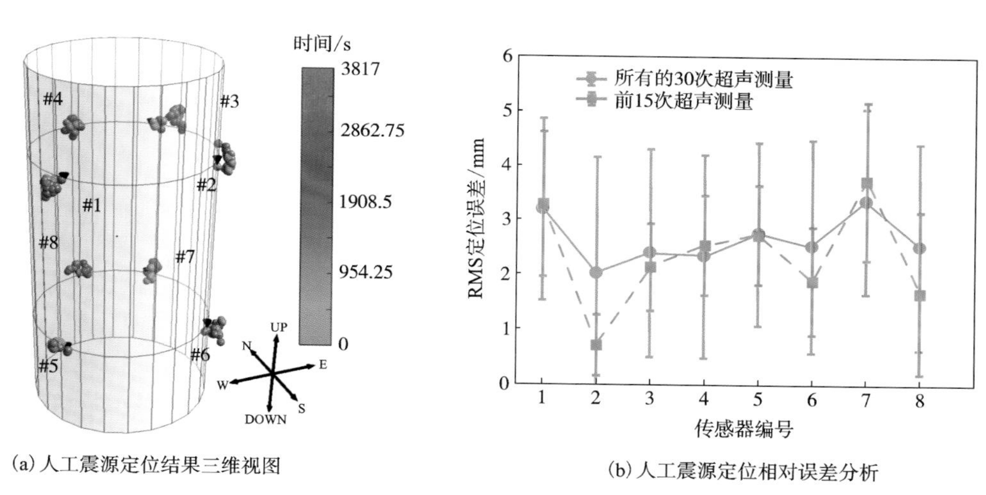

(a) 人工震源定位结果三维视图　　(b) 人工震源定位相对误差分析

图 6-6　试样 ST-14 TTI 速度模型验证分析

6.1.4　声发射特征分析

基于连续采集的声发射信号，以 30 mV 作为阈值，进行触发处理，从 CSC 和 ASC 单轴试验中分别获得 13935 个和 71094 个声发射事件，声发射事件数的显著差异再次证明了两种控制方式对砂岩试样破裂过程的影响。采用自动到时拾取方法，获得每个事件的 P 波到时，并基于 TTI 速度模型和网格坍塌搜索算法进行震源定位分析。CSC 和 ASC 单轴试验中，分别有 9835 个、12901 个声发射事件被成功定位。应注意的是 ASC 单轴试验中，仅约 18%的声发射事件能被成功定位，这是因为剧烈破裂过程释放出巨大的能量，致使声发射采集系统出现饱和，无法采集波形的全振幅，其他学者[3, 4]在研究三轴压缩条件下岩石脆性破裂时亦发现了此现象。

图 6-7 为轴向应力、有效定位声发射事件率和累计数随时间的变化关系。CSC 单轴试验中，峰后破裂阶段有效定位声发射事件率保持在 10 的数量级，且随着试样的加卸载状态出现周期性增减，因此，累计声发射事件数以较为平稳的方式增长。ASC 单轴试验中，声发射事件集中出现在峰后 Ⅰ 型阶段，其速率较 CSC 单轴试验高一个数量级，累计声发射事件数则呈指数增长趋势。此外，针对 CSC 试验曲线，将破坏过程分为峰前(阶段 1)和峰后阶段，并根据峰后 Ⅰ 型、Ⅱ 型行为及两条裂纹的形成过程，进一步将峰后阶段划分为阶段 2、阶段 3 和阶段 4，相比之下，ASC 试验曲线则可以简单划分为峰前(阶段 1)和峰后(阶段 2)两个阶段。

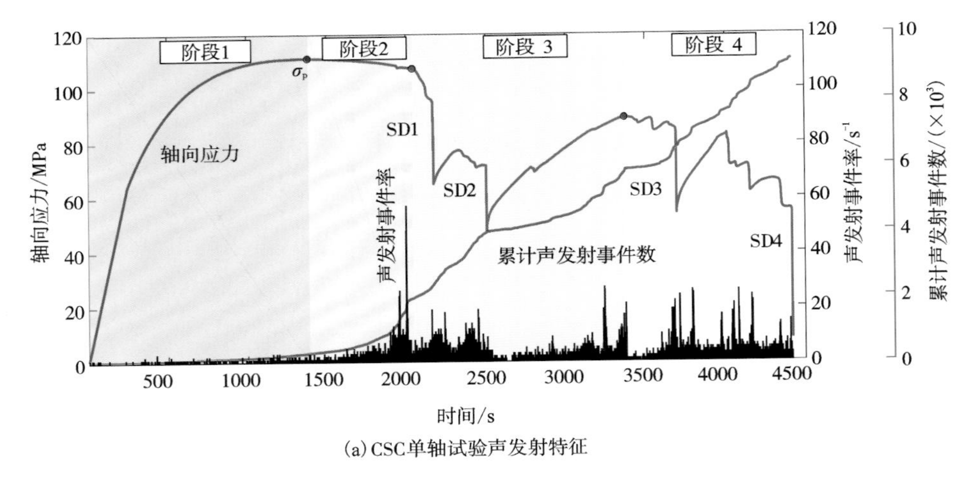

(a) CSC单轴试验声发射特征

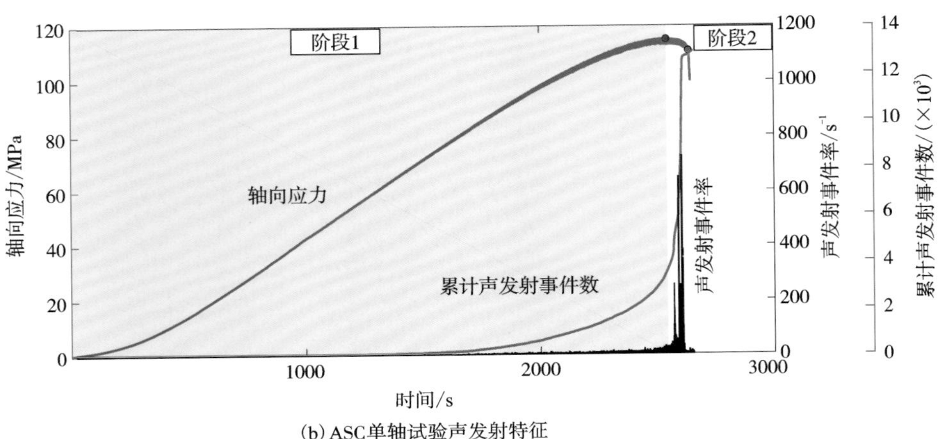

(b) ASC单轴试验声发射特征

图 6-7　两种控制方式下砂岩单轴压缩试验声发射特征分析

图 6-8(a)为试样 ST-14 在 CSC 单轴试验后的破裂形态三视图，可以发现，试验过程中出现了两条走向相同的宏观裂纹，其中，裂纹 1 的法线与加载轴的夹角为 80°~85°，裂纹 2 几乎平行于加载轴，表现出典型的轴向劈裂现象，其本质原因被认为是试样内部的天然缺陷或不均质性在压应力作用下产生了横向张拉应力[5]。

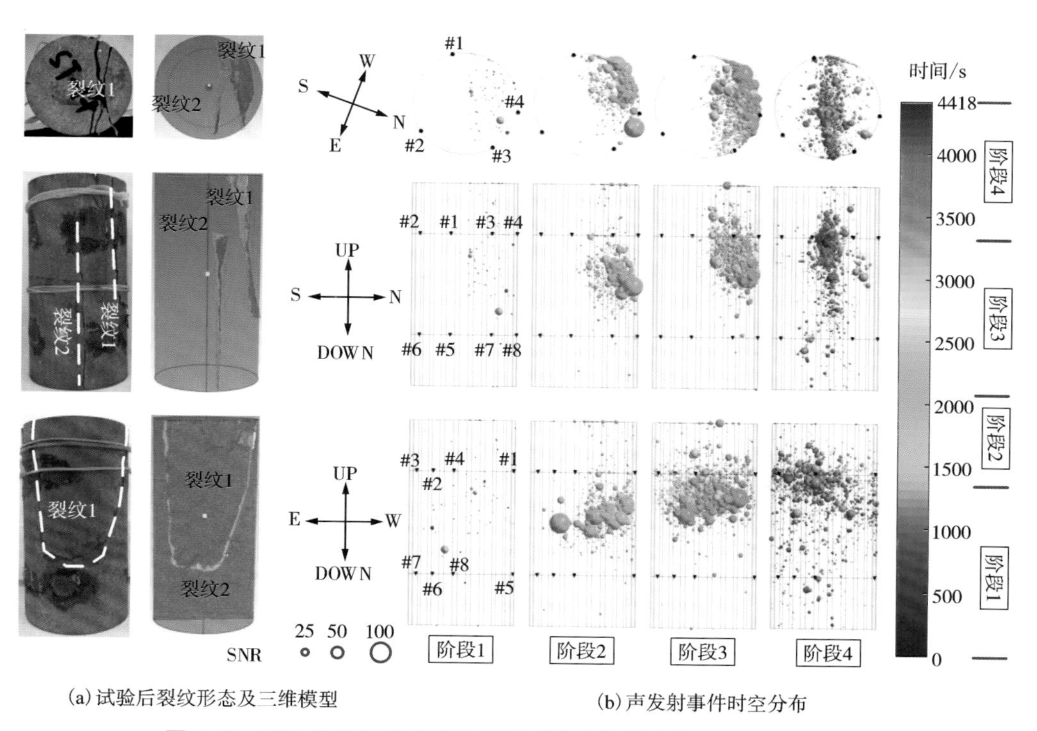

(a) 试验后裂纹形态及三维模型　　(b) 声发射事件时空分布

图 6-8　CSC 单轴压缩试验破裂模式及声发射事件时空演化三视图

图 6-8(b)通过声发射事件分布分阶段展示了两条宏观裂纹的萌生、发育及扩展过程，图 6-8(b)中事件的大小和颜色分别依据信噪比和试验时间绘制，各阶段的定义如图 6-7(a)所示。在峰前阶段(阶段 1)，261 个声发射事件被成功定位且分布在试样的一侧，这样的分布形式与 Westerly 花岗岩常规三轴声发射试验结果显著不同(图 1-11(b)，阶段 i)，Lockner 等[6]认为，在峰前阶段，声发射事件均匀分布在 Westerly 花岗岩试样的中心部分，体现了均匀的扩容特性，相比于花岗岩，试样 ST-14 的非均匀扩容主要由试样的不均质性引起。

接下来的 658 s，试样进入阶段 2。在该阶段内，试样 ST-14 的轴向应力缓慢降低了 3.9 MPa，轴向应变增大了 0.168×10^{-3}，表现为近似 I 型行为，如图 6-4(a)所示。在此阶段内，共有 1670 个声发射事件被有效定位。从图 6-8(b)中可知，较大的声发射事件聚集在试样的表面，证明在此试验中应变局部化发生在峰后阶段且在试样表面，这一现象亦在其他单轴压缩试验[7-13]和常规三轴压缩试验[14]中进行了验证，因为在单轴压缩试验和常规三轴压缩试验中，空气或围压油的模量为零，在靠近试样表面的损伤区域内，诱导的集中应力无法像试样内部的应力一样进行有效转移，因此试验过程中应变局部化更倾向于发生在试样表面。从理论角度来看，Rudnicki 等[15]提出，应变局部化通常在峰后阶段出现在试样表面。本试验基于声发射特征分析，验证了前人的理论和试验结果。此外，通过声发射事件的空间分布可知：局部化区域的长度约 21 mm，其表明裂纹成核(Nucleation)的速度约为 0.032 mm/s。

当试验进入阶段 3 时，阶段 2 中成核的裂纹开始不稳定地向上扩展，并导致环向应变快速增大，如图 6-7(a)所示，为保持恒定的环向应变率，加载系统发生了快速卸载，导致第一次应力降(SD1)。随后，应力开始恢复，说明其发生了过度卸载且试样仍具有较大的承载力，当继续加载到一定应力值时，产生第二次应力降(SD2)，此时可认为裂纹 1 已完全贯通。如图 6-8(b)所示，在阶段 3 前期，绿色的声发射事件逐渐向上迁移，但无法完全描述裂纹 1 的最终扩展过程，即使 4 个通道采用了 30 dB 的增益值，裂纹 1 在最终的扩展过程中释放的能量仍使采集系统饱和，因此被削峰的波形无法用于震源定位。此外，在阶段 3 后期的加载过程中，黄色的声发射事件逐渐出现在试样内，其来源可能是裂纹 1 内的剪切摩擦及裂纹 2 的成核过程。在接下来的阶段 4 中，裂纹 2 开始系统性地向下扩展，与裂纹 1 类似，裂纹 2 的最终扩展过程的声发射事件仍无法得到有效定位。

在 ASC 单轴试验中，试样 ST-18 的声发射事件时空演化如图 6-9 所示。在峰前阶段(阶段 1)，时间跨度为 0~2544 s，共有 3573 个声发射事件得到有效定位，并均匀分布在试样中心部位，与图 1-11(b)中阶段 i 所示分布模式一致，再次说明了试样 ST-18 较试样 ST-14 更均质。试样进入峰后阶段(阶段 2)时，有效定位的声发射事件在 64 s 内以指数形式增长至 12102 个，再次验证了应变局部化在峰后阶段出现在试样表面这一结论。值得注意的是，在图 6-7(b)中，有效定位的声发射事件累计数在试验结束前 48 s 为恒定值，而且图 6-9(b)所展示的声发射事件分布无法体现裂纹的扩展过程，出现这一现象的根本原因仍是剧烈破坏导致采集系统出现饱和。

此外，本节对两组试验中有效定位声发射事件进行震级分布统计分析，如图 6-10 所示，CSC 单轴压缩试验中，声发射事件的震级分布在-4 至-2.3 范围内，通过线性拟合得到 b 值为 2.176；ASC 单轴压缩试验中，声发射事件的震级分布在-4 至-1.6 范围内，通过线性拟合得到 b 值为 1.243。尽管无法获得 ASC 单轴压缩试验峰后大震级声发射事件，但当前震级分布结果已表明环向应变控制能有效限制大震级声发射事件的产生。

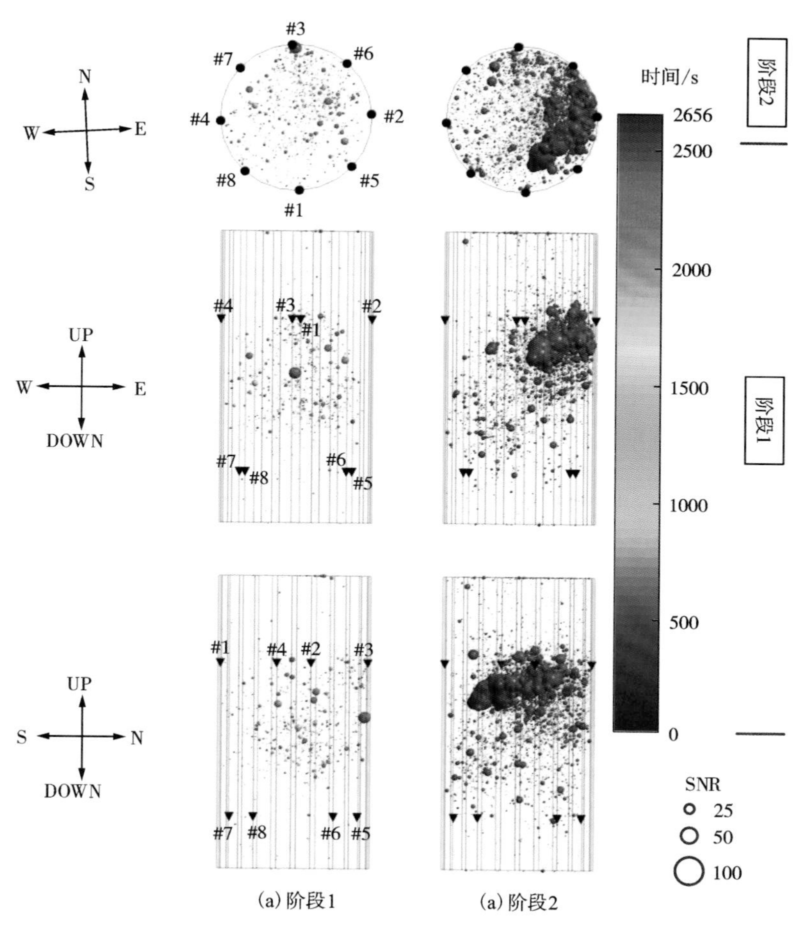

(a) 阶段1　　(a) 阶段2

图 6-9　ASC 单轴压缩试验声发射事件时空演化三视图

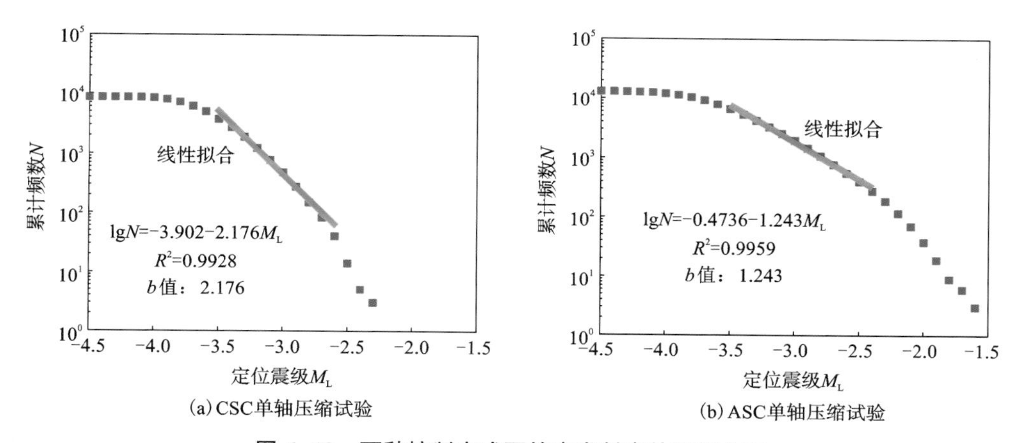

(a) CSC单轴压缩试验　　(b) ASC单轴压缩试验

图 6-10　两种控制方式下的声发射事件震级分布

6.1.5 振幅谱特性分析

基于两组单轴压缩试验的超声测量结果，本小节对试样破裂过程中超声波振幅谱衰减特征进行分析。对于 CSC 单轴压缩试验，选取 30 次超声测量的射线 4-6 波形(#4 为人工震源)为研究对象。由于射线 4-6 穿过裂纹 1 和裂纹 2，在裂纹扩展的不同阶段，超声波沿此射线传播时，其速度、能量、振幅谱特性将受到显著影响。如图 6-11(a)所示，P 波速度在 2178.44 至 3489.93 m/s 的范围变动，

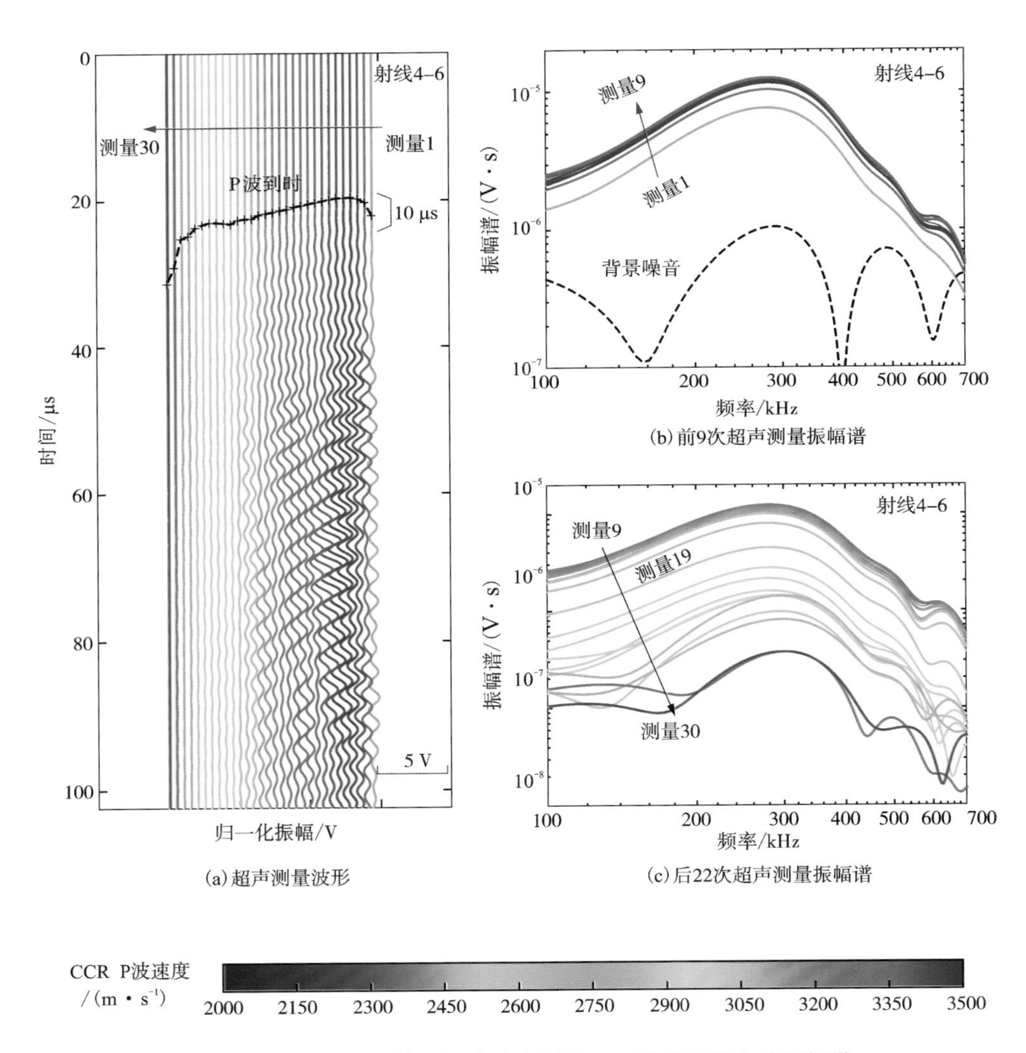

图 6-11 CSC 单轴压缩试验中射线 4-6 波形及相应的振幅谱

呈现出先增大后减小的趋势，与图 6-5(a)中的趋势一致，当波速增大时，波形振幅也相应增大，说明孔隙和微裂纹的压密能有效提高超声波的传播效率，随着破裂的发展，波速逐渐下降，波形振幅逐渐衰减至背景噪声水平。

为分析不同阶段的 P 波振幅谱特性，在每个波形的到时点附近，用 Turkey 窗函数选取 10 μs 的波形数据，其中，到时前取 24 个数据点，到时后取 75 个数据点，再将每个 10 μs 的波形进行傅里叶变换，并计算其振幅谱。图 6-11(b)和图 6-11(c)分别为测量 1~9、测量 9~30 中射线 4-6 的波形振幅谱，其中，测量 9 对应峰前阶段最后一次超声测量，并不对应最大波速，在之后的超声测量中，由于两条宏观裂纹的萌生和扩展，超声波在传播过程中产生了衰减。测量 18 和测量 19 期间，振幅谱因裂纹 1 的第一次扩展而产生了显著衰减，随着试验的进行，振幅谱继续不断衰减，随着裂纹 2 的形成，最后两次超声测量，其振幅谱的变化形式与之前完全不同，表明振幅谱的衰减与宏观裂纹的形成密切相关。此外，所选取的 P 波的主频约为 275 kHz，考虑到波速的变化，可推测出波长在 7.9 至 12.7 mm 范围内，由此可知，随着损伤的增加，波长在平均颗粒粒径的 63.5~39.5 倍变化，因此，试样破坏过程中的共振散射(Resonant Scattering)效应可忽略。

ASC 单轴压缩试验中，选取所有 8 次超声测量的射线 1-6 波形(#1 为人工震源)为研究对象。图 6-12(a)为该射线路径上所有 8 次超声测量的 P 波波形，波速变化范围为 3294.21~3810.17 m/s。用 Turkey 窗函数截取到时附近 10 μs 的波形数据后，经傅里叶变换，得到如图 6-12(b)所示的全频率范围振幅谱，将 100~700 kHz 内的振幅谱放大，得到图 6-12(c)，与 CSC 单轴压缩试验类似，峰前振幅谱波的主频约为 290 kHz，考虑到波速的变化，其波长处于 11.4~13.1 mm 内。此外，从图 6-11(b)和图 6-12(c)中可以发现，微裂纹在峰前阶段的萌生和发育过程似乎无法使这一特定波长的 P 波发生衰减，且 ASC 单轴压缩试验峰前振幅谱比 CSC 单轴压缩试验峰前振幅谱高一个数量级，其可能原因是 CSC 单轴压缩试验中的环向应变率总大于 ASC 单轴压缩试验测量 1~8 阶段中的环向应变率，因此试样 ST-14 较试样 ST-18 损伤程度更高。但试样 ST-18 在接近峰值应力时的破裂过程极为迅速、剧烈，且无法获得其峰后阶段振幅谱。对比图 6-5、图 6-11 和图 6-12 可得出结论：自贡砂岩试样内部的微破裂过程显著影响 P 波速度，而 P 波的衰减则对宏观破裂更为敏感。

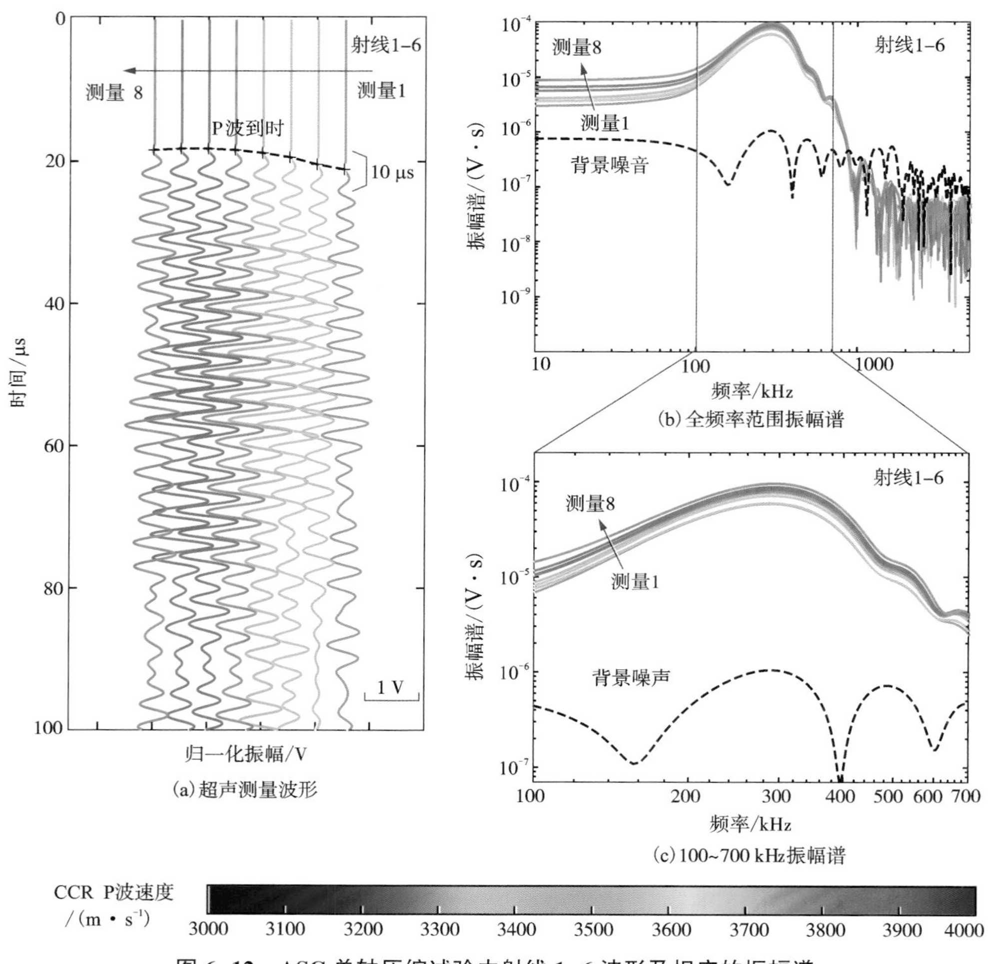

图 6-12　ASC 单轴压缩试验中射线 1-6 波形及相应的振幅谱

6.2　常规三轴压缩条件下砂岩变形破坏全过程特征

为揭示硬脆性岩石在深部高应力环境下的脆性破裂过程与机理，有必要对硬脆性岩石在多种应力路径下的破裂全过程展开研究，本节在本书 6.1 节的基础上，采用环向应变控制和轴向应变控制两种加载控制方式，开展自贡砂岩的常规三轴压缩试验，分析围压(10，20，30，40，50，60，70，80 MPa)对砂岩试样的峰前变形过程、峰后破坏行为及峰后能量平衡等特性的影响。

6.2.1 试验方案及方法

在图6-1所示的标准圆柱试样中，选取其中16个进行常规三轴试验，试验设备为MTS815岩石力学测试系统，轴向、环向引伸计的安装同图6-2(a)所示，减摩措施与单轴压缩试验一致，此外，试样用热缩管密封，以防漏油影响试验结果。试验过程中，编号为ST-02、ST-03、ST-04、ST-19、ST-20、ST-21、ST-22、ST-23等8个试样采用环向应变控制，环向应变率为$2.5\times10^{-6}\ s^{-1}$，编号为ST-05、ST-06、ST-07、ST-09、ST-10、ST-11、ST-12、ST-13等8个试样采用轴向应变控制，轴向应变率为$2.5\times10^{-6}\ s^{-1}$，两组试验的设计围压值为10，20，30，40，50，60，70，80 MPa。试验过程中，先对试样施加围压，然后采用相应的加载控制方式，直到试样破坏并最终达到残余强度阶段。

6.2.2 应力阈值确定方法

在本书6.1节中，重点分析了砂岩单轴压缩峰前和峰后阶段的声发射特征，未能从全应力-应变曲线的角度详细分析砂岩试样在峰前的变形过程。除了图1-10所示峰前的4个应力阈值，残余强度是峰后阶段的一个重要参数指标(应力阈值)，5个应力阈值可完整定义岩石破坏的全过程。其中，裂纹损伤应力σ_{cd}对应体积应变最大点，可由体积应变曲线准确获得，峰值应力σ_p和残余强度σ_r则分别对应轴向应力-轴向应变曲线的最大值和末端水平值，因此，这三个应力阈值比较容易确定。

裂纹闭合应力σ_{cc}和裂纹起裂应力σ_{ci}分别代表轴向应力-轴向应变曲线中线弹性段的下边界和上边界，目前已有许多学者提出了相应的确定方法。对于裂纹起裂应力σ_{ci}，有体积应变(Volumetric Strain, VS)法[16, 17]、侧向应变(Lateral Strain, LS)法[18]、裂纹体积应变(Crack Volumetric Strain, CVS)法[19]、声发射撞击累计计数切线(Cumulative AE Hit Tangent, CAEHT)法[20-22]和侧向应变响应(Lateral Strain Response, LSR)法[23]等，其中，VS法、LS法、CVS法和CAEHT法在一定程度上依赖于研究人员的主观判断，LSR法则是目前较为客观的确定方法。对于裂纹闭合应力σ_{cc}，目前的研究相对不多，包括CVS法[16, 17]、轴向应变法、轴向刚度法[20]和轴向应变响应(Axial Strain Response, ASR)法[24]等。以试样ST-14的CSC单轴压缩试验全应力-应变曲线为例，解释ASR法确定裂纹闭合应力σ_{cc}及LSR法确定裂纹起裂应力σ_{ci}的过程和原理。

图6-13为ASR法确定裂纹闭合应力的示意图，基于体积应变的最大值确定σ_{cd}值，将σ_{cd}与原点连线，并将其作为参考线，通过计算轴向应变与参考线之间的轴向应变差值，绘制轴向应力-轴向应变差曲线，曲线最大值即对应裂纹闭合应力σ_{cc}。类似地，如图6-14所示，基于轴向应力-侧向应变曲线，计算出侧向应

变(LSR 法)与该参考线之间的差值后，绘制轴向应力-侧向应变差曲线，取最大侧向应变差对应的应力作为裂纹起裂应力 σ_{ci}。

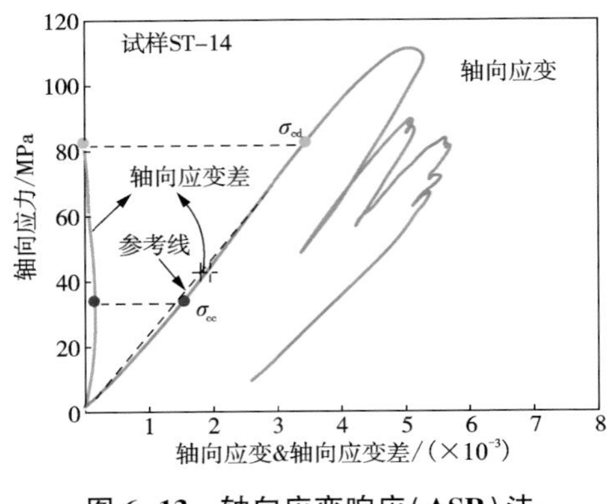

图 6-13 轴向应变响应(ASR)法确定裂纹闭合应力

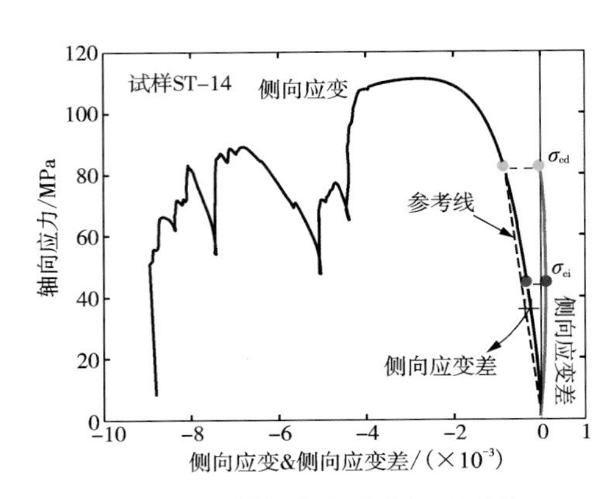

图 6-14 侧向应变响应(LSR)法确定裂纹起裂应力

基于确定的裂纹闭合应力 σ_{cc} 和裂纹起裂应力 σ_{ci}，可进一步计算试样在不同试验条件下的弹性模量和泊松比。值得注意的是，在高围压(>20 MPa)的 CSC 试验中，轴向应力-轴向应变曲线不存在裂纹压密阶段(如图 6-15)，因此，无法获得该条件下的裂纹闭合应力 σ_{cc}，其原因可能是采用高围压、环向应变控制时，试样内部的大部分裂纹和孔隙已在施加围压的阶段闭合，且环向应变控制使得试样在峰前阶段轴向应力率更大(图 6-3)，因此，剩下的少量裂纹将在极短的时间内闭合，产生的非线性特征无法有效地体现在轴向应力-轴向应变曲线上。基于此，针对高围压(>20 MPa)CSC 三轴试验，将不确定裂纹闭合应力 σ_{cc}，在计算弹性模量和泊松比时，将根据裂纹起裂应力 σ_{ci}，人为选取其下方一部分直线段作为计算依据。

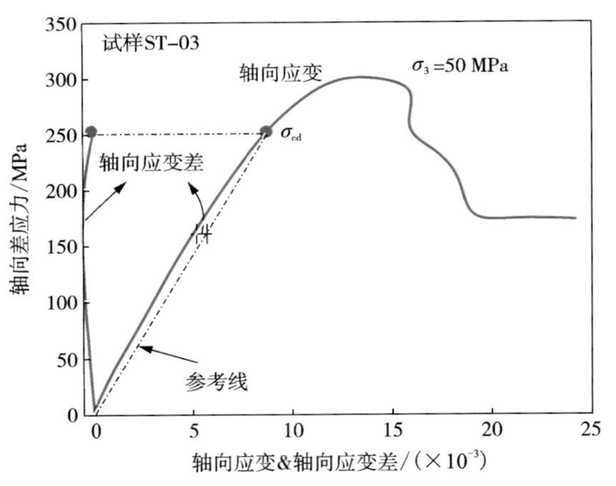

图 6-15 轴向应变响应(ASR)法确定高围压 CSC 三轴试验裂纹闭合应力

图 6-16 为自贡砂岩峰前应力阈值随围压 σ_3 的变化规律，可以发现，随着围压的逐渐增大，裂纹起裂应力 σ_{ci}、裂纹损伤应力 σ_{cd} 及峰值应力 σ_p 均逐渐增大，且

曲线斜率逐渐降低。然而，裂纹闭合应力 σ_{cc} 未见明显的变化，这一现象在其他岩石(例如，Hwangdeung 花岗岩[25]、Yeosan 大理岩[25]、北山花岗岩[21])中均得到验证，说明围压对裂纹闭合应力 σ_{cc} 的影响较小。图 6-17 为峰值应力 σ_p 与残余强度 σ_r 随围压的变化规律，由于单轴压缩条件下，试样以劈裂破坏为主，因此假设其残余强度为 0。虽然 σ_p 和 σ_r 均随着 σ_3 单调增大，但 σ_r 的增大趋势近似线性，因此，应力降呈现先增大后减小的变化趋势，可以预计，当 σ_3 大于某一值时，应力降为 0，σ_p 和 σ_r 曲线一定会相交，交点即脆延性转换点。

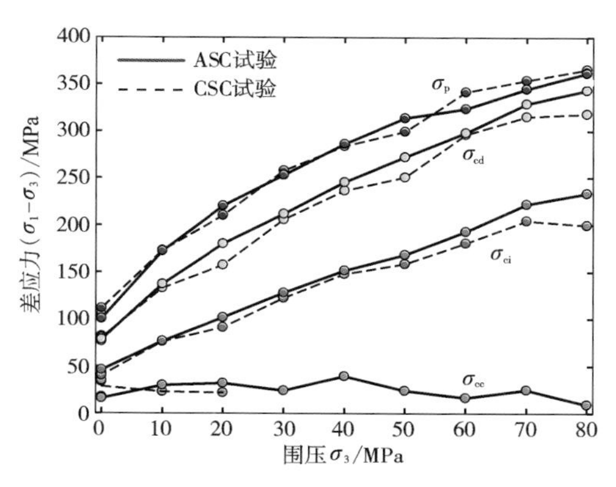

图 6-16　自贡砂岩不同围压下的峰前应力阈值

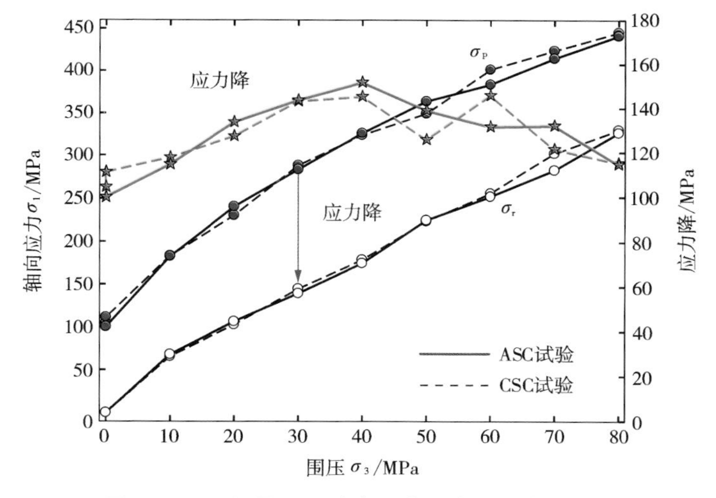

图 6-17　不同围压下残余强度及应力降变化规律

6.2.3　不同围压下峰后力学行为及破坏模式

在本书 6.1 节中，试样 ST-14 在 CSC 单轴压缩试验的峰后阶段表现出Ⅱ型行为，反映出显著的脆性特征。在图 6-18 中，进一步将 CSC 三轴试验的轴向全应力-应变曲线进行对比，定性地评估围压对自贡砂岩试样峰后力学行为的影响，可以发现，当围压不大于 50 MPa 时，试样表现出显著的Ⅱ型峰后行为；当围压为 20、30 和 40 MPa 时，加载系统无法稳定控制整个峰后破裂过程，其原因将在本书 6.2.4 节中进行说明。当围压为 60、70 和 80 MPa 时，试样的峰后曲线均为Ⅰ型行为。

作为对比，图 6-19 为 ASC 试验获得的轴向全应力-应变曲线。当围压为 0 时，无法获得试样的峰后曲线；围压在 10 至 50 MPa 范围内时，试样在峰后发生瞬间破坏，但由于有围压和热缩管包裹作用，试样仍能保持整体并进入摩擦滑动阶段，这一现象在曲线上呈现为垂直的应力降及紧接着的水平阶段；当围压增大至 60 MPa 时，应力降曲线开始逐渐偏离垂直方向，试样的破坏过程变得相对缓慢且可控，表明在此围压条件下试样的峰后行为开始转变为Ⅰ型，试样可在轴向应变控制下稳定破坏；当围压进一步增大至 70 MPa 和 80 MPa 时，试样的峰后曲线均为明显的Ⅰ型。

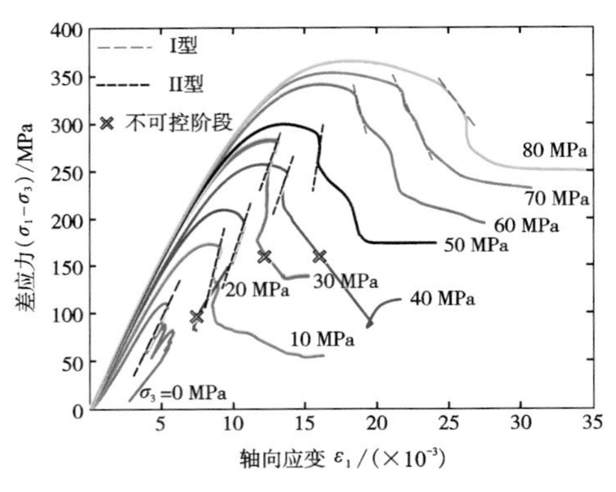

图 6-18　CSC 试验应力-应变曲线

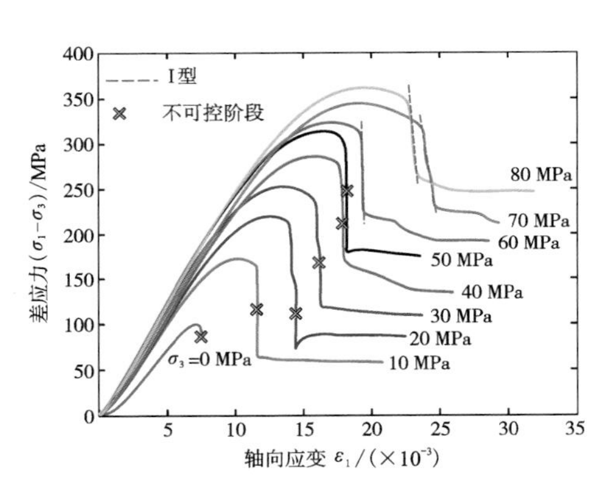

图 6-19　ASC 试验应力-应变曲线

此外，围压对试样的破裂角亦产生显著的影响，图 6-20 和图 6-21 分别为 ASC 试验和 CSC 试验中试样破裂角随围压的变化规律，图 6-20 和图 6-21 两图均可看出，施加围压后，试样的破裂模式将由单轴压缩条件下的劈裂破坏转换

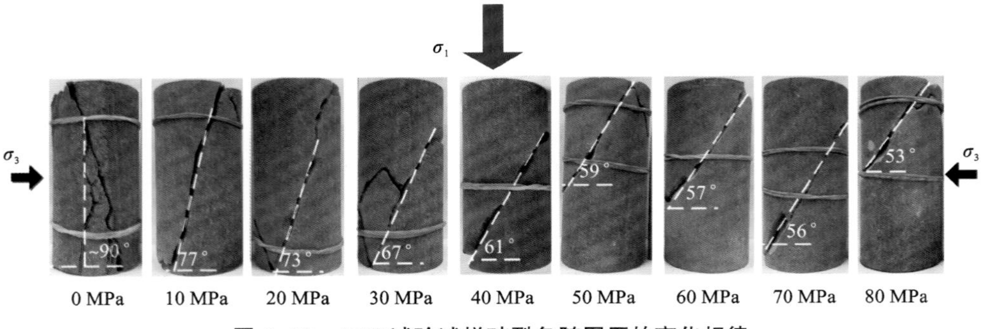

图 6-20　ASC 试验试样破裂角随围压的变化规律

为剪切破坏。随着围压的增大，试样的破裂角逐渐降低，在低围压区域，试样的破裂角对围压的变化更敏感。对比两种控制方式的结果可以认为，控制方式对试样的破裂角影响不大，其可能原因在于试样在峰后的应变局部化过程主要受围压和试样固有属性的影响。

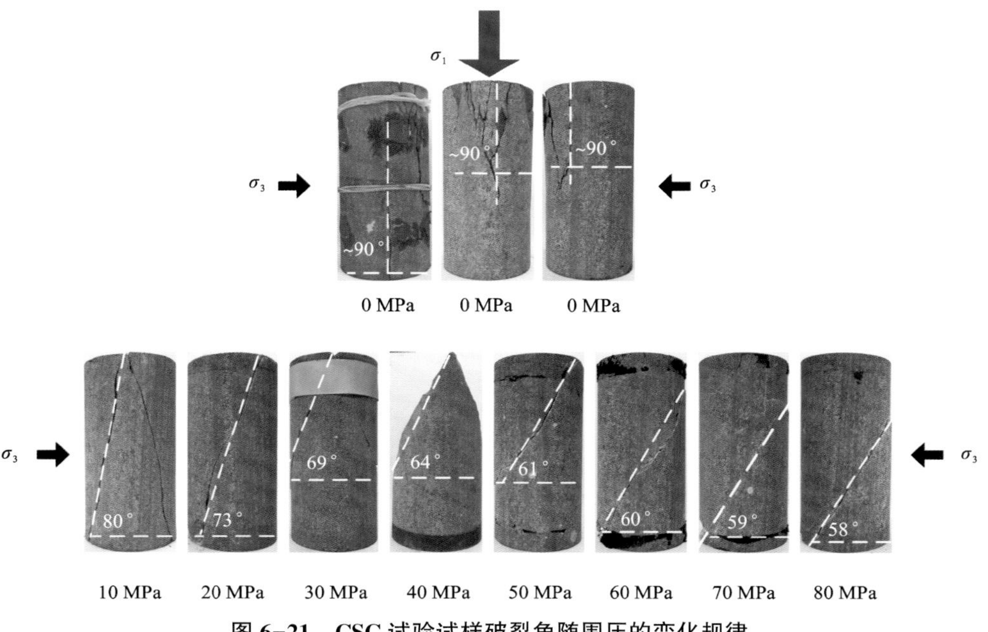

图 6-21　CSC 试验试样破裂角随围压的变化规律

6.2.4　峰后能量平衡分析

在定性分析围压对峰后Ⅰ型和Ⅱ型行为的基础上，对峰后能量平衡进行进一步定量分析。由于采用轴向应变控制无法获得低围压条件下稳定的峰后曲线，故以下分析均基于 CSC 试验曲线进行。

图 6-4(a)显示了试样 ST-14 在 CSC 单轴压缩条件下典型的Ⅱ型峰后曲线，由于加载系统的加卸载，试验曲线出现 4 次相互平行的卸载曲线，为方便计算能量平衡关系，只选取第一次应力降对应的卸载曲线，如图 6-22(a)所示。基于本书 6.2.2 节中确定的裂纹闭合应力 σ_{cc} 和裂纹起裂应力 σ_{ci}，计算得到试样 ST-14 的弹性模量 E 为 24.9 GPa，假设峰后卸载弹性模量等于弹性模量 E，通过 Matlab 编程计算出试样在Ⅱ型行为阶段各能量分量的大小，如图 6-22(b)所示。同样地，如图 6-23 所示，针对高围压条件下峰后阶段的Ⅰ型行为，基于试样 ST-23 试验过程中的弹性模量 E 和假设的卸载曲线，计算峰后阶段的破裂能和到残余强度阶段的剩余弹性能。

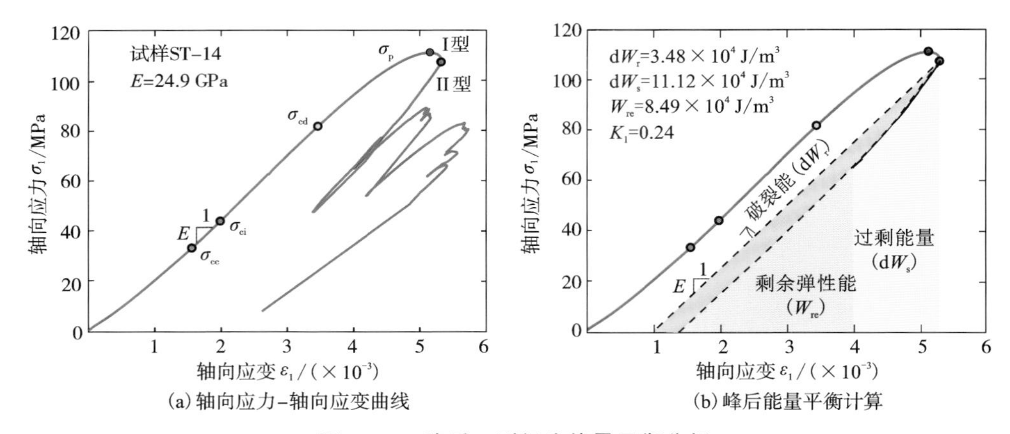

(a)轴向应力-轴向应变曲线　　(b)峰后能量平衡计算

图 6-22　峰后 II 型行为能量平衡分析

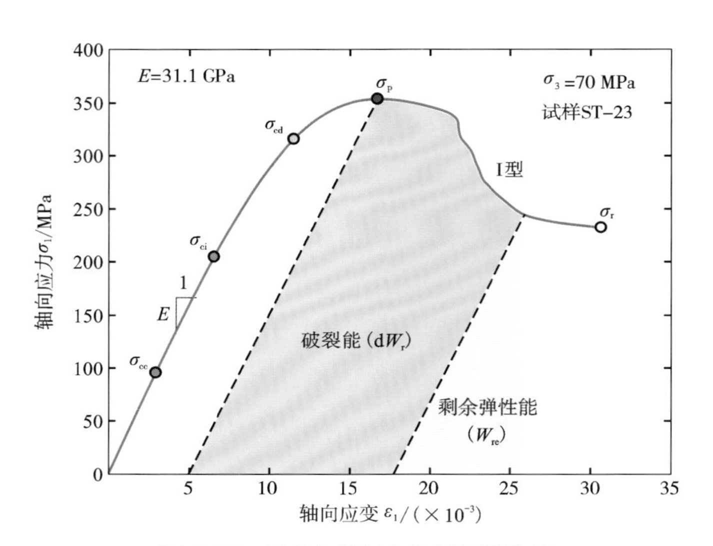

图 6-23　峰后 I 型行为能量平衡分析

为定量评估围压对峰后破裂过程中各能量分量及试样脆性程度的影响，采用 Tarasov 和 Potvin[26]提出的脆性指标 K_1，即峰后破裂能与提取的弹性能之比：

$$K_1=\frac{\mathrm{d}W_r}{\mathrm{d}W_r+\mathrm{d}W_s} \tag{6-2}$$

或

$$K_1=\frac{\mathrm{d}W_r}{W_e-W_{re}} \tag{6-3}$$

式中：dW_r 为峰后破裂能；dW_s 为图 6-22(b)所示的过剩能量；W_{re} 为试样内部剩余弹性能；W_e 为试样在峰值应力时的弹性能。

式(6-2)与式(6-3)等价，前者适用于Ⅱ型行为，后者适用于Ⅰ型行为。根据图 6-18 所示的峰后曲线特性，分别利用式(6-2)和式(6-3)，计算砂岩试样在不同围压条件下的峰后能量分量及相应的脆性指标 K_1，结果如表 6-1 所示。

表 6-1　不同围压的 CSC 试验峰后能量平衡分析

编号	围压 σ_3 /MPa	弹性模量 E /GPa	破裂能 $dW_r/(J\cdot m^{-3})$	过剩能量 $dW_s/(J\cdot m^{-3})$	剩余弹性能 $W_{re}/(J\cdot m^{-3})$	峰值弹性能 $W_e/(J\cdot m^{-3})$	K_1
ST-14	0	24.9	3.48×10^4	1.11×10^5	8.49×10^4	—	0.24
ST-15	0	24.2	3.89×10^4	1.29×10^5	5.06×10^4	—	0.23
ST-16	0	24.8	6.83×10^4	8.25×10^4	8.94×10^4	—	0.45
ST-19	10	27.6	3.41×10^5	2.84×10^4	1.39×10^5	—	0.92
ST-02	20	29.3	8.43×10^4	1.53×10^5	4.00×10^5	—	0.36
ST-20	30	29.4	5.60×10^4	9.55×10^4	8.92×10^5	—	0.37
ST-21	40	29.8	4.57×10^5	3.40×10^5	5.27×10^5	—	0.57
ST-03	50	29.9	1.18×10^5	3.27×10^4	1.12×10^6	—	0.78
ST-22	60	30.3	2.72×10^6	—	8.72×10^5	1.93×10^6	2.58
ST-23	70	31.1	3.93×10^6	—	9.62×10^5	2.08×10^6	3.75
ST-04	80	31.3	4.56×10^6	—	1.05×10^6	2.13×10^6	4.22

注：灰色底纹表示Ⅱ型曲线，计算不涉及峰值弹性能；白色底纹表示Ⅰ型曲线，无剩余弹性能。

根据表 6-1 的计算结果，可绘制如图 6-24 所示的脆性指标 K_1 与围压的关系，作为对比，多孔砂岩、石英岩、Westerly 花岗岩和辉绿岩的脆性指标 K_1 亦绘制在图 6-24 中。可以发现，单轴压缩条件下，多孔砂岩和辉绿岩的峰后曲线表现为Ⅰ型，Westerly 花岗岩的峰后曲线则表现为Ⅱ型。随着围压的增大，多孔砂岩的脆性程度逐渐减小并在围压大于 100 MPa 时趋近延性状态，石英岩则随着围压的增大出现了Ⅰ—Ⅱ—Ⅰ型的转换规律，说明围压增大在一定程度上可增大石英岩试样的脆性程度，对于 Westerly 花岗岩，其脆性程度随围压的增大呈现先减小后增大的趋势。Wawersik 和 Brace[27] 通过试验观察发现，Westerly 花岗岩在单轴压缩条件下破坏过程是不稳定的，当围压增大至 3.5 MPa 时，破坏过程变得较为稳定，当围压进一步增大时，破坏过程又变得不稳定，这一现象说明，围压的增大并不总使岩石试样由脆性向延性单调过渡。对于辉绿岩，围压的增大使其脆性程度不断增大，当围压达到 150 MPa 时，脆性指标 K_1 趋近于 0，说明辉绿岩试样的峰后破裂过程是完全自持的。考虑到极高围压的情况，Westerly 花岗岩和辉绿岩均可达到延性状态，二者的脆性指标-围压曲线必然在某一高围压值处发生偏转，这一假设可从石英岩的脆延性转换规律中得到验证。

Tarasov[28] 认为硬度是影响岩石脆延性状态的本质因素：对于花岗岩和辉绿岩等硬岩，围压能在一定程度上增大试样的脆性程度，在极高围压条件下才会转变为延性状态；石英岩为中等硬度岩石，其脆延性和围压的关系与硬岩类似，但最大脆性程度和转换围压值均比硬岩小；对于多孔砂岩，由于硬度小，其脆性程度随围压的增大而单调降低。

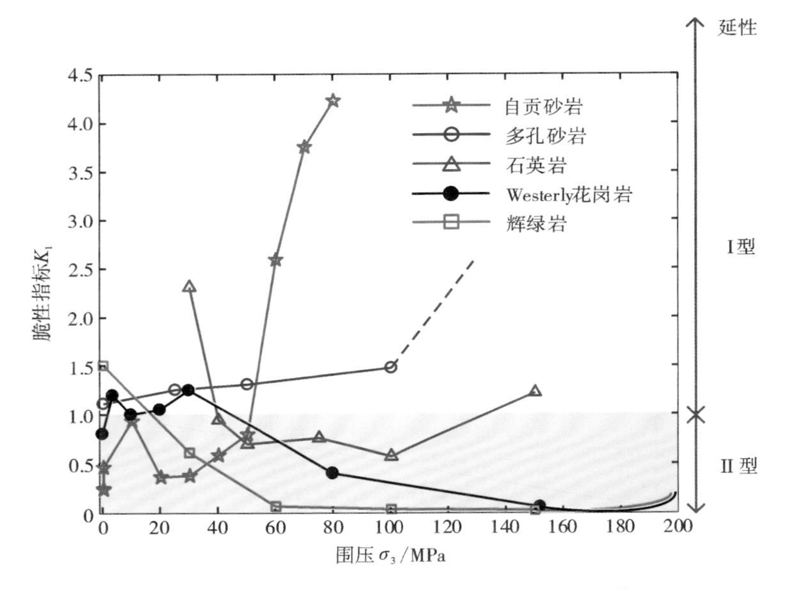

图 6-24　不同围压下脆性指标 K_1 的变化规律

根据图 6-24 可知：对于自贡砂岩试样，单轴压缩条件下，其脆性指标 K_1 小于 0.5；当围压为 10 MPa 时，脆性指标 K_1 增大至 0.92，环向应变控制下，其破坏过程缓慢可控（图 6-18）；当围压增大至 20 MPa 时，脆性指标 K_1 减小至 0.36，表明试样的脆性程度增大，环向应变控制无法确保整个峰后破裂过程保持稳定，同样的现象亦发生在围压为 30 MPa 和 40 MPa 的试验中，如图 6-18 所示；当围压进一步增大至 60 MPa 时，脆性指标 K_1 显著增大至 2.58，说明在 50~60 MPa 的围压范围内，试样的峰后曲线发生了Ⅱ型至Ⅰ型的转换，自此，随着围压的增大，试样将逐渐向延性状态过渡。

6.3　真三轴应力条件下砂岩变形破坏全过程特征

复杂应力状态下硬脆性岩石的强度与变形特性是深部岩体工程研究中的热点问题，深部岩体通常处于三向不等应力状态，即真三轴应力状态（$\sigma_1>\sigma_2>\sigma_3$）。单轴或常规三轴试验（$\sigma_1>\sigma_2=\sigma_3$）无法真实反映原位应力状态，其研究结果忽略了中间主应力的影响。因此，通过真三轴试验，研究岩石在复杂应力状态下的变形与破坏过程十分必要。

目前，系统地开展砂岩真三轴试验研究的学者较少，且大多研究都是基于高孔隙率砂岩[29-32]开展的。本节将在自贡砂岩单轴压缩试验及常规三轴压缩试验的基础上，利用改进的茂木式真三轴试验机，研究低孔隙率自贡砂岩在真三轴应力下破坏的全过程，详细讨论中间主应力对砂岩变形、全过程应力阈值、破裂面角度等特性的影响。

6.3.1　试验方案及方法

（1）真三轴试验系统

试验设备为硬岩高压伺服茂木式真三轴试验机，如图 6-25 所示，该试验机采用 Mogi 的原始设计思路，在其基础上增加两个水平的可移动刚性框架和一个三轴压力室，可独立控制 σ_1、σ_2 和 σ_3 三个方向的伺服控制加载。该试验机可对尺寸为 50 mm×50 mm×100 mm、40 mm×40 mm×80 mm 的硬岩试样进行三个方向的加卸载，输出的最大应力 σ_1、σ_2 和 σ_3 分别可达到 1000 MPa、1000 MPa 和 100 MPa。通过控制侧向应变 ε_3，试验过程中可获得试样的峰后力学行为。

（2）试样制备及安装

试样尺寸为 50 mm×50 mm×100 mm，尺寸公差为±0.01 mm，垂直度公差为 0.02 mm。如图 6-26(a) 所示，安装试样时，将试样和加载垫块置于 00 级大理石测量平台上，确保二者在垂直和水平方向上对齐。为降低端部效应，在试样和加载垫块间插入减摩片。同时，通过方形夹具对加载垫块施加荷载，保证试样与加载垫块紧密接触且相对位置保持不变。由于自由面为最小主应力方向，为防止围压油浸入试样，采用聚氨酯对裸露表面进行封闭隔离，当聚氨酯涂层干燥后，再按图 6-26(b) 所示的方法安装应变计。在 σ_1 和 σ_2 方向，分别将线性可变差动变压器（Linear Variable Differential Transformer，LVDT）和对应的接触平面固定在对立的加载垫块上，并通过弹簧保证二者之间在试验过程中的接触平稳，确保应变的测量精度。在 σ_3 方向上，采用梁式应变计测量试样自由面中心处的变形。

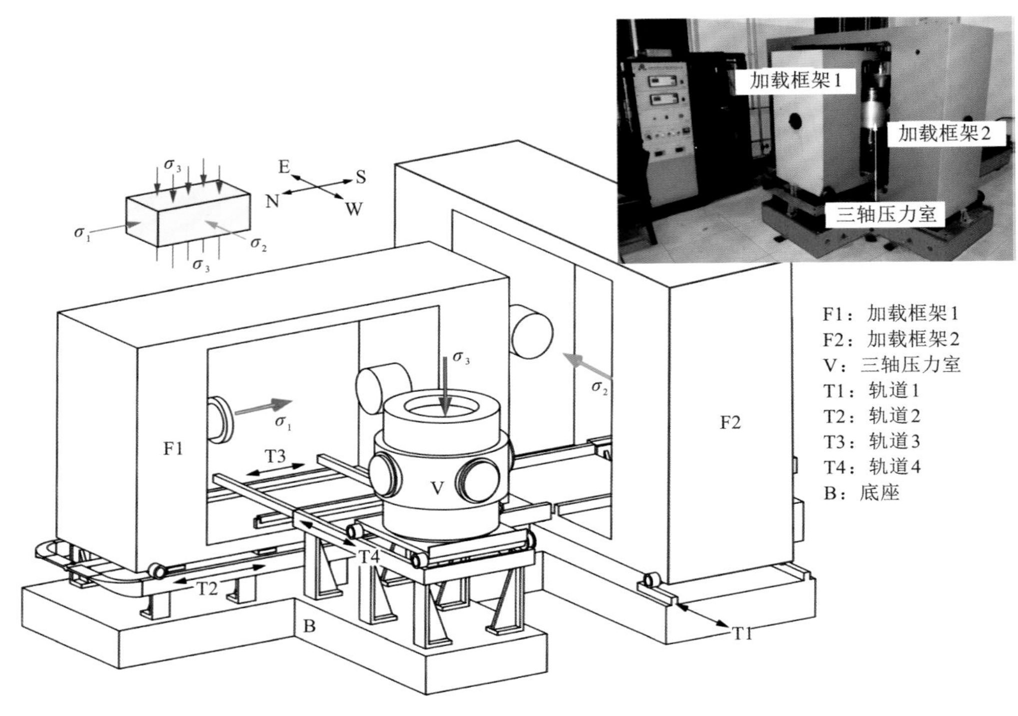

图 6-25　硬岩高压伺服真三轴试验机

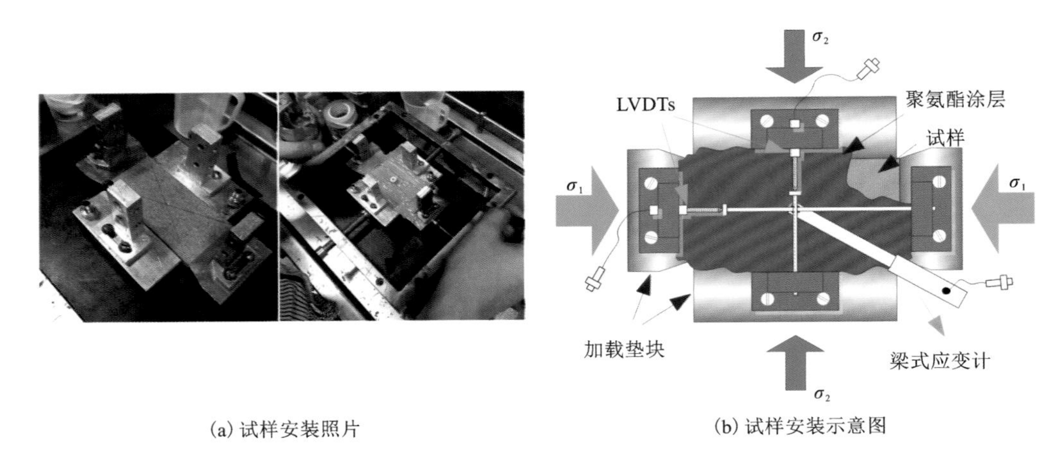

(a) 试样安装照片　　(b) 试样安装示意图

图 6-26　真三轴试验试样安装方法

(3) 试验过程

图 6-27 为本试验采用的加载应力路径，以一组试验($\sigma_3 = 60$ MPa，$\sigma_2 = 179.6$ MPa)为例进行说明，试验过程主要分为 4 个阶段。

①预加载阶段。在 σ_1 和 σ_2 方向分别预加载 4 MPa 和 2 MPa 应力，确保试样与活塞之间不发生滑动。

②静水压力加载阶段。以 0.1 MPa/s 的速度施加静水压力（$\sigma_1=\sigma_2=\sigma_3$），直至 σ_3 达到预设围压值。

③三轴伸长加载阶段（$\sigma_1=\sigma_2>\sigma_3$）。保持 σ_3 不变，以 0.2 MPa/s 的速度同时增大 σ_1 和 σ_2，直至 σ_2 达到预设值。

④最大主应力加载阶段。保持 σ_2 和 σ_3 不变，以 0.2 MPa/s 的速度继续增大 σ_1。与此同时，监测 σ_3 方向的应变率（$\dot{\varepsilon}_3$），当 $\dot{\varepsilon}_3$ 达到 $5\times10^{-6}\ \mathrm{s}^{-1}$ 时，将控制方式切换为 σ_3 方向的应变控制，直至试样破坏并达到峰后稳定的残余阶段。

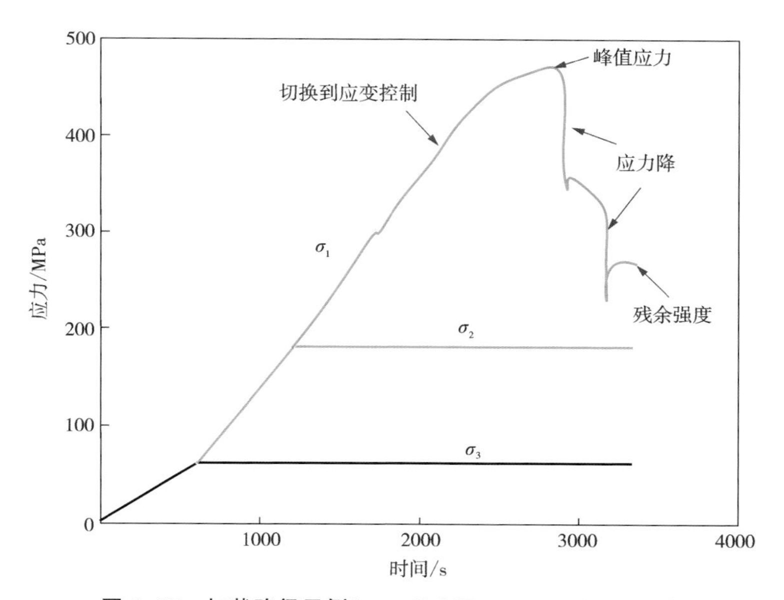

图 6-27　加载路径示例（$\sigma_3=60$ MPa，$\sigma_2=179.6$ MPa）

试验方案包括 3 个围压水平（$\sigma_3=0$，20，60 MPa），共计 20 组真三轴试验，针对每个围压水平，每组试验的中间主应力 σ_2 逐渐从 $\sigma_2=\sigma_3$ 提高至 $\sigma_2=\sigma_1$，对于围压为 0 MPa 的各个试验，只采用了应力控制，因此无法获得其全应力-应变曲线。

（4）试验后试样处理

试验后，将试样从三轴压力室内取出，拆除传感器，清除表面聚氨酯涂层，再将试样浸入环氧树脂中，以保存试样的破裂形态。待试样干燥后，沿着 σ_1 和 σ_2 的垂直方向在试样的特定破裂处进行取样切片（厚度为 0.05 μm），并使用 SBC-12 型离子溅射仪进行镀金处理（厚度为 0.06 μm）。在微观分析中，采用 Phenom XL 型背散射扫描电子显微镜（Backscattered Scanning Electron Microscope）对切片进行观察。

6.3.2 中间主应力对应力阈值的影响

得益于真三轴试验机的伺服系统与高刚度加载框架的有效结合，获得了自贡砂岩在真三轴加载条件下的全应力-应变曲线。图 6-28 为一组真三轴加载试验的典型全应力-应变曲线，其中，$\sigma_3=60$ MPa，$\sigma_2=179.6$ MPa，显然，由于中间主应力的存在，应力-应变曲线具有三维特征，由于未绘制静水压力加载阶段，曲线的原点为三轴伸长加载阶段的起始点，因此图 6-28 反映了图 6-27 的部分加载应力路径。

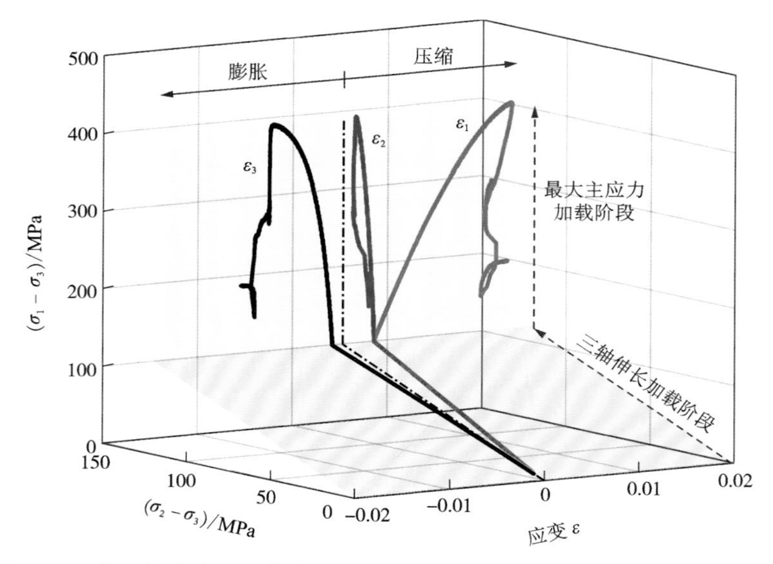

图 6-28　真三轴试验三维全应力-应变曲线示例($\sigma_3=60$ MPa，$\sigma_2=179.6$ MPa)

三轴伸长加载阶段，由于 $\sigma_2=\sigma_1$，对应两个方向的应力-应变曲线几乎重合，说明试样在 σ_1 和 σ_2 方向的各向异性程度较低。从三个方向的应变可以看出，在三轴伸长加载阶段，试样在 σ_1 和 σ_2 方向处于压缩状态，在 σ_3 方向处于扩容膨胀状态。当试验进入最大主应力加载阶段时，σ_1 和 σ_2 方向应力-应变曲线开始分离。在 σ_1 单调增大至峰值应力的过程中，应变 ε_1 以逐渐变缓的斜率继续增大，应变 ε_2 开始膨胀。在峰后阶段，$(\sigma_1-\sigma_3)-\varepsilon_1$ 曲线呈现出典型的Ⅱ型行为。根据图 6-18 和图 6-19 可知，在常规三轴压缩条件下，当围压为 60 MPa 时，试样在峰后曲线已转变为Ⅰ型行为，说明中间主应力增大了岩石试样的脆性程度，同样的现象亦出现在 Castlegate 砂岩[32]、Coconino 砂岩及 Bentheim 砂岩[30, 31]等岩石中。整个峰后阶段出现了两次明显的应力降(图 6-27)，与 CSC 单轴压缩试验类似，加载系统在第二次应力降过程中出现过度卸载，但伺服系统仍能控制整个加载过程，试样因此逐渐进入摩擦滑动(残余变形)阶段。

基于以上对真三轴加载全应力-应变曲线的分析，可进一步确定各应力阈值并探究中间主应力对试样的影响。考虑到静水压力加载阶段大部分裂纹可能已经发生闭合，以下只考虑裂纹起裂应力 σ_{ci}、体积扩容起始应力 σ_D、裂纹损伤应力 σ_{cd}、峰值应力 σ_p 及残余应力 σ_r。在之前的研究中，学者们[33-35]通常借鉴轴对称压缩试验曲线的处理方法，认为体积应变曲线直线段的末端对应起裂应力 σ_{ci}。KONG 等[36]认为，当中间主应力较大时，试样内部的裂纹在三轴伸长加载阶段即可萌生，因此，在确定起裂应力 σ_{ci} 时，应考虑三轴伸长加载阶段。以下将体积应变曲线直线段的末端视为体积扩容起始应力 σ_D 而非起裂应力，利用应变能密度法[36]确定起裂应力 σ_{ci}，利用体积应变法确定裂纹损伤应力 σ_{cd} 和体积扩容起始应力 σ_D。

由图 6-28 可知，ε_3 在整个加载过程中均表现为扩容膨胀状态，可以推测，试样内部的裂纹方向垂直于 σ_3 方向，因此，应变 ε_3 对裂纹的发育演化过程十分敏感，可用于确定裂纹起裂应力 σ_{ci}。图 6-29 为应变能密度法确定裂纹起裂应力的示意图，其中黑色曲线为$(\sigma_m-\sigma_3)-\varepsilon_3$ 曲线，曲线与横坐标轴 ε_3 围成的面积为单位体积的应变能，即应变能密度 W_A，曲线与纵坐标轴$(\sigma_m-\sigma_3)$围成的面积为应变补偿能密度 W_C。在曲线的直线段时，$W_A=W_C$，当曲线偏离直线段时，$W_A>W_C$。因此，可绘制$(W_A-W_C)-\varepsilon_3$ 曲线，以此确定曲线的第一个非零点，此非零点对应$(\sigma_m-\sigma_3)-\varepsilon_3$ 曲线上的裂纹起裂点，进一步可求得裂纹起裂应力 σ_{ci}。裂纹损

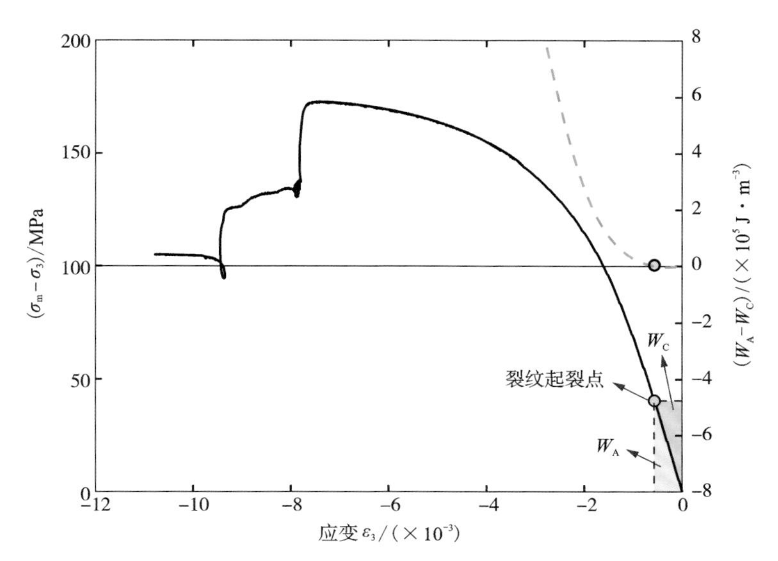

图 6-29　应变能密度法确定裂纹起裂应力 σ_{ci}($\sigma_3=60$ MPa，$\sigma_2=179.6$ MPa)

伤应力 σ_{cd} 通过确定体积应变的转折点直接确定。对于体积扩容起始应力 σ_D 来说，使用 Eberhardt 在其博士论文[37]中提出的移动点回归技术(Moving Point Regression Technique)确定体积应变曲线的直线段区间。

图 6-30 和图 6-31 分别为 20 MPa 和 60 MPa 围压条件下各应力阈值随中间主应力的变化规律，可以发现，60 MPa 围压对应的起裂应力 σ_{ci} 水平大于 20 MPa 围压，与图 6-16 所展示的围压效应一致。当围压保持恒定时，σ_{ci} 的大小基本不变，与 σ_2 无明显关系。当 σ_2 较小时，σ_{ci} 大于 σ_2，说明试样内部的裂纹在最大主应力加载阶段起裂，当 σ_2 较大时，σ_{ci} 小于 σ_2，说明起裂发生在三轴伸长加载阶段。作为对比，图 6-30 和图 6-31 中黑点代表的体积扩容起始应力 σ_D 随 σ_2 的增大而增大。观察损伤应力 σ_{cd} 的变化可以发现，σ_{cd} 的值与峰值应力 σ_p 非常接近且其变化规律与峰值应力 σ_p 基本一致，峰值应力 σ_p 表现为典型的先增大后减小趋势，与许多岩石的真三轴强度规律[38]一致。值得注意的是，当 $\sigma_3=60$ MPa、$\sigma_2=261.9$ MPa 时，峰值应力 σ_p 数值明显低于正常的变化规律，其原因可能是该试样内部存在宏观缺陷。此外，残余应力 σ_r 与 σ_2 无明显关系，其大小与宏观破裂面的表面分形特征和摩擦因数密切相关，因此，仅从应力角度分析残余应力的变化是不尽合理的。

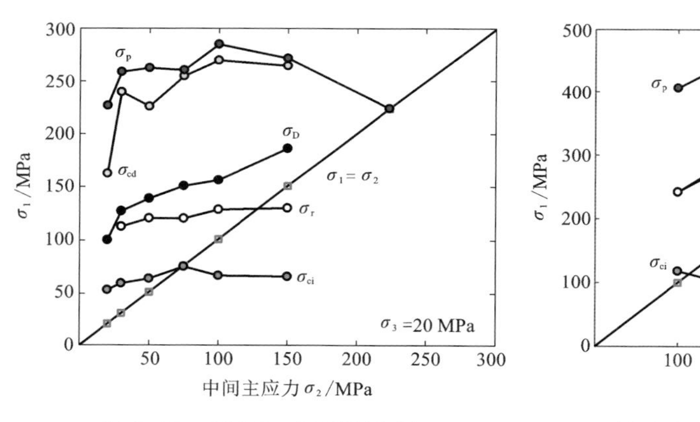

图 6-30 20 MPa 围压下中间主应力对应力阈值的影响

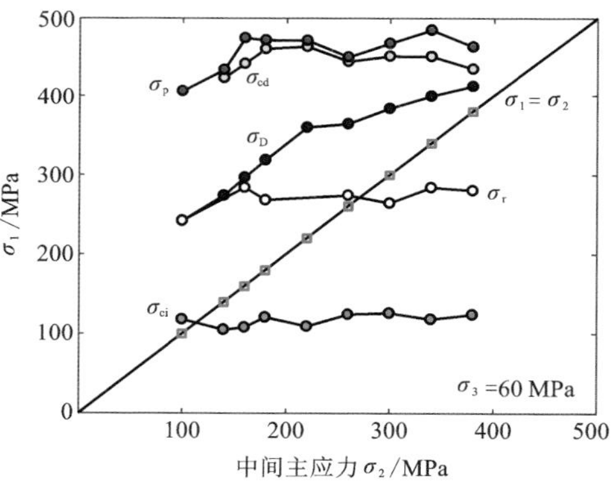

图 6-31 60 MPa 围压下中间主应力对应力阈值的影响

6.3.3 试样变形破坏特征分析

图 6-32 为 60 MPa 围压下三个主应变随中间主应力的变化规律，图 6-32 中方形标记为最大主应力加载阶段的起始点，作为对比，相同围压下的 ASC 常规三轴压缩试验应力-应变曲线亦绘制于图 6-32 中。

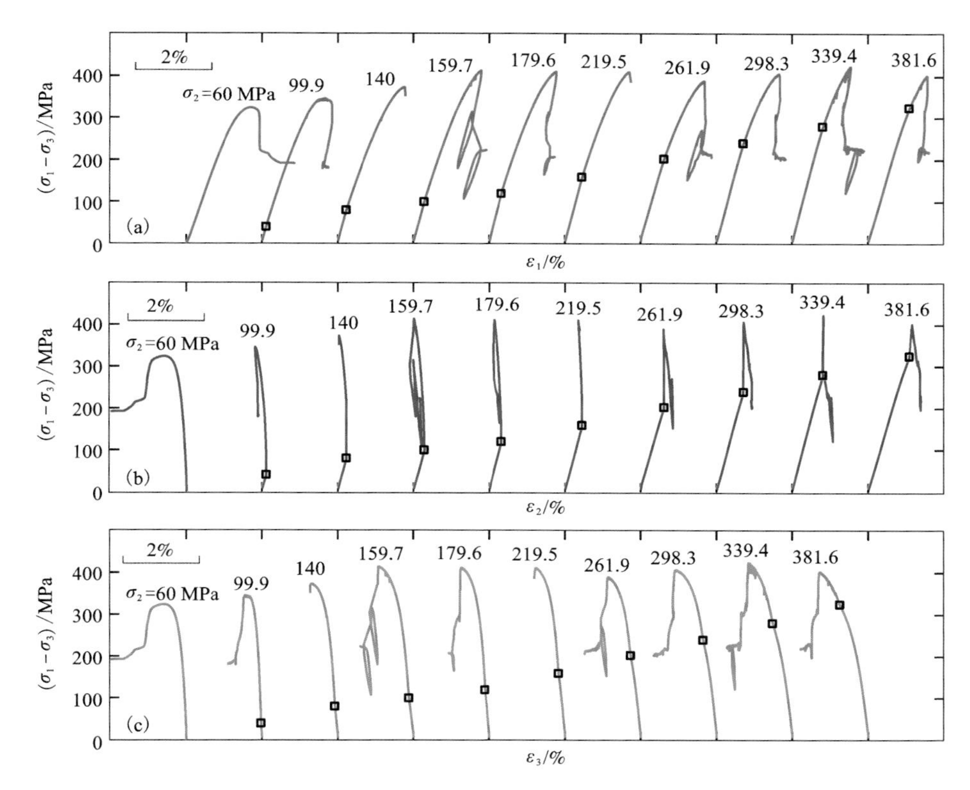

图 6-32　中间主应力对三个主应变的影响(σ_3=60 MPa)

由本书6.2节的分析可知，当围压为60 MPa时，砂岩试样在常规三轴压缩条件($\sigma_2=\sigma_3$)下表现出典型的Ⅰ型峰后行为。从图6-32(a)可知，$\sigma_2>\sigma_3$时，$(\sigma_1-\sigma_3)-\varepsilon_1$曲线在峰后阶段转变为Ⅱ型，其中两组试验($\sigma_2$=140，219.5 MPa)在峰后阶段发生剧烈、不可控的脆性破坏，由此可知，中间主应力在一定程度上可增大岩石的脆性程度。从图6-32(b)可知，$\sigma_2=\sigma_3$时，$(\sigma_1-\sigma_3)-\varepsilon_2$曲线体现显著的膨胀特性，随着$\sigma_2$逐渐增大，$\varepsilon_2$的膨胀程度逐渐降低，$\sigma_2$=219.5 MPa时，$\varepsilon_2$的膨胀程度几乎为零，$\sigma_2$进一步增大至381.6 MPa时，曲线的峰后特征表明试样在σ_2方向处于压缩状态。应注意，从图6-31可以看出，σ_2=298.3，339.4，381.6 MPa时，试样的残余应力σ_r大于σ_2，表明试样在峰后破裂阶段发生了主应力轴的旋转。此外，对比图6-32(b)和图6-32(c)可发现，ε_3的膨胀程度总大于ε_2，而且ε_1为压应变。由此可知，试样的体积扩容几乎完全由ε_3承担。三个主应变具有不同膨胀/压缩程度的现象被称作各向异性扩容(Anisotropic Dilatancy)，这一现象已在大多数岩石试验中得到验证，Mogi认为其根本原因是

垂直于 σ_3 方向微裂纹的张开。

将三个主应变相加可得体积应变 $\varepsilon_v=\varepsilon_1+\varepsilon_2+\varepsilon_3$，图 6-33 为差应力($\sigma_1-\sigma_3$)与体积应变 ε_v 的关系曲线，可以看出，曲线特征与加载阶段密切相关，由于静水压力加载阶段未显示在图 6-33 中，曲线的第一阶段近似直线，对应三轴伸长加载阶段。当进入最大主应力加载阶段时，曲线出现明显的转折点且紧接着出现一段斜率更大的直线。随着差应力的增大，曲线开始偏离直线段，标志着体积扩容的开始。由此可知，体积应变包含弹性成分和塑性成分。为定量分析中间主应力对塑性体积应变 ε_v^p 的影响，将总体积应变与弹性体积应变之差($\varepsilon_v-\varepsilon_v^e$)定义为塑性体积应变，其中负号代表膨胀变形(扩容)，正号代表压缩变形。

图 6-34 为峰值应力时试样的塑性体积应变随中间主应力的变化趋势，图 6-34 中对中间主应力做了归一化处理，可以看出，在 20 MPa 和 60 MPa 两个围压水平下，试样在峰值应力时均发生体积扩容，扩容程度随中间主应力的增大而降低。在中间主应力增大的过程中，存在着两个相互矛盾、相互竞争的机制，即平均应力效应和 Lode 角效应，当中间主应力增大时，平均应力的增大将抑制试样的扩容，而增大的 Lode 角则能促进剪切破坏的发生，从而促进试样的扩容，可以推测，当围压保持恒定时，在中间主应力增大的过程中，自贡砂岩的平均应力效应大于 Lode 角效应。应注意，这一结论并不具有普适性，在本书 6.3.6 节将基于 Coconino 砂岩和 Bentheim 砂岩的真三轴试验结果，进一步讨论这两种竞争机制。

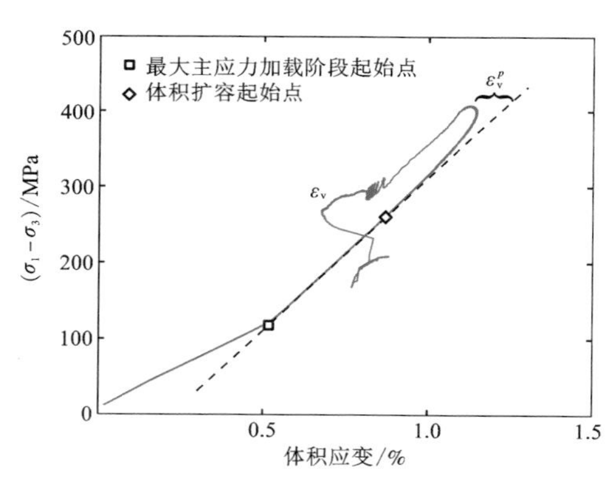

图 6-33 塑性体积应变确定方法示意图

($\sigma_3=60$ MPa，$\sigma_2=179.6$ MPa)

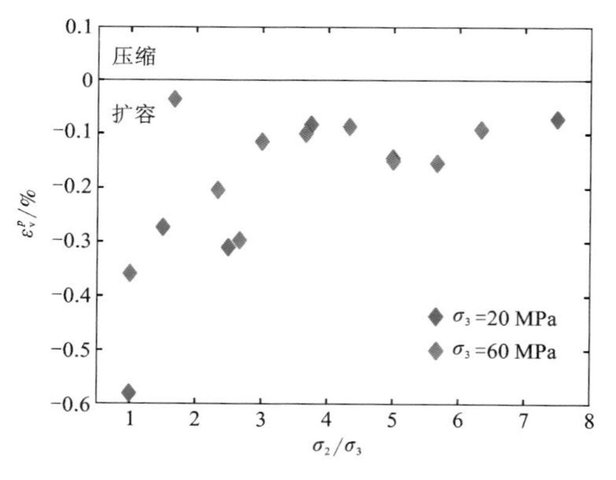

图 6-34 峰值应力时塑性体积应变随中间主应力的变化

6.3.4 宏微观破裂特征分析

在脆性域内，试样的破裂面常以剪切面的形式出现。由图 6-20 和图 6-21 可知，在常规三轴压缩试验中，试样的破裂角随围压的增大而降低。由于 Lode 角保持不变，破裂角随围压的变化规律可归因于平均应力效应，即 Lode 角恒定时，破裂角与平均应力成反比。

通常，在真三轴应力条件下，试样内部形成走向为 σ_2 方向并倾斜于 σ_3 方向的剪切面[39]。在本试验中，当 $\sigma_3=0$ MPa 时，试样处于双轴应力状态。图 6-35 为试样在双轴加载试验后的宏微观破裂特征（$\sigma_3=0$ MPa，$\sigma_2=50$ MPa），从图 6-35 中可以发现，试样破坏时，在靠近 σ_3 表面处出现了两条以上密集排列且平行于该表面的宏观裂纹。

对 σ_2-σ_3 平面及 σ_1-σ_3 平面取样切片，利用扫描电镜对其裂纹的微观形态进行分析，从图 6-35 中可以看出，应力诱导的微裂纹以穿晶型（见箭头处）为主，裂纹平面与 σ_1-σ_2 平面平行，且被劈裂的矿物晶体间无明显相对滑移。这些微观特征表明：应力诱导的微裂纹为张拉裂纹，其产状特性是各向异性扩容的根本原因。此外，微裂纹的扩展过程受到矿物结构构造的显著影响，当微裂纹在扩展过

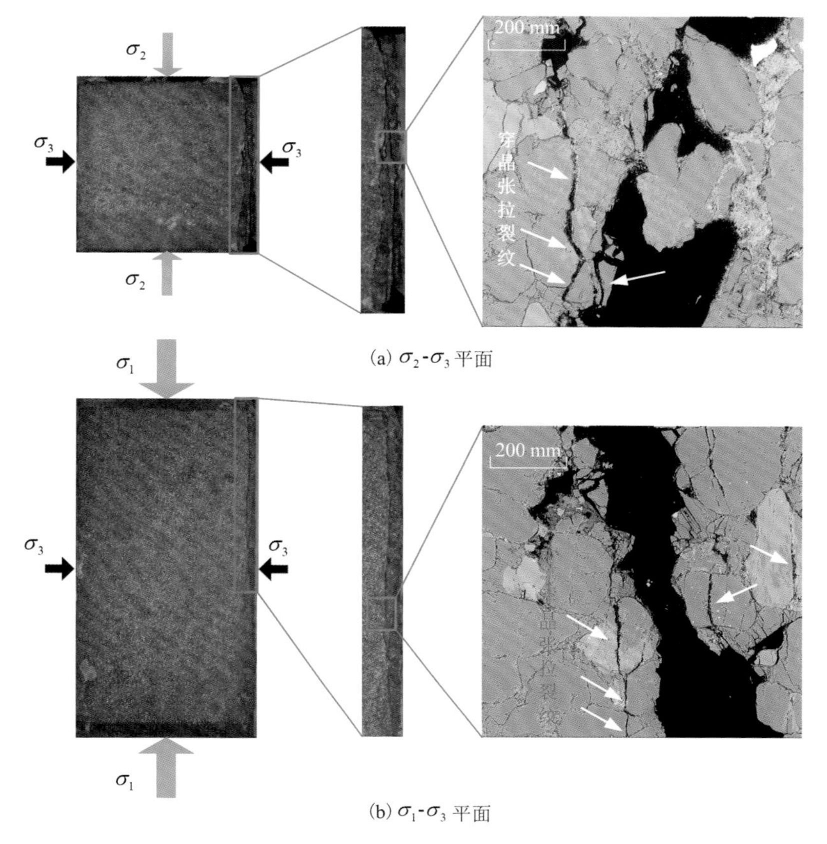

(a) σ_2-σ_3 平面

(b) σ_1-σ_3 平面

图 6-35　双轴应力条件下张拉破裂宏微观特征（$\sigma_3=0$ MPa，$\sigma_2=50$ MPa）

程中遇到解理或晶界时，微裂纹将发生转向、偏移，形成局部扭曲的传播路径。在宏观层面上，试样的破裂面形态与深部硬脆性围岩边界形成的“洋葱皮剥落”或板裂现象极为相似。由此可知，围岩边界的脆性破坏与其所处的双轴应力状态密切相关。此外，在双轴加载试验中，试样的宏观破裂面始终与 σ_3 方向垂直，当 $\sigma_2=\sigma_1$ 时，试样发生爆裂(图 6-36)且伴随巨大声响。

图 6-36　双轴试验试样破坏形态($\sigma_3=0$ MPa，$\sigma_1=\sigma_2$)

图 6-37 为试样在围压条件下破裂形态随中间主应力的变化。在围压为 20 MPa 的试验系列中，当 $\sigma_2=\sigma_3$ 时，试样内出现两个产状与其他应力状态下完全不同的剪切面，从图 6-37(a)左起第一个试样可以看到，这两个剪切面相互平行且走向为 σ_3 方向。为探究这一原因，将该试样的 $\sigma_1-\sigma_2$ 平面和 $\sigma_2-\sigma_3$ 平面进行切片，并置于扫描电镜下进行观察，如图 6-38(a)所示，在 $\sigma_1-\sigma_2$ 平面上，差应力($\sigma_1-\sigma_2$)诱导产生了穿晶微裂纹和晶界微裂纹，扩展方向大致与 σ_1 方向平行。与图 6-35 所示的微观特征一样，这些张拉型穿晶微裂纹容易在晶界处停止扩展或发生偏转，形成局部扭曲的扩展路径，不同的是，微裂纹向 σ_2 方向张开，解释了剪切面沿 σ_3 方向走向的原因。

此外，图 6-38(b)展示了 $\sigma_2-\sigma_3$ 平面上裂纹的微观特征，可以看出，在宏观剪切面周边存在大量不规则的、破碎的矿物颗粒，由于 $\sigma_2-\sigma_3$ 平面处于均匀应力状态，该微裂纹可以在任意方向上萌生、扩展，由此可以推测，试样存在不均质性，在均匀的侧向应力条件下，裂纹优先沿着 σ_3 方向萌生并随着差应力的增大继续扩展，直至形成走向为 σ_3 方向的宏观剪切面。此外，该剪切面的破裂角约为 82°，比同等围压的常规三轴压缩试验破裂角大 12. 3%，这种差异可能来自不同的试样几何形状和边界条件。

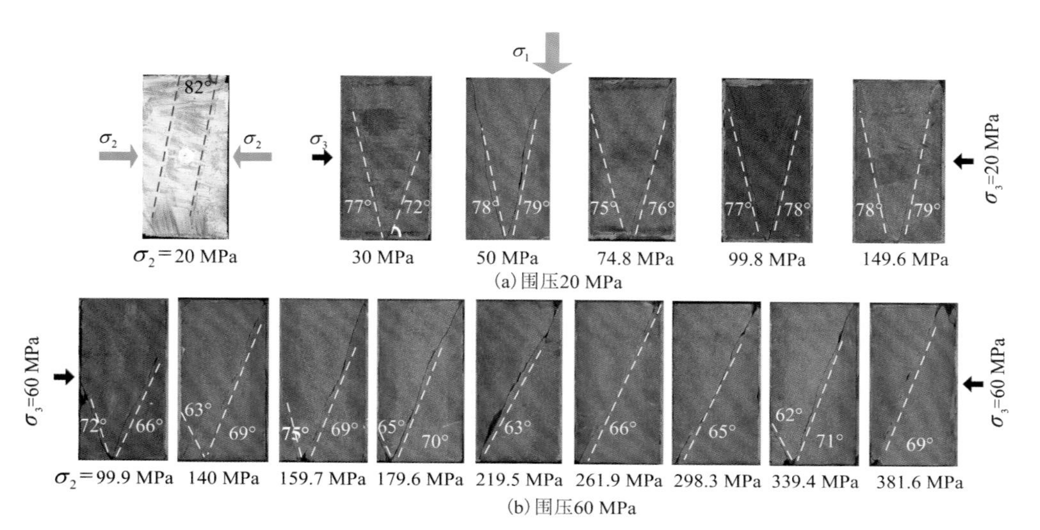

图 6-37 试样宏观破裂形态随中间主应力的变化

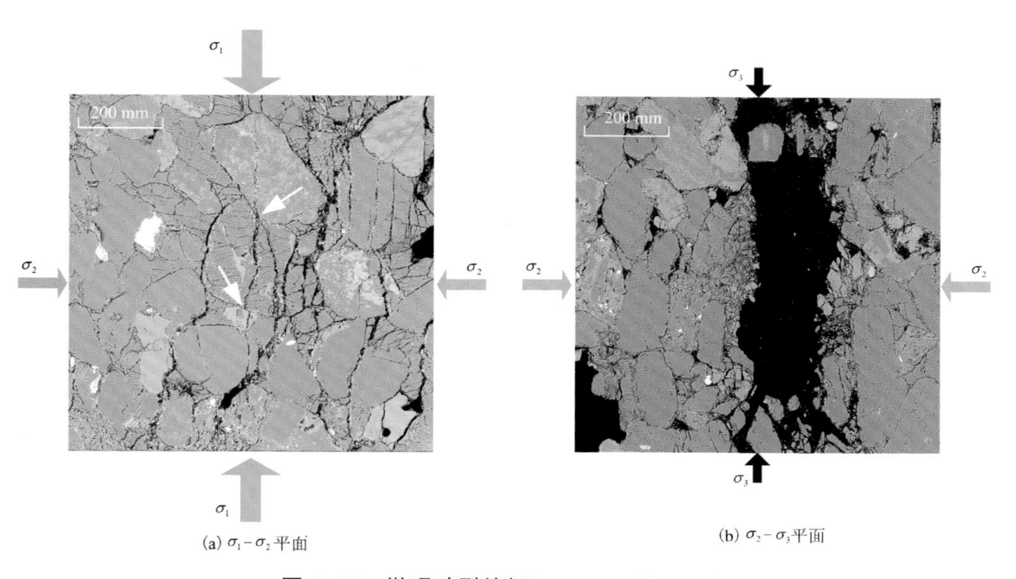

图 6-38 微观破裂特征($\sigma_2=\sigma_3=20$ MPa)

在同一系列(σ_2 = 20 MPa)中，若 $\sigma_2>\sigma_3$，当试样加载至残余变形阶段，其内部形成了非对称的“V”形破裂面。图 6-39 总结了 20 MPa 围压下破裂角的变化，由于无法确定两个剪切面形成的先后顺序，因此同时考虑两个剪切面的破裂角，可以发现：随着中间主应力的增大，破裂角在 72°～79°内变化，大致呈上升趋势；在围压为 60 MPa 的试验中，破裂角在 62°至 75°之间波动，离散性较大，无明显规律。

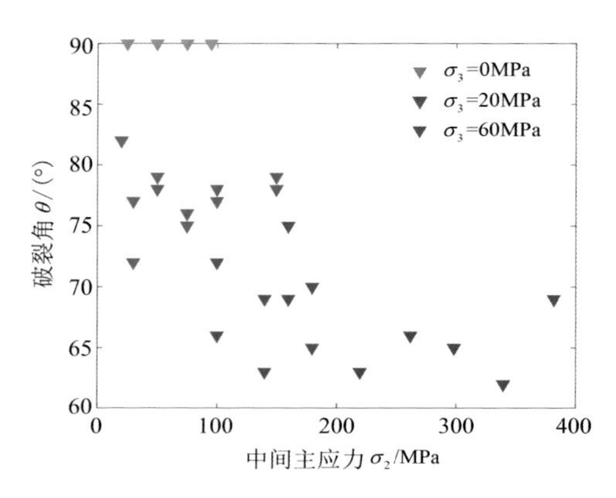

图 6-39 破裂角随中间主应力的变化

6.3.5 剪切断裂过程区微观力学特征

前述分析表明，微裂纹的发育演化过程与材料的固有属性及应力状态密切相关，尤其是当应力状态变化时，砂岩试样将呈现出极为不同的破坏模式。由于试验过程中未采用声发射监测等技术手段，仅凭应力-应变曲线和试验后完全破裂的试样，无法了解裂纹的萌生、扩展及贯通过程。

围压为 40 MPa 的真三轴加载试验中，由于砂岩试样产生的第一个剪切面穿过了梁式应变计的固定点(图 6-40)，导致 ε_3 的测量出现异常并自动触发加载系统的自我保护程序，从图 6-40 可以看出，当试验结束时，试样内第二个剪切面仍未完全贯通，其长度约为 62 mm，破裂角约为 72°，为观察剪切面尖端过程区的微观特征，在试样的 σ_1-σ_3 平面上选取裂纹尖端附近的 2 mm×3 mm 区域进行切片；从图 6-40 中的放大示意图可以看出，裂纹尖端附近存在两条不连续的裂纹，即裂纹-1 和裂纹-2；此外，可以发现：裂纹-1 在扩展过程中逐渐转向 σ_1 方向，在偏离剪切面的整体轨迹时，裂纹停止扩展，与此同时，裂纹-2 出现在裂纹-1 尖端右侧，其扩展路径亦逐渐转向试样左侧。

综上，可以提出两个问题：①为什么裂纹-1 会停止扩展？②为什么两条裂纹均在扩展过程中逐渐转向左侧？为探究这两个问题，以下将利用扫描电镜重点观察裂纹-1 和裂纹-2 的裂纹尖端区域(区域 a、区域 b)以及二者之间的共同区域(区域 c)。

图 6-41(a)和图 6-41(b)分别为裂纹-1 和裂纹-2 尖端区域的显微照片。可以看出，裂纹尖端区域分布着少量张拉型晶界裂纹，表明裂纹尖端区域存在显著的张拉应力场。Reches 和 Lockner[40]、Petit 和 Barquins[41]分别从理论和试验的角

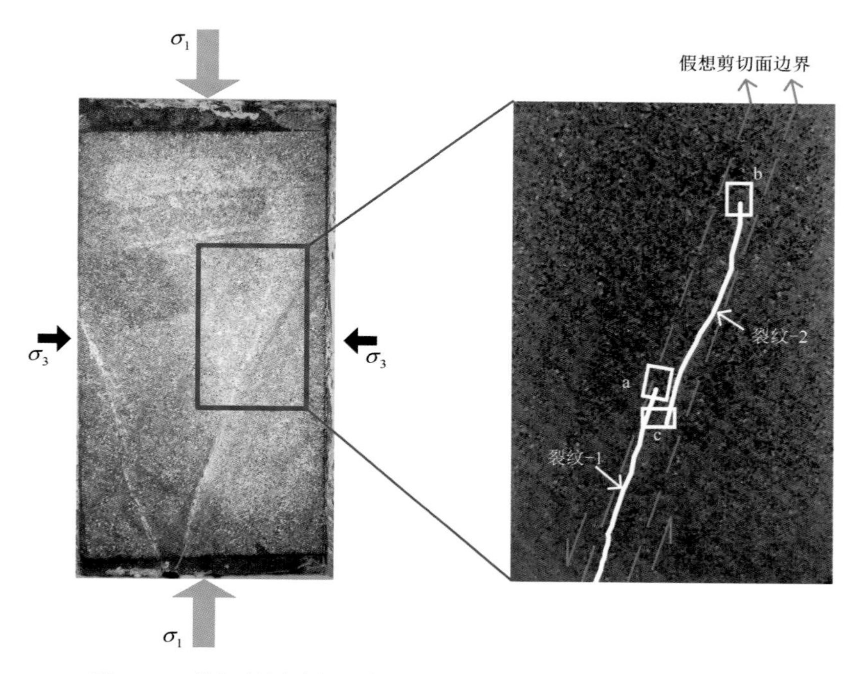

图 6-40　剪切断裂过程区宏观特征(σ_3 = 40 MPa，σ_2 = 120 MPa)

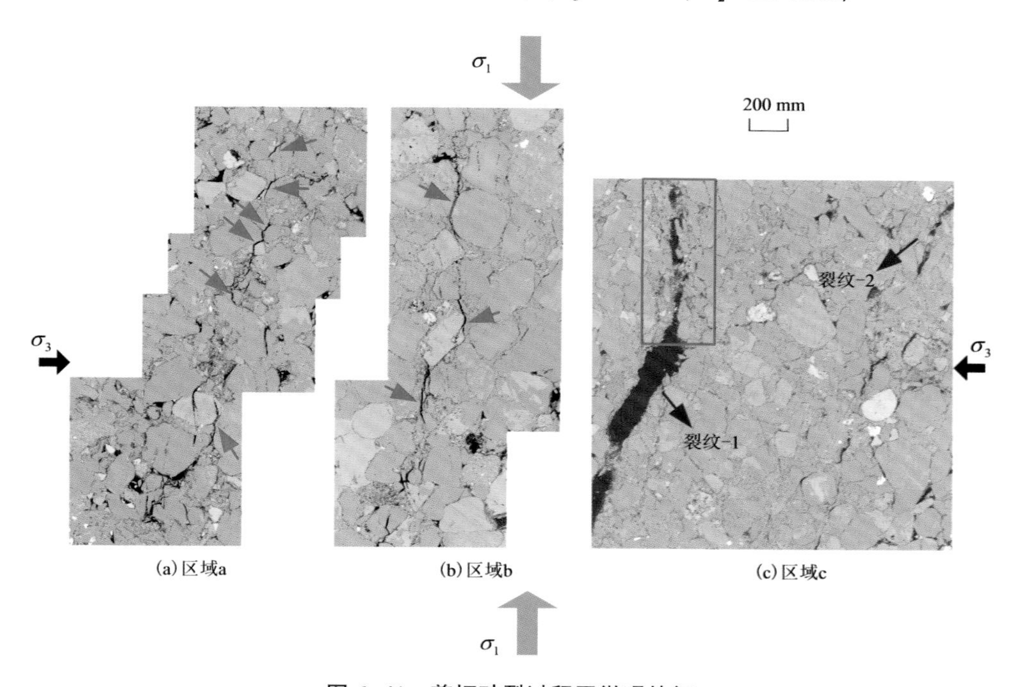

图 6-41　剪切破裂过程区微观特征

度证明了Ⅱ型裂纹尖端的张拉应力是裂纹扩展的主要驱动力，此外，许多研究[40, 42]发现，对于图 6-40 所示的左旋式Ⅱ型裂纹，由于裂纹尖端左侧也存在张拉应力场，裂纹左侧块体的损伤较右侧更严重，表现出非对称性损伤。在裂纹扩展过程中，当裂纹尖端左侧区域率先产生损伤，裂纹将逐渐转向左侧，如图 6-41(a)所示，裂纹-1 在扩展过程中向左侧发生了明显的偏转，红框内为偏转后的裂纹路径。可以推测，当裂纹-1 扩展至转折点时，由于其左侧可能存在天然缺陷或矿物颗粒更易破坏，裂纹向左发生偏转，当裂纹偏转后，裂纹尖端张拉应力场将被围压抵消，裂纹因此无法继续扩展。此外，裂纹-1 和裂纹-2 之间的矿物颗粒非常完整，可以表明裂纹-2 是一条新的裂纹，并非裂纹-1 的延续。

6.3.6 中间主应力对砂岩体积变形影响的探讨

以下将结合 Bentheim 砂岩和 Coconino 砂岩的真三轴试验数据[30]进一步讨论中间主应力对砂岩体积变形的影响。Bentheim 砂岩的孔隙率为 24%，平均粒径为 0.3 mm；Coconino 砂岩的孔隙率为 17.5%，平均粒径为 0.1 mm，和本试验所采用的自贡砂岩(孔隙率 6.5%)一样，二者均为富含石英和长石的硅质碎屑岩石，此外，三种砂岩分别代表了典型的高、中、低孔隙率砂岩。

图 6-42 总结了三种砂岩的塑性体积应变随中间主应力的变化规律。由于自贡砂岩的孔隙率最小，在 20 MPa 和 60 MPa 的围压下均表现出显著的体积扩容，当 σ_2 增大时，扩容程度逐渐降低，类似的规律也存在于 Bentheim 砂岩和 50 MPa 围压下的 Coconino 砂岩中，但是，当围压为 100、150 MPa 时，Coconino 砂岩则表现出相反的变化规律。

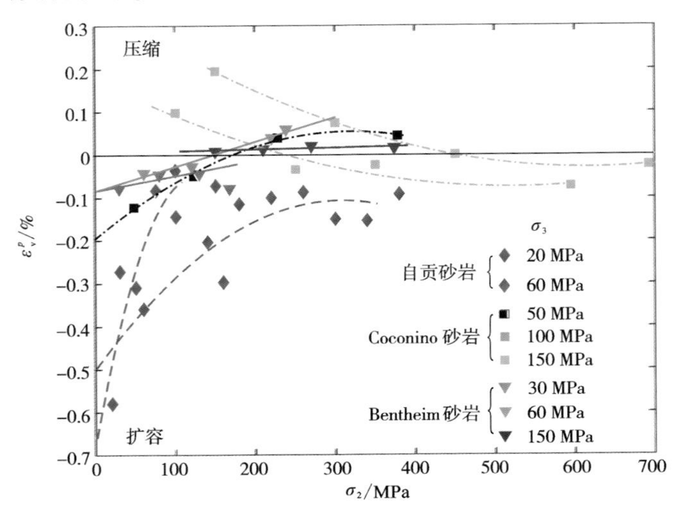

图 6-42　三种砂岩的塑性体积应变随中间主应力的变化

由本书 6.3.3 节所述可知，在中间主应力增大的过程中，往往伴随着剪切诱导的体积扩容和平均应力诱导的压缩变形，这两个相互矛盾的过程共同决定了试样体积变形的特征，为了验证这一假设，需将平均应力效应和 Lode 角效应分离并单独分析。首先，可从常规三轴压缩试验的角度分析平均应力效应，由于 $\sigma_2=\sigma_3$，当围压逐渐增大时，Lode 角不变，平均应力不断增大，图 6-20 和图 6-21 所示的破裂角随之减小。在 Coconino 砂岩和 Bentheim 砂岩的真三轴试验中，当 $\sigma_1>\sigma_2=\sigma_3$ 时，随着围压增大，可以观察到剪切面逐渐从单斜剪切面转变为压缩带。

此外，针对 Lode 角效应，MA 等[31]采用了非常规真三轴加载路径（试验过程中保持恒定的 Lode 角）进行 Coconino 砂岩和 Bentheim 砂岩的真三轴试验，从上述试验中选取平均应力相同的破坏试样，如图 6-43 所示，当 $\sigma_2=\sigma_3=120$ MPa

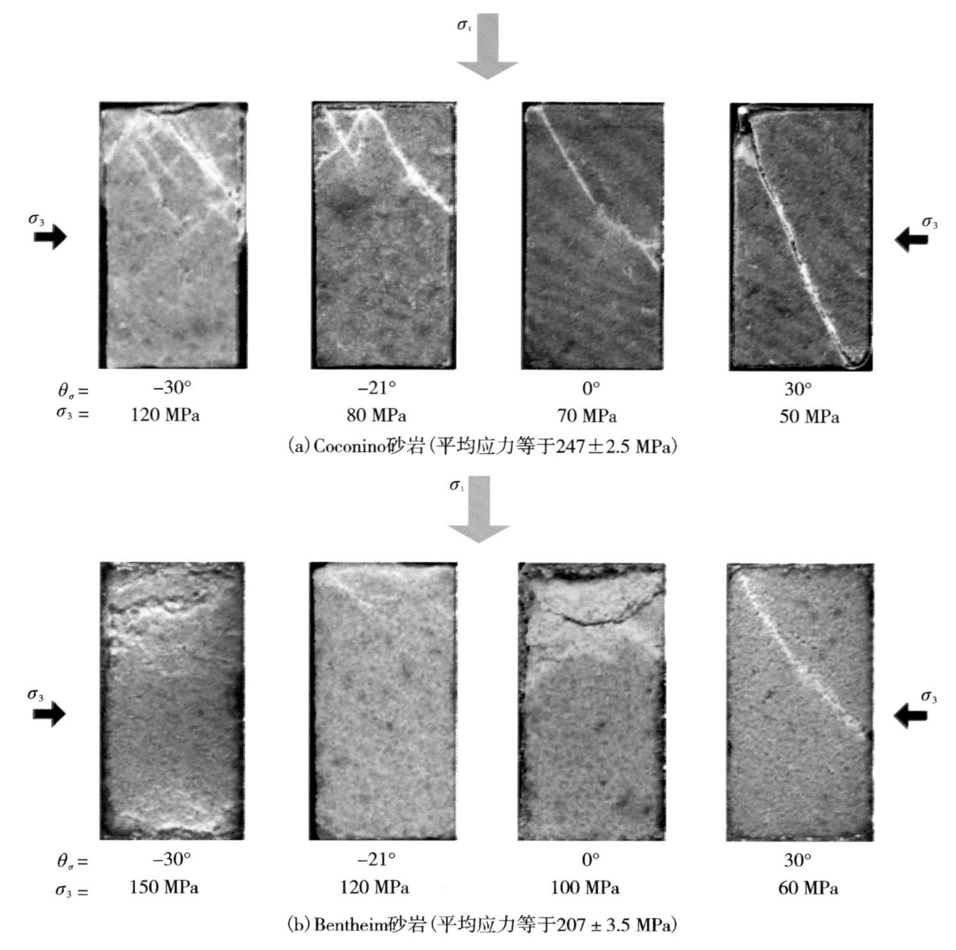

图 6-43　Coconino 砂岩和 Bentheim 砂岩的破坏形态随 Lode 角的变化[43]

($\theta_{\sigma}=-30°$)时，Coconino 砂岩试样的端部出现数条共轭裂纹。随着 Lode 角不断增大，试样的破坏形态逐渐变成单斜面剪切破坏，且破裂角逐渐增大，说明试样的脆性程度随 Lode 角的增大而增大，试样因此易产生体积扩容；这一现象在 Bentheim 砂岩中则更为明显，当 Lode 角增大时，试样的破裂面逐渐从纯压缩带变为剪切面。由此可知，对于较大的 Lode 角，试样的脆性程度更高，同时意味着其具有更高的脆延性转换压力。

从图 6-43 可知，岩石的平均应力效应和 Lode 角效应与岩石属性及围压水平密切相关，在中间主应力增大的过程中，若平均应力效应超过 Lode 角效应，试样表现出降低的扩容程度或增大的压缩程度；反之，试样的体积扩容程度将进一步增强。

6.4 本章小结

本章以硬脆性自贡砂岩为研究对象，系统地开展了单轴压缩试验、常规三轴压缩试验及真三轴压缩试验，利用声发射监测、电镜扫描等技术手段，系统深入地研究该砂岩在不同应力路径下的强度与变形特性，探索其脆性破坏的宏微观机制，对掌握硬脆性砂岩在复杂应力条件下的力学性质具有一定参考意义。主要研究结论如下：

(1)以轴向应变和环向应变作为伺服反馈信号，研究砂岩试样在单轴压缩条件下的自持式脆性破坏过程和声发射特征。研究发现，在峰值应力前后，两种加载方式均可有效控制试样的破裂过程，随着试验进行，以轴向应变控制的试样瞬间发生剧烈岩爆，而环向应变控制能有效减缓试样的破裂过程，获得试样在单轴压缩条件下的全应力-应变曲线。

采用主/被动超声技术，对比分析了试验过程中加载控制方式对砂岩试样的 P 波速度、声发射特性、振幅谱衰减特征的影响。研究发现，试样内部的 P 波速度与应力场、损伤程度密切相关。基于时间相关的横观各向同性速度模型的震源定位时空演化规律表明：在两种控制方式下，应变局部化现象均在峰后发生于试样表面，环向应变控制显著减缓了损伤在该阶段的累积时间和程度，而轴向应变控制则使裂纹迅速成核、扩展，这解释了两种控制方式对试样峰后破坏稳定性影响的本质原因。此外，振幅谱分析表明：P 波速度极易受微裂纹的影响，而其衰减特性则更易受宏观裂纹的影响，因此，在实际工程中可通过测量 P 波速度，监测评估岩石/岩体的损伤程度。

(2)围压对自贡砂岩的全过程应力阈值(裂纹闭合应力除外)、破裂角、脆性等特征均有显著影响。采用环向应变控制时，试验曲线难以体现裂纹压密阶段；基于轴向应变控制试验曲线中，裂纹闭合应力不受围压的影响。基于两种控制方式的试验均表明，裂纹起裂应力、裂纹损伤应力、峰值应力和残余应力均随围压的增大而增大。试样的峰后能量平衡特性分析发现，随着围压的增大，试样的脆性程度呈先增大后减小的趋势。当围压小于 60 MPa 时，试样的峰后曲线表现为Ⅱ型行为，因此采用轴向应变控制无法有效减缓试样的破坏过程；当围压大于 60 MPa 时，试样的延性程度显著增强，峰后曲线转变为Ⅰ型，采用环向应变控制和轴向应变控制均可获得全应力-应变曲线。此外，随着围压的增大，试样从单轴压缩条件下的轴向劈裂转变为剪切破坏，破裂角逐渐减小。

(3)除围压外，中间主应力亦是影响岩石强度与变形的重要因素。在真三轴试验中，由于中间主应力的存在，试样在 60 MPa 围压下的峰后曲线仍表现为典型的Ⅱ型，说明中间主应力显著增大了试样的脆性程度。在中间主应力增大的过程中，砂岩试样三个方向的变形表现出典型的各向异性扩容，岩石试样的体积变形特征取决于平均应力效应与 Lode 角效应这两种竞争机制的共同作用结果。在破裂形态特征方面，试样在双轴压缩条件下的破裂特征与深部硬脆性围岩边界形成的“洋葱皮剥落”或板裂现象极为相似，其微观解释为应力诱导产生了与 $\sigma_1-\sigma_2$ 平面平行的穿晶张拉微裂纹。当试样处于均匀应力状态下，试样的不均质性决定了微裂纹的发育扩展特征；当试样处于真三轴应力状态时，非均匀应力状态对试样的破裂形态起主导作用。

通过扫描电镜观察试样裂纹各区域，揭示了真三轴应力状态下左旋式Ⅱ型裂纹过程区的微观特征。在扩展过程中，左旋式Ⅱ型裂纹尖端的正前方和左侧区域均存在张拉应力场，其中，前者是裂纹扩展的主要驱动力；在后者和试样不均质性的共同影响下，裂纹在扩展过程中将偏向左侧并最终停止扩展；差应力不断增大下，在剪切区域内将有新的裂纹萌生、扩展直至完全贯通。

参考文献

[1] Fairhurst C E, Hudson J A. Draft ISRM suggested method for the complete stress-strain curve for intact rock in uniaxial compression[J]. International Journal of Rock Mechanics and Mining Sciences, 1999, 36(3): 279-289.

[2] Pettitt W S. Acoustic emission source studies of microcracking in rock[D]. Keele: University of Keele, 1998.

[3] Thompson B D, Young R P, Lockner D A. Fracture in Westerly granite under AE feedback and constant strain rate loading: Nucleation, quasi-static propagation, and the transition to unstable fracture propagation[J]. Pure and Applied Geophysics, 2006, 163: 995-1019.

[4] Goodfellow S D, Flynn J W, Reyes-Montes J M, et al. Acquisition of complete acoustic emission amplitude records during rock fracture experiments[J]. Journal of Acoustic Emission, 2014, 32: 1-11.

[5] Paterson M S, Wong T. Experimental rock deformation: The brittle field[M]. Berlin: Springer-Verlag, 2005.

[6] Lockner D A, Byerlee J D, Kuksenko V, et al. Quasi-static fault growth and shear fracture energy in granite[J]. Nature, 1991, 350(6313): 39-42.

[7] Sondergeld C H, Estey L H. Acoustic emission study of microfracturing during the cyclic loading of Westerly granite[J]. Journal of Geophysical Research: Solid Earth, 1981, 86(B4): 2915-2924.

[8] Nishizawa O, Onai K, Kusunose K. Hypocenter distribution and focal mechanism of AE events during two stress stage creep in Yugawara andesite[J]. Pure and Applied Geophysics, 1984, 122(1): 36-52.

[9] Yanagidani T, Ehara S, Nishizawa O, et al. Localization of dilatancy in Ohshima granite under constant uniaxial stress[J]. Journal of Geophysical Research: Solid Earth, 1985, 90(B8): 6840-6858.

[10] Chow T M, Meglis I L, Young R P. Progressive microcrack development in tests on Lac du Bonnet granite—Ⅱ. Ultrasonic tomographic imaging[J]. International Journal of Rock Mechanics and Mining Sciences & Geomechanics Abstracts, 1995, 32(8): 751-761.

[11] Munoz H, Taheri A, Chanda E K. Rock drilling performance evaluation by an energy dissipation based rock brittleness index[J]. Rock Mechanics and Rock Engineering, 2016, 49(8): 3343-3355.

[12] Munoz H, Taheri A. Specimen aspect ratio and progressive field strain development of sandstone under uniaxial compression by three-dimensional digital image correlation[J]. Journal of Rock Mechanics and Geotechnical Engineering, 2017, 9(4): 599-610.

[13] Munoz H, Taheri A. Local damage and progressive localisation in porous sandstone during cyclic loading[J]. Rock Mechanics and Rock Engineering, 2017, 50(12): 3253-3259.

[14] Lockner D A, Byerlee J D. Fault growth and acoustic emissions in confined granite[J]. Applied Mechanics Reviews, 1992, 45(3S): S165-S173.

[15] Rudnicki J W, Rice J R. Conditions for the localization of deformation in pressure-sensitive dilatant materials[J]. Journal of the Mechanics and Physics of Solids, 1975, 23(6): 371-394.

[16] Brace W F, Paulding Jr B W, Scholz C. Dilatancy in the fracture of crystalline rocks[J]. Journal of Geophysical Research, 1966, 71(16): 3939-3953.

[17] Bieniawski Z T. Mechanism of brittle fracture of rock: Part Ⅱ—experimental studies[J]. International Journal of Rock Mechanics and Mining Sciences & Geomechanics Abstracts, 1967, 4(4): 407-423.

[18] Lajtai E Z. Brittle fracture in compression[J]. International Journal of Fracture, 1974, 10(4): 525-536.

[19] Martin C D, Chandler N A. The progressive fracture of Lac du Bonnet granite[J]. International Journal of Rock Mechanics and Mining Sciences & Geomechanics Abstracts, 1994, 31(6):

643-659.
[20] Eberhardt E, Stead D, Stimpson B, et al. Identifying crack initiation and propagation thresholds in brittle rock[J]. Canadian Geotechnical Journal, 1998, 35(2): 222-233.
[21] Zhao X G, Cai M, Wang J, et al. Damage stress and acoustic emission characteristics of the Beishan granite[J]. International Journal of Rock Mechanics and Mining Sciences, 2013, 64: 258-269.
[22] Zhao X G, Cai M, Wang J, et al. Objective determination of crack initiation stress of brittle rocks under compression using AE measurement[J]. Rock Mechanics and Rock Engineering, 2015, 48(6): 2473-2484.
[23] Nicksiar M, Martin C D. Evaluation of methods for determining crack initiation in compression tests on low-porosity rocks[J]. Rock Mechanics and Rock Engineering, 2012, 45(4): 607-617.
[24] 彭俊. 脆性岩石强度与变形特性研究[D]. 武汉：武汉大学, 2015.
[25] Chang S H, Lee C I. Estimation of cracking and damage mechanisms in rock under triaxial compression by moment tensor analysis of acoustic emission[J]. International Journal of Rock Mechanics and Mining Sciences, 2004, 41(7): 1069-1086.
[26] Tarasov B, Potvin Y. Universal criteria for rock brittleness estimation under triaxial compression [J]. International Journal of Rock Mechanics and Mining Sciences, 2013, 59: 57-69.
[27] Wawersik W R, Brace W F. Post-failure behavior of a granite and diabase[J]. Rock Mechanics, 1971, 3(2): 61-85.
[28] Tarasov B G. Superbrittleness of rocks at high confining pressure[C]// The Fifth International Seminar on Deep and High Stress Mining. Perth: Australian Centre for Geomechanics, 2010: 119-134.
[29] Oku H, Haimson B, Song S. True triaxial strength and deformability of the siltstone overlying the Chelungpu fault (Chi-Chi earthquake), Taiwan[J]. Geophysical Research Letters, 2007, 34(9): 1-5.
[30] Ma X D, Haimson B C. Failure characteristics of two porous sandstones subjected to true triaxial stresses[J]. Journal of Geophysical Research: Solid Earth, 2016, 121(9): 6477-6498.
[31] Ma X D, Rudnicki J W, Haimson B C. Failure characteristics of two porous sandstones subjected to true triaxial stresses: Applied through a novel loading path[J]. Journal of Geophysical Research: Solid Earth, 2017, 122(4): 2525-2540.
[32] Ingraham M D, Issen K A, Holcomb D J. Response of Castlegate sandstone to true triaxial states of stress[J]. Journal of Geophysical Research: Solid Earth, 2013, 118(2): 536-552.
[33] Haimson B, Chang C. A new true triaxial cell for testing mechanical properties of rock, and its use to determine rock strength and deformability of Westerly granite[J]. International Journal of Rock Mechanics and Mining Sciences, 2000, 37(1): 285-296.
[34] Chang C, Haimson B. True triaxial strength and deformability of the German Continental Deep Drilling Program (KTB) deep hole amphibolite[J]. Journal of Geophysical Research: Solid

Earth, 2000, 105(B8): 18999-19013.

[35] Kwasniewski M, Takahashi M, Li X. Volume changes in sandstone under true triaxial compression conditions[C]// The 10th ISRM congress. Sandton: The South Africa Institute of Mining and Metallurgy, 2003: 683-688.

[36] Kong R, Feng X T, Zhang X W, et al. Study on crack initiation and damage stress in sandstone under true triaxial compression[J]. International Journal of Rock Mechanics and Mining Sciences, 2018, 106: 117-123.

[37] Eberhardt E B. Brittle rock fracture and progressive damage in uniaxial compression[D]. Saskatoon: University of Saskatchewan, 1998.

[38] Haimson B. True triaxial stresses and the brittle fracture of rock[J]. Pure and Applied Geophysics, 2006, 163(5): 1101-1130.

[39] Mogi K. Experimental Rock Mechanics[M]. Boca Raton: CRC Press, 2006.

[40] Reches Z, Lockner D A. Nucleation and growth of faults in brittle rocks[J]. Journal of Geophysical Research: Solid Earth, 1994, 99(B9): 18159-18173.

[41] Petit J, Barquins M. Fault propagation in Mode Ⅱ conditions: Comparison between experimental and mathematical models, applications to natural features[M]//Mechanics of Jointed and Faulted Rock. Boca Raton: CRC Press, 1990: 213-220.

[42] Moore D E, Lockner D A. The role of microcracking in shear-fracture propagation in granite [J]. Journal of Structural Geology, 1995, 17(1): 95-114.

[43] Ma X D. Failure characteristics of compactive, porous sandstones subjected to true triaxial stresses[D]. Madison: The University of Wisconsin-Madison, 2014.

第 7 章

岩石剪切变形与破坏特征

岩体在承受拉、压、剪或复合型荷载时往往会发生拉伸、剪切断裂破坏，在剪切荷载作用下相邻节理(或裂隙)的扩展和相互贯通是工程岩体的主要破坏方式之一，如坝基底部剪滑、巷道失稳、边坡滑坡、断裂构造地震等。岩石抗剪强度是指岩石在剪切荷载作用下破坏时能承受的最大剪应力，采用直接剪切试验、变角剪切试验和三轴剪切试验等方法测定，常用 τ 表示。岩石及类岩石材料的抗剪切性能弱于抗压性能，研究岩石抗剪强度及剪切破坏变形特征有利于加强人们对岩石工程中各类剪切破坏的认识和理解。在脆性岩石剪切破坏过程中，微裂纹萌生、剪切带形成、凹凸体剪断、摩擦滑移等过程通常伴随着声发射事件的产生。通过声发射监测及分析，可以反演岩石的破坏状态、破坏机制及内部应力分布等信息，为岩石破坏预测、岩体稳定性评估及岩石工程设计提供重要的参考依据。

7.1　直剪试验力学行为及声发射特征

7.1.1　试验方案

岩石直接剪切试验是研究完整岩石和节理岩石剪切破坏特性的常用方法。根据剪切试验过程中所施加法向边界条件的不同，直接剪切试验可分为常法向荷载(Constant Normal Load，CNL)剪切和常法向刚度(Constant Normal Stiffness，CNS)剪切两种类型，如图 7-1 所示。前者允许自由发生剪胀，对应地表或浅埋工程(如边坡上未锚固缓倾结构面、坝基等)剪切滑移过程中的边界条件；后者抑制剪胀行为，更能反映地下开挖附近岩石的断裂滑移行为。

常法向荷载剪切试验加载过程中法向应力不变，常法向荷载条件可以看成是常法向刚度条件的特殊形式(刚度为 0)；对于常法向刚度剪切试验，法向应力随法向位移的变化而变化[1](如图 7-2 所示)，CNS 条件下法向荷载的动态变化计

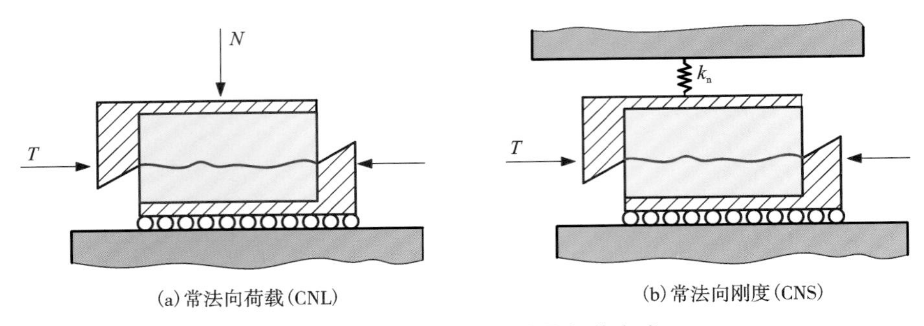

图 7-1　直接剪切试验边界加载方式

算公式为

$$\Delta P_n = k_n \times \Delta\delta_n \tag{7-1}$$

$$P_n(t+\Delta t) = P_n(t) + \Delta P_n \tag{7-2}$$

式中：k_n 为设定的法向刚度；$\Delta\delta_n$ 为 Δt 时间内法向位移的变化量；ΔP_n 为 Δt 时间内法向荷载的变化量、$P_n(t+\Delta t)$ 为 $t+\Delta t$ 时刻法向荷载。

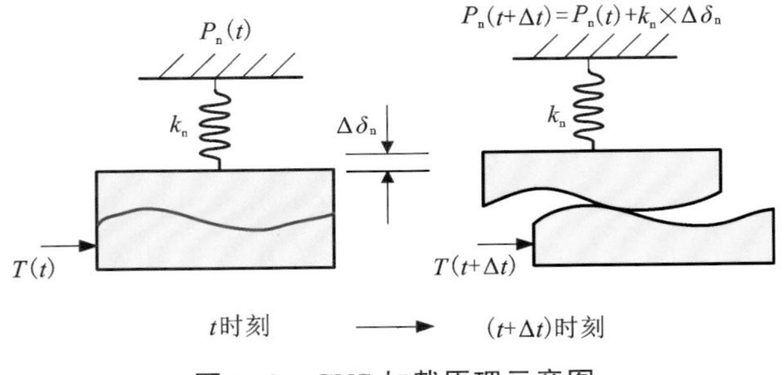

图 7-2　CNS 加载原理示意图

CNL 和 CNS 两种加载方式下法向应力随法向位移的变化曲线如图 7-3 所示。

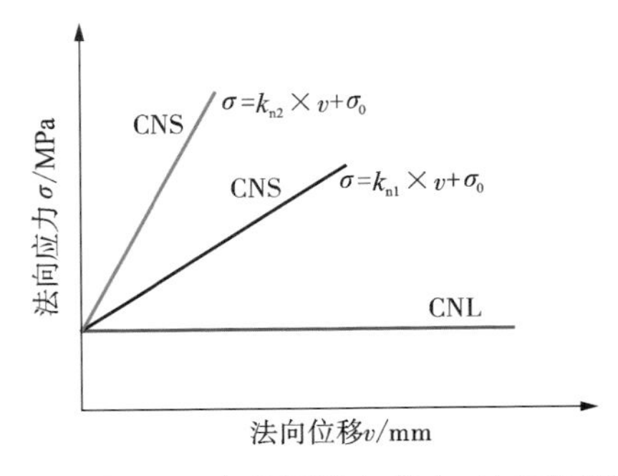

图 7-3　CNL 及 CNS 条件下法向应力-法向位移变化曲线

7.1.2　直剪试验力学特性

Haberfield 和 Johnston[2]在常法向刚度条件下对混凝土-岩石模型开展直接剪切试验，发现起伏角最大的凹凸体首先承担全部的切向荷载，当切向位移增大到一定值，剪断破坏发生时，剩余凹凸体中起伏角度最大的部分开始接触并承担全部的荷载。Jafari 等[3]研究了不同循环荷载条件下人工岩石节理剪切强度的变化，发现膨胀角、凹凸体退化和磨损是影响岩石节理抗剪强度的 3 个主要因素，岩石节理在滑动过程中的剪切行为与法向应力水平直接相关，并可能在循环位移过程中从滑动转变为断裂。

杜守继等[4]开展了不同法向应力作用下花岗岩人工节理直剪试验，如图 7-4 所示。从剪切应力-剪切位移曲线可看出，最初剪切应力随剪切位移的增加快速线性增加至峰值，随剪切位移的继续增加，剪切应力逐渐降低，最终趋于定值(残余剪切应力)；从法向位移-剪切位移曲线可看出，当剪切应力达到峰值时，节理开始发生剪胀现象，随着剪切位移的进一步增加，法向位移以递减的剪胀速率开始增加。花岗岩节理峰值剪切应力和残余剪切应力随法向应力的增加呈线性增长趋势(如图 7-5 所示)。

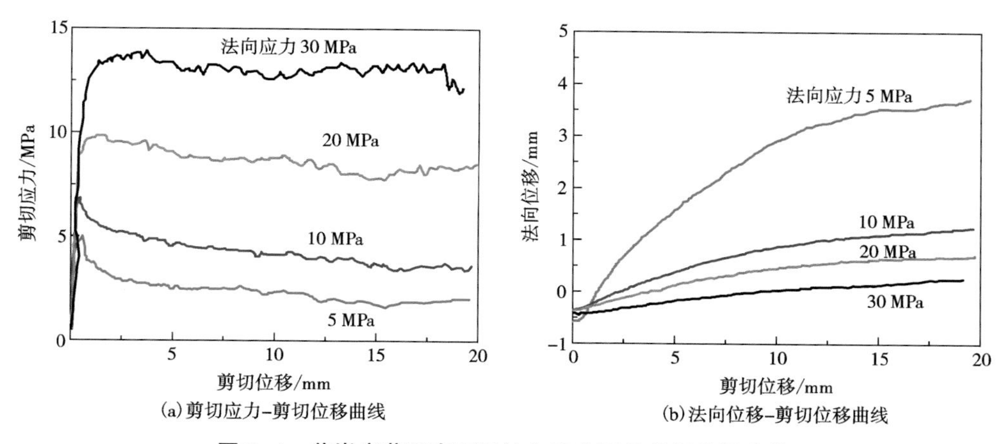

(a) 剪切应力-剪切位移曲线　(b) 法向位移-剪切位移曲线

图 7-4　花岗岩节理在不同法向应力下的剪切特性曲线

WANG 等[5]研究了不同法向刚度条件下岩石节理的剪切力学特性，如图 7-6 所示。在 CNL 条件下(k_n = 0 MPa/mm)，剪切应力-剪切位移曲线表现为三个阶段：首先，剪切开始时，剪切应力随剪切位移呈线性急剧增加，直至达到峰值剪切强度；然后，限制节理移动的凹凸体被剪断，出现应力软化行为；最终进入残余应力阶段。对于CNS条件下的剪切试验，剪切力学行为取决于法向刚度，峰前阶段的剪切应力变化曲线与CNL相似，但在峰后阶段的剪切行为受法向刚度的影响显著。在低法向刚度条件下会出现应力软化行为，但随着法向刚度的增加，应力软化程度降低，甚至在较高的法向刚度条件下出现了应力硬化现象。常法向应力条件下的应力降明显要大于常法向刚度条件下的应力降。

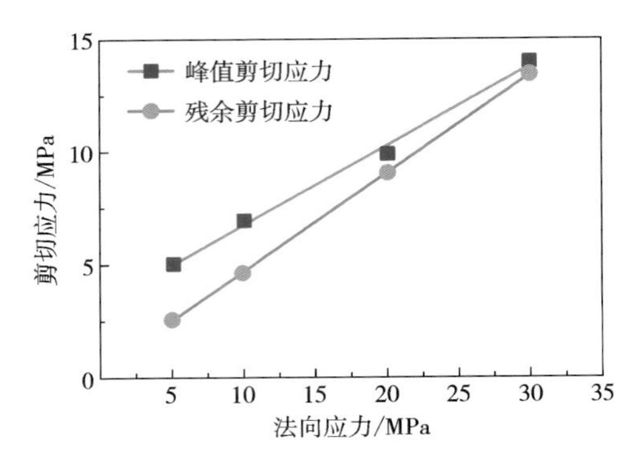

图7-5　花岗岩节理剪切应力与法向应力的关系

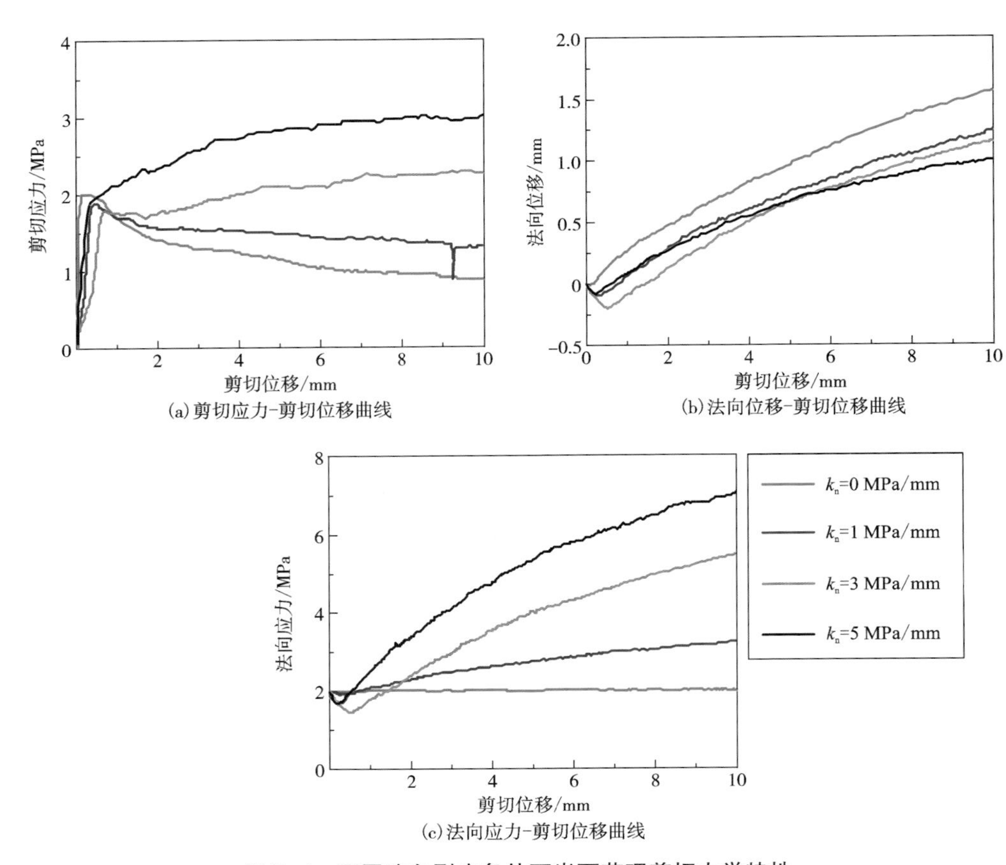

图7-6　不同法向刚度条件下岩石节理剪切力学特性

7.1.3　试样直剪破坏声发射特征

声发射特征参数能评估岩石的损伤情况，有效分析岩石损伤破坏演化规律。WANG 等[5]分析了直接剪切破坏过程中的声发射特征，如图 7-7 和图 7-8 所示，在 CNL 条件下[图 7-7(a)、图 7-8(a)]，在剪切开始时声发射计数和声发射能量率随着剪切应力的增加而增加，在剪切应力最大时达到峰值，而累计声发射数在这一阶段几乎可以忽略不计，随后，累计声发射数显著增加，声发射计数和声发射能量率随时间逐渐降低(剪切应力峰值后变为应力软化/硬化)，最后，声发射计数和声发射能量率的数值在小范围内波动，相应累计的声发射数缓慢增加。

对于 CNS 边界条件，在峰前阶段，声发射计数和声发射能量率的演化特征与 CNL 边界条件下变化基本一致。声发射计数随剪切应力的增加而增加，并在峰值剪切应力处达到峰值。然而，在峰后阶段，CNS 条件下的声发射计数及其活跃程度随法向刚度的增加而增加，与 CNL 条件下节理剪切相比，此阶段累计声发射计数显著增加。累计声发射数和累计声发射能量随法向刚度的增大而增大，说明法向刚度对节理表面凹凸体的损伤影响较大，其中凹凸体的退化程度与法向刚度线性相关。

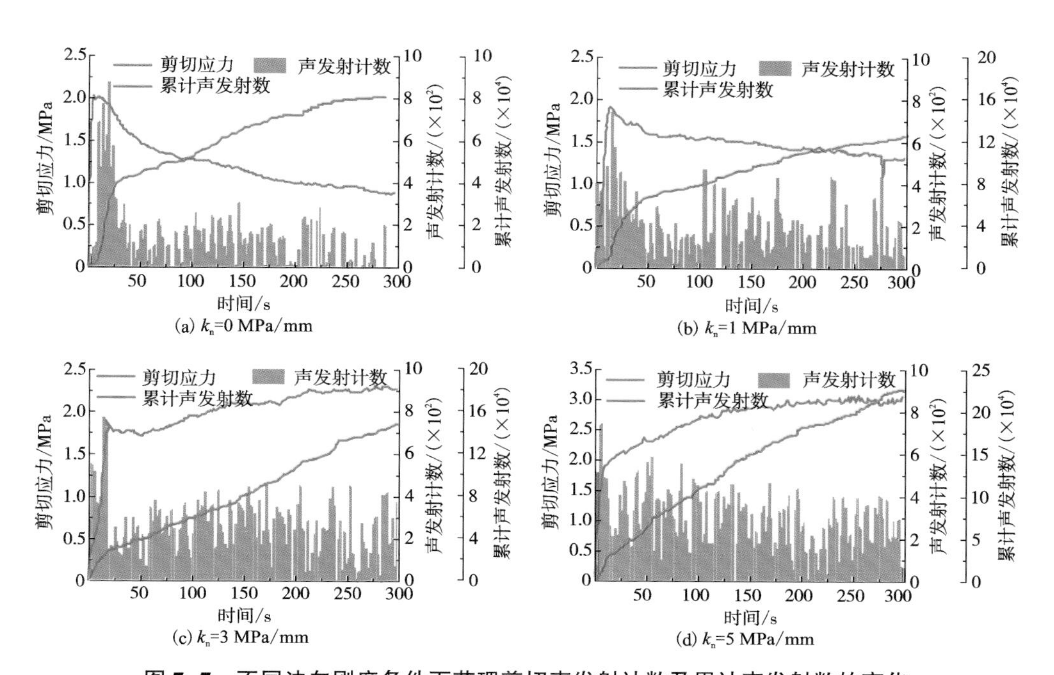

图 7-7　不同法向刚度条件下节理剪切声发射计数及累计声发射数的变化

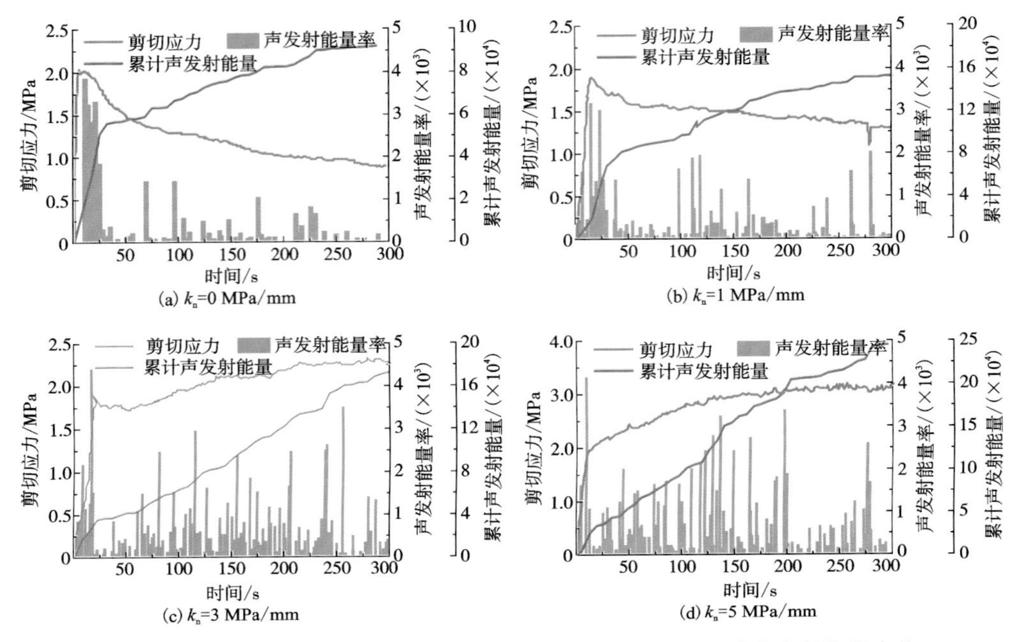

(a) k_n=0 MPa/mm　(b) k_n=1 MPa/mm
(c) k_n=3 MPa/mm　(d) k_n=5 MPa/mm

图 7-8　不同法向刚度条件下节理产生的声发射能量率和累计声发射能量变化

图 7-9 为不同法向刚度条件下剪切试验声发射事件分布，可知在岩石节理剪切过程中，较大比例的声发射信号主要来自岩石表面的凹凸体开裂、滚动、碾压和滑动，少部分来自完整岩石内部远离节理面的局部破坏；声发射事件总数随法向刚度的增加而增加，进一步证实了法向刚度对表面凹凸体的损伤有较大影响。

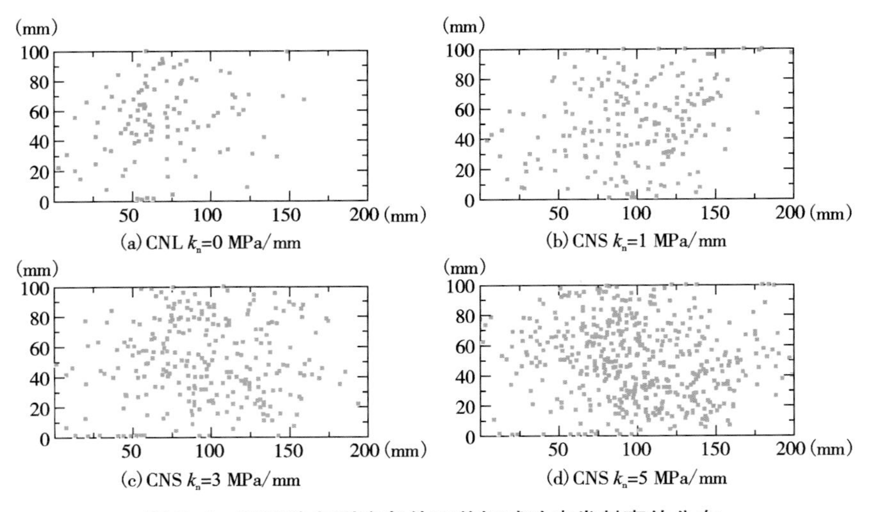

(a) CNL k_n=0 MPa/mm　(b) CNS k_n=1 MPa/mm
(c) CNS k_n=3 MPa/mm　(d) CNS k_n=5 MPa/mm

图 7-9　不同法向刚度条件下剪切试验声发射事件分布

7.2　变角剪切试验力学行为及声发射特征

7.2.1　试验方案

变角剪切试验是一种较为常用的限制性测量抗剪强度的试验方法。试验所选用的立方体砂岩试样尺寸为 50 mm×50 mm×50 mm，试样加工过程中，保证试样相对端面相互平行，各端面的平整度及倾斜度符合试验标准，制备完成的砂岩试样如图 7-10 所示。

试验加载采用轴向应力控制，加载速率为 300 N/s，剪切模具倾斜角度设置为 20°、30°和 40°。试验过程中同步进行声发射监测，将 8 个 PICO 声发射传感器布设在立方体砂岩试样的前后两个临空面，传感器与试样接触部位涂抹硅脂进行耦合，以减小声发射信号在传感器与岩石接触位置的散射和衰减[6]，波形采样率设置为 10 MHz。

对采集的声发射信号进行处理，波形触发阈值设定为 30 mV，当不少于 4 个通道的波形振幅超过该阈值时，记录 204. 8 μs 信号，认定其为一个声发射事件。采用网格坍塌搜索算法进行声发射事件定位，如图 7-11 所示，该定位算法通过搜索所有网格点求取全局最优解。结合声发射特征参数、震源定位及震源机制反演进一步分析岩石试样在剪切破裂过程中的裂纹演化规律。

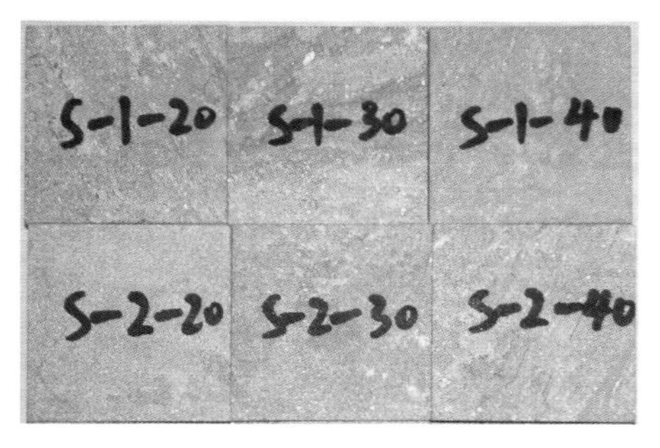

图 7-10　立方体砂岩试样

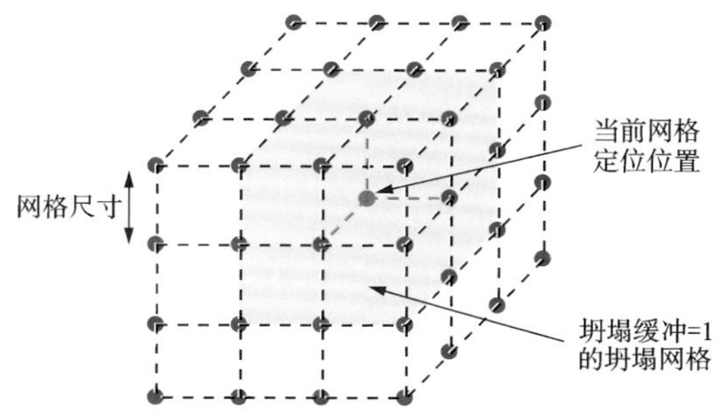

图 7-11　网格坍塌搜索算法示意图

7.2.2　变角剪切试验力学特性

针对砂岩试样，以恒定加载速率开展砂岩的变角剪切试验，并采集剪切破裂过程的声发射信号，得到两组 3 个角度的变角剪切试验数据，见表 7-1。由表 7-1 可知，随着剪切角度的增加，所需的轴向荷载也出现显著增加的趋势。

表 7-1　变角剪切试验结果

编号	最大轴向荷载/kN	切向剪应力/MPa	法向正应力/MPa	试验时间/s
S-1-20	113.54	42.01	15.82	362
S-2-20	106.31	39.41	14.84	338
S-1-30	118.08	40.24	23.83	377
S-2-30	163.33	55.67	32.97	528
S-1-40	263.90	79.46	68.19	863
S-2-40	266.30	79.94	68.61	871

将试验的峰值轴向荷载沿剪切面分解得到剪切破坏面的剪切应力和法向正应力，将两组数据的数据点拟合，得到砂岩抗剪强度曲线，如图 7-12 所示。可知，砂岩破坏前，抗剪切断面上所承载的剪应力随法向应力的增大而增大。岩石试样剪切破坏前要克服两种力，即岩石黏聚力与剪切面上的摩擦力，正应力越大，摩擦力也越大。

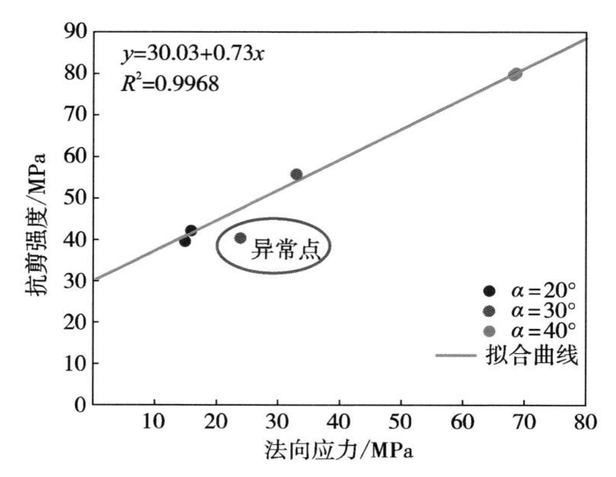

图 7-12　砂岩试样变角剪切抗剪强度曲线

将剪切试验数据代入库仑公式，可得

$$|\tau| = 30.03 + \sigma \tan 36.13° \tag{7-3}$$

计算得到砂岩的黏聚力 c 为 30.03 MPa；内摩擦角 φ 为 36.13°。

图 7-13 展示了 20°、30°和 40°剪切倾角下的剪切应力-轴向位移关系曲线，进一步分析砂岩试样在不同剪切倾角下的变形破坏特征。

由图 7-13(a) 和图 7-13(b) 可知，当剪切倾角为 20°时，试样 S-1-20 在剪切应力较小时出现压密现象，此时轴向位移处于 0~0.297 mm，占总试验时长的 38.86%，这一阶段砂岩原生裂隙、孔隙开始闭合，为压密阶段。之后，剪切应力-轴向位移曲线出现平台，轴向位移有突增但剪切应力没有明显的改变，为压密-弹性转换阶段。在弹性阶段，曲线斜率几乎保持不变，直至试样最终破坏。试样 S-2-20 在压密-弹性转换阶段轴向位移的增加没有试样 S-1-20 明显，且出现了塑性变形阶段，压密、弹性、塑性阶段的时长占比分别为 39.23%、32.84%、25.03%。

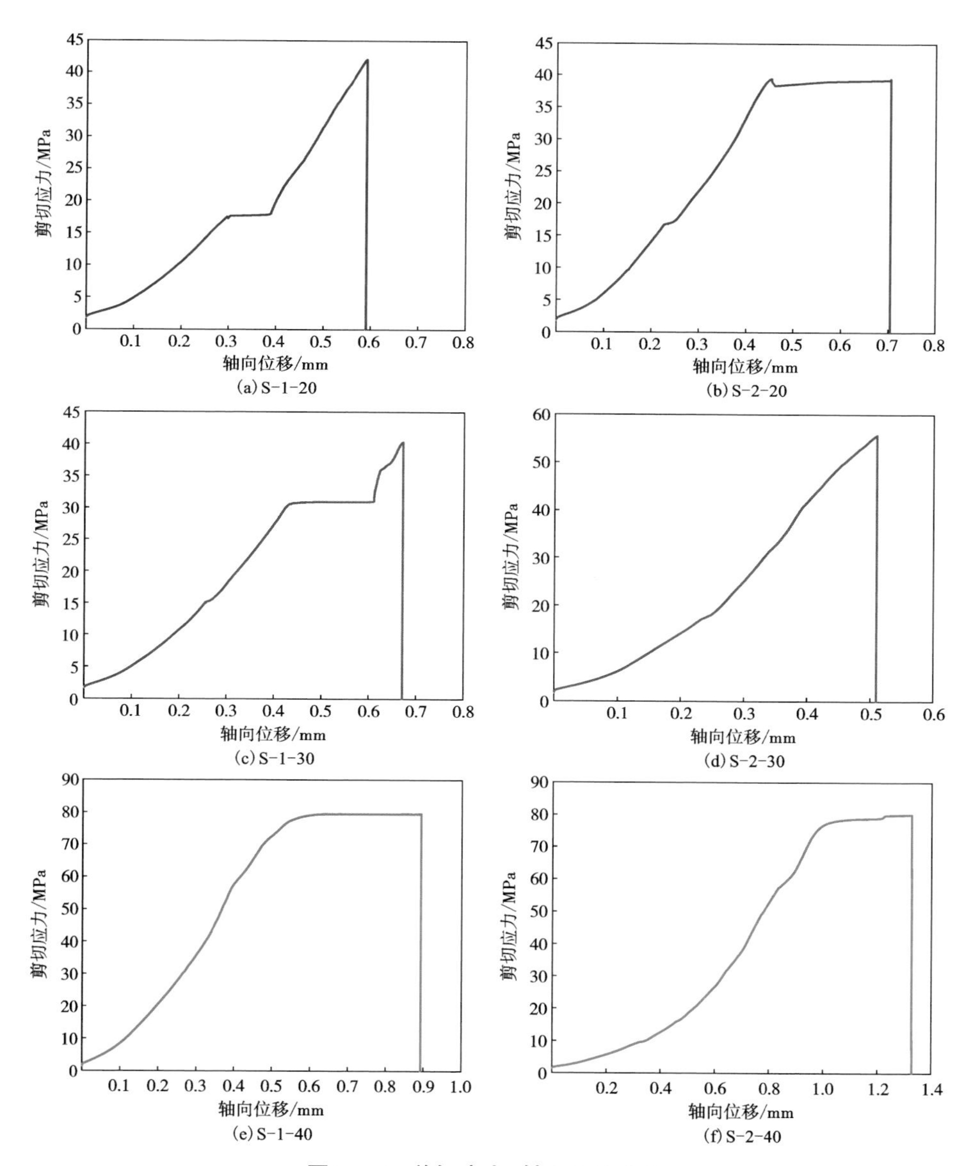

图 7-13　剪切应力-轴向位移曲线

由图 7-13(c) 和图 7-13(d) 可知，当剪切倾角为 30°时，试样 S-1-30 和 S-2-30 在试验过程中都经历了 3 个阶段(压密-弹性-塑性阶段)和 2 次转换(压密-弹性转换和弹性-塑性转换)。两个试样压密阶段结束时的轴向位移分别为 0.257 mm 和 0.230 mm，该阶段占总时长分别为 34.73%和 27.94%，压密向弹性转换阶段的总时长占比分别为 1.36%和 3.08%。在弹性阶段，试样 S-1-30 轴向位移增长 0.158 mm，时长占比为 38.38%；试样 S-2-30 的轴向位移增长 0.088 mm，时长占比为 24.09%。在弹-塑性转换阶段两个试样的总时长占比有较大的差别，分别为 1.47%和 18.95%。两个试样在最后的塑性阶段的总时长占比较为接近，分别为 24.06%和 25.94%，且轴向峰值荷载差异较大，可能是试样 S-1-30 的层理改变了试样的破坏模式所导致。

由图 7-13(e)和图 7-13(f)可知，当剪切倾角为 40°时，试样 S-1-40 加载过程由 3 个阶段和 1 次转换构成，压密、弹性、塑性阶段的轴向位移增长分别为 0.399 mm、0.046 mm、0.425 mm(包含最后破坏阶段)，各阶段分别占总时长的 71.86%、10.24%、13.88%；压密-弹性转换阶段轴向位移变化为 0.022 mm，占总时长的 3.89%。试样 S-2-40 由压密、弹性、塑性阶段构成，3 个阶段占总时长的比例分别为 60.24%、10.87%、28.89%。

随着剪切倾角的增大，压密阶段占总时长的比例增加，压密阶段向弹性阶段转换的时间占比越来越小，在剪切倾角为 40°时转换阶段消失，压密阶段直接向弹性阶段平缓转变。在塑性阶段，随着倾角的增大，该阶段的轴向位移也有明显的增加，说明试样的损伤破坏程度随着剪切倾角的增大而加剧。两个转换阶段也随着剪切倾角的增大而变化，压密-弹性转换阶段从突变到平缓过渡，弹性-塑性转换阶段从无到有、从突变到平缓过渡。

7.2.3 试样变角剪切破坏声发射特征

(1)AE 事件率及累计 AE 事件数

声发射特征参数与岩石损伤破裂过程密切相关，不同剪切倾角试验过程中轴向荷载、轴向位移、有效定位 AE 事件率和累计 AE 事件数随时间变化关系如图 7-14 所示。

剪切倾角为 20°的变角剪切试验声发射特征如图 7-14(a)所示，试样 S-2-20 剪切试验共进行约 338 s，轴向峰值荷载为 106.31 kN，试验过程中共拾取定位 AE 事件 564 个。0~132.54 s 为压密阶段，直至轴向荷载加载达到 31.11 kN 时出现第一个 AE 事件，整个压密阶段产生的 AE 事件很少(14 个)，这些 AE 事件被认为是砂岩内部裂隙压密产生的；在弹性阶段 AE 事件稳定增长，共产生 278 个 AE 事件，占总数的 49.29%；在破坏前微裂纹快速发育导致 AE 事件激增，同时轴向位移也发生突增，最终微裂纹扩展贯通试样完全破坏。由累计 AE 事件曲线可知，在 0~133 s 时间内 AE 事件增长缓慢，随着轴向荷载的增加，累计 AE 事件曲线的斜率也逐渐增大；在 300~338 s 时间内曲线的斜率最大，说明在试验破坏前 AE 事件出现激增，可将该现象作为砂岩试样即将剪切破坏的先兆信息。

剪切倾角为 30°的变角剪切试验声发射特征如图 7-14(b)所示，试样 S-2-30 的轴向峰值荷载为 163.33 kN，试验共进行约 528 s，试验过程中共有

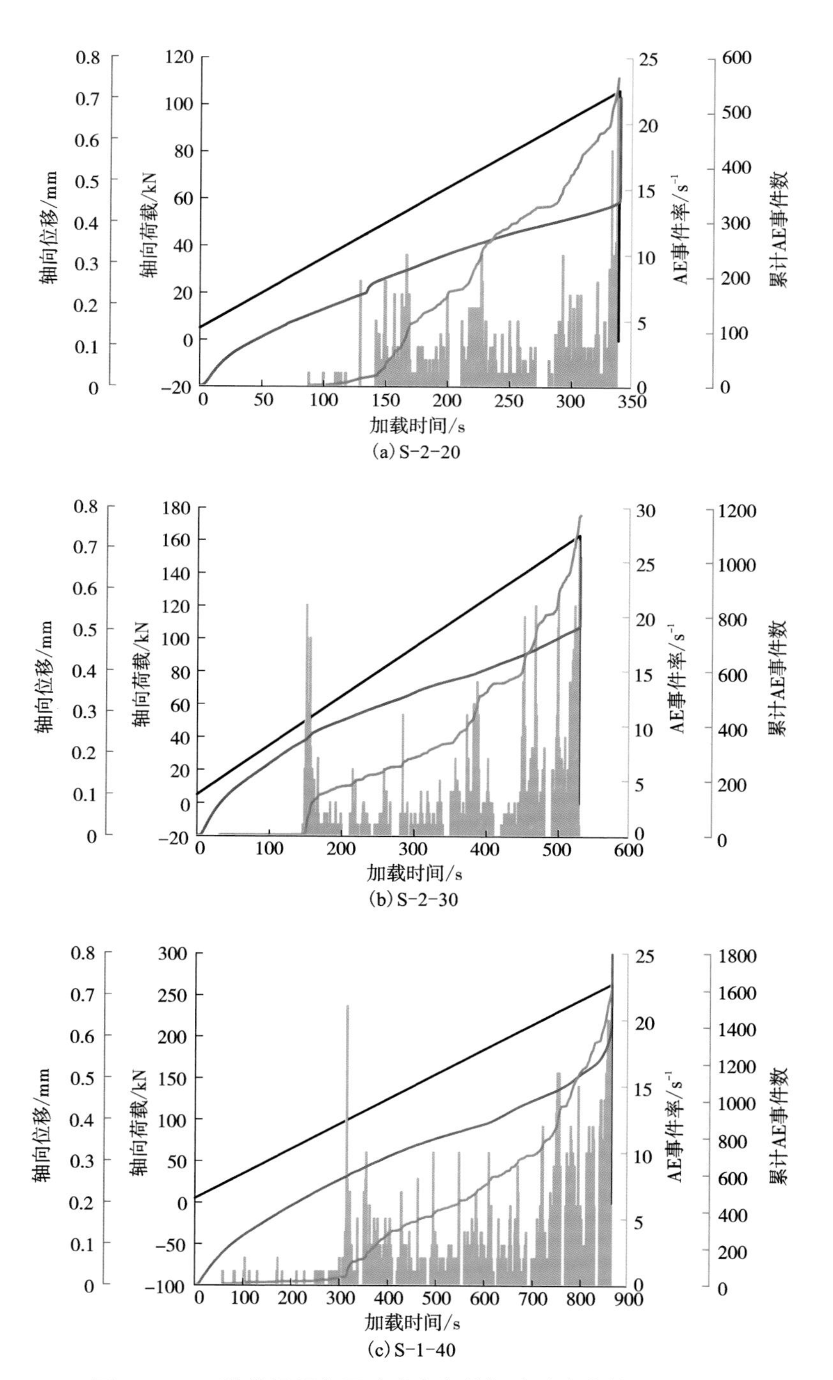

图 7-14　三种剪切倾角下砂岩变角剪切试验声发射特征分析

1172 个 AE 事件被成功拾取定位。砂岩试样在 148～156 s 时间内出现了第一次 AE 事件骤增(共产生 94 个 AE 事件)，推测这可能是由于试样内部发生了较为严重的损伤破坏。由轴向位移曲线和累计 AE 事件曲线可知，在弹性阶段 AE 事件率相对稳定；当进入塑性阶段，AE 事件率明显增大，在试验最后的 8 s AE 事件数骤增，同时可观察到轴向位移突然增加，累计 AE 事件数曲线也呈现出类指数的增长趋势，这是微裂纹持续发育贯通导致砂岩试样剪切破坏的结果，可将最后 AE 事件的激增作为砂岩试样即将剪切破坏的先兆信息。

剪切倾角为 40°的变角剪切试验声发射特征如图 7-14(c)所示，试样 S-1-40 的轴向峰值荷载为 263.90 kN，试验进行约 863 s，试验过程中共有 1610 个 AE 事件被成功拾取定位。从 AE 事件率和累计 AE 事件数曲线可知，在 0～310 s 仅产生 41 个 AE 事件；在 311～317 s AE 事件发生激增(共产生 55 个 AE 事件)，从轴向位移曲线可以观察到砂岩试样较平缓地由压密阶段过渡到弹性阶段；在 349～686 s AE 事件稳定增长，随后 AE 事件增长明显加快，说明砂岩试样的损伤加剧；在试验破坏前(838～862 s)，累计 AE 事件数呈现指数型增长，同时 AE 事件率也在持续增加，直至试验结束。

随着剪切倾角的增加，轴向峰值荷载和累计 AE 事件数均明显增加，AE 事件数的增加说明砂岩试样整体损伤破坏更加剧烈；砂岩试样在试验加载初期 AE 事件数均较少，出现一次 AE 事件骤增现象后，AE 事件在较长时间内稳定增长，试样剪切破坏前 AE 事件数再次出现激增，可将该激增现象看作是变角剪切试验砂岩试样剪切破坏的前兆信息。

(2) AE 事件时空演化

随着轴向荷载的持续增加，砂岩试样 AE 事件的时空演化与损伤破裂过程直接相关，因此 AE 事件时空演化分析可用于研究试样裂纹的形成与发育过程。

砂岩试样 S-2-20 时空损伤演化规律如图 7-15 所示。由图 7-15(a)和图 7-15(b)可知，试样 S-2-20 在前 230 s 产生了 261 个 AE 事件，且第一个 AE 事件在第 87 s 形成，可能是砂岩试样 S-2-20 较为致密，导致试验前期没有产生 AE 事件，这些 AE 事件相较于后面产生的 AE 事件信噪比更高，且主要集中于试样中间位置，表明在 20°剪切倾角下，S-2-20 砂岩试样损伤先从中部开始；由图 7-15(c)可知，随着轴向荷载的增加，试样与模具接触的上、下表面开始出现一些低信噪比事件(表明试样与模具接触处开始产生微小摩擦滑动)，同时在中间区域产生了较多的 AE 事件(70 s 时间内产生了 128 个 AE 事件)，这表明试样的损伤由中部向 U-D 方向扩展；由图 7-15(d)可知，在最后阶段，36 s 时间内产生了 175 个 AE 事件，试样的中间区域(剪切破坏带)U-D 方向上出现了大量 AE 事件，在试样两个端面出现的 AE 事件信噪比较低，表明在试验加载的最后阶段，两端面的微裂纹持续发育，最终与中部连通形成宏观大裂纹，产生贯通的剪切破坏面。

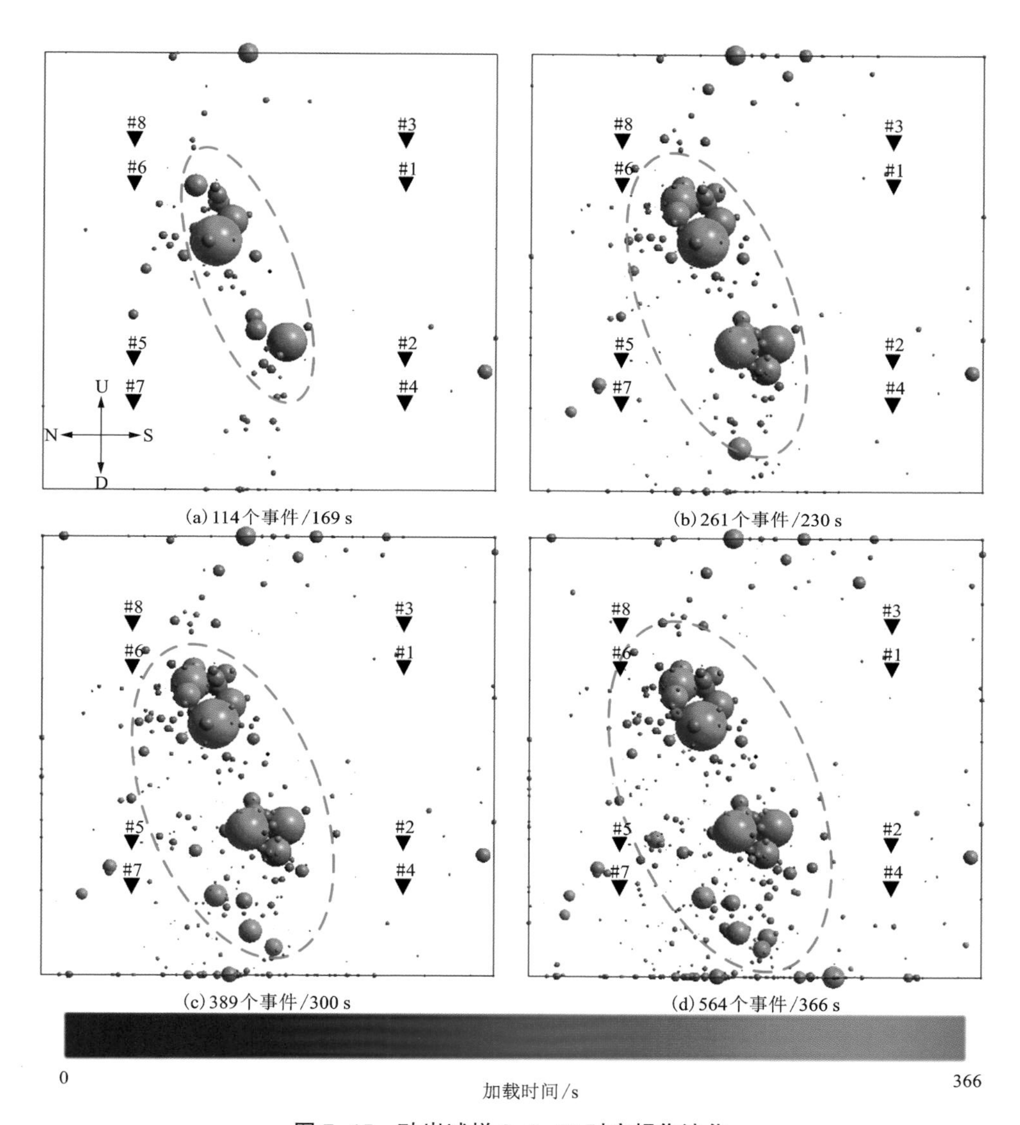

图 7-15　砂岩试样 S-2-20 时空损伤演化

由图 7-16(a)可知，砂岩试样 S-2-30 在前 238 s 时间内产生了 219 个 AE 事件，首次出现 AE 事件的时间在第 30 s，其主要沿着剪切带集中分布在试样的中部，说明在 30°剪切倾角下，试样损伤先从中部开始；由图 7-16(b)可知，随着轴向荷载的增加，试样与模具接触的上、下表面开始出现少量低信噪比 AE 事件，同时试样中部持续产生 AE 事件，154 s 内产生了 292 个 AE 事件，表明砂岩试样 S-2-30 与剪切模具的接触面开始产生微小破裂，同时中间的微裂纹持续发育；

由图 7-16(c)可知，在接下来的 101 s 内，砂岩试样的中心位置产生了大量 AE 事件(被成功定位的 AE 事件高达 309 个)，说明当轴向应力持续增加，砂岩试样损伤开始向试样中部集中；由图 7-16(d)可知，最后阶段 35 s 内产生了 352 个 AE 事件，剪切破坏带出现了大量低信噪比 AE 事件，但两端面的 AE 事件与中间的 AE 事件相比，信噪比相对更低，此阶段是中间损伤区与两端损伤区的微裂纹共同发育并贯通，形成宏观裂纹，最终造成试样的剪断破坏，该阶段 AE 事件激增，可将这一声发射现象看作试样完全剪切破坏的前兆信息。

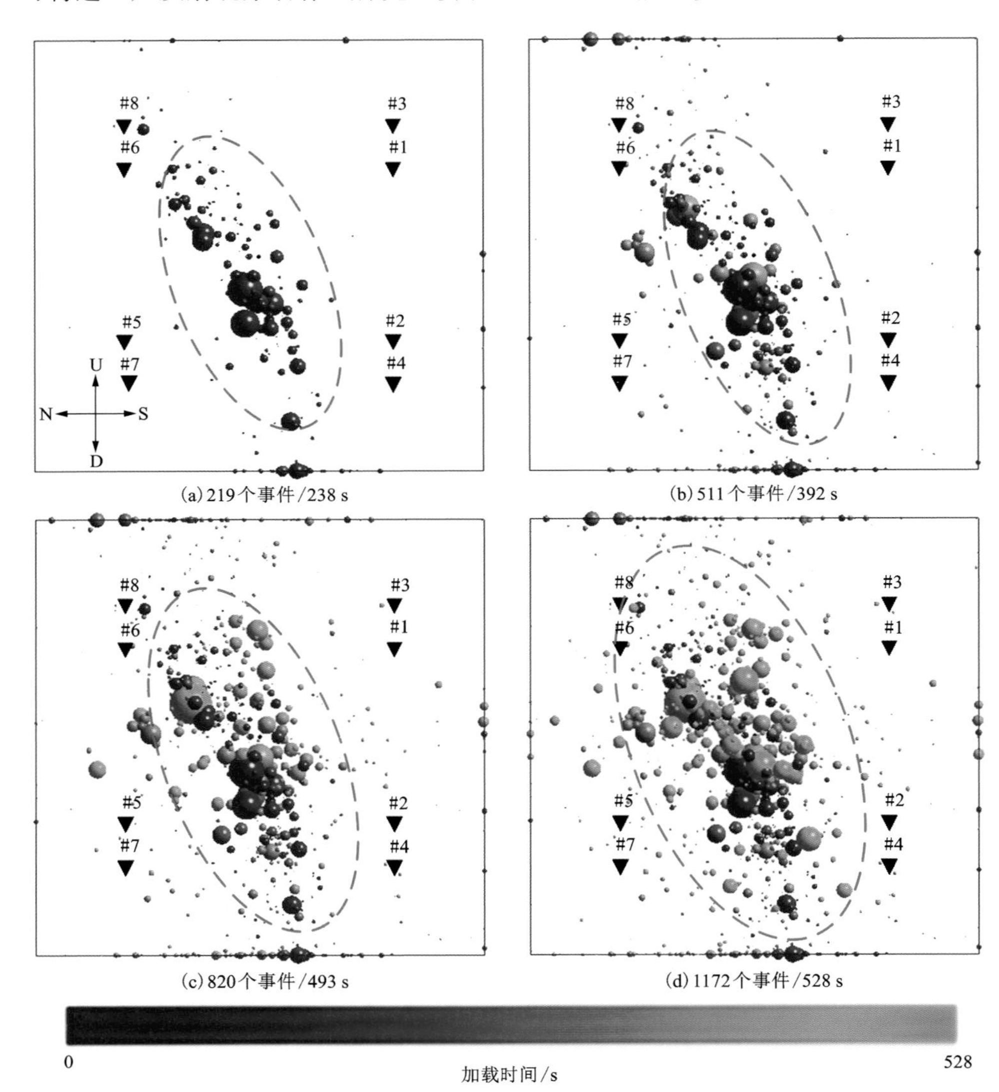

图 7-16 砂岩试样 S-2-30 时空损伤演化

由图 7-17(a)可知，砂岩试样 S-1-40 在前 408 s 产生了 293 个 AE 事件，第一个 AE 事件在第 56 s 产生，主要产生在剪切带的中部(U-D 方向±10 mm 范围)，大部分为低信噪比 AE 事件，为砂岩试样的压密阶段；由图 7-17(b)和图 7-17(c)可知，在 349 s 内产生了 676 个 AE 事件，AE 事件分布在整个试样内部，信噪比相对较低，与其他两个剪切倾角的 AE 事件分布有所不同(20°剪切倾角下产生了两簇 AE 事件，30°剪切倾角下在试样中间位置产生了一簇 AE 事件)，说明随着剪切角度的改变，试样内部的损伤范围也在发生变化，即试样的应力状

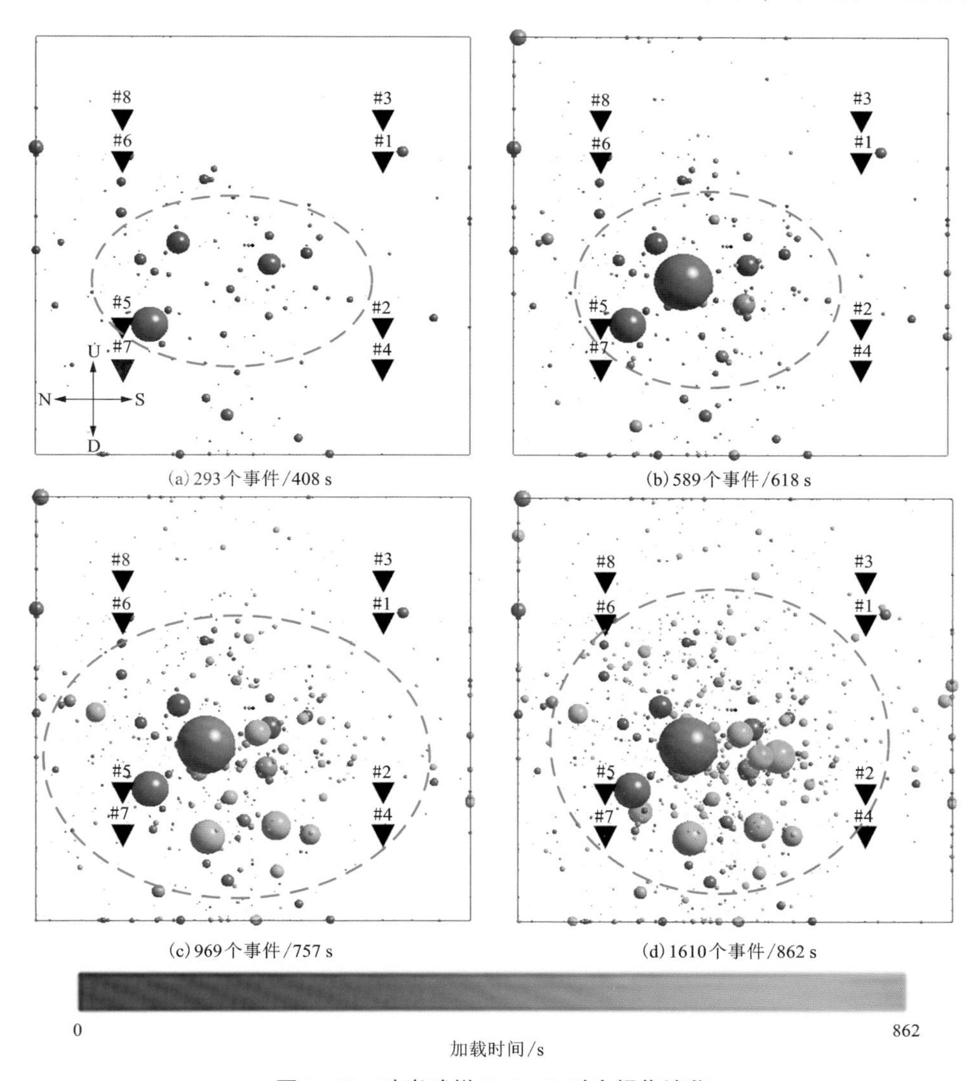

图 7-17　砂岩试样 S-1-40 时空损伤演化

态影响着砂岩试样损伤的演化进程；由图 7-17(d)可知，在最后阶段，在 105 s 内产生了 641 个 AE 事件，大量低信噪比 AE 事件主要集中在剪切带中部，同时观察到在 E-S 方向的试样表面也产生了一些低信噪比 AE 事件，表明随着法向荷载的增加，试样侧面(N-S 方向)与剪切模具也发生了微小的滑动摩擦，该阶段微裂纹在轴向应力的作用下持续发育、扩展和贯通，最终导致试样发生剪切破坏。

综上，试验加载采用轴向应力控制，加载速率恒定，可将加载时间转换为荷载百分比。基于荷载百分比的 AE 事件时空演化规律可知，随着剪切倾角的增加，AE 事件开始出现的时间更早：在剪切倾角为 20°时，AE 事件主要集中在试验后期；当剪切倾角达到 40°时，在试验前期就出现了大量的 AE 事件；随着剪切倾角的增加，整个加载过程产生的 AE 事件数明显增加。试验过程中，试样首先在剪切带的中部发生损伤产生 AE 事件，随着轴向荷载的增加，砂岩试样损伤演化过程存在差异：当剪切倾角为 20°时，损伤从剪切带中部向 U-D 两个方向延伸扩展，最终达到剪切面的剪切破坏；当剪切倾角为 40°时，微裂纹逐渐在整个试样内部发育扩展，最终达到整体试样破坏，即随着剪切倾角的增加，试样整体损伤破坏程度加剧，损伤逐渐由剪切面的小范围破坏扩展到整个试样破坏。

同时，AE 事件定位结果与试样破坏的宏观裂纹基本吻合。随着剪切倾角的变化，砂岩试样破裂形式也在发生变化，具体表现为：剪切倾角为 20°时，形成 2 个主要的损伤破坏区域；剪切倾角为 30°时，在砂岩试样中间形成了一个主要的损伤破坏区域；当剪切倾角为 40°时，砂岩试样损伤破坏较为均匀，在整个剪切面上都分布着 AE 事件，说明砂岩试样的损伤破坏程度更为严重，损伤破坏区域从局部扩展到整个剪切面。剪切面的形态也呈现出对应的规律性，剪切倾角 20°、30°条件下剪切面相对平整，而 40°的剪切面更加粗糙，如图 7-18 所示。

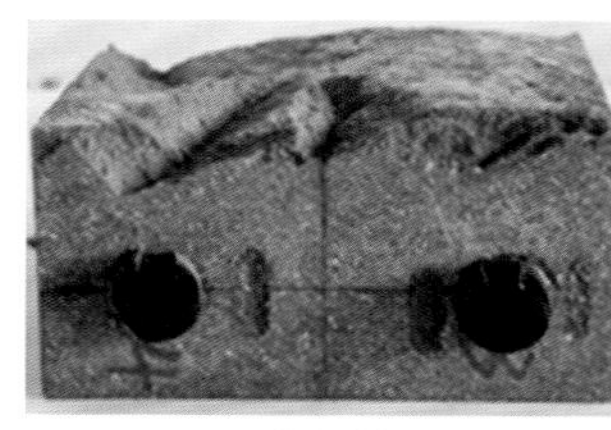

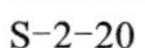

S-2-20　S-2-30　S-1-40

图 7-18　剪切面粗糙度对比

(3)定位震级 M_L 及 b 值特征

AE 事件的 b 值与定位震级 M_L 的定义已在本书第 5 章详细描述，其计算可采用式(5-1)、式(5-2)。

变角剪切有效定位 AE 事件的震级分布如图 7-19 所示，由图 7-19(a)可知，

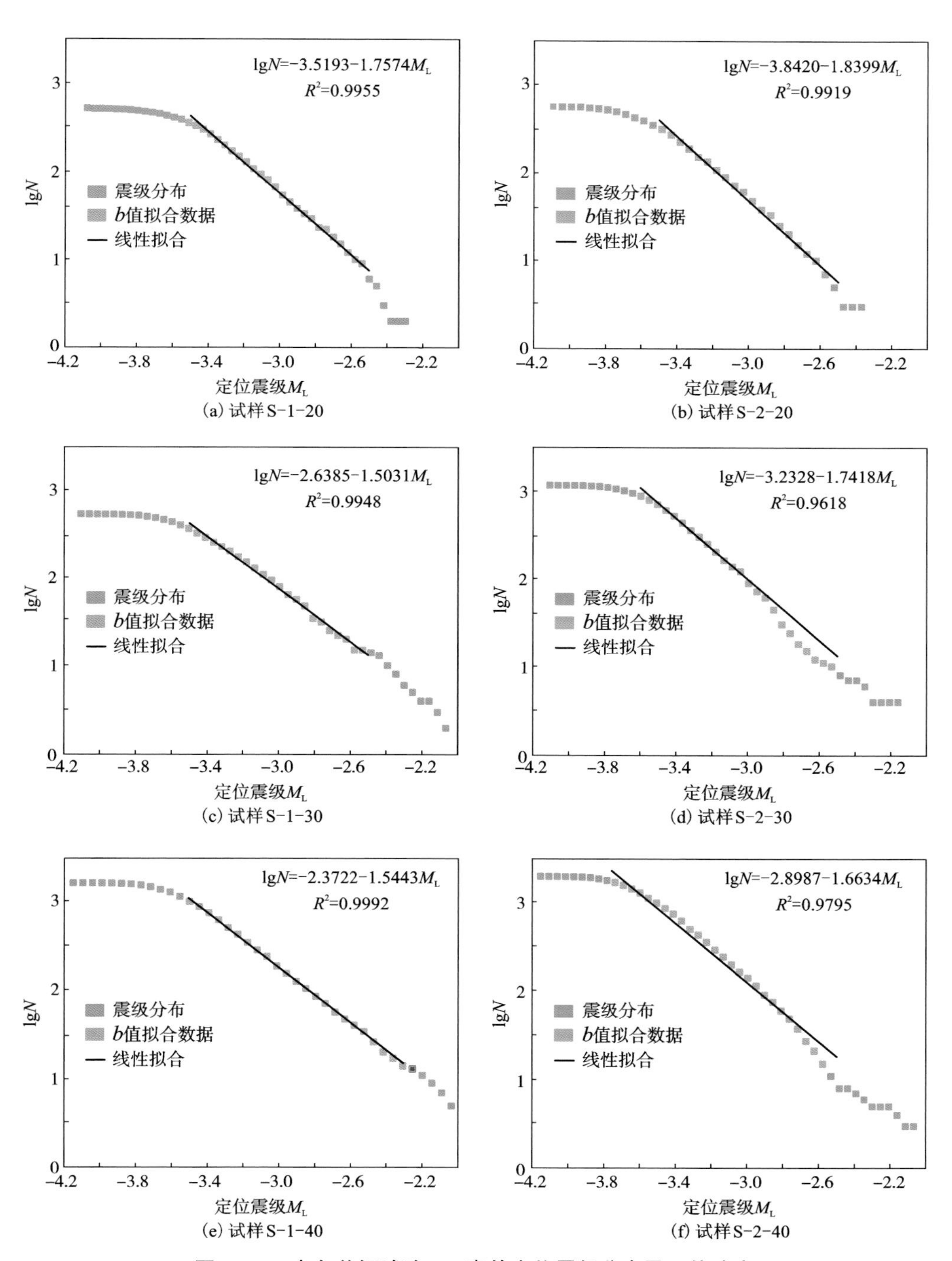

图 7-19　变角剪切试验 AE 事件定位震级分布及 *b* 值确定

砂岩试样 S-1-20 加载过程中产生的 AE 事件定位震级主要分布在-4.2~-2.2，用于拟合获取 b 值的定位震级范围为-3.5~-2.5，拟合得到 b 值为 1.7574；由图 7-19(b)可知，砂岩试样 S-2-20 在加载过程中产生的 AE 事件定位震级主要分布在-4.2~-2.2，用于拟合获取 b 值的震级范围为-3.5~-2.5，拟合得到 b 值为 1.8399。

由图 7-19(c)可知，砂岩试样 S-1-30 加载过程中产生的 AE 事件定位震级主要分布在-4.2~-2.0，用于拟合获取 b 值的震级范围为-3.5~-2.5，拟合得到 b 值为 1.5031；由图 7-19(d)可知，砂岩试样 S-2-30 加载过程中产生的 AE 事件定位震级主要分布在-4.2~-2.0，用于拟合获取 b 值的定位震级范围为-3.5~-2.5，拟合得到 b 值为 1.7418。

由图 7-19(e)可知，砂岩试样 S-1-40 在整个加载过程中产生的 AE 事件定位震级主要分布在-4.2~-2.0，用于拟合获取 b 值的震级范围为-3.5~-2.5，拟合得到 b 值为 1.5443；由图 7-19(f)可知，砂岩试样 S-2-40 加载过程中产生的 AE 事件定位震级主要分布在-4.2~-2.0，用于拟合获取 b 值的震级范围为-3.5~-2.5，拟合得到 b 值为 1.6634。

由图 7-19 和表 7-2 可得，随着剪切倾角的增大，大震级事件数也在增多。剪切倾角越小，b 值越大，表明砂岩试样加载过程中产生的小定位震级事件占试样总 AE 事件比例越高。随着剪切倾角的增大，砂岩试样的整体破坏越来越严重，加载过程中大定位震级 AE 事件占比越来越高，导致砂岩试样的声发射 b 值降低。

表 7-2　不同剪切倾角下砂岩试样的声发射 b 值与拟合优度

试样编号	S-1-20	S-2-20	S-1-30	S-2-30	S-1-40	S-2-40
b 值	1.7574	1.8399	1.5031	1.7418	1.5443	1.6634
R^2	0.9955	0.9919	0.9948	0.9618	0.9992	0.9795

7.3　三轴剪切试验力学行为及声发射特征

7.3.1　试验方案

试验选用砂岩密度为 2.16 g/cm³，孔隙率为 17.71%，颗粒直径范围为 0.0039~0.25 mm，砂岩试样主要矿物成分质量占比：石英(78.86%)、长石(10.50%，钾长石和斜长石)、方解石(4.25%)和黏土及其他矿物成分(6.39%)。将砂岩岩样加工为 ϕ50 mm×H100 mm 的圆柱试样，试样加工精度及端面平整度满足 ISRM 标准[7]。

砂岩试样制备后采用电热鼓风烘箱将其烘干处理以确保试样处于干燥条件。采用 TAR-1500 型高温高压试验机对砂岩试样开展常规三轴压缩试验，试样及加载装置如图 7-20 所示，采用 0.05 mm 铜片、0.05 mm 特氟龙和 MoS_2 作为减摩措施，放置于试样与加载板接触面。在试验开始首先对砂岩试样施加 3 kN 预载，之后同步施加相同轴向荷载和围压至特定围压水平，在试样加载中以恒定应变方式（1.0×10^{-5} s^{-1}）施加荷载直至试样破坏，试验中分别采用轴向和横向引伸计记录应变数据。

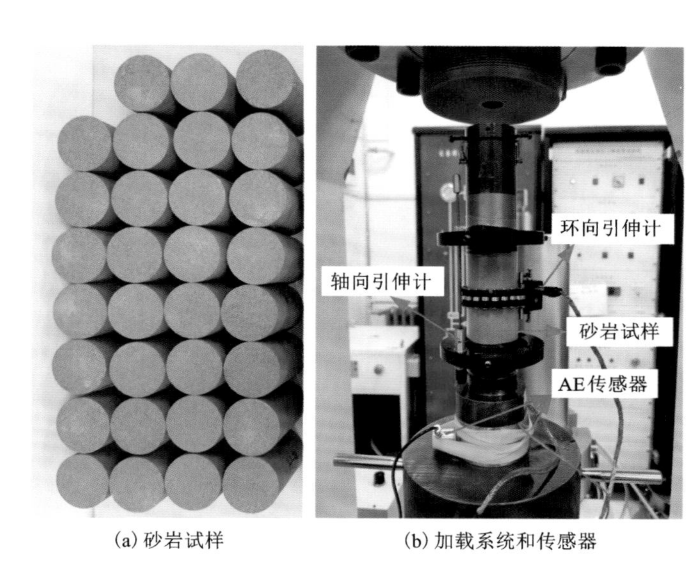

(a) 砂岩试样　　(b) 加载系统和传感器

图 7-20　砂岩试样和试验装置

试验过程中同步进行声发射监测，使用 Nano 30 型和 R6α 型传感器记录试样加载过程中的破裂信号，Nano 30 型传感器频率范围为 125～750 kHz，谐振频率为 300 kHz，前置放大器增益设置为 30 dB；R6α 型传感器频率范围为 35～100 kHz，谐振频率为 55 kHz，前置放大器增益设置为 35 dB，两个通道信号采样率均为 40 MHz。

7.3.2　三轴剪切试验力学特性

（1）应力-应变关系

对砂岩圆柱试样开展系列常规三轴压缩试验（$\sigma_2=\sigma_3$），每组试验选用 3 块试样进行重复试验。图 7-21 为一组不同围压条件下的砂岩常规三轴压缩试验结果，其中图 7-21(a) 至图 7-21(d) 分别为差应力-轴向应变曲线、体积应变-轴向应变曲线、差应力-体积应变曲线和平均应力-体积应变曲线。图 7-21(a)、图 7-21(b)不包含静水压力阶段数据，而图 7-21(c)、图 7-21(d)包含全过程应力、应变数据，曲线旁的数字代表围压大小。在计算中采用的压缩应力和压缩应变为正，σ_3 为围压($\sigma_2=\sigma_3$)，差应力定义为：$P_{\text{diff}}=\sigma_1-\sigma_3$，$\sigma_1$ 为最大主应力，平均应力计算公式为：$P_{\text{mean}}=(\sigma_1+2\sigma_3)/3$。

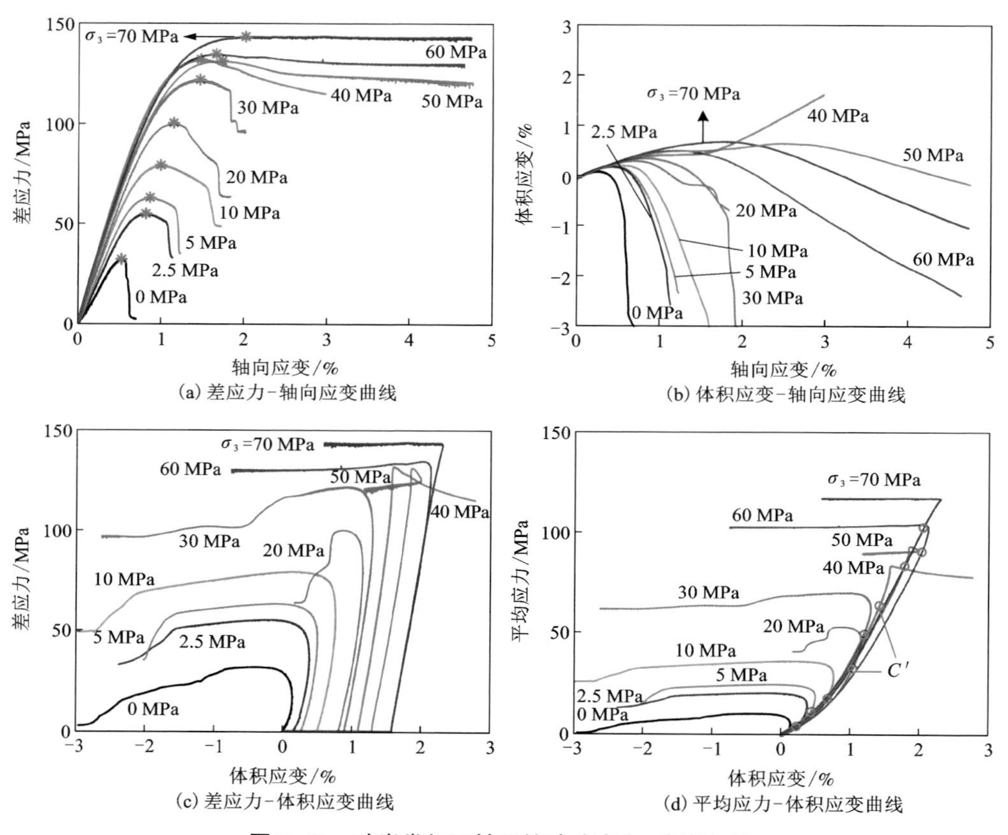

图 7-21 砂岩常规三轴压缩试验应力-应变曲线

图 7-21(a)为不同围压水平的差应力-轴向应变曲线，图中红色星号标记为曲线差应力峰值点。随着围压增大，最大峰值应力水平不断增大，围压低于 30 MPa 时，峰值强度对围压较敏感，峰值强度随围压的增大不断增大；当围压高于 40 MPa，随着围压不断增大，峰值强度升高趋势减缓。试样随着围压的增大从脆性破坏逐渐过渡至脆-延性转化和延性破坏，峰值强度处对应轴向应变也会随着围压增大而不断增大。当围压相对较低时，荷载超过峰值时试样会出现应变软化现象，峰后应力伴随着轴向应变的增长迅速降低至残余水平，试样表现出典型

的脆性破坏特征[8]，加载后试样存在变形带，而高围压下无变形带出现。

图 7-21(b)为三轴加载试验过程中不同围压水平下体积应变与轴向应变关系曲线，其中体积应变可由轴向应变 $\varepsilon_{\mathrm{axial}}$ 和横向应变 $\varepsilon_{\mathrm{lateral}}$ 得到：$\varepsilon_{\mathrm{volumetric}}=\varepsilon_{\mathrm{axial}}+2\varepsilon_{\mathrm{lateral}}$，试样在加载中整体均呈现出先压实后膨胀的趋势。单轴或低围压(低于 30 MPa)时，在较低的轴向应变(小于 2%)下试样会出现膨胀现象；高围压时(如 70 MPa)，轴向应变达到 2%，试样仍处于压缩状态，但随着轴向应变进一步增大，试样会出现膨胀现象。

图 7-21(c)和图 7-21(d)分别展示了差应力-体积应变和平均应力-体积应变关系。图 7-21(c)和图 7-21(d)中所记录体积应变的计算中考虑了静水压力(加围压阶段)下的变形阶段数据，试验开始前对试样施加 3 kN 预载，之后再对试样整体施加围压。图 7-21(c)中试验开始后与横轴平行曲线产生的体积压缩是静水压力所导致的，可知随着围压增大静水压力段所产生的体积变形也逐渐增大。施加到指定围压后，采用轴向应变控制方式对试样进行加载，随着轴向荷载增大，体积应变呈现先增大后减小的趋势，即试样先压缩后膨胀。图 7-21(d)为平均应力与体积应变关系曲线，试样在加载初期，平均应力-体积应变曲线重合性较好，随着荷载增大，曲线会出现向左拐趋势，即膨胀相对加速，该现象称为剪切扩容，对应的拐点被确定为剪切扩容点(C')。

(2)变形特征

从应力-应变曲线中可得到试样在不同围压下的变形特征，例如试样达到峰值处的轴向变形、环向变形和体积变形量。将不同围压下试样峰值应变数据绘于图 7-22 中，其中，方形代表轴向应变；圆形代表环向应变；菱形代表体积应变。在单轴压缩试验中，峰值轴向应变最小，随围压增大轴向应变会逐渐增大，在围压达到 70 MPa 时，峰值轴向应变约为 2%。应力达到峰值时单轴压缩试验中环向应变变形最小，当施加围压后，达到峰值时的环向应变变化不大，在不同围压下其变形量基本一致。峰值体积应变在单轴压缩试验和低围压三轴压缩试验中为负值，即试样变形处于膨胀状态，随着围压的增大($\sigma_3 \geqslant 30$ MPa)，峰值体积应变转为正值，即试样变形为压缩状态。

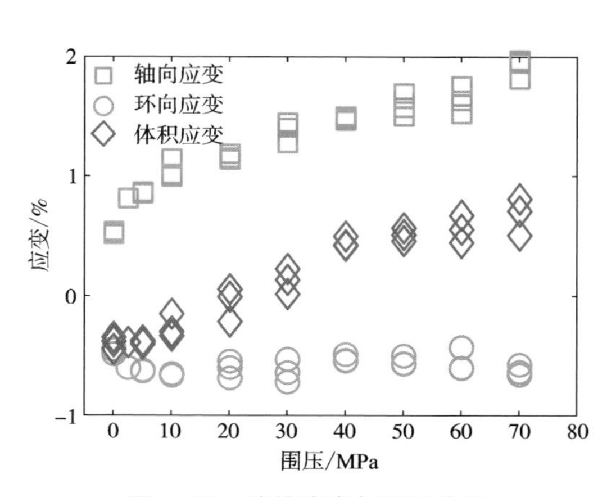

图 7-22　峰值应变与围压关系

(3)破坏模式和破裂角

相对较低应力水平下，岩石在常规三轴压缩试验中呈现脆性破坏特征，破坏特征呈典型的剪切破坏模式[9]，试样由于剪切局部化而失稳，最终会形成一个倾斜的宏观剪切带贯穿整个试样。

图 7-23(a)展示了不同围压下砂岩试样加载破坏的照片，单轴压缩条件下高孔隙砂岩试样以轴向劈裂为主，试样破坏程度较为剧烈，会形成近乎垂直的破裂面；在低围压三轴压缩试验中，试样可观测到宏观破裂面，诱导试样出现剪切破坏；在高围压时，试样无明显宏观破裂面出现，呈现延性破坏。

图 7-23(b)统计了不同围压条件下试样破裂角随围压的变化趋势，其中黑色空心圆为试验完成后观测数据，由于高围压试样在试验中未形成宏观破裂面，故图 7-23(b)中无高围压破裂角数据，蓝色实心圆为特定围压条件下破裂角平均值。不同围压下的破裂角并非常数，其值随围压的增大而减小，围压由 2.5 MPa 增大至 50 MPa 时，破裂角由 69.8°降低至 53.8°，采用对数函数[10]对不同围压下的破裂角进行拟合，拟合曲线绘制在图 7-23(b)中。

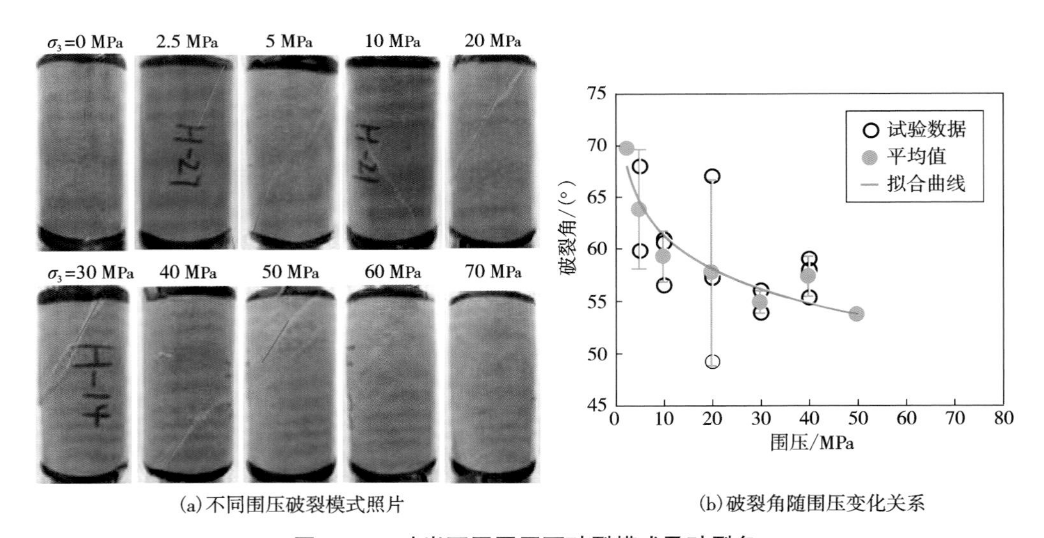

(a)不同围压破裂模式照片　　(b)破裂角随围压变化关系

图 7-23　砂岩不同围压下破裂模式及破裂角

7.3.3　试样三轴剪切破坏声发射特征

本节针对砂岩试样常规三轴剪切试验中脆-延性转化过程的 AE 撞击、AE 能量、RA/AF 和 b 值等声发射特征参数进行分析。

(1) AE 撞击和 AE 能量变化规律

常规三轴压缩试验中，低围压下砂岩表现为典型的剪切破坏形式，在加载过程中根据变形、破坏及声发射特征可将应力-应变曲线划分为 4 个不同阶段，图 7-24 为 20 MPa 围压下砂岩应力-应变曲线，以此曲线为例对 4 个阶段的划分依据及特征进行说明。

阶段Ⅰ：静水压密阶段，该阶段试样处于静水压力状态，施加围压至指定水平。

阶段Ⅱ：围压至剪切扩容应力阶段，该阶段试样应力-应变曲线处于弹性段，AE 信号较少，主要由试样原生微裂纹闭合、剪切等活动产生，达到剪切扩容应力时，试样出现体积应变加速膨胀。

阶段Ⅲ：剪切扩容应力至峰值荷载阶段，该阶段应力-应变曲线为非线性，AE 信号主要源于影响岩石宏观行为的微裂纹，在接近峰值附近 AE 撞击率明显高于初始加载阶段，岩石内部的微破裂活动增强。

阶段Ⅳ：峰后宏观裂纹形成与宏观破裂面摩擦破坏阶段，该阶段随着应变增大应力不断降低，对应岩石宏观断裂面的形成，峰后阶段 AE 撞击率维持较高水平，并在应力骤降时(宏观破裂形成)达到最大值。后期剪切强度保持恒定值或缓慢降低，则对应了宏观破裂面的剪切和摩擦，声发射信号由破裂面凹凸体破坏产生。

值得注意的是，当围压较大时，试样显示出延性破坏特征，应力-应变曲线无显著应力降，峰后阶段应力维持在较高水平，随应变增大无明显变化。

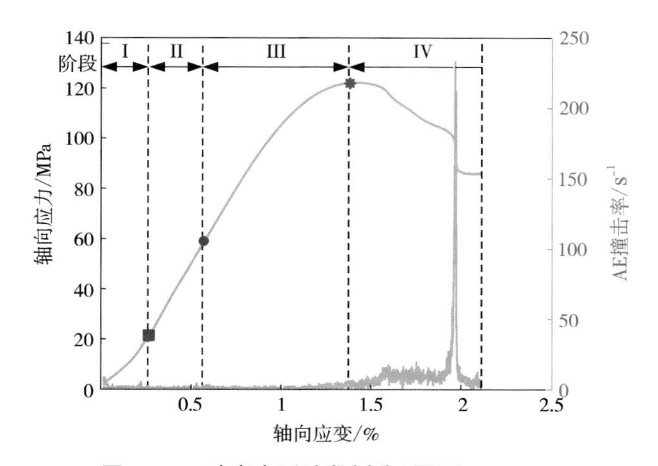

图 7-24　砂岩变形阶段划分(围压 20 MPa)

图 7-25 为不同围压下砂岩三轴试验中累计撞击数及 AE 能量变化规律，其

中图 7-25(a)为荷载达到峰值处统计的 AE 数据，图 7-25(b)为试验结束时统计的 AE 数据。

图 7-25(a)为荷载峰值时累计撞击数及 AE 能量随围压变化规律，累计撞击数在整体上随围压增大而逐渐增大，在低围压下发生剪切破坏产生的累计撞击数要低于高围压条件下延性破坏中记录的累积撞击数；AE 能量与累计撞击数随围压变化趋势基本一致，整体上随围压增大而逐渐增大，但在单轴压缩试验中释放的 AE 能量较大，高达 3.15×10^4 aJ。由于单轴压缩条件下，试样发生张拉破坏，破坏程度比低围压条件下的试样更为剧烈，释放的 AE 能量更大。

图 7-25(b)为试验终止时累计撞击数及 AE 能量随围压变化规律。单轴压缩条件下试样发生轴向劈裂破坏，破坏程度剧烈，释放的 AE 能量高于围压作用下试样剪切破坏释放的 AE 能量。部分试样发生剪切破坏相比延性破坏更为剧烈，会释放更多的 AE 能量，造成试验终止时部分剪切破坏试样释放的 AE 能量高于延性破坏释放的 AE 能量。

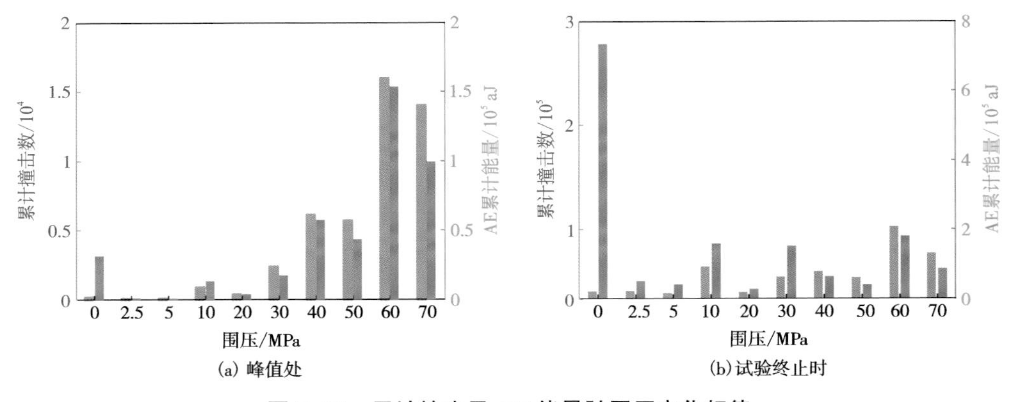

图 7-25　累计撞击及 AE 能量随围压变化规律

图 7-26 为不同围压下 AE 能量-时间曲线，红色虚线为峰前曲线斜率，蓝色虚线为峰后曲线斜率。在低围压下，峰后曲线斜率呈逐渐减小趋势，达到高围压时，峰后斜率维持在相对较低水平。意味着随围压的增大，由破裂导致的声发射能量释放变得缓慢，围压增大会导致损伤演化过程变得更加缓慢。

(2)基于 RA 与 AF 值的张拉-剪切破裂判别

RA 与 AF 值的分布是用于裂纹定性分类的有效方法，其中拉伸裂纹通常会产生低 RA 值、高 AF 值的声发射信号，而剪切裂纹则相反。RA 与 AF 值的分布特征可用于定性描述试样破坏中张拉破坏与剪切破坏特征，但是张拉-剪切破裂分界线会受到材料和传感器型号等影响。为有效确定试验中张拉-剪切破裂的分

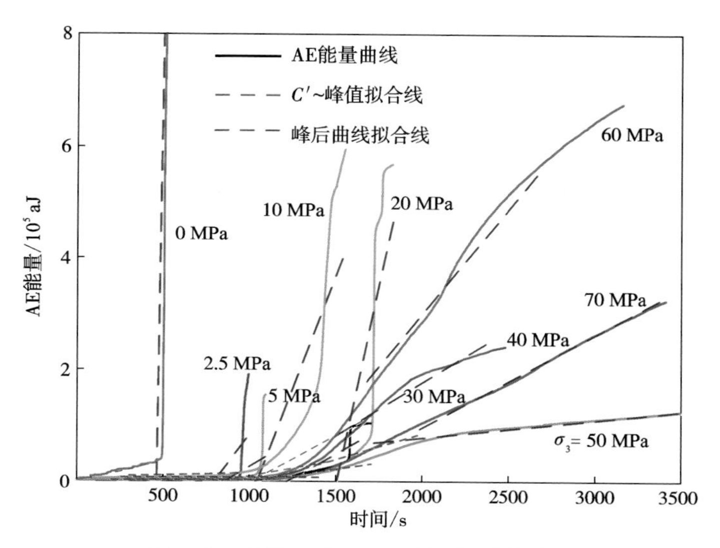

图 7-26　不同围压下 AE 能量-时间曲线

界线，对试样开展单轴压缩下声发射试验，通过矩张量反演，确定不同破裂类型占比。对 RA 与 AF 值分布进行分割，确定张拉破裂分界线 $k_2=5.49$，剪切破裂分界线 $k_1=2.01$，则 AF/RA<k_1 的信号为剪切破裂，AF/RA>k_2 的信号为张拉破裂，其余信号为混合破裂。

图 7-27 为砂岩试样在不同围压下常规三轴压缩试验中 RA 与 AF 值的散点密度图。由于不同试样加载过程中记录到的声发射信号存在差异，为便于对比不同围压下 RA 与 AF 值分布规律，计算点密度图时均对该试样压缩试验中计算的最大点数进行归一化处理，获得其归一化点密度分布。

在单轴压缩试验中，大量声发射信号 RA 值小于 100 ms/V，且 AF 值小于 100 kHz，其点密度最大区域分布在张拉破裂区域；三轴压缩试验中产生的声发射信号 RA 值与 AF 值分布范围变广，最大数据点密度分布区域发生变化，分布在剪切破裂或混合破裂区域。当围压较低（$\sigma_3\leqslant 30$ MPa），即试样发生脆性破坏时，RA 值分布较广，部分试样 RA 值分布在 0 至 500 ms/V 之间，AF 值多分布于 0~100 kHz，仅有少量声发射信号 AF 值大于 100 kHz，高 RA 值事件的增多意味着剪切破裂占比增多；当围压大于 30 MPa 时，即试样破坏进入脆-延性转化阶段，RA 值分布范围多为 0~300 ms/V，AF 值大于 100 kHz 的事件增多，但相对数目较少。在单轴压缩试验中，张拉破裂占主导地位，占比为 55%，在三轴压缩试验中，剪切破裂起主导作用，不同围压下剪切占比存在差异，但剪切占比均超过 60%。

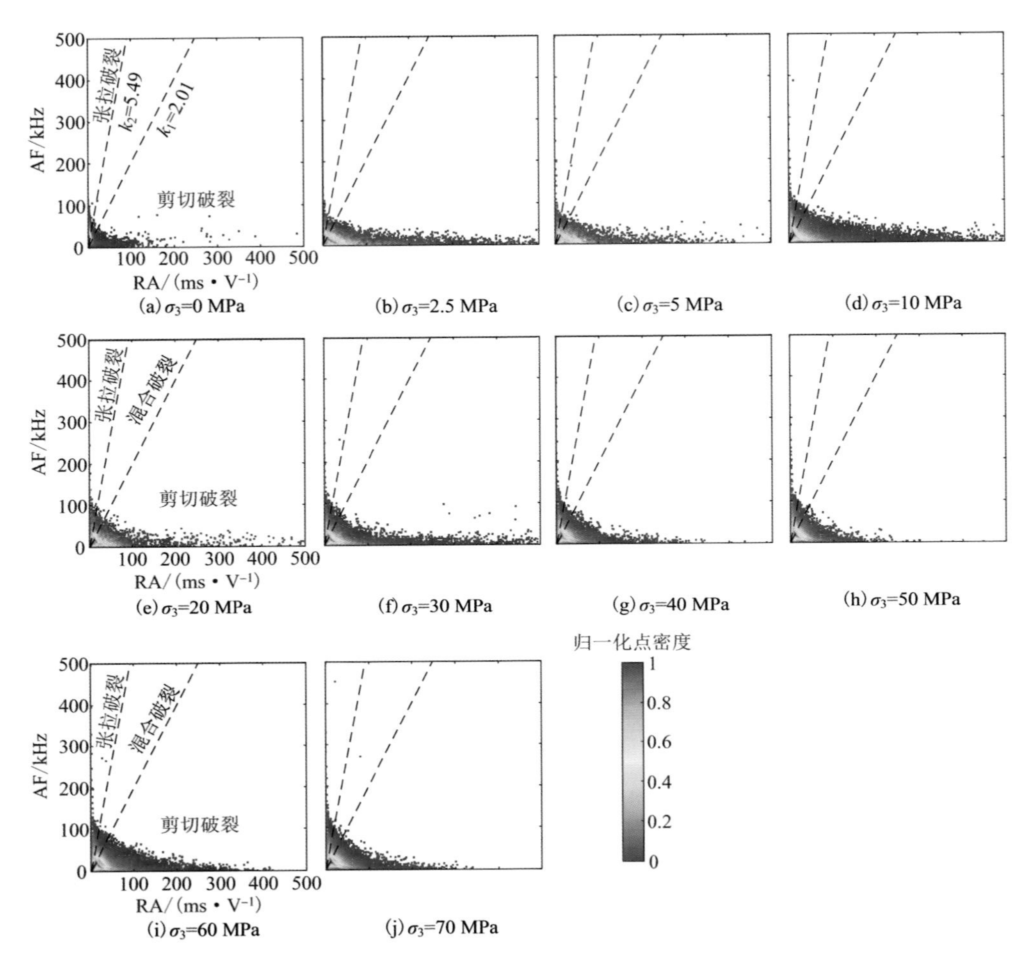

图 7-27　不同围压下砂岩试样张拉-剪切破裂演化

(3) 围压作用下 b 值演化时变规律

图 7-28 为砂岩在低围压与高围压下三轴试验中动态 b 值的演化规律，蓝色实线为动态 b 值，阴影为 b 值误差，黑色曲线为差应力，蓝色柱状图为 AE 撞击率。计算动态 b 值时，设定时窗长度为 1000 个 AE 事件，时窗滑动长度为 300 个 AE 事件。

图 7-28(a) 为低围压(5 MPa) 下试样动态 b 值的演化特征，较低围压下试样发生脆性破坏，峰后阶段会出现明显的应力降，加剧宏观剪切面的形成，峰后较大应力降的出现会导致撞击率的突然增大，表明微破裂信号增多。动态 b 值也随

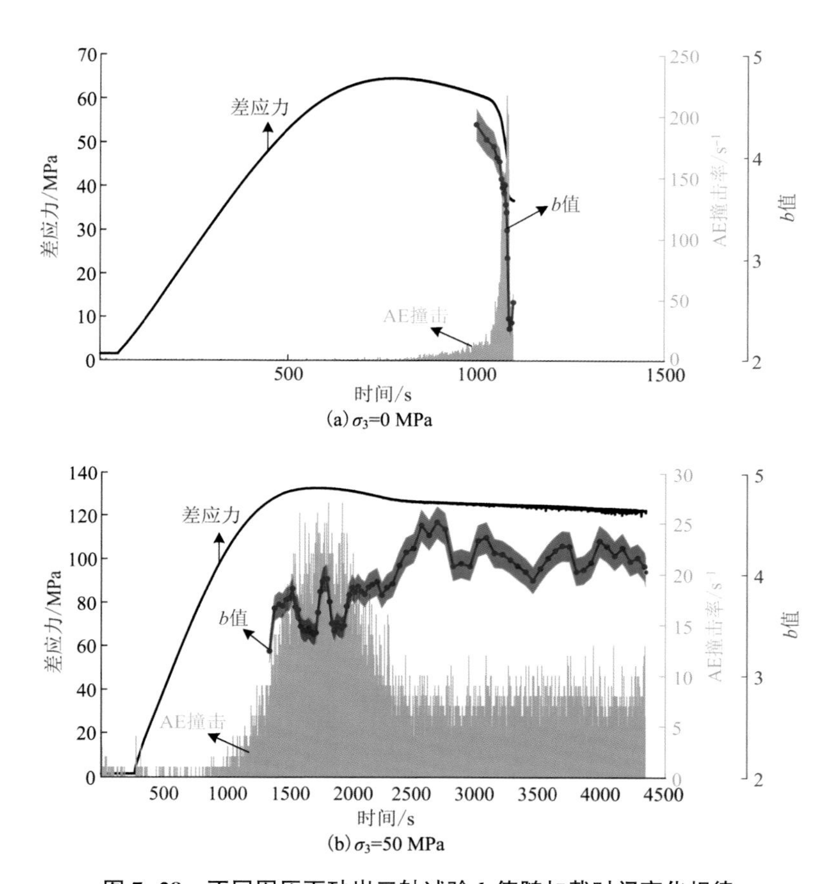

图 7-28　不同围压下砂岩三轴试验 *b* 值随加载时间变化规律

着应力的降低而降低，表明应力降促使大震级事件增多，动态 b 值从初始 4.32 降低至最小值 2.32。

图 7-28(b)为高围压(50 MPa)下试样动态 b 值的演化特征，峰后存在较小的应力降，峰前动态 b 值呈先增大后减小趋势，峰后应力达到平稳阶段，动态 b 值达到最大值 4.51，整体而言峰后动态 b 值维持较大值，波动较小。

图 7-29 为全局 b 值随围压变化规律，其中空心圆为砂岩试验全局 b 值，实心圆为该围压下 b 值平均值。砂岩单轴压缩试验 b 值不大于 2，平均值为 1.75，在常规三轴试验中，较低围压下，随着围压增大，b 值呈逐渐增大趋势，较高围压下砂岩 b 值多在 3 至 4 范围内波动。随着围压增大，砂岩试样脆性破坏特征降低，延性破坏特征增强，破裂更加可控。

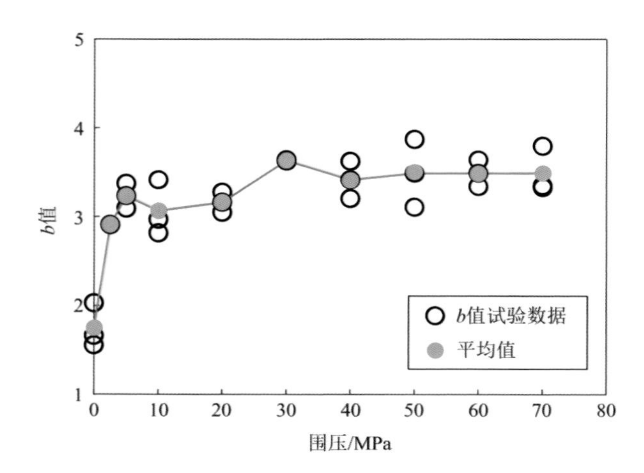

图 7-29　常规三轴加载试验中 b 值随围压变化关系

7.4　本章小结

本章基于获得岩石抗剪强度的三种试验方法，研究了不同加载方式下岩石试样破坏过程中的力学行为及声发射特征。

(1)直接剪切试验中，不同法向刚度条件下峰值剪应力变化不大，而峰值后的剪切行为依赖于法向刚度。较低法向刚度会出现应力软化现象，而随着法向刚度的增加，剪切应力出现应力硬化现象，表现为剪切应力随剪切位移的增加而逐渐增大；峰后阶段，与 CNL 条件相比，CNS 边界条件下岩石试样的声发射更活跃，声发射事件累计数随法向刚度的增加而增加。

(2)变角剪切试验中，随着剪切倾角的增加，岩石试样的破坏阶段由压缩阶段和弹性阶段的两阶段组合向压缩阶段、弹性阶段和塑性阶段的三阶段组合转换，同时压缩阶段与弹性阶段的分界也越来越不明显，轴向峰值荷载和 AE 事件累计数均出现明显增加，试样损伤破坏从局部扩展到整个剪切面；基于 AE 事件时空演化分析，发现砂岩试样首先在剪切破坏带中部产生损伤，随着轴向荷载的增加，砂岩试样的损伤演化过程存在差异，声发射 b 值随剪切倾角的增大而逐渐减小，表明小震级 AE 事件占比在减小，试样破坏更剧烈。

(3)三轴压缩试验中，砂岩峰值强度与围压呈正相关关系；试样在低围压时为脆性破坏，会形成典型的剪切带，破裂角与围压呈负相关关系。当围压较小时，试样在加载后出现单一剪切带，而当围压较大时，试样出现对称的共轭剪切带。AE 撞击和 AE 能量在峰值附近开始呈快速增长趋势，采用 AE 能量-时间曲线对试样加载过程中能量释放规律进行分析，验证了试样损伤演化随围压增大而减缓的规律。通过 RA 和 AF 值分析发现，单轴试验中张拉破裂占主导地位，三轴试验中以剪切破裂为主。低围压三轴试验中，动态 b 值随峰后应力降的出现呈减小趋势；高围压三轴试验中，动态 b 值在峰后阶段呈波动趋势，但整体维持较大值；低围压时全局 b 值与围压呈正相关，而高围压时 b 值无明显变化。

参考文献

[1] Jiang Y, Xiao J, Tanabashi Y, et al. Development of an automated servo-controlled direct shear apparatus applying a constant normal stiffness condition[J]. International Journal of Rock Mechanics and Mining Sciences, 2004, 41(2): 275-286.

[2] Haberfield C M, Johnston I W. A mechanistically-based model for rough rock joints[J]. International Journal of Rock Mechanics and Mining Sciences & Geomechanics Abstracts, 1994, 31(4): 279-292.

[3] Jafari M K, Hosseini K A, Pellet F, et al. Evaluation of shear strength of rock joints subjected to cyclic loading[J]. Soil Dynamics and Earthquake Engineering, 2003, 23(7): 619-630.

[4] 杜守继，朱建栋，职洪涛. 岩石节理经历不同变形历史的剪切试验研究[J]. 岩石力学与工程学报，2006，25(1)：56-60.

[5] Wang C S, Jiang Y J, Luan H J, et al. Effects of normal stiffness on the shear behaviors and acoustic emissions of rock joints[J]. IOP Conference Series: Earth and Environmental Science, 2020, 570(3): 32042.

[6] Zhang S H, Wu S C, Chu C Q, et al. Acoustic emission associated with self-sustaining failure in low-porosity sandstone under uniaxial compression[J]. Rock Mechanics and Rock Engineering, 2019, 52(7): 2067-2085.

[7] Kovari K, Tisa A, Einstein H H, et al. Suggested methods for determining the strength of rock materials in triaxial compression: Revised version[J]. International Journal of Rock Mechanics and Mining Sciences & Geomechanics Abstracts, 1983, 20(6): 285-290.

[8] Klein E, Baud P, Reuschlé T, et al. Mechanical behaviour and failure mode of bentheim sandstone under triaxial compression[J]. Physics and Chemistry of the Earth, Part A: Solid Earth and Geodesy, 2001, 26(1): 21-25.

[9] Mogi K. Flow and fracture of rocks under general triaxial compression[J]. Applied Mathematics and Mechanics, 1981, 2(6): 635-651.

[10] Jiang Q, Zhong S, Cui J, et al. Statistical characterization of the mechanical parameters of intact rock under triaxial compression: An experimental proof of the Jinping marble[J]. Rock Mechanics and Rock Engineering, 2016, 49(12): 4631-4646.

第 8 章 硬/脆性岩石断裂韧度试验

岩石断裂韧度是岩石抵抗裂纹萌生和扩展的重要参数，能够描述裂纹尖端附近应力或能量的临界状态。断裂韧度可用于识别和预测岩体结构的损伤，评估岩体结构的稳定性。

断裂力学中，根据裂纹表面位移与荷载的相互关系，可将裂纹尖端区域的变形特征分为 3 类[1]：Ⅰ型断裂(张拉作用，垂直于裂纹面)、Ⅱ型断裂(面内剪切作用，相对滑动方向垂直于裂纹前缘)、Ⅲ型断裂(面外剪切作用，沿初始裂纹前缘相互远离)，3 类基本断裂模式的裂纹表面位移与荷载的相互关系如图 8-1 所示，裂纹上、下表面的位移兼有其中两种或三种特征时，可得到复合型裂纹。岩石工程中，由于荷载分布不对称、裂纹方位不对称及岩石各向异性等，裂纹往往处于复合变形状态。目前，ISRM 建议了 4 种Ⅰ型断裂韧度测试方法和 1 种Ⅱ型断裂韧度测试方法，国内学者也对此开展了积极的探索，制定了测试Ⅰ型断裂韧度的行业标准。

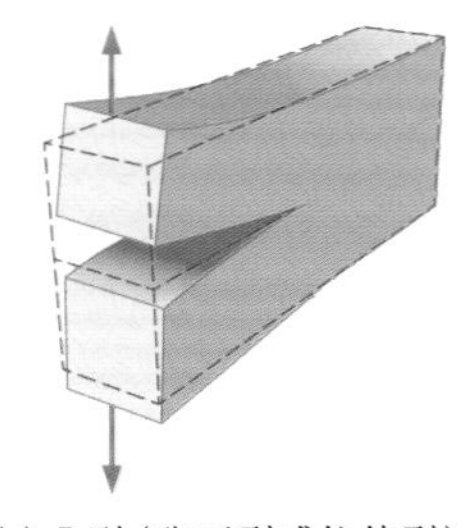
(a) Ⅰ型（张开型或拉伸型）

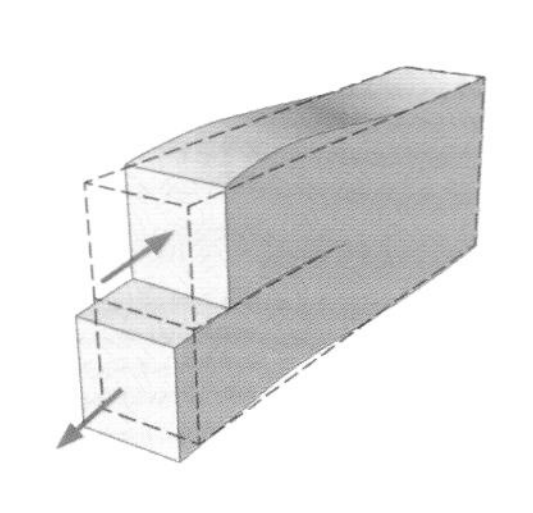
(b) Ⅱ型（平面内剪切型）

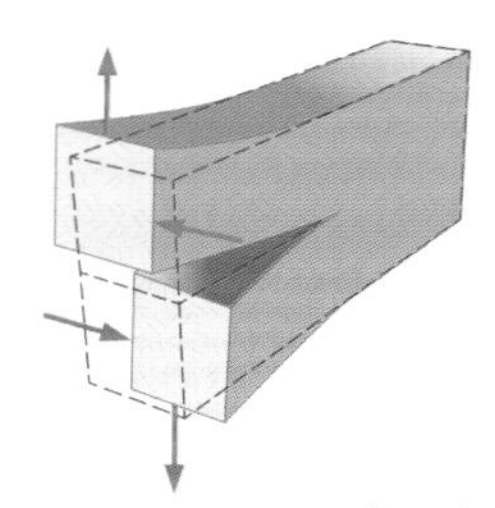
(c) Ⅲ型（平面外剪切型）

图 8-1 裂纹扩展的 3 类基本断裂模式

8.1　岩石断裂韧度测定方法

8.1.1　Ⅰ型断裂试验方法

岩石一般具有高压拉比的特点，在岩石断裂力学中Ⅰ型断裂(张开或拉伸型)是最基础和最重要的类型。根据试样切槽的形状，主要分为 3 类：第 1 类是无切槽试样，例如径向压缩(Diametric Compression，DC)试验、改进的圆环(Modified Ring，MR)试验、巴西圆盘劈裂(Brazilian Disc，BD)试验、平台巴西圆盘劈裂(Flatted Brazilian Disc，FBD)试验等；第 2 类是直切槽试样，例如直切槽巴西圆盘(Cracked Straight Through Brazilian Disc，CSTBD)试验、半径上切槽圆环(Radial Cracked Ring，RCR)试验、半圆盘直切槽弯曲(Semi-Circular Bend，SCB)试验等；第 3 类是带有“V”字或人字形切槽，例如人字形切槽巴西圆盘(Cracked Chevron Notched Brazilian Disc，CCNBD)试验、三点弯曲圆棒(Chevron Bend，CB)试验、人字形切槽短圆棒(Short Rod，SR)试验、半圆盘人字形切槽弯曲(Cracked Chevron Notched Semi-Circular Bending，CCNSCB)试验等。目前，国际岩石力学与岩石工程学会(ISRM)共推荐了 4 种测试岩石Ⅰ型断裂韧度的试验方法：三点弯曲圆棒(CB)试验[2]、人字形切槽短圆棒(SR)试验[2]、人字形切槽巴西圆盘(CCNBD)试验[3]及半圆盘直切槽弯曲(SCB)试验[4]。

我国从 20 世纪 70 年代开始积极开展混凝土断裂力学的研究。2001 年，中华人民共和国水利部发布了《水利水电工程岩石试验规程》(SL 264—2001)[5]，此规程将直切口或 V 形切口试样圆柱梁三点弯曲法作为测定岩石断裂韧度的试验方法，与 ISRM 建议的 CB 试验方法试样几何形状一致，适用于坚硬和较坚硬岩石。2005 年，国家发展和改革委员会印发了行业标准《水工混凝土断裂试验规程》(DL/T 5332—2005)[6]，适用于大中型水利水电工程常态混凝土和碾压混凝土，其他工程也可参照使用，此规程将楔入劈拉法和三点弯曲梁法作为标准方法测定混凝土Ⅰ型断裂韧度。

以下依据广泛应用的 SCB 试验和 CCNBD 试验为例进行具体介绍。

(1)SCB 试验

SCB 试验需要在试样中间切割直切槽，施加三点弯曲荷载。图 8-2 为 SCB 试样的几何尺寸示意图，相应的符号注释及其采用的尺寸见表 8-1。裂纹最先在切槽尖端起裂，随后沿着轴芯的切槽平面内稳定扩展，直到施加荷载达到最大值，用上述方法获取的最大荷载和几何参数计算，断裂韧度计算公式如下：

$$K_{\mathrm{Ic}} = Y' \frac{P_{\max}\sqrt{\pi a}}{2RB} \tag{8-1}$$

$$Y' = -1.297 + 9.516(s/2R) - [0.47 + 16.457(s/2R)]\beta + [1.071 + 34.401(s/2R)]\beta^2 \tag{8-2}$$

式中：$\beta = a/R$，R 为半径($R=D/2$)；Y'为应力强度因子。

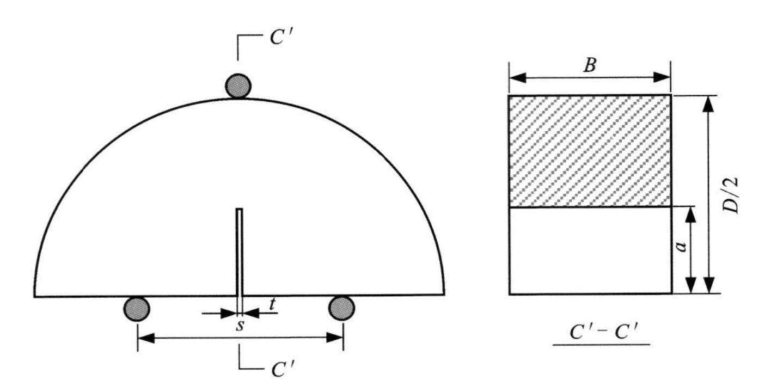

图 8-2　SCB 试样的几何尺寸

表 8-1　SCB 试样几何尺寸的建议值或范围

参数及符号	ISRM 建议值或范围
直径 D	大于 10 倍的晶粒或 76 mm
厚度 B	大于 $0.4D$ 或 30 mm
直槽长度 a	$0.4 \leqslant 2a/D \leqslant 0.6$
支撑间距 s	$0.5 \leqslant s/D \leqslant 0.8$

(2) CCNBD 试验

人字形切槽巴西圆盘(CCNBD)试验的加载过程与巴西劈裂试验相同，CCNBD 试样需要在中间用圆锯对穿形成对称的“V”字或人字形切槽，试样示意图和参数几何含义如图 8-3 所示。ISRM[3] 建议将试样所有的尺寸参数与试样半径 R 比值，转化为无量纲参数(α)，其中，a 为临界点裂纹长度，a_0 和 a_1 分别为人字形切槽距离中心线的最小和最大距离，α_0、α_1 和 α_B 取决于圆盘试样和人字形切槽的几何形状。为了获得有效的断裂韧度试验值，无量纲参数需满足图 8-4 中所示的限制条件，图 8-4 更直观地表达了试样的有效尺寸范围。

当 CCNBD 试样两端受到压力为 P 的荷载作用，裂纹尖端开始起裂，根据 ISRM 假设：裂纹沿着两人字形切槽上下对称、水平直线向两端加载点扩展。当荷载 P 达到最大值 P_{max} 时，无量纲应力强度因子 Y'为最小值 Y'_{min}，此时应力强度因子(K_{I})为临界应力强度因子($K_{\text{I}c}$)，即 Ⅰ 型断裂韧度：

$$K_{\text{I}c} = \frac{P_{max}}{B\sqrt{R}} Y'_{min} \tag{8-3}$$

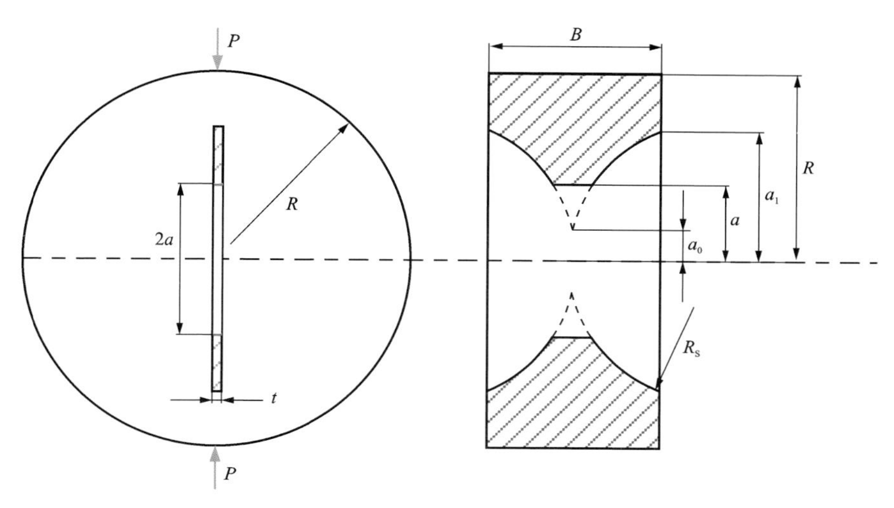

图 8-3　人字形切槽巴西圆盘(CCNBD)试样

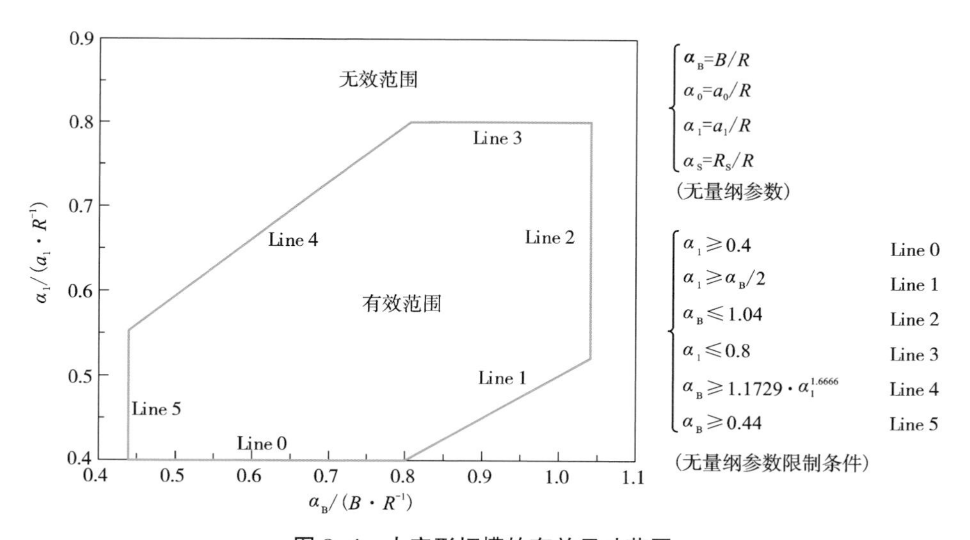

图 8-4　人字形切槽的有效尺寸范围

荷载最大值 P_{max} 可通过试验记录获取，而最小无量纲应力强度因子(Y'_{min})很难测得，一般通过与试样尺寸相同的数值模型标定，或者采用下式计算得出：

$$Y'_{min}=\mu \cdot e^{\upsilon \cdot \alpha_1} \tag{8-4}$$

式中：μ 和 υ 是恒定值，仅取决于无量纲参数 α_0 和 α_B，可通过 ISRM(1995)查询取值或通过线性插值求取。μ 和 υ 也可根据 Wang 等[7]重新标定的结果查询取值，重新标定的结果在一定程度上提高了 Ⅰ 型断裂韧度计算值，使结果更加可靠。

8.1.2 Ⅱ型断裂试验方法

Backers 等[8]提出了一种新的测定岩石Ⅱ型断裂韧度的方法，即围压冲切试验(Punch-Through Shear with Confining Pressure, PTS/CP)。2012 年，围压冲切试验纳入 ISRM 建议方法[9]，其在围压作用下对中间圆柱进行轴向加载，使中间圆柱与外围圆筒之间的岩桥部分产生较高的局部剪切。围压冲切试验试样的几何形状如图 8-5(a)所示，外形上为圆柱体上下面切割一定深度圆形切槽，由试样、加载装置和护套组成的组件被放置在一个足够容量的加载腔体中，并可独立控制围压，试样加载示意图如图 8-5(b)所示。ISRM 建议方法中试样的尺寸为：高度和直径 $L=D=50$ mm，内径 $ID=25$ mm，顶端切槽深度 $a=5$ mm，底部切槽深度 $b=30$ mm。

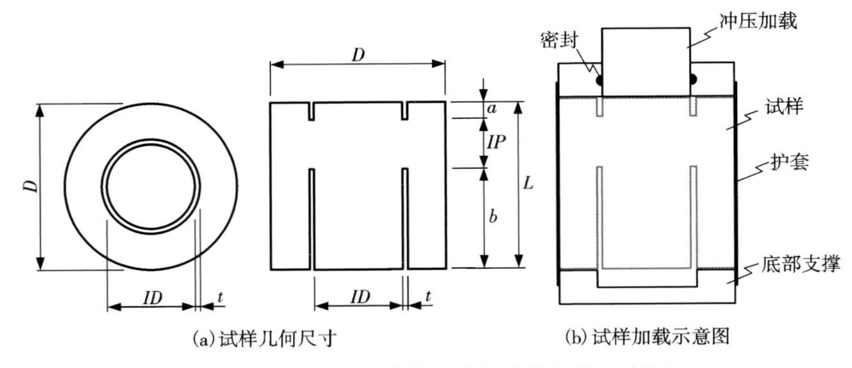

(a) 试样几何尺寸　　(b) 试样加载示意图

图 8-5　PTS/CP 试样尺寸和试样加载示意图

Ⅱ型断裂韧度通过试验中获取的峰值荷载 P_{max} 进行计算[9]：

$$K_{Ⅱc}=7.74\times10^{-2}P_{max}-1.80\times10^{-3}P_c \tag{8-5}$$

式中：$K_{Ⅱc}$ 为Ⅱ型断裂韧度，MPa · m$^{1/2}$；P_{max} 为峰值荷载，kN；P_c 为围压，MPa。注意：该公式仅适用于 ISRM 建议的几何尺寸试样，即 $L=D=50$ mm，$ID=25$ mm，$a=5$ mm，$b=30$ mm。

8.1.3 Ⅰ/Ⅱ复合型断裂试验方法

岩石工程中，由于变化的裂纹角度和荷载，裂隙岩石处于复杂应力状态，裂纹往往是包含Ⅰ型和Ⅱ型的复合型断裂。近年来，许多试验测试技术被提出用于确定岩石的复合型断裂韧度，主要试验方法包括 SCB 试验、中心切槽巴西圆盘(Centre Cracked Brazilian Disc, CCBD)试验、CCNBD 试验和非对称半圆盘弯曲(Asymmetric Semi-Circular Bend, ASCB)试验，这些方法的主要特点是通过变化切槽角度使试样产生Ⅰ/Ⅱ复合型断裂，为便于与Ⅰ型断裂试验名称区分，复合型断裂试验名称统一在缩写前加“斜切槽”。

斜切槽 SCB 试样可视为 SCB 试样的直槽绕圆心旋转一定的角度，试样在切槽尖端附近起裂，沿着分枝裂纹稳定扩展达到临界状态，最终形成贯通上部荷载点的弧形断面，图 8-6 展示了斜切槽 SCB 试样的几何尺寸，在复合型荷载下，应力强度因子计算公式[10]为

$$K_{\mathrm{I}}=\frac{P}{2RB}\sqrt{\pi a}\,Y_{\mathrm{I}} \tag{8-6}$$

$$K_{\mathrm{II}}=\frac{P}{2RB}\sqrt{\pi a}\,Y_{\mathrm{II}} \tag{8-7}$$

其中，Y_{I} 和 Y_{II} 是Ⅰ型和Ⅱ型断裂的标准化应力强度因子。近年来，因 SCB 试验在试样制备与加载装置方面的优势，斜切槽 SCB 试样常被用于测定Ⅰ/Ⅱ复合型断裂韧度。

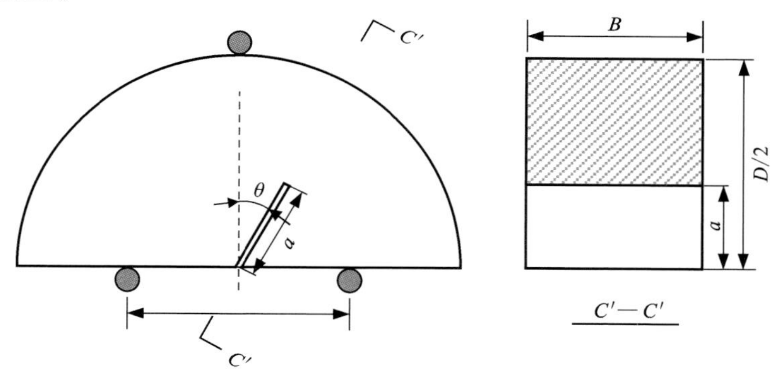

图 8-6　斜切槽 SCB 试样几何尺寸(斜切槽-对称荷载)

8.2　Ⅰ型断裂韧度试验研究

8.2.1　SCB 室内试验

(1)断裂试验过程数据采集

针对砂岩 SCB 试样，采用 100 万像素级超高速摄像机分别捕捉岩石断裂过程和数字图像相关系统测量位移和变形，拍摄速率为 5000 帧/s。

图 8-7 给出了典型荷载-时间位移曲线(试样编号为 SCB-75-01)，曲线中的 4 个荷载点对应图 8-8 中的 4 个试样破裂状态照片。随着荷载增加，试样存在一段压密阶段；之后，荷载随时间呈线性增加至峰值荷载；达到峰值后，荷载迅速下降。破裂过程照片显示，在荷载到达峰值前，SCB 试样切槽尖端发生起裂；在峰值附近，起裂裂纹在极短时间内从切槽尖端垂直向顶部加载点延伸；峰后阶段，裂纹贯通至上部加载点，试样完全断裂，并伴随有少量碎屑崩落。裂纹开始

扩展后，试样未立即断裂，而是经历一定的亚临界扩展后发生断裂，裂纹前缘表现为微裂纹的萌生和扩展。

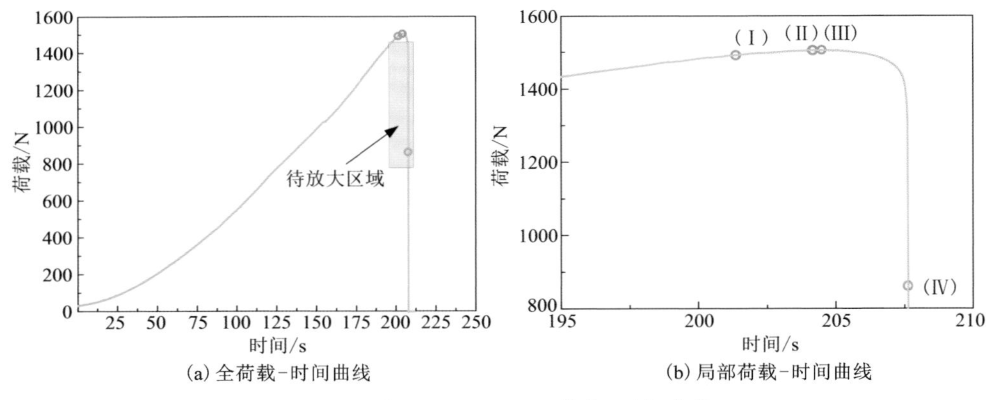

图 8-7　试样 SCB-75-01 荷载-时间曲线

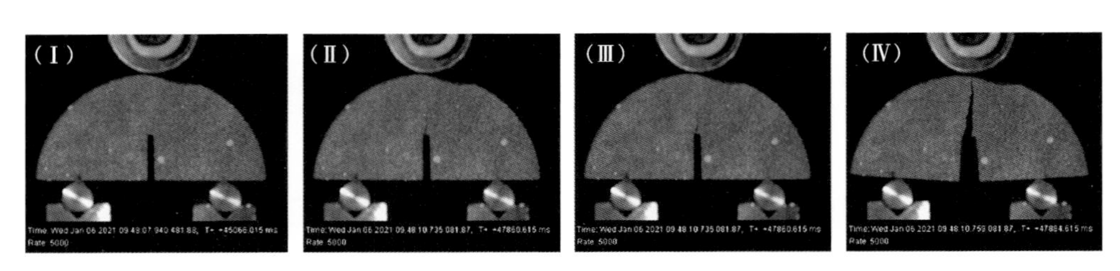

图 8-8　典型 SCB 试样破裂过程

(2)裂纹尖端变形特性

采用 2 帧/s 捕捉试样 SCB-125-01 的加载全过程应变场，采用拉格朗日有限应变获得应变时，正值表示拉伸，负值表示压缩。图 8-9(a)至图 8-9(d)显示了荷载和开口位移随时间的变化趋势、点Ⅰ-Ⅶ对应 7 个水平方向应变和水平位移场截图。图 8-9(c)至图 8-9(d)结果显示，砂岩 SCB 试样在Ⅱ点(约为 90%峰值应力)切槽尖端之上形成了非光滑的蘑菇状应变区，非光滑轮廓可能是试样非均质性引起的。考虑尖端以上部分，其最大水平应变点出现在试样尖端，水平位移在 ROI 区域从左上向右下递减，水平位移小于-0.2 mm；Ⅲ-Ⅴ阶段，水平应变大于 0.001 的区域逐渐增加，其主要是长度增加，宽度变化不明显，水平位移分布规律不变，最大位移不断增加，逐渐在切槽尖端形成了明显的分界线；点Ⅵ为临界状态，水平应变达到最大值，槽尖端高应变区可识别为断裂过程区，形状为狭长条带状，峰前阶段断裂过程区宽度基本无变化，水平应变大于 0.001 的区域在长度上明显增大，应变区域偏离垂直方向，可能是由于支撑辊与试样的接触不充

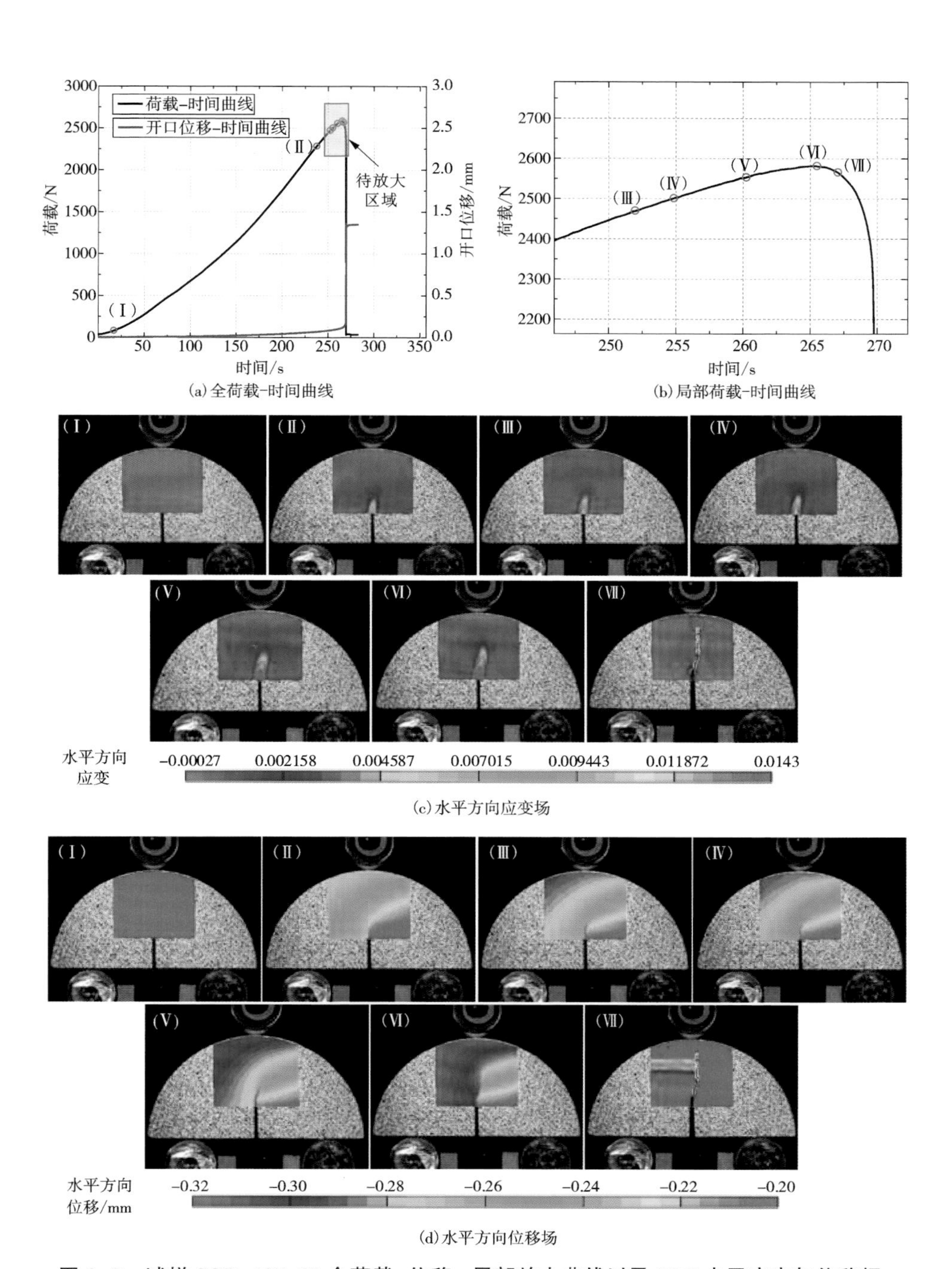

图 8-9　试样 SCB-125-01 全荷载-位移、局部放大曲线以及 DIC 水平应变与位移场

分或下部支撑辊相对于切槽并非完全对称所致；随后，尖端水平位移分界线进一步延伸，宏观裂纹沿着分界线扩展。

8.2.2　SCB 和 CCNSCB 数值试验

采用声发射细观模拟分析方法结合矩张量反演，量化分析试验过程中试样的破裂机制，并在 SCB 和 CCNSCB 试验中使用 FJM3D 模型分析相关因素对 Ⅰ 型断裂韧度的影响。

（1）室内试验数据

试样为 Kowloon 花岗岩，取自香港岛西北部，岩芯直径 84 mm，平均粒径 0.92 mm，WONG 等[11, 12]使用 Kowloon 花岗岩进行了一系列断裂韧度试验，用于 SCB 和 CCNSCB 试验的试样为岩芯的一半，其半径为 42 mm，厚度为 35 mm。对于 SCB 试样，直切槽的长度为 16.00~21.16 mm，支撑间距 50 mm，对于 CCNSCB 试样，α_0 范围为 0.127~0.248，α_1 范围为 0.604~0.683，支撑间距 0.8D mm。

（2）数值模型构建

建立 SCB 和 CCNSCB 试样数值模型，将三个支撑辊建模为圆柱体，并使用光滑节理模型建立宽度可控的切槽。通过控制分辨率，确保试样的圆周和底面、支撑辊及人字形切槽足够光滑，生成的细观模型如图 8-10 所示，用于模拟 Kowloon 花岗岩的细观参数见表 8-2，开展 5 种不同随机种子数的试验，以消除颗粒排布随机性对模拟结果的影响，荷载-位移曲线如图 8-11 所示。

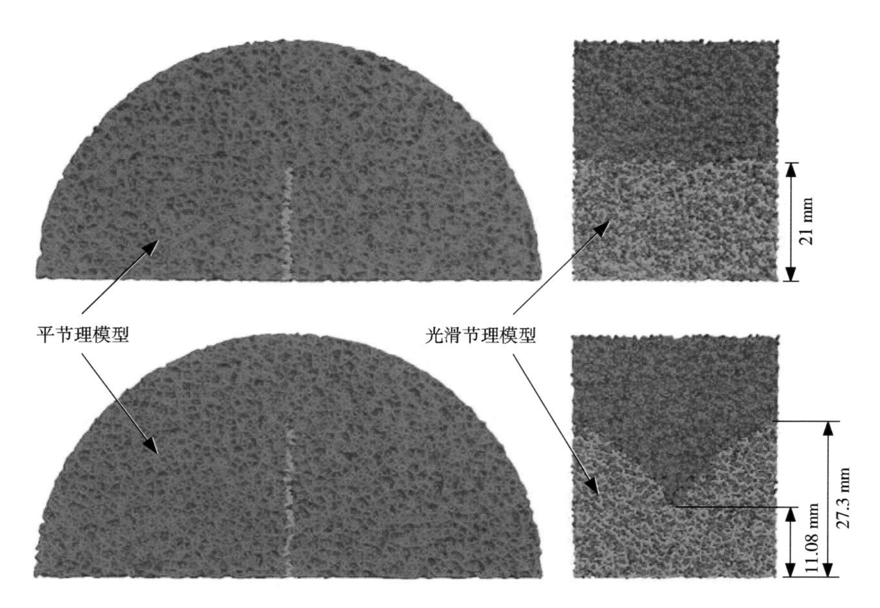

图 8-10　SCB 和 CCNSCB 试验 FJM3D 模型和接触

表 8-2　数值模拟 Kowloon 花岗岩力学行为模型细观参数

模型	参数	值		
		基本值	均质模型	非均质模型
平节理模型	最小晶粒直径，d_{min}/mm	1.0	1.5	1.0
	最大/最小晶粒直径，d_{max}/d_{min}	1.66	1.0	2.0
	安装间距比，g_{ratio}	0.4		
	径向单元个数，N_r	0.9	1.0	0.7
	环向单元个数，N_α	1.0		
	类型 S 单元比例，φ_S	3		
	颗粒和黏结的有效模量/GPa	4.0		
	颗粒和黏结的法向与切向刚度比，$k_n/k_s=\bar{k}_n/\bar{k}_s$	3.7		
	黏结抗拉强度平均值和标准偏差，σ_b/MPa	22.0±0	22.0±0	22.0±6.6
	黏结黏聚力的平均值和标准偏差，c_b/MPa	180±0	180±0	180±54
	摩擦因数，μ	0.4		
	摩擦角，φ_b/(°)	10		
光滑节理模型	安装间距，g	0		
	摩擦因数，μ	0		
	黏结系统法向强度，$\bar{\sigma}_c$/MPa	0		
	黏结系统切向强度，$\bar{\tau}_c$/MPa	0.4		
	黏结系统摩擦角/(°)	0		

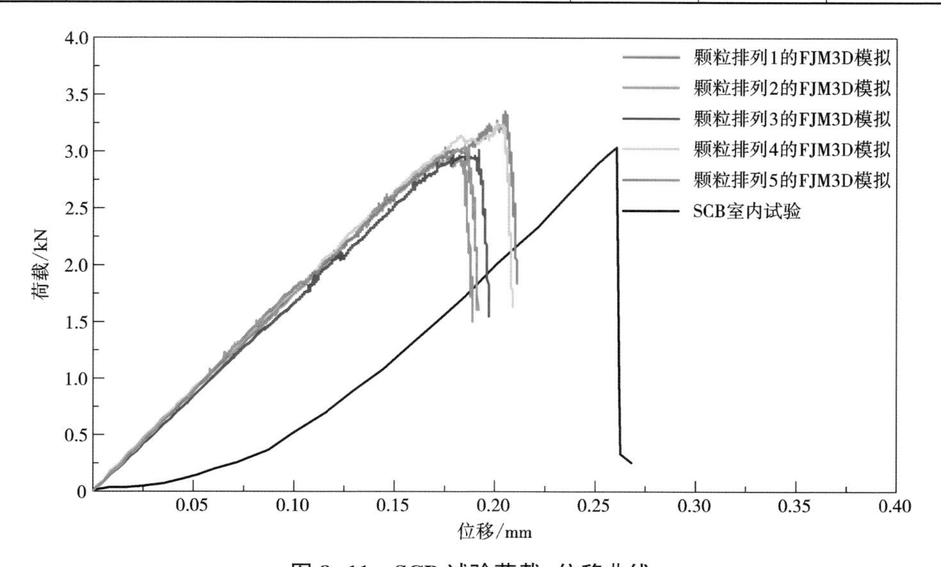

图 8-11　SCB 试验荷载-位移曲线

(3)破裂模式与机制

为更好地展示微裂纹特征，依据荷载-时步曲线[图 8-12(a)]中标记的 5 个点(Ⅰ—Ⅴ)位置，结合荷载大小，将破坏过程分为 4 个阶段；图 8-12(b)为 FJM3D 模拟结果和室内试验破坏试样照片，均发生拉伸断裂；图 8-12(c)是随机数为 10005 的试样渐进破坏过程，5 种不同随机种子数试样破坏过程相似，5 个截图显示了微裂纹分布的正视图(左)和侧视图(右)，图 8-12(c)中 nT 表示张拉微裂纹数、nS 表示剪切微裂纹数。

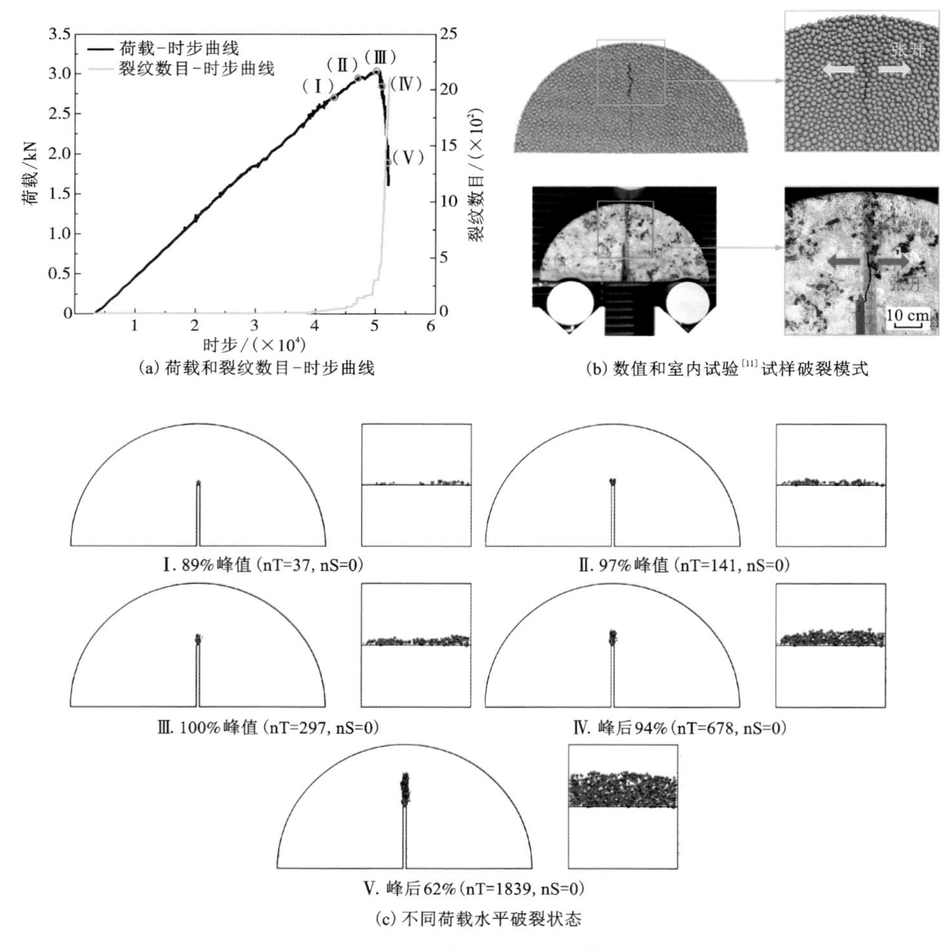

(a) 荷载和裂纹数目-时步曲线

(b) 数值和室内试验[11]试样破裂模式

Ⅰ. 89%峰值 (nT=37, nS=0)

Ⅱ. 97%峰值 (nT=141, nS=0)

Ⅲ. 100%峰值 (nT=297, nS=0)

Ⅳ. 峰后94% (nT=678, nS=0)

Ⅴ. 峰后62% (nT=1839, nS=0)

(c) 不同荷载水平破裂状态

图 8-12　SCB 试样开裂机制模拟结果

阶段 1(0—Ⅰ)：起裂。在 89%峰值荷载时，微裂纹开始零星出现在直槽尖端，部分微裂纹非常接近，可视为宏观裂纹初步形成。

阶段 2(Ⅰ—Ⅱ): 裂纹扩展和贯通。微裂纹沿着轴向荷载方向传播和贯通，由于模型非均质性，观察到的裂纹前缘呈弯曲状态，而非理论假定的直线。

阶段 3(Ⅱ—Ⅲ): 临界状态。轴向力增加到峰值，宏观裂纹达到临界长度。

阶段 4(Ⅲ—Ⅴ): 峰后破坏。微裂纹急剧增加，形成最终破裂，宏观裂纹以弯曲的前缘形态向顶部加载点贯通。

同 SCB 模拟试验分析，CCNSCB 试样也依据荷载-时步曲线[图 8-13(a)]上标记的 5 个点(Ⅰ—Ⅴ)，将破坏过程分为 4 个阶段；图 8-13(b) 为试验模拟结果和室内试验破坏试样照片，均引起张拉断裂；图 8-13(c) 显示了随机数 10003 的模拟试样不同荷载水平的裂纹状态，图中 nT 表示张拉微裂纹数、nS 表示剪切微裂纹数。

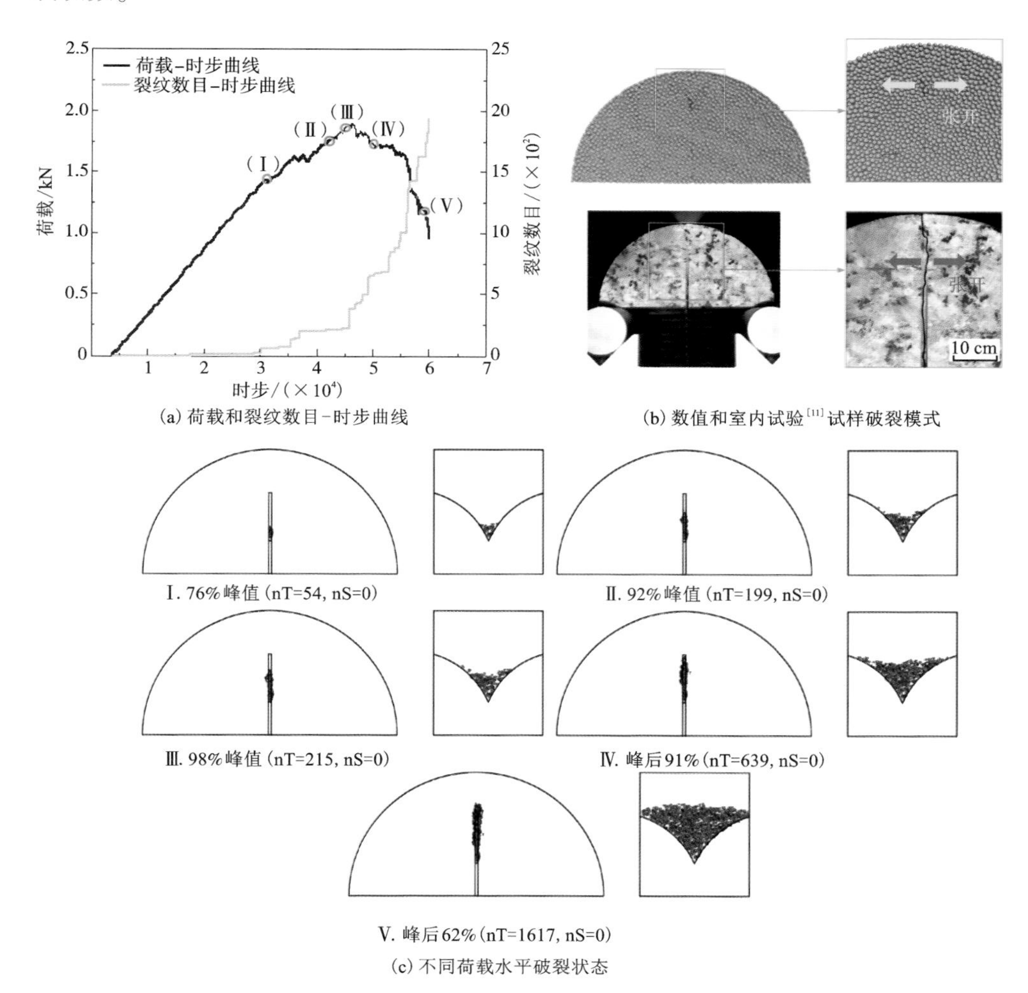

(a) 荷载和裂纹数目-时步曲线

(b) 数值和室内试验[11]试样破裂模式

(c) 不同荷载水平破裂状态

图 8-13　CCNSCB 试样开裂机制模拟结果

阶段1(0—Ⅰ)：起裂。人字形切槽会导致试样在尖端处最先开始产生裂纹，此阶段结束时的荷载约为峰值荷载的76%。

阶段2(Ⅰ—Ⅱ)：裂纹扩展和贯通。微裂纹从人字形切槽尖端和切槽边界处增长，形成弯曲的裂纹前缘，裂纹沿着人字形切槽韧带贯通。

阶段3(Ⅱ—Ⅲ)：临界状态。荷载接近峰值，宏观裂纹达到其临界长度，所有微裂纹均沿人字形切槽韧带产生。

阶段4(Ⅲ—Ⅴ)：峰后破坏。峰后91%荷载时，宏观裂纹几乎贯通整个人字形切槽，峰后62%荷载时，宏观裂纹已超过整个人字形韧带。裂纹前缘从凹形过渡到凸形(与裂纹沿直线扩展的理论假设存在差异)，沿轴向荷载产生了大量张拉微裂纹，形成贯穿破坏。

破坏过程中，SCB和CCNSCB试样均为张拉微裂纹，图8-14给出了两种试验在峰后50%荷载条件下的微裂纹分布赤平极射投影，裂纹主要分布在球的左右边界，表明在SCB和CCNSCB试验中，裂纹几乎平行于荷载方向，与室内试验结果一致。

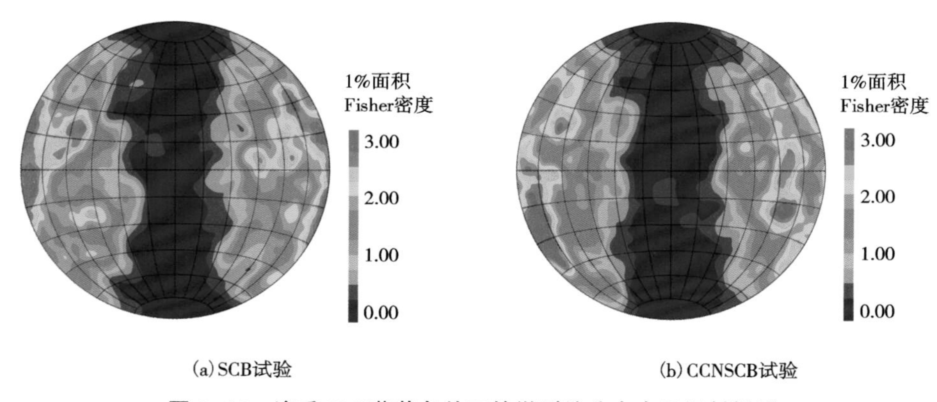

(a) SCB试验　　(b) CCNSCB试验

图8-14　峰后50%荷载条件下的微裂纹分布赤平极射投影

(4)震源机制

为进一步分析破裂机理，依据矩张量反演计算得到Hudson T-k图中的T(反映偏量成分)和k(反映各向同性分量)值，SCB试验过程中所有事件T-k值结果展示在图8-15中，大多数T-k值点分布在左上角“象限”中，表明事件具有较大的正k值，介于+0.2和+0.7之间，表明此类事件为某种类型的张开机制。应当指出的是，部分震源并不是纯粹的张拉裂纹，而是包含一些偏量成分；压缩导致的剪切机制中，其剪切源不是严格的剪切成分，包含一些各向同性分量。

CCNSCB试验过程中所有事件展示在图8-16的Hudson T-k图上，大多数T-k值点分布在左上角的“象限”中，表明事件具有较大的正k值(各向同性分量)，介于+0.2 和+0.7 之间，反映出大多数此类事件代表某种类型的张开机制，且震源并不全是张拉裂纹，而是包含了一些偏量成分（正 T 值），该结果验证了 Backers 和 Stephansson[9] 的室内试验结果，无论是在Ⅰ型还是Ⅱ型加载条件下，裂纹扩展并非纯张拉或纯剪切，岩石材料中的压裂总是涉及微观尺度上的复合模式。

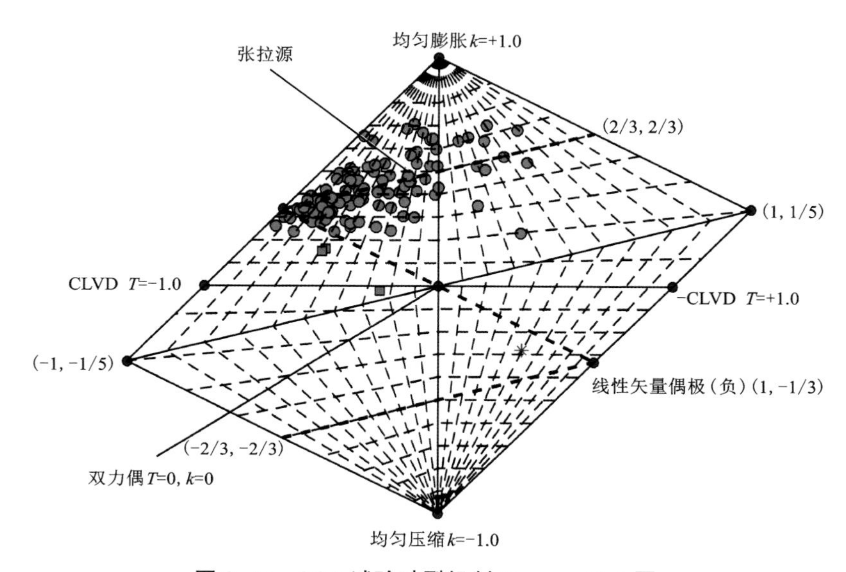

图 8-15　SCB 试验破裂机制 Hudson T-k 图

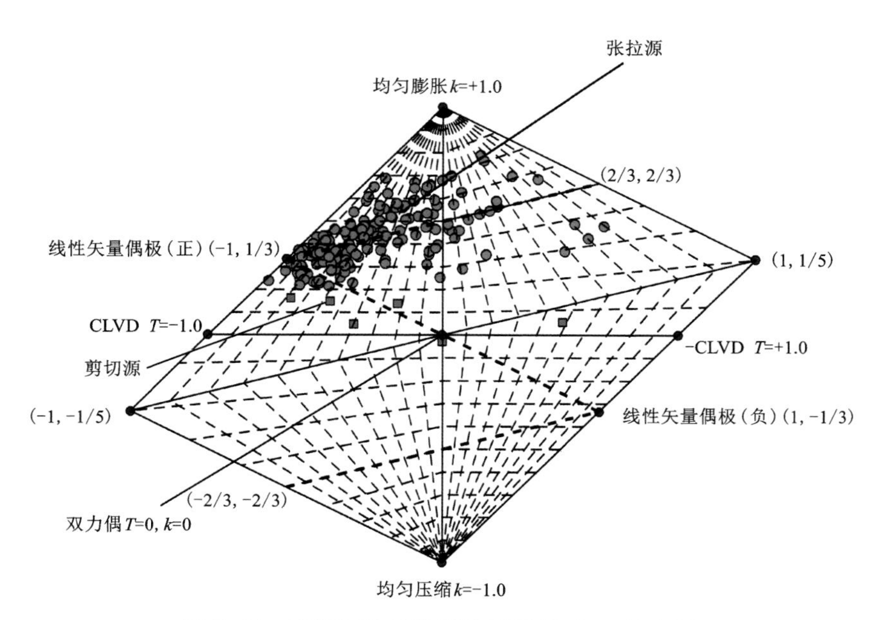

图 8-16　CCNSCB 试验破裂机制 Hudson T-k 图

8.2.3 CCNBD 室内试验

针对 CCNBD 断裂韧度试验，选用花岗岩作为研究对象，共制备了 3 种不同直径的 24 个圆盘试样（5 个 $D=50$ mm、14 个 $D=75$ mm、5 个 $D=100$ mm），研究试样尺寸和加载速率对 Ⅰ 型断裂韧度的影响。

由于试样加工过程中存在误差，为保证研究结果具有可对比性，应确保岩样的重要无量纲参数在很小的波动水平。试验加载时确保 CCNBD 试样人字形切槽垂直放置于试验机的两加载板之间，施加集中载荷。试验过程中同步进行声发射监测，设置 2 个传感器采集信号，2 个通道的前置放大器增益为 40 dB。试验采用速率控制方式进行加载，记录加载点位移作为圆盘试样的变形位移。考虑试样尺寸对 Ⅰ 型断裂韧度影响时，加载速率为 0.05 mm/min；考虑加载速率对 Ⅰ 型断裂韧度影响时，加载速率分别为 0.05 mm/min、0.1 mm/min 和 0.2 mm/min。

Ⅰ 型断裂韧度的尺寸效应试验研究中，3 组试验 CCNBD 试样的个数和直径分别为：4 个 $D=50$ mm、4 个 $D=75$ mm 和 4 个 $D=100$ mm，试验结果较为一致，分别以试样 50-3、75-3 和 100-3 为例，进行试验结果分析，展示试验前未破裂和试验后破裂的形态。试样 50-3 破裂前和破裂后的照片分别见图 8-17(a)～(c)，主破裂沿着人字形切槽贯通至上下加载板，在试样两端加载处可发现次生破裂，与主破裂相交形成楔形破坏，如图 8-17(b)所示，该现象在直径 $D=50$ mm 的其他 3 个试样中均能观察到。

试验中 AE 采集设置的门槛值为 48 dB，试样 50-3 的荷载、声发射振铃计数及声发射累计能量与时间的关系曲线如图 8-17(d)至图 8-17(e)所示。荷载-时间曲线可分为 4 个阶段：初始压密阶段、弹性阶段、第 1 次荷载降阶段和峰后阶段。在初始压密阶段和弹性阶段，声发射计数较少，零散分布，能量较小，声发射事件处于平静期；第 1 次荷载降在所有试验中均可观察到，随着荷载的增加，第 1 次荷载降伴随振铃计数的波动，但能量依然较小；峰后阶段荷载近乎垂直下降，持续时间短，荷载超过峰值后，声发射事件异常活跃，声发射事件振铃计数率超过 15000，且能量大，能量累计数由 250000 aJ 跃增至 2000000 aJ。

根据记录的峰值荷载可计算 Ⅰ 型断裂韧度（K_{Ic}），无量纲应力强度因子 Y'_{min} 的 μ 和 υ 则是通过查询 WANG[7] 重新标定的结果取值，并用 Matlab 编写线性插值程序求取。不同圆盘直径试样的 K_{Ic} 和同一直径的 K_{Ic} 平均值如图 8-18(a)所示，结果表明 K_{Ic} 对试样尺寸较敏感，在无量纲参数接近条件下，随着试样直径的增加，K_{Ic} 呈现增大趋势，但相同直径下测得的断裂韧度存在一定离散性。由于所采用的岩石均为致密花岗岩，试样取自同一岩块，试验结果的离散性可能是由于试样加工误差（圆盘直径和厚度偏差、圆周光滑程度、人字形切槽尺寸偏差等）和试验加载过程差异导致。

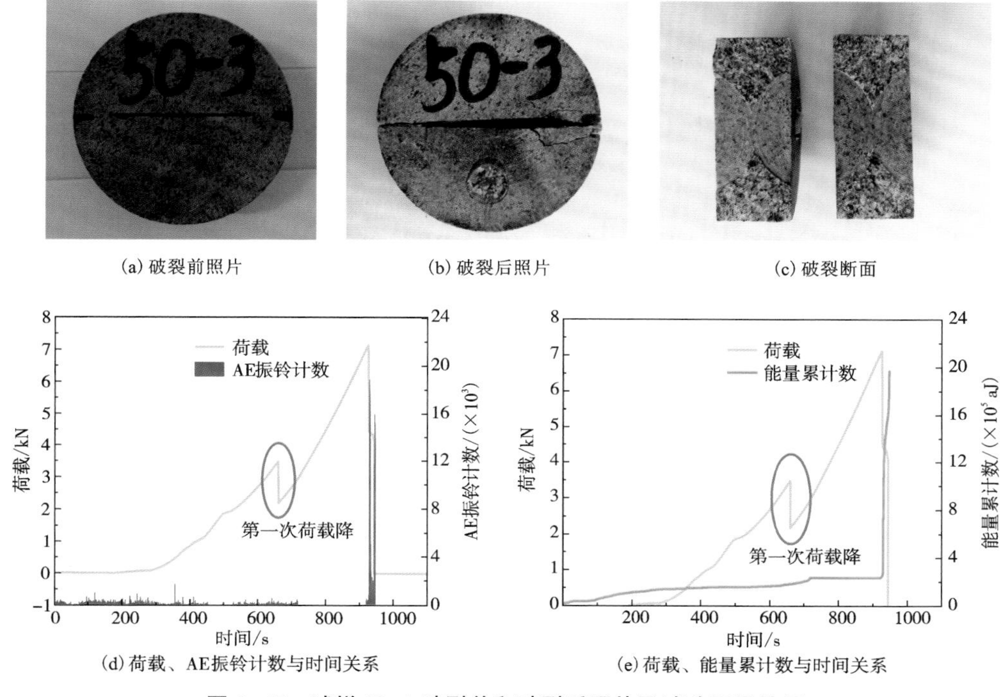

图 8-17　试样 50-3 破裂前和破裂后照片及试验记录结果

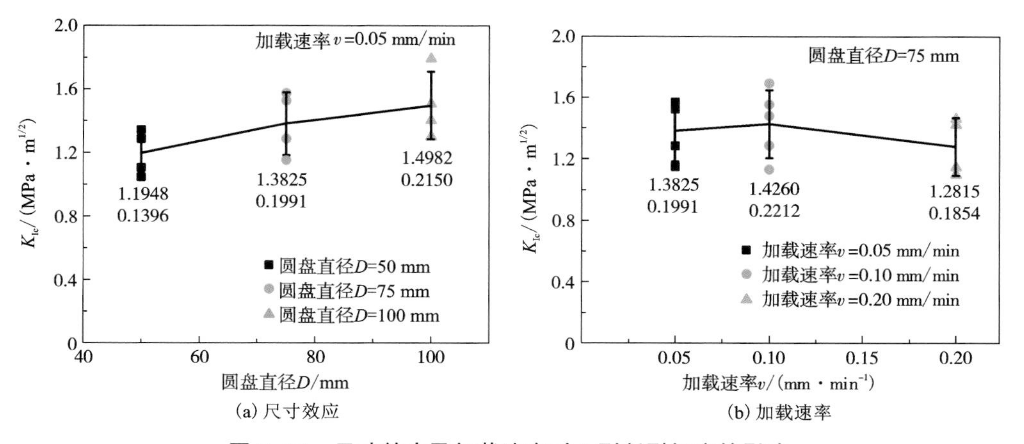

图 8-18　尺寸效应及加载速率对 I 型断裂韧度的影响

加载速率对 K_{Ic} 的影响试验中，试样直径均为 75 mm，设计 3 组试验，每组试样个数及对应加载速率分别为 4 个（0.05 mm/min）、5 个（0.10 mm/min）和 4 个（0.20 mm/min），不同加载速率下的 K_{Ic} 统计结果如图 8-18(b)所示，可以看出加载速率从 0.05 mm/min 增加到 0.20 mm/min 时，K_{Ic} 平均值从 1.3825 MPa · $m^{1/2}$ 先增加到 1.4260 MPa · $m^{1/2}$ 再减小至 1.2815 MPa · $m^{1/2}$，因为验证普适性规律需要更大加载速率范围的试验数据，而本试验所用的加载速率范围较小，且试样数量有限，其结果不具有普适性。

8.2.4 CCNBD 数值试验

(1)细观模型构建

以直径 D=75 mm 的花岗岩 CCNBD 试样为研究对象，室内试验加载速率采用 0.05 mm/s，旨在从细观尺度上揭示断裂韧度试验裂纹起裂、扩展直至贯通至加载点的过程，同时分析试验过程中的声发射事件特征。

采用 FJM3D 模型和光滑节理模型(SJM)共同构建的 CCNBD 细观模型：D=75 mm，B=30 mm，光滑节理圆盘半径(切槽)为 52 mm(图 8-19)，将光滑节理接触的刚度参数保留为原接触刚度，强度参数设置为 0，绿色带可视为人字形切槽，通过调整光滑节理安装间距的大小控制人字形切槽宽度，构建 CCNBD 模型的细观参数如表 8-3 所示。

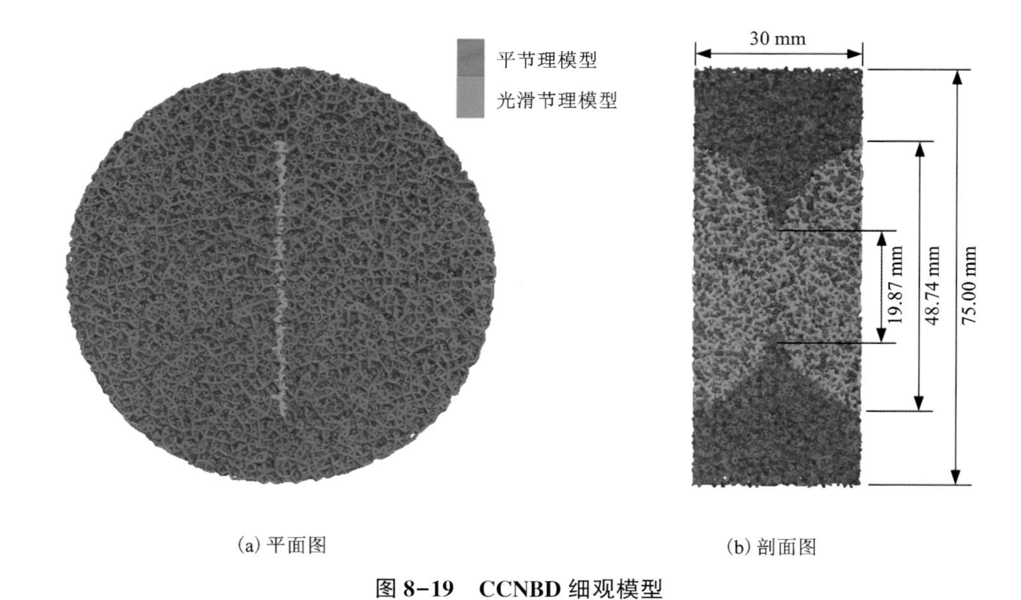

(a) 平面图　　(b) 剖面图

图 8-19　CCNBD 细观模型

表 8-3　CCNBD 数值试验细观模型参数

参数	数值
晶粒密度，kg/m^3	2690
最小晶粒直径，d_{min}/mm	1.5
最大与最小晶粒直径比，d_{max}/d_{min}	1.67
安装间距比，g_{ratio}	0.43
类型 S 单元比例，φ_S	0
径向单元个数，N_r	2
圆周方向单元个数，N_α	4
晶粒和黏结的有效模量，$E_c=\overline{E}_c/GPa$	75
晶粒和黏结的法向与切向刚度比，$k_n/k_s=\overline{k}_n/\overline{k}_s$	2.3
黏结张拉强度平均值和标准偏差，σ_b/MPa	20±2.0
黏结内聚力和标准偏差，c_b/MPa	168±16.8
局部摩擦角，$\varphi_b/(°)$	0
残余摩擦角，$\varphi_r/(°)$	26.6

构建 FJM3D 圆盘细观模型时，控制圆周分辨率确保圆周光滑，加载时，设置加载板宽度约等于平均颗粒直径，加载速率为 0.00375 m/s，以获得波动较小的静态断裂韧度。室内试验和数值试验结果统计见表 8-4，室内试验结果来源于其他试验。

表 8-4　花岗岩室内试验和数值试验结果统计

参数	室内试验结果	数值试验结果
弹性模量，E/GPa	55~65	60.27±0.40($n=5$)
泊松比，υ	0.24~0.26	0.25±0.01($n=5$)
单轴抗压强度，UCS/MPa	185~200	189.78±4.09($n=5$)
断裂韧度，$K_{Ic}/(MPa\cdot m^{1/2})$	1.383±0.199	1.386±0.018($n=5$)

备注："$n=5$"表示采用不同随机种子数生成的 5 个排列细观模型。

(2)荷载-位移曲线

室内试验和数值模拟的荷载-位移曲线如图 8-20 所示，室内试验与数值试验峰值荷载平均值基本一致，约为 12.032 kN，但数值试验比室内试验峰值荷载时刻的位移小，因为细观模型仅用于机制分析，在宏观参数方面与室内试验存在差异。

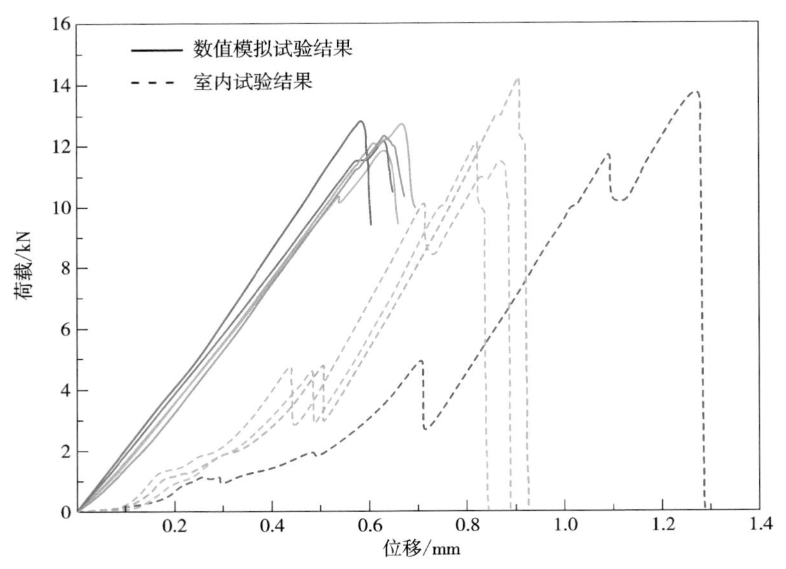

图 8-20　室内试验和数值模拟的荷载-位移曲线

（3）CCNBD 数值模拟试验裂纹扩展及声发射特征

编号为 4（图 8-20 中排列 4 的试样）的数值模拟试验荷载-位移曲线、裂纹扩展过程及声发射事件空间分布如图 8-21 所示，其他数值试样结果与此相似。图 8-21（b）和图 8-21（c）中的 5 个剖面图分别对应图 8-21（a）荷载-位移曲线上的 *A*、*B*、*C*、*D* 和 *E* 点，根据裂纹扩展和声发射事件分布图，CCNBD 模型试样断裂韧度试验过程可分为 4 个阶段。

①人字形切槽尖端起裂。破裂首先出现在上端人字形切槽尖端，同时上加载板附近出现零星裂纹，可能是应力集中造成，如图 8-21（b）中 *A* 剖面图所示，下端人字形切槽未出现破裂，说明人字形切槽上下两端破裂并不对称，此时，荷载为 6.935 kN，约为 0.54 倍峰值荷载（12.798 kN），此阶段裂纹均为张拉裂纹，记录到 4 个声发射事件，震级介于-7.34 至-6.6 之间。

②切槽破裂扩展。随着荷载增加，裂纹沿着人字形切槽向切槽根部扩展，如图 8-21（b）中 *B* 和 *C* 剖面图所示，上、下两端人字形切槽破裂不对称，裂纹分布在人字形切槽韧带边缘上，且裂纹前缘呈凹型向两端扩展，与 ISRM 建议的 CCNBD 断裂韧度试验中的假设存在差异。上、下两加载板附近也出现了较多裂纹，且裂纹均为张拉裂纹，声发射事件数量不断增加，均为小破裂事件。

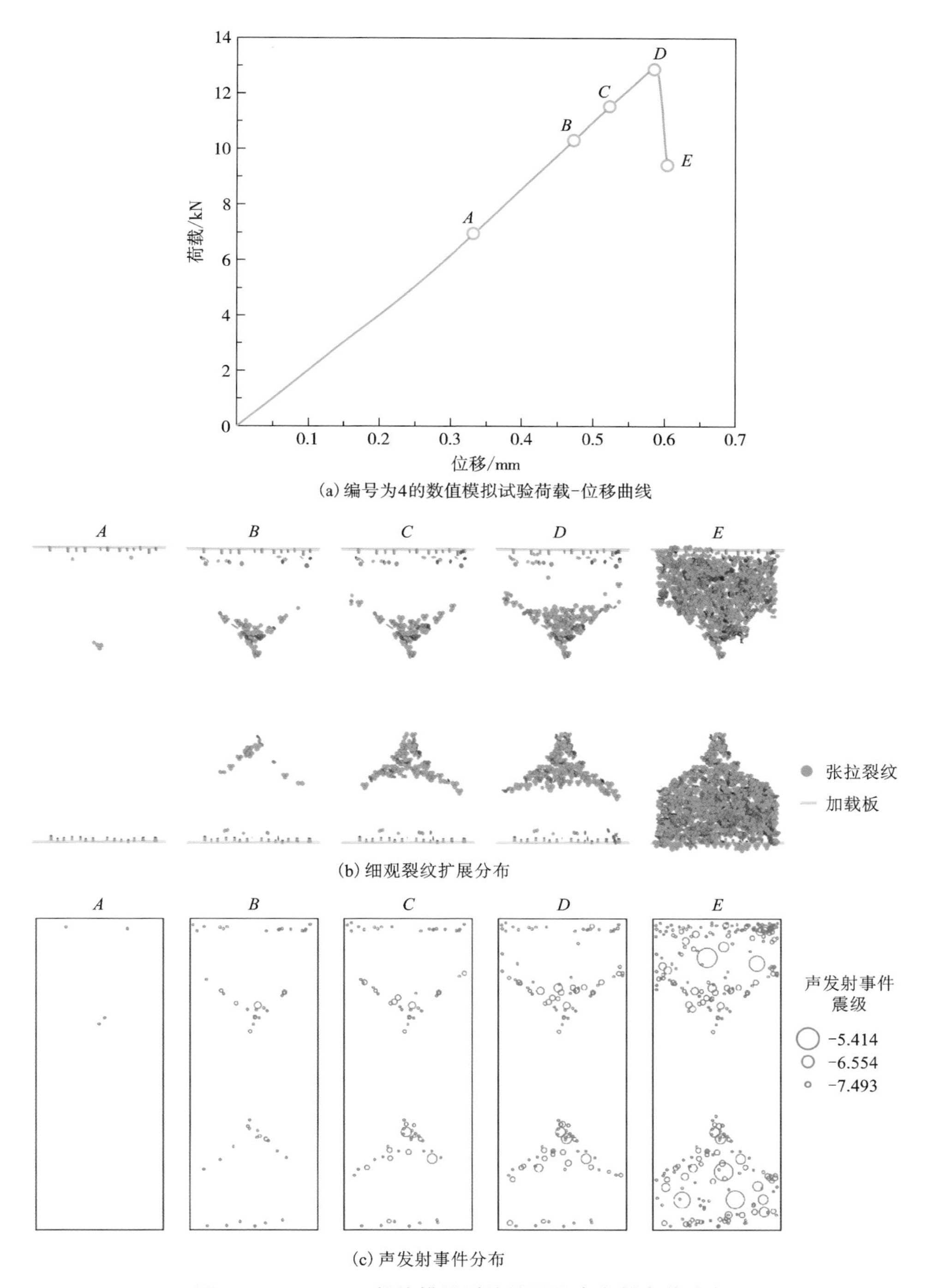

(a) 编号为4的数值模拟试验荷载-位移曲线

(b) 细观裂纹扩展分布

(c) 声发射事件分布

图 8-21 CCNBD 数值模拟裂纹扩展及声发射事件分布

③切槽贯通。当达到峰值荷载(12.987 kN)时，裂纹扩展到人字形切槽根部，也是韧带最宽处，如图 8-21(b)中 D 剖面图所示，上下两端人字形切槽完全破裂，上、下加载板附近的裂纹有所增加，未贯通。此阶段，所有裂纹均为张拉裂纹，声发射事件数量不断增多，震级均小于-6.1。

④整个试样贯通。人字形切槽贯通后，荷载从 D 点到 E 点近似呈垂线急剧下降趋势[图 8-21(a)]，裂纹进入不稳定扩展阶段，瞬间贯通人字形切槽根部和加载处的中间部分，如图 8-21(b)中 E 剖面图所示，数值模拟试验计算终止条件为峰值荷载的 70%，对应 E 点，裂纹数量从峰值荷载时的 557 个增加到试验结束时的 3642 个，声发射事件也由峰值荷载时刻的 127 个增加到 283 个。所有的裂纹均为张拉裂纹，声发射事件最大震级为-5.414，较大震级声发射事件集中在人字形切槽根部附近，如图 8-21(c)中 E 剖面图所示。

8.3 Ⅱ型断裂韧度试验研究

8.3.1 围压冲切室内试验

制备围压冲切试样时，从岩芯中钻取高度与直径均为 50 mm 的圆柱体，上下底面打磨平整并垂直于圆周面，分别切深度为 5 mm 与 30 mm 的槽环，切口宽为 1.5 mm，试样内径为 30 mm。

将试样置于 Hoek Cell 中，并施加围压以进行围压冲切试验，其中，轴向压力被施加于内环柱体上表面，试样外环底面用作支撑面，内圆柱底面为自由面。在初始加载阶段，试样圆柱周面及上表面进行均匀围压加载，在轴向应力加载阶段，围压不变，在内圆柱上表面施加轴压，共开展 3 种不同加载速率下的 19 组试验。

典型破坏试样如图 8-22 所示，试样裂纹呈“八”字形分布，起始于上切口内环侧，终止于下切口外环侧，断口显示岩石内部含有较多裂隙，破坏试样清晰展示了剪切裂纹贯通上下切口的空间形态。然而，因为岩石试样的非均质性，导致局部应力集中明显，试样外环出现多条裂纹，剪切裂纹不能贯通上下槽所有部分，表现为岩桥部分破坏而非岩桥环向完全贯通破坏。

Ⅱ型断裂韧度通过下式计算[9]：

$$K_{\text{II}c}=7.74\times10^{-2}P_{\max}-1.80\times10^{-3}P_{c} \tag{8-8}$$

式中：$K_{\text{II}c}$ 为Ⅱ型断裂韧度，MPa · m$^{1/2}$；$P_{\max}$ 为峰值荷载，kN；P_c 为围压，MPa。

不同加载速率下的断裂强度和断裂韧度见表 8-5，可知，岩石Ⅱ型断裂韧度大小为 3.152~5.182 MPa · m$^{1/2}$，19 组试验的平均 $K_{\text{II}c}$ 为 4.194 MPa · m$^{1/2}$。

(a) 冲切试验破坏试样 1

(b) 冲切试验破坏试样 2

图 8-22　冲切试验破坏试样

表 8-5　室内Ⅱ型断裂韧度围压冲切试验结果

试样编号	加载速率 /(mm · min^{-1})	应力速率 /(MPa · s^{-1})	围压 /MPa	断裂强度 /MPa	K_{IIc} /(MPa · $m^{1/2}$)
PT1	4	0.411	6.897	197.241	4.907
PT2	4	0.428	6.897	166.897	4.150
PT3	4	0.384	6.897	198.621	4.941
PT4	4	0.347	6.897	150.345	3.737
PT5	4	0.365	6.897	126.897	3.152
PT6	4	0.385	6.897	166.897	4.150
PT7	4	0.379	6.897	173.793	4.322
PT8	4	0.318	6.897	153.103	3.806
PT9	8	0.616	6.897	132.828	3.300
PT10	8	0.797	6.897	191.724	4.769
PT11	8	0.846	6.897	169.655	4.219
PT12	8	0.710	6.897	155.862	3.875
PT13	8	0.783	6.897	168.276	4.184
PT14	32	2.437	6.897	148.966	3.703
PT15	32	3.289	6.897	208.276	5.182
PT16	32	2.391	6.897	173.793	4.322
PT17	32	2.296	6.897	158.621	3.944
PT18	32	2.670	6.897	173.793	4.322
PT19	32	3.027	6.897	188.966	4.700

8.3.2 围压冲切数值试验

(1)细观模型构建

利用 PFC 软件生成直径和高度均为 50 mm 的圆柱试样，模型的细观力学参数详见表 8-6。在围压冲切试样中，切口尺寸为 1.5 mm，设置颗粒直径为 1.2~1.4 mm，采用平行黏结接触模型，通过伺服墙进行冲切加载。在试验加载过程中，围压墙的速度根据伺服机制不断调整以维持恒定的围压，三维试样及二维剖面图如图 8-23 所示。

表 8-6 围压冲切数值试验细观模型参数

参数	数值
最小晶粒直径，d_{min}/mm	1.2
最大与最小晶粒直径比，d_{max}/d_{min}	1.17
安装间距比，g_{ratio}	0.5
晶粒和黏结的有效模量，$E_c=\overline{E}_c$/GPa	34.1
晶粒和黏结的法向与切向刚度比，$k_n/k_s=\overline{k}_n/\overline{k}_s$	1.5
黏结张拉强度平均值和标准偏差，σ_b/MPa	4.9±1.2
黏结内聚力和标准偏差，c_b/MPa	47±12
局部摩擦角，φ_b/(°)	0
残余摩擦角，φ_r/(°)	10.0

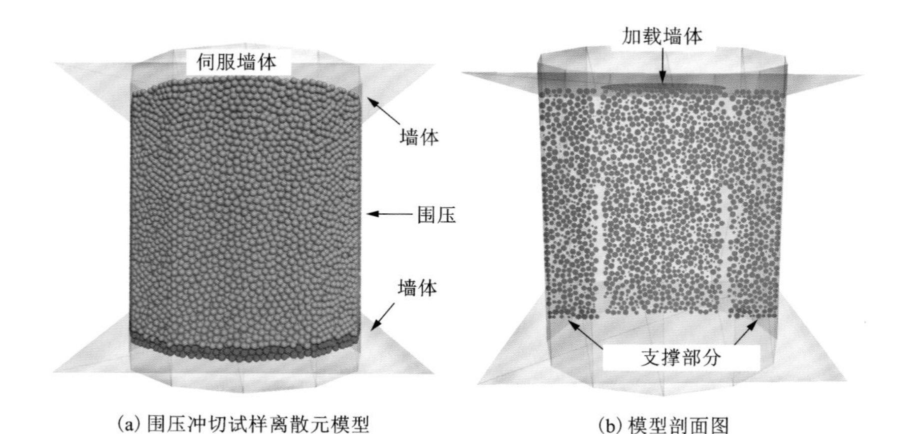

(a) 围压冲切试样离散元模型　　(b) 模型剖面图

图 8-23 围压冲切试验数值模型试样

为探讨围压对冲切试验裂纹发展的影响，在加载速率恒定条件下，设置 9 组围压加载方案，分别为 0.1 MPa、7 MPa、15 MPa、30 MPa、40 MPa、50 MPa、60 MPa、70 MPa、80 MPa。其中，7MPa 围压冲切试验的应力-应变曲线及特征点颗粒位移如图 8-24 所示，5 个特征点分别为 *A*、*B*、*C*、*D*、*E*，其分别对应 30%、60%、80%峰值荷载点及峰值荷载点、峰后 80%峰值荷载点，图 8-24 中颗粒颜色依据位移大小绘制，最大位移约 0.1 mm。过峰值点后，试样内圆柱位移比外圆环位移大一个数量级，根据不同颜色的颗粒位移分区，可推测岩桥贯通破坏的形成。数值试验中假设试样为均质各向同性，不考虑岩石试样内部微小裂隙，围压冲切试样表现出上下切口完全贯通的破坏形式，与室内试验存在一定差异。

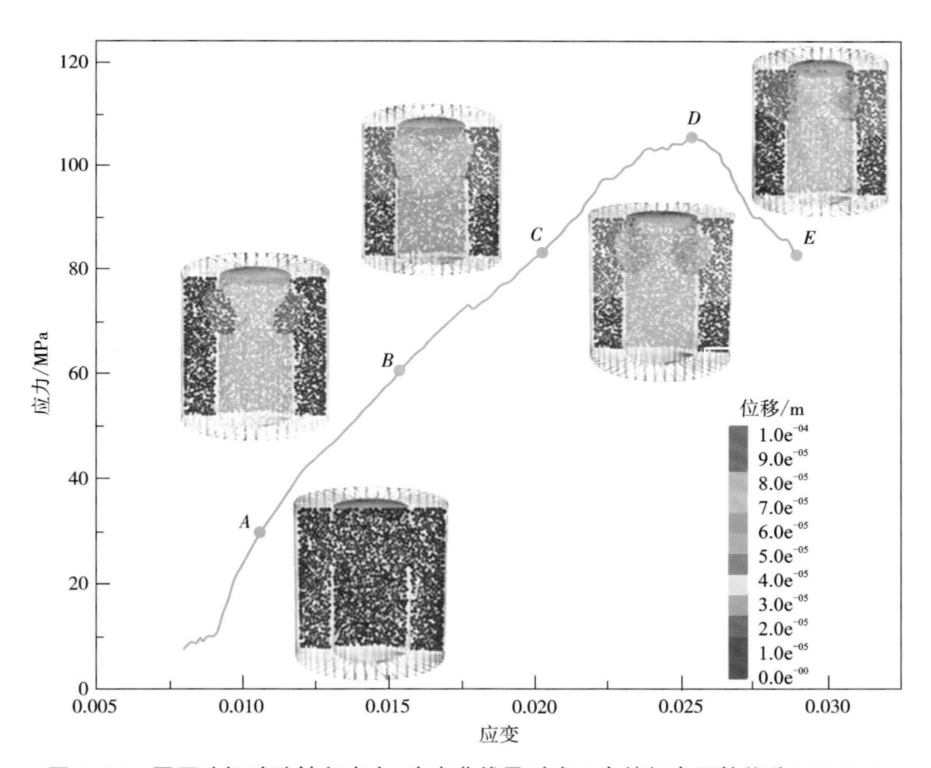

图 8-24　围压冲切试验轴向应力-应变曲线及对应 5 个特征点颗粒位移(7 MPa)

围压冲切试验试样含有上下两个切口，其加载条件也相对复杂，分为初始加载与轴向加载两部分，因此加载过程中试样应力分布不均匀，在数值模型中设置监测球进行应力监测。图 8-25 为围压冲切试验中岩桥部分监测球布置、轴向应力及径向应力分布，可以看出，试样上切口区域的轴向应力、径向应力均大于下切口区域，且轴向应力差、径向应力差也大于下切口区域。

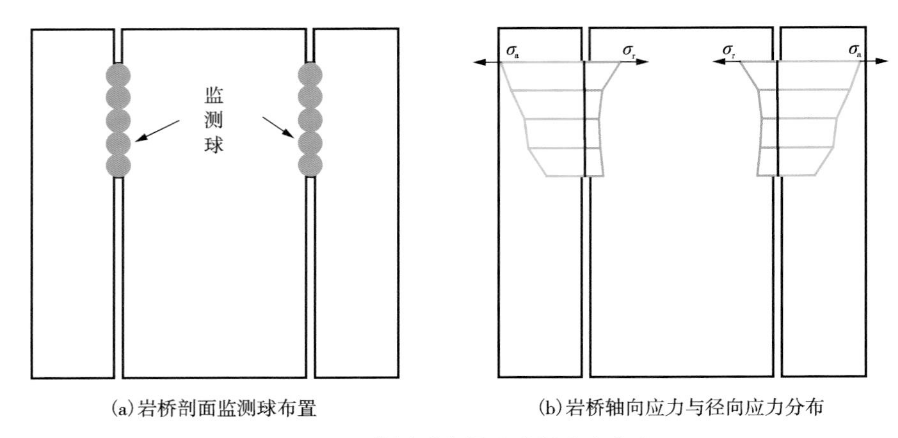

(a)岩桥剖面监测球布置　　(b)岩桥轴向应力与径向应力分布

图 8-25　监测球布置及岩桥应力分布

(2)围压对裂纹扩展的影响

数值模拟试验便于研究不同围压对断裂韧度的影响，且能更好地展现试样微观破裂过程。为清晰展示微观裂纹的分布情况，对三维裂纹切片观察，图 8-26 为不同围压下试样冲切破坏微观裂纹分布，黑色短线表示张拉裂纹，红色短线表示剪切裂纹。

由图 8-26(a)至图 8-26(c)可知，围压不大于 15 MPa，内圆柱顶面施加的轴向应力在上下切口附近及岩桥部分引起了较高的应力集中，表现为微观裂纹密集，且随着围压的增加，剪切裂纹逐渐增多。

由图 8-26(d)至图 8-26(f)可知，围压达到 30 MPa 及以上时，试样顶部加载端剪切破坏开始增多，围压对试样整体产生一个法向压应力作用，围压越大，对岩桥区域的张拉破裂抑制作用越强，对剪切破裂促进作用越强。同时，随围压增大翼裂纹逐渐被抑制，围压达到 50 MPa 时，翼裂纹几乎消失，且试样内圆柱顶面剪切破裂占比较大。

由图 8-26(g)至图 8-26(i)可知，翼裂纹完全消失，下切口以下内圆柱部分张拉裂纹逐渐增多。

通过围压对试验过程中微观裂纹分布影响的分析发现，围压的增大对岩桥部分翼裂纹有抑制作用，围压超过 50 MPa 时，围压继续增大对上下切口贯通裂纹发展有抑制作用，对下切口以下内圆柱部分张拉裂纹发展有促进作用，围压过大时，不利于试样的内圆柱体与外圆环体完全冲切分离。

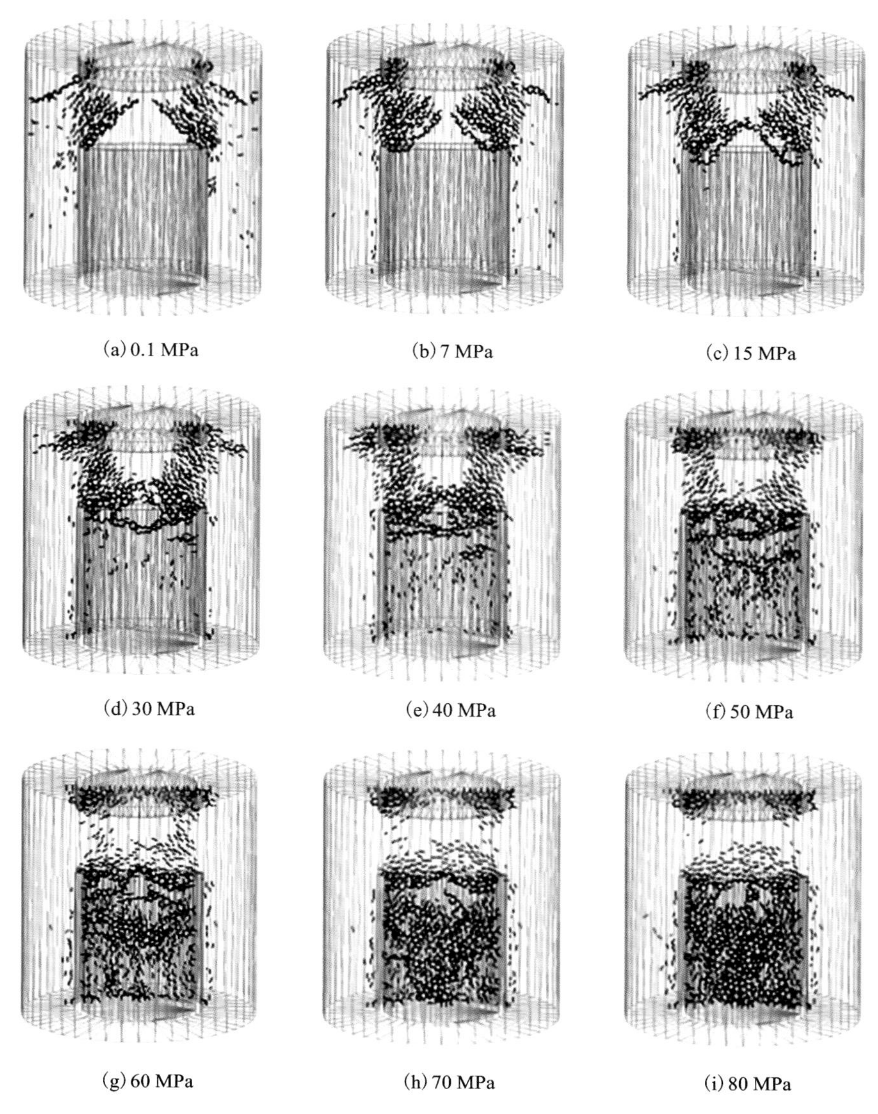

图 8-26　不同围压下试样冲切破坏微观裂纹分布

(3)声发射事件空间分布规律

图 8-27 为 A 点微裂纹分布及 A 至 E 点声发射事件分布(7 MPa)，蓝色圆圈表示张拉源，红色圆圈表示剪切源，圆圈大小依据震级绘制，最大圆圈对应声发射震级-4.63，最小圆圈对应声发射震级-8.38。轴向应力达到峰值荷载 30%时

(A 点)，上下切口附近均有声发射事件产生，裂纹不断增长；达到 60%峰值荷载时(B 点)，裂纹逐渐聚集；达到 80%峰值荷载时(C 点)，裂纹沿着径向向外扩展；峰值荷载(D 点)后，内圆柱与外圆筒均分布大量声发射事件。

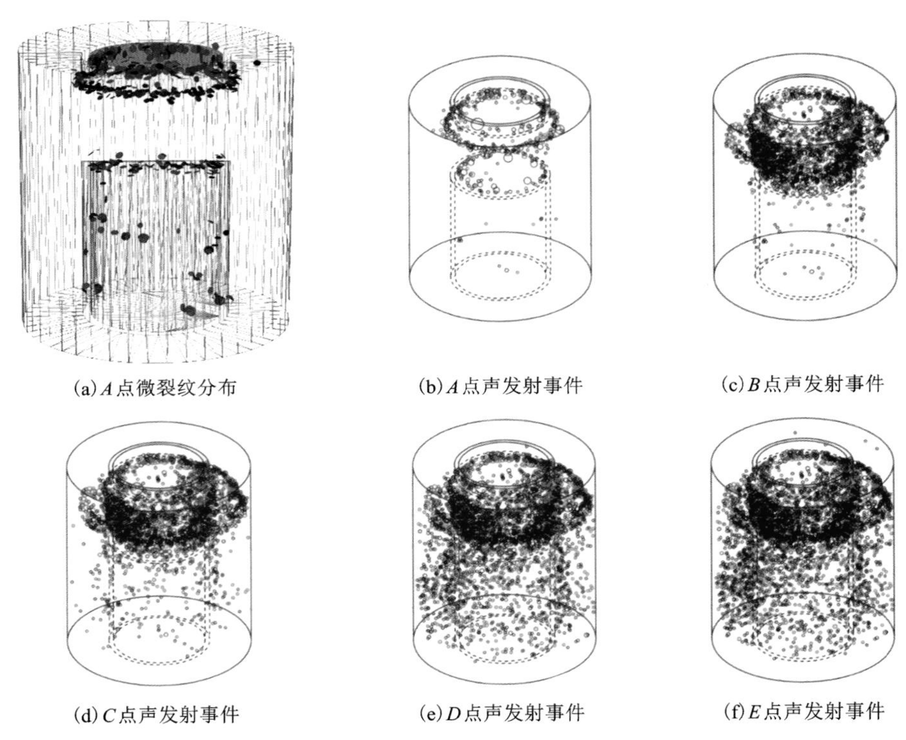

(a) A 点微裂纹分布　(b) A 点声发射事件　(c) B 点声发射事件

(d) C 点声发射事件　(e) D 点声发射事件　(f) E 点声发射事件

图 8-27　A 点微裂纹分布及 A~E 点声发射事件分布(7 MPa)

对比可知，图 8-27(a)中微观裂纹分布与图 8-27(b)中声发射事件分布并不相同，后者包含更多剪切成分，与颗粒间接触破坏的单个微观裂纹不同，因为声发射事件往往由某一时刻多个破裂组成。在加载初期，出现明显不同震级大小的声发射事件，而图 8-27(c)至图 8-27(f)中声发射震级大小较为一致。

8.4　脆性岩石 Ⅰ/Ⅱ 复合型断裂试验研究

斜切槽 SCB 试验使岩石处于复杂应力状态，破裂裂纹往往是包含Ⅰ型和Ⅱ型的复合型断裂，本节采用斜切槽 SCB 室内试验与数值试验，分析试样破裂过程与断裂韧度。

8.4.1　Ⅰ/Ⅱ复合型断裂室内试验

图8-28(a)展示了8组30°切槽SCB试样破坏荷载-位移曲线，结果显示该曲线均经历压密、线性增加和峰后应力降过程，表现出脆性断裂特征。图8-29(a)展示了30°切槽SCB试样破裂模式，表面宏观裂纹不沿原来的裂纹面扩展，而是沿着分支裂纹面扩展，从尖端上表面位置沿弧线贯通至上部加载点。其断裂有以下两个特征：①裂纹初始扩展方向，即开裂角的平均值约为61°，与线弹性断裂理论预测结果基本一致；②由于剪切成分的存在，断口为平断口，相对平整，符合复合型裂纹脆性断裂特征。

图8-28(b)展示了7组45°切槽SCB试样破坏荷载-位移曲线，结果显示该曲线均经历压密、线性增加和峰后应力降过程，表现出脆性断裂特征。图8-29(b)展示了7组45°切槽SCB试样表面和断口破裂模式，表面宏观裂纹从尖端靠下位置沿弧线贯通至上部加载点。其断裂有以下两个特征：①断裂方向，即开裂角的平均值约为55°，与线弹性断裂理论预测结果基本一致；②断口是平断口，相对平整，符合复合型裂纹脆性断裂特征。

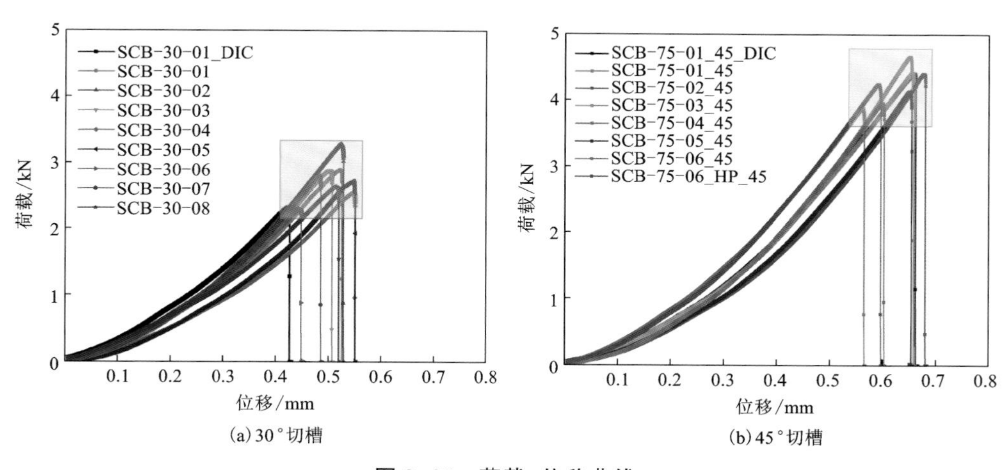

(a) 30°切槽　　(b) 45°切槽

图8-28　荷载-位移曲线

通过Ⅰ/Ⅱ型断裂韧度计算，30°切槽SCB试样 K_{Ic} 平均值为0.421 MPa·m$^{1/2}$，标准差为0.046 MPa·m$^{1/2}$；K_{IIc} 平均值为0.286 MPa·m$^{1/2}$，标准差为0.031 MPa·m$^{1/2}$；45°切槽SCB试样 K_{Ic} 和 K_{IIc} 平均值分别为0.237 MPa·m$^{1/2}$ 和0.367 MPa·m$^{1/2}$，标准差分别为0.016 MPa·m$^{1/2}$ 和0.025 MPa·m$^{1/2}$。总体上，在0~45°切槽角度内，Ⅰ型断裂韧度随角度的增加而减小，Ⅱ型断裂韧度随角度的增加呈增长趋势。

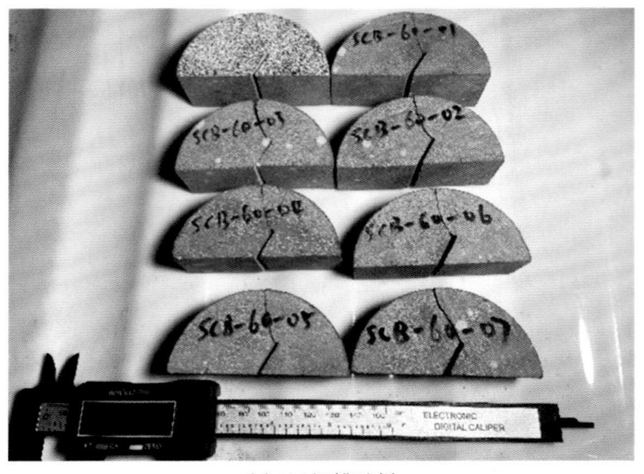

(a) 30° 切槽试样

(b) 45° 切槽试样

图 8-29　试样破裂模式

8.4.2　Ⅰ/Ⅱ复合型断裂数值试验

(1) 数值模型构建

采用 PFC 软件构建Ⅰ/Ⅱ复合型断裂 SCB 试样，模拟斜切槽 SCB 试样模型尺寸与室内试验相同，考虑到模型分辨率和计算效率，最小颗粒直径设置为 1.5 mm。图 8-30 为斜切槽 SCB 试样的黏结接触模型，30°斜切槽 SCB 试样包含 10430 个颗粒、37982 个平节理接触和 376 个光滑节理接触；45°斜切槽 SCB 试样包含 10430 个颗粒、38004 个平节理接触和 345 个光滑节理接触。两种试验的支撑辊直径均为 2.5 mm，为确保准静态加载，设置轴向应变率为 0.4 s^{-1}，执行 5 种不同随机种子数的试验。

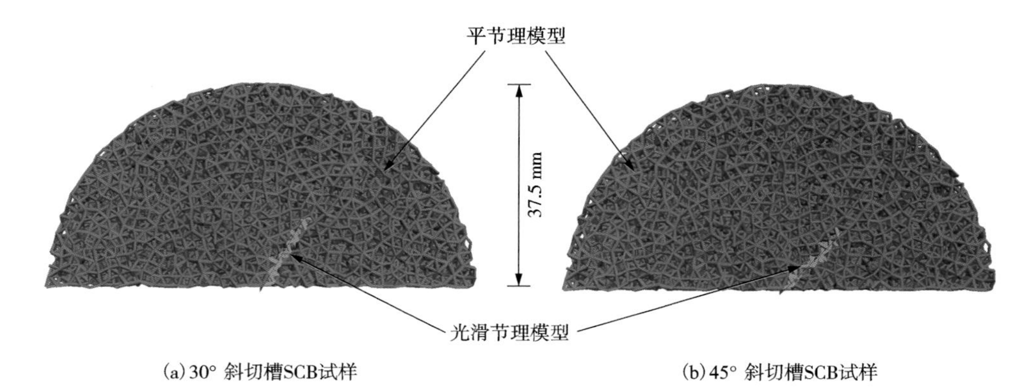

(a) 30° 斜切槽SCB试样　　(b) 45° 斜切槽SCB试样

图 8-30　30°和 45°斜切槽 SCB 试样的黏结接触

(2)宏观断裂模式和断裂韧度

图 8-31 展示了 30°和 45°斜切槽 SCB 试样 Ⅰ/Ⅱ 复合型断裂试验荷载-时步曲线。峰值荷载前，30°斜切槽 SCB 试样荷载随时步增加呈线性增加，曲线波动较小；45°斜切槽 SCB 试样荷载随时步增加也呈线性增加，峰前有不同程度的荷载降，波动程度大于 30°斜切槽试样，曲线波动可能与裂纹亚临界扩展和支撑辊接触点数量变化有关。荷载达到峰值后快速下降，两者均表现为脆性断裂。表 8-7 为室内试验与数值试验的断裂韧度计算结果，二者较为一致，较好地再现了Ⅰ型和Ⅱ型断裂韧度随斜切槽角度的变化规律。

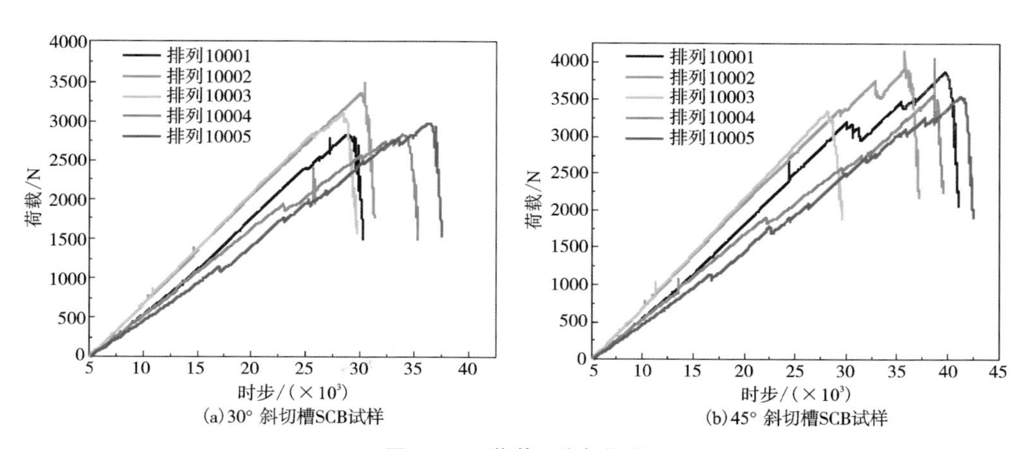

图 8-31　荷载-时步曲线

表 8-7　室内试验与数值试验的断裂韧度计算结果

试样	参数	室内试验结果	数值模拟结果
30°斜切槽	$K_{\mathrm{I}c}$ 平均值和标准差/(MPa·m$^{1/2}$)	0. 421±0. 046(n=8)	0. 473±0. 031(n=5)
	$K_{\mathrm{II}c}$ 平均值和标准差/(MPa·m$^{1/2}$)	0. 286±0. 031(n=8)	0. 321±0. 021(n=5)
45°斜切槽	$K_{\mathrm{I}c}$ 平均值和标准差/(MPa·m$^{1/2}$)	0. 237±0. 016(n=7)	0. 219±0. 018(n=5)
	$K_{\mathrm{II}c}$ 平均值和标准差/(MPa·m$^{1/2}$)	0. 367±0. 025(n=7)	0. 340±0. 028(n=5)

注：n 表示试验次数或随机种子数。

(3)破裂过程分析

图 8-32 为试验过程中荷载-时步曲线，图 8-33 为不同荷载水平的裂纹分布(nT 表示张拉微裂纹数，nS 表示剪切微裂纹数)，根据不同荷载水平及裂纹分布状态将荷载-时步曲线划分为 3 个阶段。

阶段 1(0—Ⅰ)：起裂前阶段。试样在约 66. 2%峰值荷载时(Ⅰ点)起裂，切

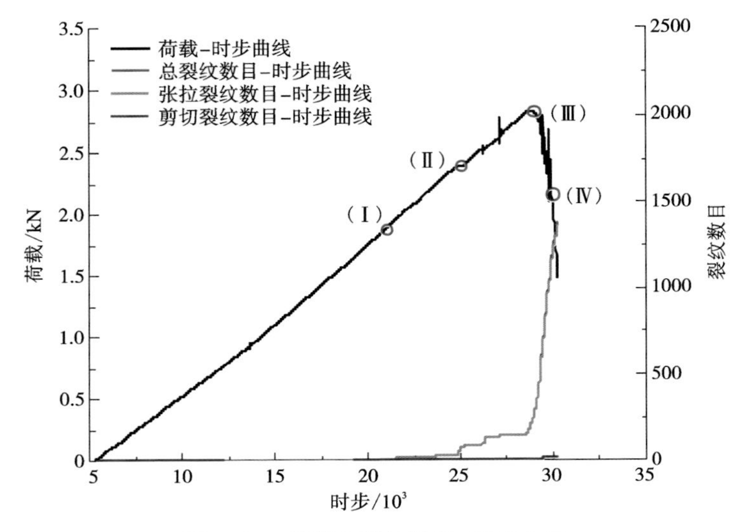

图 8-32 荷载与裂纹数目-时步曲线

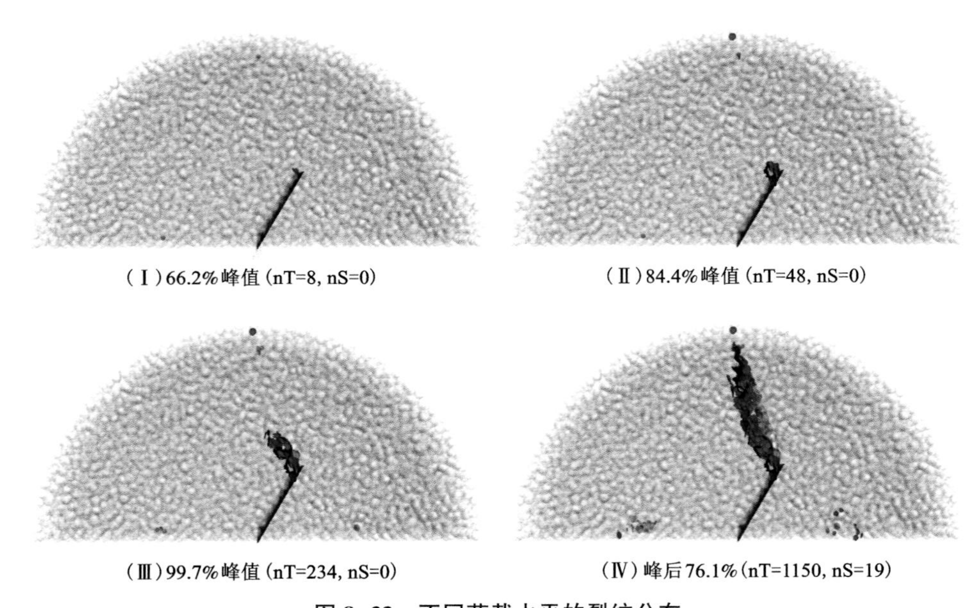

图 8-33 不同荷载水平的裂纹分布

槽附近的起裂点位于切槽尖端，加载点附近出现了零星张拉微裂纹。

阶段 2(Ⅰ—Ⅲ)：亚临界扩展阶段。此阶段包含稳定扩展段(Ⅰ—Ⅱ)和非稳定扩展段(Ⅱ—Ⅲ)，裂纹沿起裂点与上部加载点连线方向扩展，微裂纹分布在狭长区域，形成宏观裂纹，此阶段张拉裂纹发挥主导作用。

阶段 3(Ⅲ～Ⅳ)：失稳扩展阶段。裂纹数目-时步曲线表明，试样迅速产生大量微裂纹，在阶段 2 的基础上裂纹向上部加载点进一步延伸，宏观裂纹呈弧形，张拉微裂纹占主导并伴有少量剪切微裂纹。

(4)震源机制分析

为进一步研究破裂机理，采用三种不同的分类方法对 30°和 45°斜切槽 SCB 试验中的声发射事件进行矩张量分析，结果见表 8-8。

表 8-8　基于三种不同分类方法的震源类型

震源机制	Feignier 和 Young 方法[13]			Ohtsu 方法[14]			Hudson T-k 图[15]	
	张拉	剪切	内缩源	张拉	剪切	混合型	平均 T 值	平均 k 值
30°斜切槽	38 (73.0%)	7 (13.5%)	7 (13.5%)	29 (55.7%)	12 (23.1%)	11 (21.2%)	−0.187	0.226
45°斜切槽	42 (61.8%)	20 (29.4%)	6 (8.8%)	36 (52.9%)	23 (33.9%)	9 (13.2%)	−0.199	0.178

对于 30°斜切槽 SCB 试验，依据 Feignier 和 Young 分类方法，结果显示 73.0%的事件为张拉源、13.5%的事件为剪切源及 13.5%的事件为内缩源；依据 Ohtsu 分类方法，结果显示 55.7%的事件为张拉源、23.1%为剪切源及 21.2%的事件为混合型；依据 Hudson 的分类方法，结果中平均 T 值为−0.187，k 值为 0.226，表明张拉源并非纯张拉破裂，而是包含一些偏量成分。因此，30°斜切槽 SCB 试验的断裂机理可解释为以张拉破裂为主，伴随少量的剪切破裂。

对于 45°斜切槽 SCB 试验，Feignier 和 Young 的方法表明 61.8%的事件为张拉源，29.4%的事件为剪切源，另有 8.8%的事件为内缩源；Ohtsu 的方法显示 52.9%的事件为张拉源，33.9%的事件为剪切源，另有 13.2%的事件为混合型；Hudson 等的方法显示平均 k 值为 0.178，小于 30°斜切槽 SCB 试验，表明张拉破裂中偏量成分发挥的作用进一步增加。因此，45°斜切槽 SCB 试验的断裂机理可解释为以张拉和剪切断裂为主。

8.5　本章小结

本章从岩石断裂韧度测定方法出发，首先介绍了国际岩石力学与岩石工程学会(ISRM)推荐的 4 种测试岩石Ⅰ型断裂韧度的试验方法，以及围压冲切试验测定岩石Ⅱ型断裂韧度的方法。同时，介绍了通过变化切槽角度使试样产生Ⅰ/Ⅱ复合型断裂的试验测试技术，用于确定岩石的复合型断裂韧度。结合上述方法，进行了大量的室内试验与数值模拟试验，主要结论如下。

(1)开展了半圆盘直切槽三点弯曲(SCB)断裂韧度试验，采用超高速摄像和数字图像相关(DIC)技术获取破裂过程、位移及应变场。采用 PFC 软件生成 SCB 和 CCNSCB 试样及加载装置，利用平节理模型和矩张量反演，分析了直切槽和人字形切槽的Ⅰ型断裂韧度、破裂过程及震源特性。数值试验中可直接观察裂纹细观力学特性，为一些室内试验结果的解释提供了思路。对花岗岩进行了人字形切槽巴西圆盘(CCNBD)断裂韧度试验，采用细观模型和矩张量理论从细观尺度深入研究了 CCNBD 断裂过程。同时，开展了不同直径、不同加载速率下 CCNBD 断裂韧度和声发射试验，分析了Ⅰ型断裂韧度(K_{Ic})对试样尺寸和加载速率的敏感性。采用细观模型结合矩张量理论进行 CCNBD 断裂韧度数值试验，发现裂纹首先出现在人字形切槽尖端，然后按照曲线、上下非对称扩展到加载端，与 ISRM 假设的上下对称、水平直线扩展到加载端存在差异。

(2)采用围压冲切试验完成了岩石Ⅱ型断裂韧度测定。试样呈“八”字形破坏，贯通上切口内环侧与下切口外环侧，未能达到理想的完全冲切贯通破坏。三维细观模拟试验中，重点研究了围压冲切试验微裂纹的起始、发展和贯通过程，模拟结果与室内试验具有良好的一致性，即Ⅱ型断裂韧度、裂纹扩展与试验围压大小相关，同时与材料性质有关。

(3)开展半圆盘斜切槽(30°和 45°)三点弯曲断裂韧度试验，斜切槽角度介于 0 至 45°时，K_{Ic} 随角度的增加而减少，K_{IIc} 随角度的增加而增大。采用 PFC3D 模拟了Ⅰ/Ⅱ复合型断裂试验过程，直观展示了Ⅰ/Ⅱ复合型断裂细观断裂演化，结合矩张量反演定量分析了断裂机理，结果表明，30°和 45°斜切槽 SCB 试样均表现为张拉型断裂占主导，切槽角度的增加，增加了剪切破裂的倾向，表现为剪切源占比的增加和 k 值的下降。

参考文献

[1] Whittaker B N, Singh R N, Sun G. Rock fracture mechanics: Principles, design and applications [M]. Amsterdam: Elsevier, 1992.

[2] Franklin J A, Sun Z, Atkinson B K, et al. Suggested methods for determining the fracture toughness of rock [J]. International Journal of Rock Mechanics and Mining Sciences & Geomechanics Abstracts, 1988, 25(2): 71-96.

[3] Fowell R J. Suggested method for determining mode I fracture toughness using Cracked Chevron Notched Brazilian Disc (CCNBD) specimens [J]. International Journal of Rock Mechanics and Mining Sciences & Geomechanics Abstracts, 1995, 32(1): 57-64.

[4] Kuruppu M D, Obara Y, Ayatollahi M R, et al. ISRM-suggested method for determining the mode I static fracture toughness using semi-circular bend specimen[J]. Rock Mechanics and Rock Engineering, 2014, 47(1): 267-274.

[5] 中华人民共和国水利部. 水利水电工程岩石试验规程：SL 264—2001[S]. 北京：中国水利水电出版社，2001.

[6] 中华人民共和国国家发展和改革委员会. 水工混凝土断裂试验规程：DL/T 5332—2005[S]. 北京：中国电力出版社，2006.

[7] Wang Q Z, Jia X M, Wu L Z. Wide-range stress intensity factors for the ISRM suggested method using CCNBD specimens for rock fracture toughness tests[J]. International Journal of Rock Mechanics and Mining Sciences, 2004, 41(4): 709-716.

[8] Backers T, Dresen G, Rybacki E, et al. New data on mode Ⅱ fracture toughness of rock from the punchthrough shear test[J]. International Journal of Rock Mechanics and Mining Sciences, 2004, 41: 2-7.

[9] Backers T, Stephansson O. ISRM suggested method for the determination of mode Ⅱ fracture toughness[J]. Rock Mechanics and Rock Engineering, 2012, 45(6): 1011-1022.

[10] Khan K, Al-Shayea N A. Effect of specimen geometry and testing method on mixed mode Ⅰ-Ⅱ fracture toughness of a limestone rock from Saudi Arabia[J]. Rock Mechanics and Rock Engineering, 2000, 33(3): 179-206.

[11] Wong L N Y, Guo T Y, Lam W K, et al. Experimental study of cracking characteristics of Kowloon granite based on three mode I fracture toughness methods[J]. Rock Mechanics and Rock Engineering, 2019, 52(11): 4217-4235.

[12] Wong L N Y, Guo T Y. Microcracking behavior of two semi-circular bend specimens in mode I fracture toughness test of granite[J]. Engineering Fracture Mechanics, 2019, 221: 106565.

[13] Feignier B, Young R P. Moment tensor inversion of induced microseisnmic events: Evidence of non-shear failures in the $-4<M<-2$ moment magnitude range[J]. Geophysical Research Letters, 1992, 19(14): 1503-1506.

[14] Ohtsu M. Acoustic emission theory for moment tensor analysis[J]. Research in Nondestructive Evaluation, 1995, 6(3): 169-184.

[15] Hudson J A, Pearce R G, Rogers R M. Source type plot for inversion of the moment tensor[J]. Journal of Geophysical Research: Solid Earth, 1989, 94(B1): 765-774.

第 9 章 裂隙岩石脆性破裂机制

节理裂隙在岩石工程中十分常见，其是严重影响岩体结构稳定与安全的重要因素，当裂隙结构孕育在大块、硬质、脆性岩体中时，经常会毫无预兆且快速地引发剥落、崩塌甚至地下工程整体失稳，造成人员伤亡和财产损失。由于岩体性质差异、不连续性、断裂结构产状影响及相关研究的局限性，岩石工程中对于断裂结构及其引发次生灾害的预测精度仍然较低，特别是对于一些隐蔽性不连续结构灾害的认识和防控仍有待进一步深入。研究三维裂隙附近次生破坏的起裂、发展过程及其破坏模式，分析裂隙岩石内部与表面次生破坏行为间的时空关系是探明结构控制型岩土灾害的基础。

9.1 裂隙岩石试样制备方法

9.1.1 类岩石材料选取

裂隙岩石试样制备所选相似材料需满足 3 项特征：力学性质与真实岩石相似、简便可行的裂隙制备方法及统一的试样制作工艺。满足上述特征的试样可有效避免偶然误差对试验结果造成的影响。

为制备均质、各向同性的脆性类岩石裂隙试样，以下仅选取 α 型高强石膏粉和纯净水为原料，水灰比(水与石膏粉的质量比)为 2∶5，α 型高强石膏粉特征参数见表 9-1。该材料具有孔隙率低、硬化快、强度高、脆性明显等特征，适用于模拟脆性岩石材料的力学行为与破坏特征。

表 9-1 α 型高强石膏粉特征参数

化学组成	目数	初凝时间/min	终凝时间/min	2 h 单轴抗压强度/MPa
α-$CaSO_4 \cdot 1/2H_2O$	2000	≥3	≤30	4.0

此类石膏粉的初凝时间较短，试样制备过程中因搅拌和模型浇筑工序而产生的气泡难以及时排出，因此需加入一定比例的除泡剂和缓凝剂来减缓初凝速度，使石膏浆内气泡能够更好地排出，调整后的试样材料配比参数详见表 9-2。

表 9-2　脆性石膏试样配比参数

材料	石膏粉	纯净水	除泡剂	缓凝剂
质量分数/%	71.21	28.49	0.1	0.2

按照上述配比分别制备标准圆柱试样和巴西圆盘试样，通过单轴压缩试验和巴西劈裂试验分别获取该材料的基础力学参数(详见表 9-3)。室温条件下材料的脆性值(单轴抗压强度与抗拉强度之比)可达 23，该值与一些脆性岩石(如花岗岩、砂岩)相当[1-3]。

表 9-3　脆性石膏试样基础力学参数

单轴抗压强度/MPa	抗拉强度/MPa	峰值轴向应变/%	弹性模量/GPa
26.63	1.13	0.17	17.19

9.1.2　体积损失法原理

试验中，采用体积损失法制备类岩石材料内部空腔。体积损失法，即材料在一定时空条件下发生体积收缩的行为，该方法在很多大型隧道模型试验中已证明其可行性[4, 5]，试验中隧道模型的体积损失过程是通过多条管道控制流体(气体和液体)从可伸缩囊体中排出来实现的(图 9-1)。将体积损失法引入到小尺度试样模型试验中时，使用管路控制体积收缩的方法将不再适用(管路尺寸过大，给试验带来的影响无法忽略)，因此需要采用新材料与新方法来完成体积收缩过程。

基于上述限制条件，使用体积损失法在类岩石试样中制备内部三维空腔时，需将一个替代介质(即能发生明显体积损失的材料)置入类岩石试样中，该替代介质需在模型浇筑和养护过程中保持稳定的形态和强度，并尽量降低材料体积损失后对围岩的负面影响。因此，考虑到类岩石材料的配比及水的渗透性质，替代介质将选取具有吸水膨胀和失水收缩特性的材料，具体要求如下。

①类岩石试样初凝成型过程中，替代介质应保持较好的形态及较高的强度，且不能出现明显的体积损失现象。

②试样初凝后，需使用合适、精确的方法使替代介质逐渐失水，进而呈现预设的体积损失。

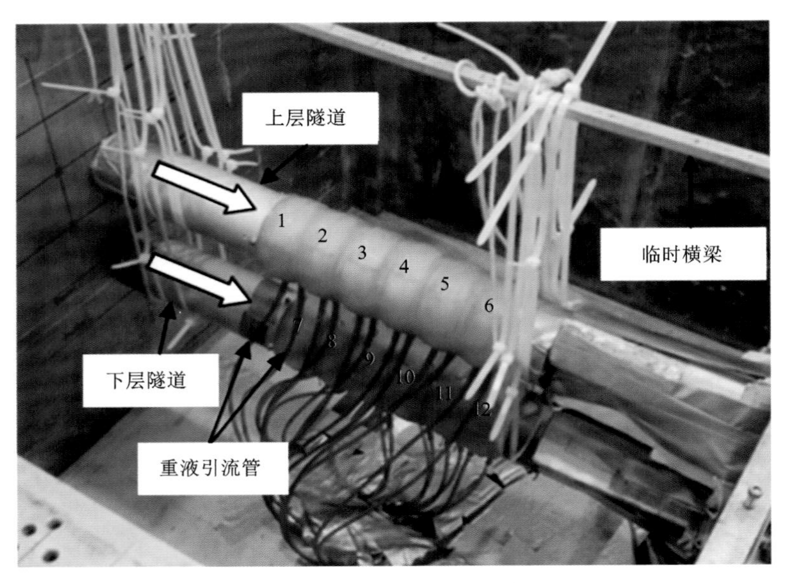

图 9-1 大型相似模型试验中的体积损失法

③硬脆性类岩石试样中的裂隙替代介质不需要完全溶解或消失，在其体积缩小到一定程度后，可忽略残渣对试样整体的影响。当材料单向收缩量大于 75%、整体收缩量大于 95%时，可认为残渣对形成的内部空腔及试样物理力学性质的影响相对较小。

④替代介质在发生体积损失时，其失水速率不应过快，否则内部空腔会积水过多，从而溶解、侵蚀、软化岩壁，对类岩石材料的物理力学性质带来难以估量的影响。

经过多次尝试后，高吸水性树脂材料(Super Absorbent Polymer，SAP)最终被选为替代介质，用于在类岩石试样中制备内置张开型结构。SAP 材料是一种高分子化合物，其内部包含非常多的亲水基团(如 X—COOH、X—OH)，能够在不同外界条件下完成吸水膨胀和失水收缩过程[6]。

在类岩土材料中添加 SAP 粉末时，会在岩土体内形成广泛分布的微型孔洞结构，SAP 材料具有良好的体积和强度稳定性，且在压缩与搅拌过程中不失去水分，表明 SAP 材料在类岩土材料中制备空腔是可行的。SAP 材料饱和吸水状态的体积一般是完全干燥状态体积的 100~500 倍，且材料颗粒越小吸水后的膨胀率越大，是理想的“体积损失”模拟材料。

如图 9-2 所示，球状 SAP 材料在室温条件下吸水 4 d 后，材料饱和吸水状态下的直径为 42.37 mm，随后将其置于 25 ℃ 干燥环境下 12 h，干燥过程中材料表面未出现明显的液滴，最终得到干燥状态下的球体直径为 9.87 mm，材料的单向收缩率和整体体积收缩率分别为 76.71% 和 98.74%，满足体积损失法原理的要求。

(a) 饱和吸水状态

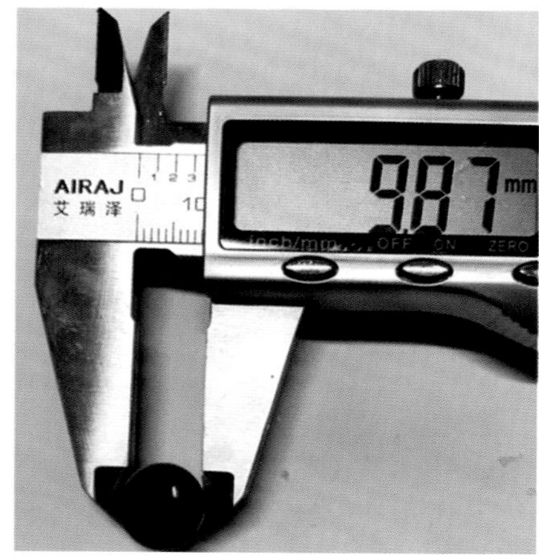

(b) 干燥状态

图 9-2　不同状态下 SAP 球体的直径

9.1.3　内置空腔效果验证

SAP 材料可在正常室温条件下完成吸水膨胀和失水收缩过程，但 SAP 材料位于试样内部时，其能否发生体积膨胀与收缩行为仍有待验证。因此，首先需验证体积损失法制备内置空腔的效果。

如图 9-3 所示，为清晰展示内置张开型结构（内部空腔）的生成效果，接近立方体形的 SAP 材料（饱和吸水状态）被置入圆柱体类岩石试样中，其中 SAP 材料的平均边长分别为 14.86 mm、15.03 mm、15.15 mm。试样凝固后，升温使内部 SAP 块体缓慢失水收缩（缓慢失水过程可以最大幅度减小渗出液体对围岩性质的影响），完成内置结构的制备[7]。

借助 CT 扫描设备对该试样进行扫描，观察到试样靠近中心位置形成一个较为规则的立方体空腔，其中白色部分代表石膏试样，内部黑色部分代表形成的内置空腔，空腔轮廓清晰且边界呈直线状，其具体尺寸和空间截面如图 9-4 所示。

基于试样 CT 扫描结果可知，该空腔完全内置于石膏模型中，与试样外表面不贯通。从图 9-4 最右侧的试样剖切照片可以看出，收缩后的 SAP 材料残渣呈立方体状，且摇晃试样时可以听到 SAP 残渣与空腔壁撞击的声音，由此可知 SAP 残渣收缩后并不依附或融入空腔内壁。

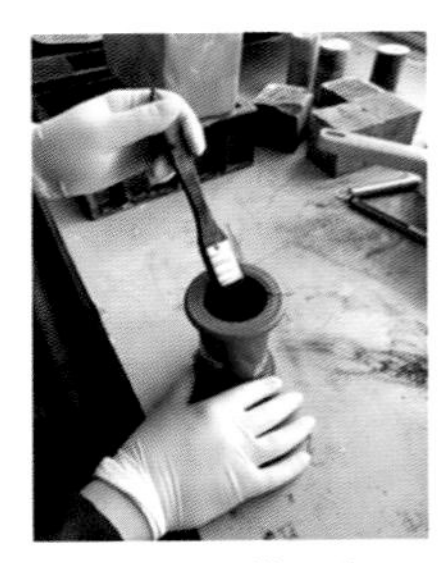
步骤1：模具内涂抹润滑油

步骤2：切割SAP材料为立方体

步骤3：借助漏斗浇筑试样

步骤4：置入立方体SAP材料

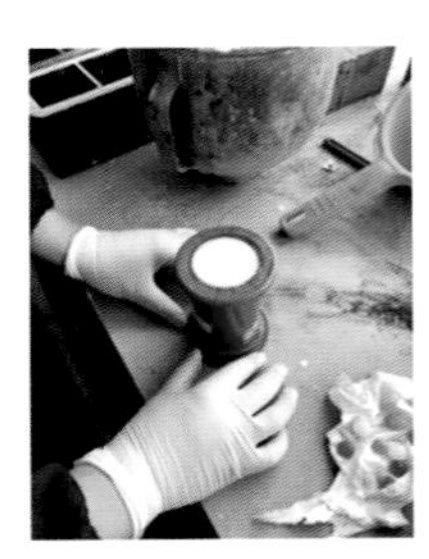
步骤5：继续浇筑试样

步骤6：拆除制样模具

步骤7：通风干燥条件静置1 d

步骤8：置入养护箱7 d

图 9-3　圆柱体验证试样制备流程

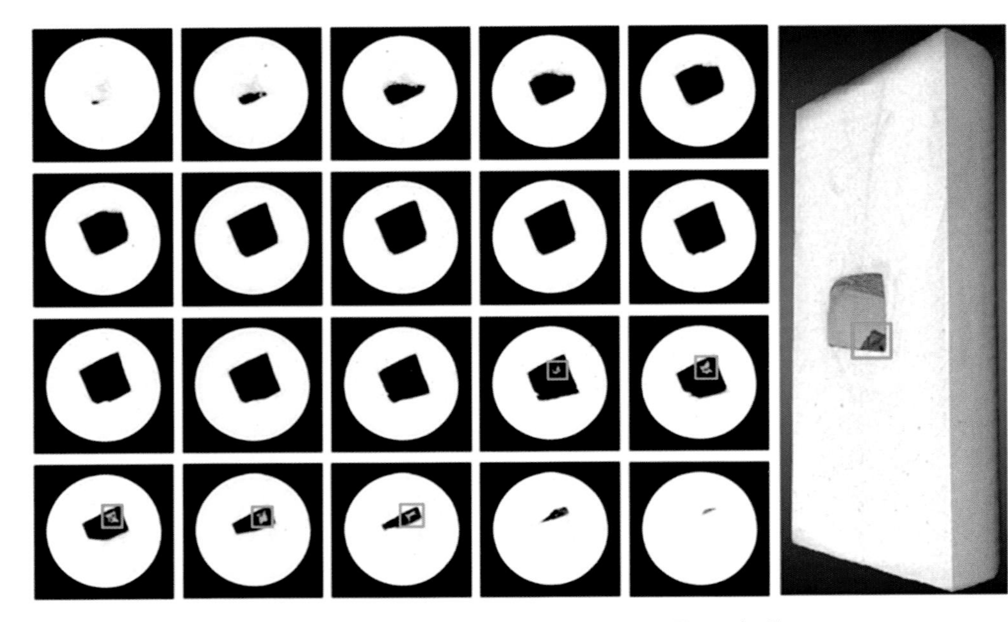

图 9-4　含内置空腔圆柱体试样不同位置 CT 切片

开展单轴压缩试验，试样破坏后搜集 SAP 材料残渣（图 9-5），该残渣仍然保持立方体形态，与初始饱和吸水状态时的边长（15.15 mm、15.03 mm、14.86 mm）相比，SAP 残渣最终的平均单向体积损失率和整体体积收缩率分别达到 75.25% 和 95.51%（残渣边长 4.12 mm、3.67 mm、3.34 mm），满足要求。

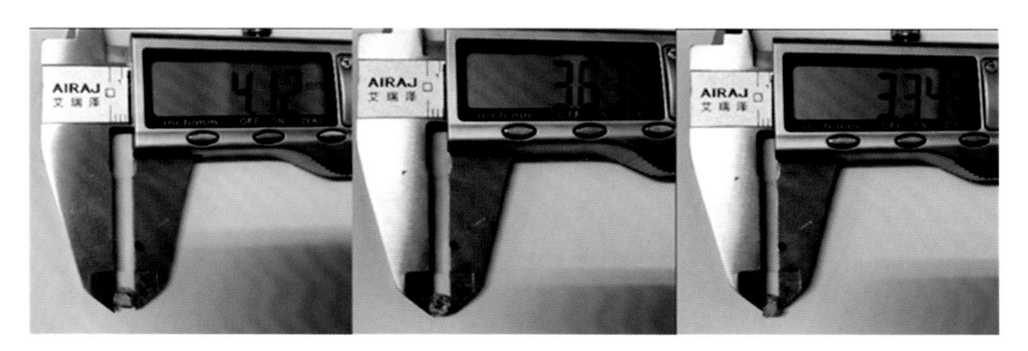

图 9-5　SAP 残渣尺寸

虽然 SAP 材料的单向和整体体积收缩率都较大，但材料残渣对试验结果的潜在影响仍需进一步验证。如图 9-6 所示，利用数值模拟技术验证内部 SAP 残渣对试验结果可能造成的影响，以 CT 扫描数据为基础小幅度简化模型，保存为 STL 格式，然后将其导入 PFC3D 圆柱体模型中，删除内置空腔范围球体得到与实际试样相同的数值模型。

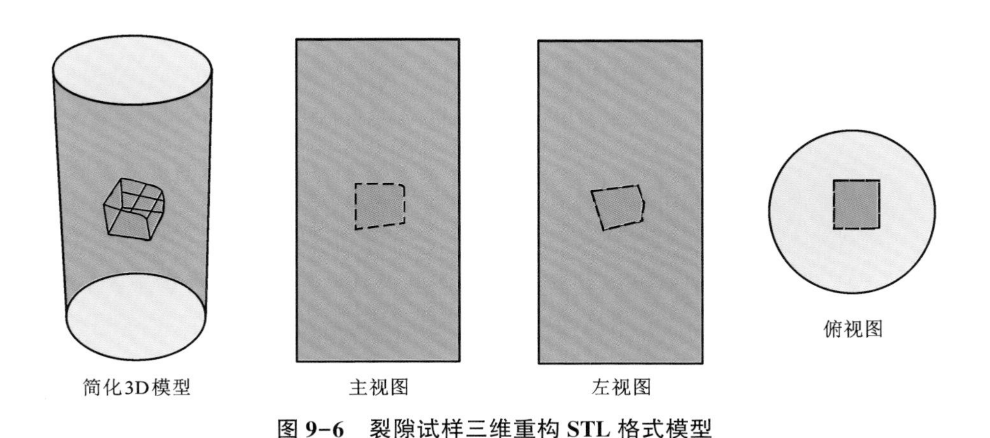

图 9-6　裂隙试样三维重构 STL 格式模型

如图 9-7 所示，数值模拟试验中 SAP 残渣相对位移、残渣与试样的接触应力均接近 0，表明试样内部 SAP 残渣对试样力学性质和破坏模式基本无影响。

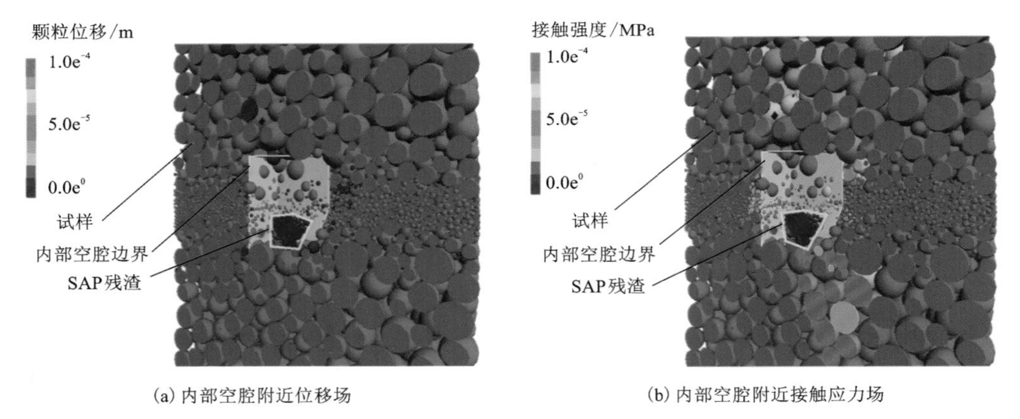

(a) 内部空腔附近位移场　　(b) 内部空腔附近接触应力场

图 9-7　数值模拟试验验证 SAP 残渣的影响

以上结果表明，SAP 材料可在类岩石试样中完成大幅度体积收缩，有效制备内置张开型空腔。内置材料的收缩幅度远大于以往大型试验中的其他体积收缩方法，且不用埋设多余管路；同时，SAP 材料体积收缩幅度远大于试样破坏时的轴向应变，且空腔内部存在的小体积残渣不依附在空腔内壁上，因此，使用 SAP 材料及体积损失法制备试样时，其内置残渣对试样破坏过程的影响可以忽略不计。

9.1.4　预制裂隙制备方法

不同类型的预制裂隙采用不同的制备方法，对于贯穿型裂隙可采用预埋抽出法(图 9-8)，即在石膏浆液未凝固时将钢制薄片完全插入模具中，薄片表面涂抹润滑剂，待浆液初凝后缓慢拔出钢片，最终得到带有二维贯穿型预制裂隙的试样；对于内置张开型裂隙可采用体积损失法(图 9-9)，其操作步骤与预埋抽出法类似，首先将钢制薄片插入已浇筑的模具中，此时钢制薄片的插入深度小于试样的厚度，当石膏混合料达到初凝状态时拔出钢制薄片，并将饱和吸水态的 SAP 粉末均匀填充进预制裂隙内部，随后使用相同配比的石膏浆填充预制裂隙的剩余空间，实现将 SAP 材料完全封闭在石膏试样内部，最后将石膏试样置入 80 ℃ 干燥箱中 7 d，使试样内部 SAP 材料发生失水收缩，完成试样内置张开型裂隙的制备。

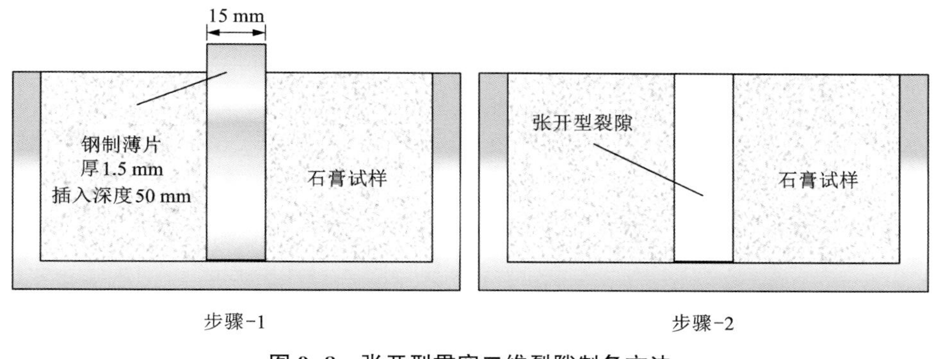

图 9-8　张开型贯穿二维裂隙制备方法

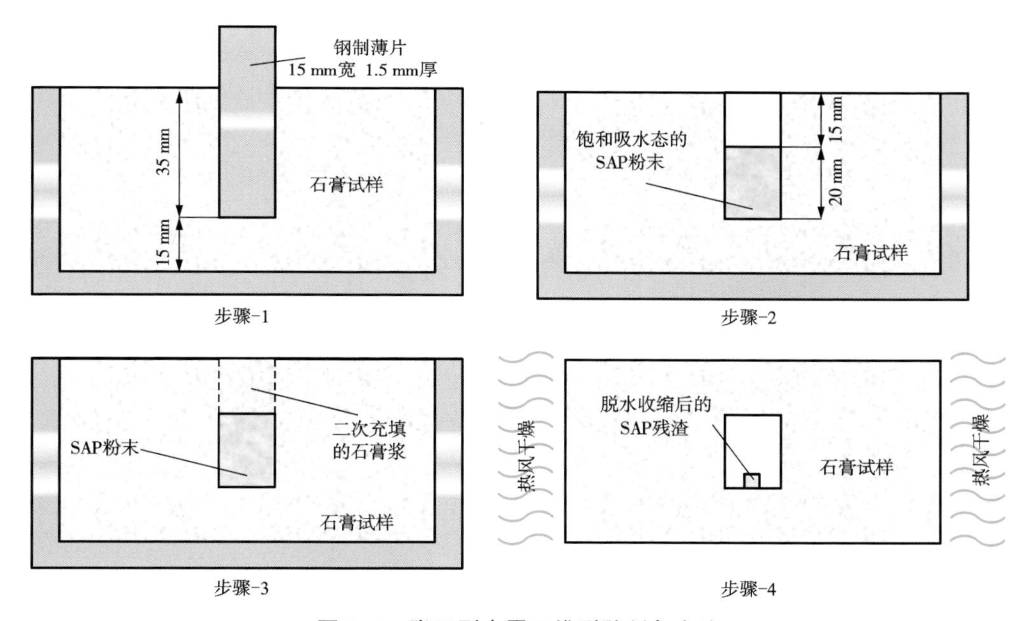

图 9-9　张开型内置三维裂隙制备方法

9.2　试验条件与方法

采用 GAW-2000 电液伺服刚性试验机对脆性类岩石试样开展单轴压缩试验，加载速率约为 1.25 kN/s。如图 9-10 所示，加载过程中同步使用 DIC 与 AE 监测技术，根据 AE 传感器与预制裂隙的空间关系，确定试样正面中部为 ROI 区域，该区域高 72 mm，宽 36 mm。

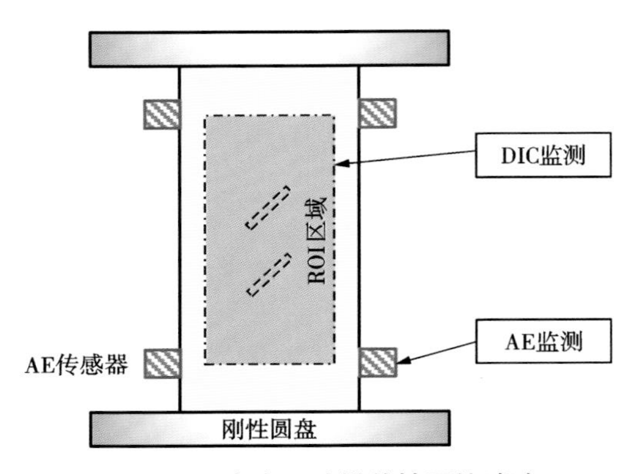

图 9-10 类岩石试样单轴压缩试验

DIC 监测技术的实施流程如图 9-11 所示，在试样表面制作均匀散斑，使用相机拍摄整个试验过程散斑变形图像，采集速率为 28 帧/s，像素质量为 0. 1 mm/pixel，采用 Vic-2D 分析软件进行后处理。

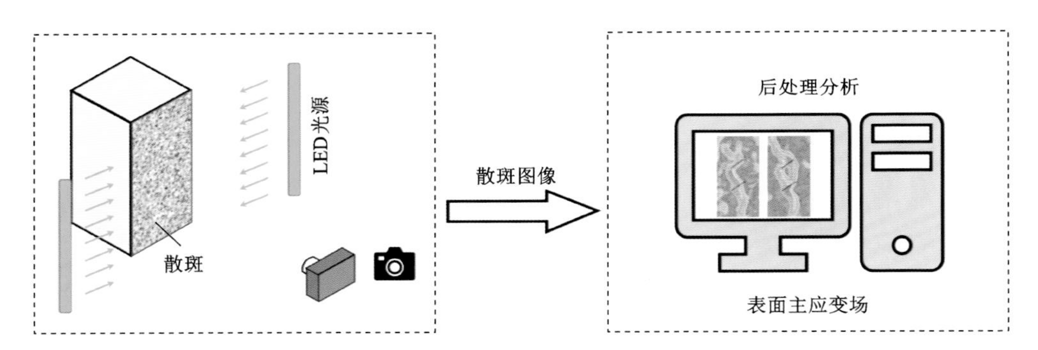

图 9-11 DIC 监测技术实施流程

硬脆性裂隙岩石达到峰值应力前，次生破坏结构对应区域内会提前出现较大的主应变值，该区域可称为最大主应变特征区(Large Maximum Principle Strain，简写为 LMPS 特征区)，可作为预测试样最终破坏分布范围的重要参考依据。

采用声发射技术监测试样内部微裂纹的发育过程和分布特征，如图 9-12 所示，采用 InSite 声发射连续采集系统，传感器型号为 Nano 30，工作频率为 125~750 kHz，前置放大器增益设置为 40 dB，试验中同步进行 8 通道数据采集，采样率为 5 MHz。

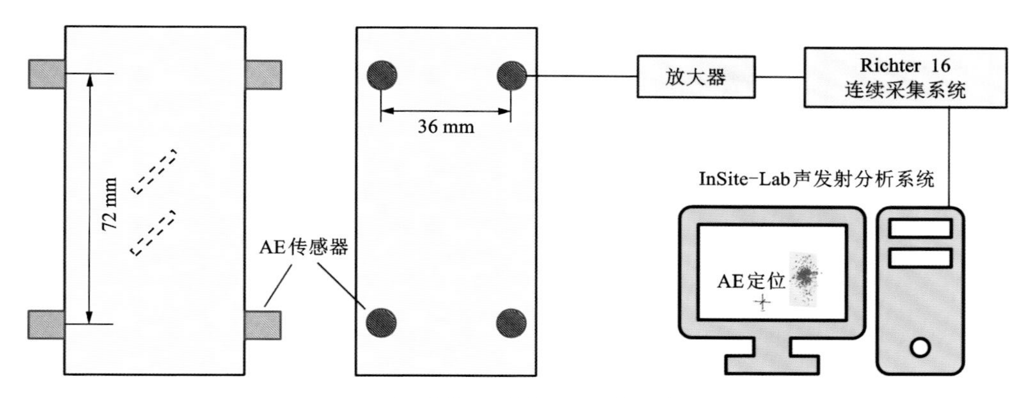

图 9-12　AE 监测传感器布置与数据分析流程

9.3　预制单裂隙试样脆性破坏特征与机理

9.3.1　单裂隙试样设计

按照 ISRM 建议方法及多数学者的试验方案设计经验，石膏试样的长宽均为 50 mm，高度为 100 mm，单裂隙试样设计示意图如图 9-13 所示。

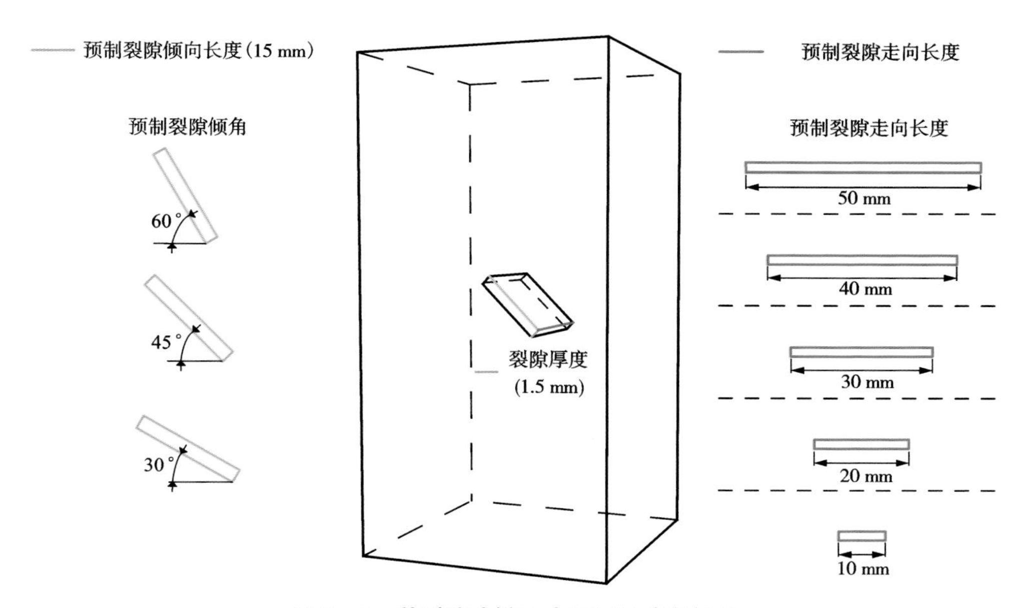

图 9-13　单裂隙试样尺寸及预制裂隙布置

试验中设置预制裂隙与类岩石试样的几何中心重合，减少预制裂隙空间位置的误差对试验结果造成的影响，预制裂隙的倾向长度和厚度为固定值，分别为 15 mm 和 1.5 mm，二者比例为 10：1，因此可认为其是细长型裂隙结构，每组 3 个试样。

根据研究目的共设置 2 类试验：①试验中自变量为预制裂隙倾角，即预制裂隙的几何尺寸固定，预制裂隙的走向长度、倾向长度及厚度分别为 20 mm、15 mm 和 1.5 mm；裂隙倾角是试验唯一的自变量，对应角度分别为 30°、45°和 60°；②试验中自变量为预制裂隙走向长度，分别为 10 mm、20 mm、30 mm、40 mm 和 50 mm，预制裂隙的倾角(45°)、倾向长度(15 mm)及厚度(1.5 mm)固定。

9.3.2 内置不同倾角单裂隙试验

(1)试验结果

单轴压缩试验中包含倾角 30°、45°和 60°三组试样，采用 DIC 监测技术获得试样表面场变化，同时采用 AE 监测技术获取试样破坏过程中声发射特征，如图 9-14~图 9-16 所示。

三组试验结果表明，内置裂隙试样的内部和表面次生破坏呈现不同的发展过程，试样内部发生破坏时间明显早于表面主应变场中 LMPS 特征区的出现时间，表面最终发生破坏与 LMPS 特征区分布区域相差较大，且区域重合度较低；AE 事件率先出现在内置裂隙周围，且峰前时段 AE 事件成簇集中分布，绝大部分的 AE 事件出现在峰值阶段，峰值阶段 AE 事件数曲线呈现明显的突变增长；三组试样峰值阶段 AE 频数最大，且加载过程中大部分时段 AE 事件小于 200 次/0.1 s；45°和 60°试样外部出现剧烈的岩爆行为，但并未发现岩爆行为与预制裂隙间的关系。

(2)表面变形与破坏特征

裂隙试样表面形成的 LMPS 特征区是预测最终破坏范围的重要参考依据，而本试验中，试样表面 LMPS 特征区、预制裂隙及表面最终主破坏之间的空间关系与其他学者的研究结论存在一定差异。

30°和 45°裂隙试样表面第一个 LMPS 特征区出现时间较迟，分别为峰前 2.07 s 和峰前 0.5 s，随后试样表面出现多个 LMPS 特征区，但所有区域与预制裂隙相距较远。此外，60°裂隙试样破坏后正面较为完整，仅在峰值应力状态时试样右下角出现小范围的 LMPS 特征区，该区域与预制裂隙相距较远。

根据试样表面最终破坏裂纹分布及峰值前 LMPS 特征区演化结果，可知 LMPS 特征区内均出现了明显的破坏(图 9-14~图 9-16 红色线)，但这些裂纹并不是试样发生最终失稳破坏的原因。30°裂隙试样中，试样主破坏面是一条倾角约 40°的斜面(图 9-14 蓝色斜线)，试样的上下两部分沿此断裂面发生错动，但试验过程中蓝线所在范围内绝大部分位置的主应变值都较小；45°裂隙试样中，虽

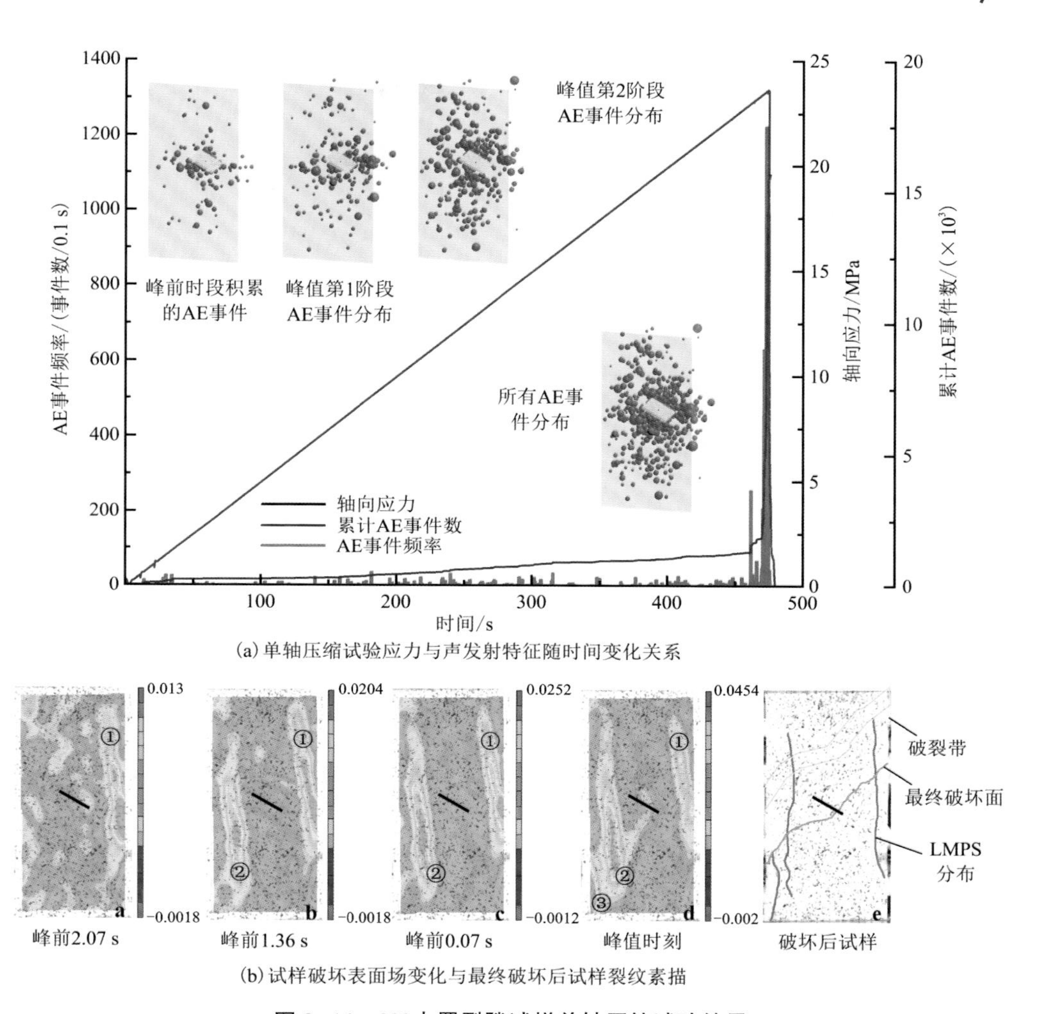

(a) 单轴压缩试验应力与声发射特征随时间变化关系

(b) 试样破坏表面场变化与最终破坏后试样裂纹素描

图 9-14　30°内置裂隙试样单轴压缩试验结果

然 LMPS 特征区范围内出现了明显的裂纹(图 9-15 红色线)，但试样正面的左侧和中部区域发生毫无征兆的大范围破裂现象，大体积的块体从试样表面崩落，对应区域在加载过程中并未出现较大的主应变值；60°裂隙试样中，试样正面几乎没有出现 LMPS 特征区，而试样左侧面出现了明显的多层劈裂破坏，该破坏是导致试样发生失稳的主要原因。

综上所述，当预制裂隙完全隐伏在试样内部时，LMPS 特征区不仅距离预制裂隙较远，且与试样表面主破坏裂纹的重合度也较低，试样的破坏为瞬间产生，由于本试验中所使用的设备采集帧数限制，无法有效捕捉试样破坏瞬间的表面应变场转变，仅能在峰值附近发现转变的趋势(如 30°内置裂隙试样)，因此仅凭试

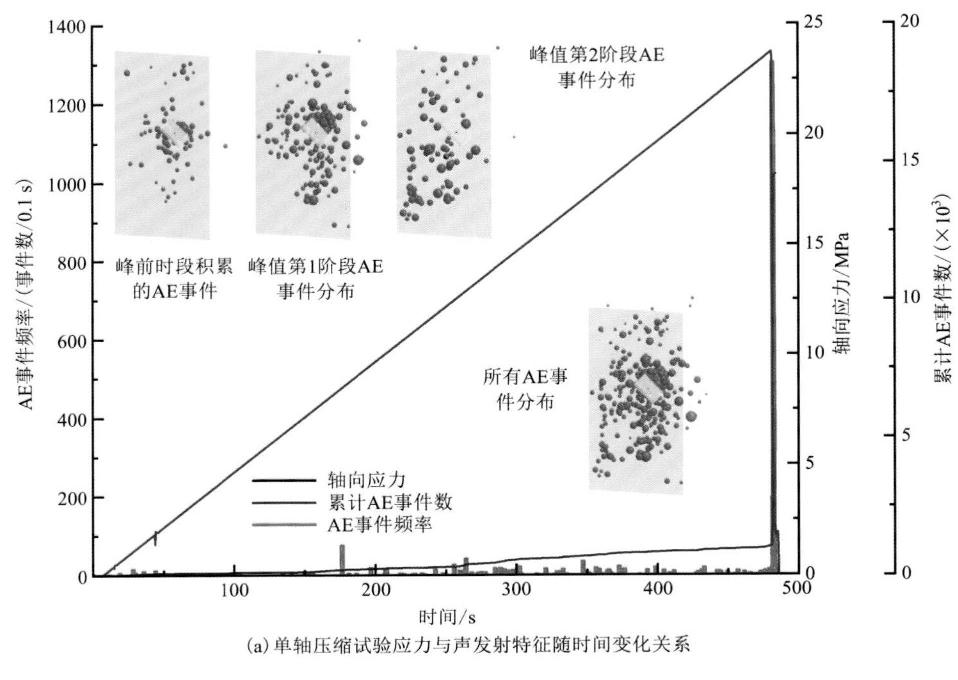

(a) 单轴压缩试验应力与声发射特征随时间变化关系

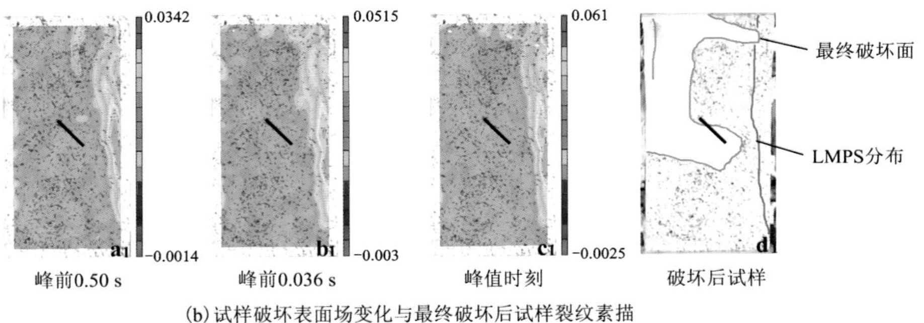

(b) 试样破坏表面场变化与最终破坏后试样裂纹素描

图 9-15　45°内置裂隙试样单轴压缩试验结果

样表面峰值附近的应变场监测数据难以准确预测岩体的失稳破坏行为，除非在试验中尽可能保证采集设备具有足够高的采集帧率。

(3) 内部破坏及 AE 特征

基于 3 组试验的 AE 定位监测结果分析可知，试样表面出现明显的破坏裂纹前，其内部已出现大量 AE 事件，且密集分布在内置裂隙周围；峰前时段内，AE 事件的分布范围保持稳定，试样表面应变场和应力-时间曲线无突变；而在峰值应力时段内，AE 事件分布从预制裂隙附近向试样外表面快速延伸，试样发生最终破坏。

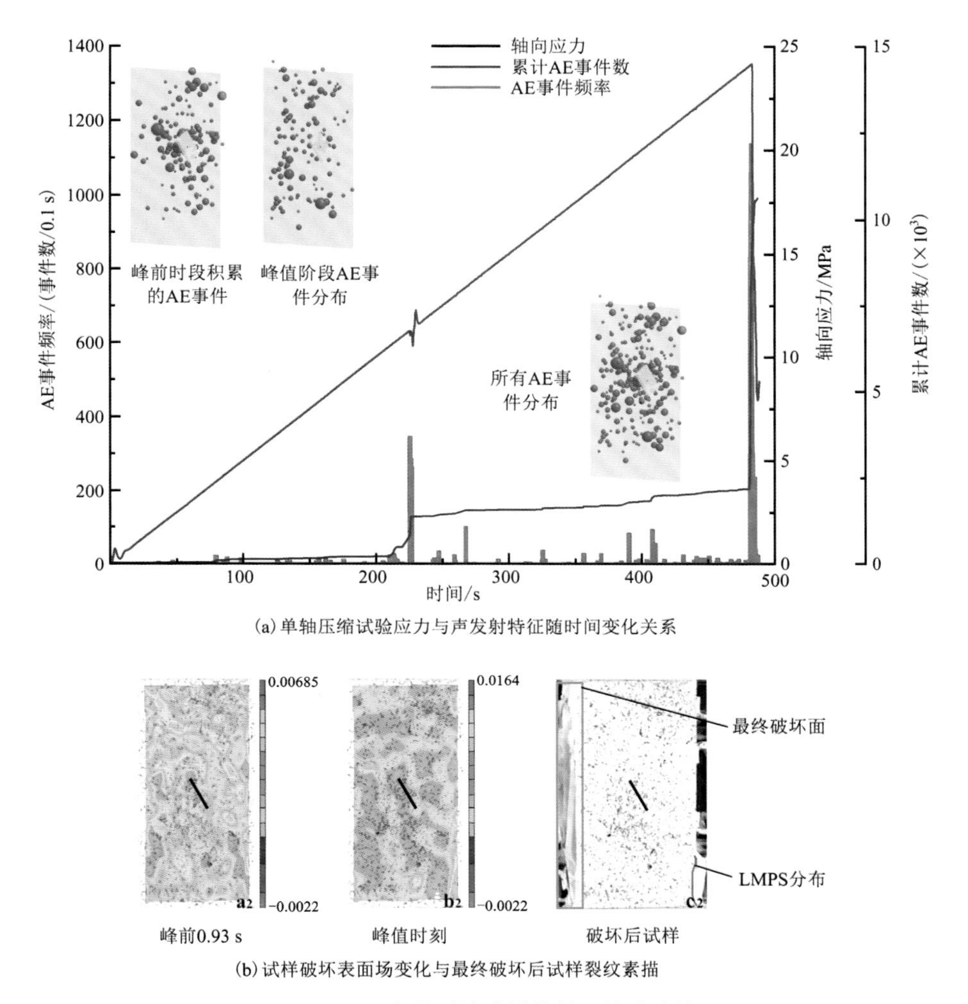

(a) 单轴压缩试验应力与声发射特征随时间变化关系

(b) 试样破坏表面场变化与最终破坏后试样裂纹素描

图 9-16　60°内置裂隙试样单轴压缩试验结果

30°和 45°试样的应力-时间曲线未出现明显的波动现象，峰值应力时两组试样 AE 事件剧增(1300 次/0. 1 s)。此外，30°和 45°试样峰值时刻的 AE 事件数占比均超过 90%，表明对应时刻试样发生了快速且剧烈的破坏。而 60°试样在峰前阶段(232. 57 s 时)出现了剧烈的局部破坏，对应 AE 事件达到 300 次/0. 1 s，该时段内的 AE 事件数占比约为 14%。虽然该现象并未对应试样发生失稳破坏，且试样表面应变场未出现明显变化，但局部破坏的发生影响了试样在峰值阶段破坏剧烈程度，60°裂隙试样在峰值时的最大 AE 事件出现频率为 1135 次/0. 1 s，峰值时段 AE 事件占比明显降低。

综上所述，当预制裂隙完全隐伏在试样内部时，内部破坏行为呈现“出现时间早，持续时间长，隐伏能力强及延伸能力差”等特点，且内部破坏与表面宏观破坏的起裂位置、发展过程及最终破坏分布范围存在较大差异，这同样可能是破坏的瞬时性，试验设计中的采集设备无法有效捕捉表面应变场在极短时间的转变。

9.3.3 不同走向长度单裂隙试验

预制裂隙走向长度为 20 mm 时试验结果如图 9-15 所示，以下主要介绍其余走向长度裂隙的试验结果。

(1) 预制裂隙走向长度 10 mm 试样

内置裂隙走向长度仅为 10 mm 时，裂隙走向方向前后的实心岩体部分厚度(40 mm)为 4 倍内置裂隙长度，试验结果(图 9-17)与 20 mm 试样(图 9-15)较为

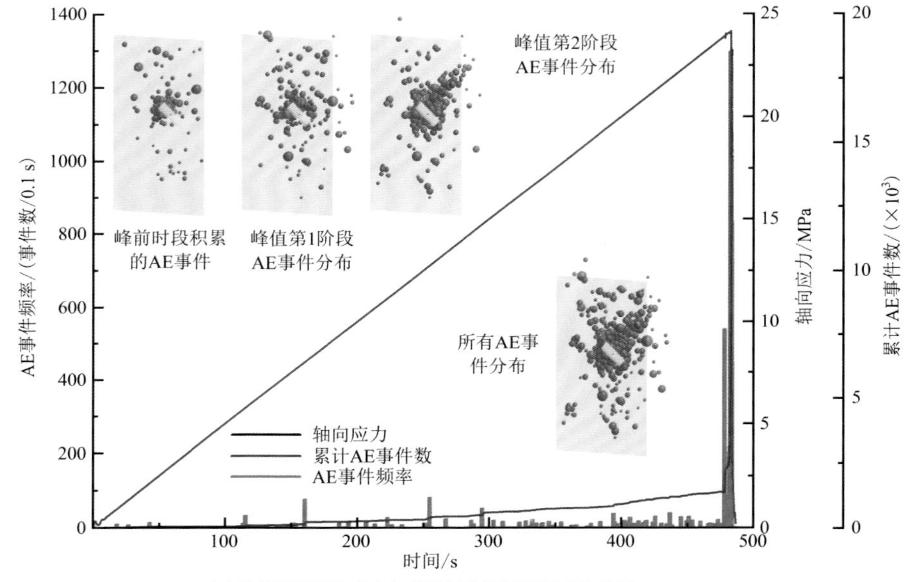

(a) 单轴压缩试验应力与声发射特征随时间变化关系

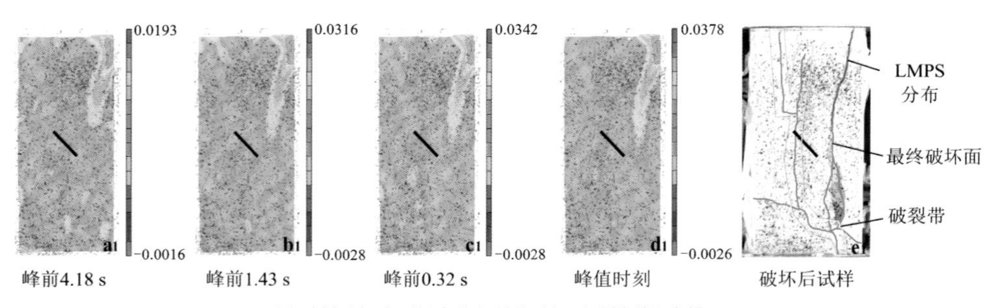

(b) 试样破坏表面场变化与最终破坏后试样裂纹素描

图 9-17　内置裂隙走向长度 10 mm 试样试验结果

相似，单轴抗压强度为 24.14 MPa，约为无预制裂隙试样的 90.31%；最大 AE 频率出现在峰值阶段，为 1300 次/0.1 s，且峰值时段 AE 事件占比超过 90%，表明对应时段试样出现了剧烈破坏，峰前阶段试样内部出现了密集的 AE 事件，分布在预制裂隙附近，距离试样外表面较远，且出现时间远早于表面应变场中 LMPS 特征区的出现时间，在峰值应力时，AE 事件从预制裂隙附近向试样外表面快速延伸。

试验后期 LMPS 特征区出现在试样正面的右上部位置，距预制裂隙较远，试样表面的最终破坏裂纹与峰值前 LMPS 特征区的重合度较低，因此，仅凭试样峰值前表面的应变场监测数据及结论无法准确预测岩体的失稳破坏行为。

试样破坏后正面和背面情况如图 9-18 所示，可发现试样中存在较多的纵向劈裂结构，这一现象与脆性岩体的破坏特征相似，此外，试样背面的实心岩体崩落，可观察到试样内部破坏结构的分布状态，观察到的主要特征如下：试样正面两侧部位发生剧烈破坏并崩落，试样中部位置分布大量的纵向劈裂面，上下端部则出现明显的剪切破坏，而预制裂隙对应位置并未产生明显的破坏裂纹；试样正面与背面裂纹分布差异较大，且破裂面并不平行于预制裂隙走向方向，破坏后试样存在较多完整块体；背面岩块崩落后，试样的中部位置可观察到破坏后的内置裂隙(红线所在位置)，此时，裂隙上下边沿处延伸出的破坏裂纹贯穿试样上下端部(图 9-18 中黑色虚线)；与充填型内置裂隙试样的结果不同，张开型预制裂隙上下岩块中部位置发生了剧烈破坏(图 9-18 中的蓝色线条)，主要原因是试样内部形成的自由面使得破坏过程更加剧烈和复杂。

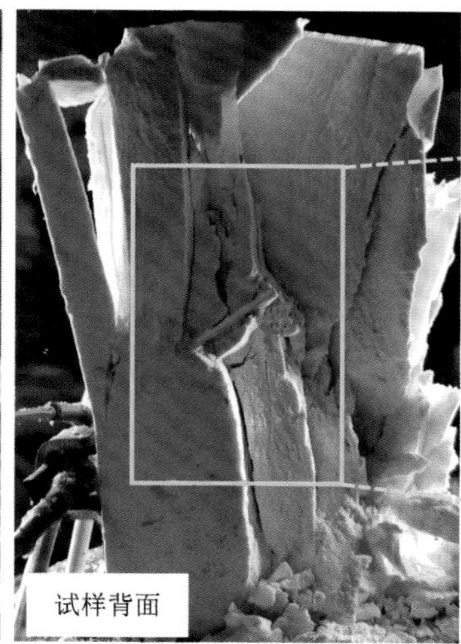

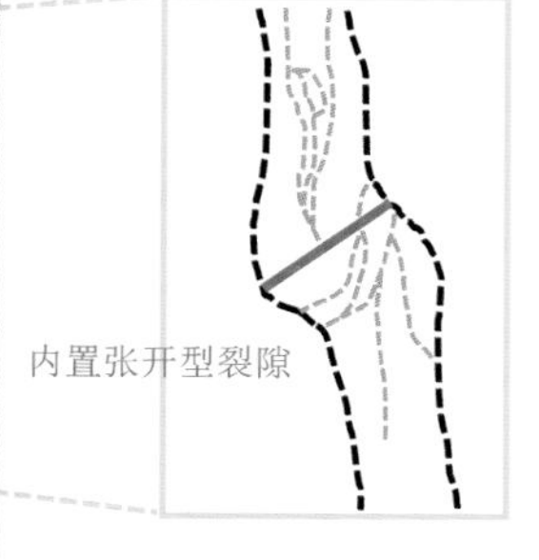

图 9-18　裂隙走向长度 10 mm 试样破坏正面与背面照片

(2)预制裂隙走向长度 30 mm 试样

内置裂隙的走向长度为 30 mm 时，裂隙走向方向前后的实心岩体总厚度(20 mm)已经小于预制裂隙的走向长度，单轴抗压强度值为 22.25 MPa，约为无预制裂隙试样强度的 83.24%；最大 AE 频率出现在峰值阶段，为 1300 次/0.1 s，且峰值时段 AE 事件占比超过 90%，表明对应时段出现了剧烈的破坏(图 9-19)，峰前阶段 AE 事件密集分布在预制裂隙周围，未出现在试样表面；峰值应力时段内，AE 事件从预制裂隙附近向试样外表面快速延伸，表明裂纹起始于预制裂隙位置，随后向试样完整部位扩展。

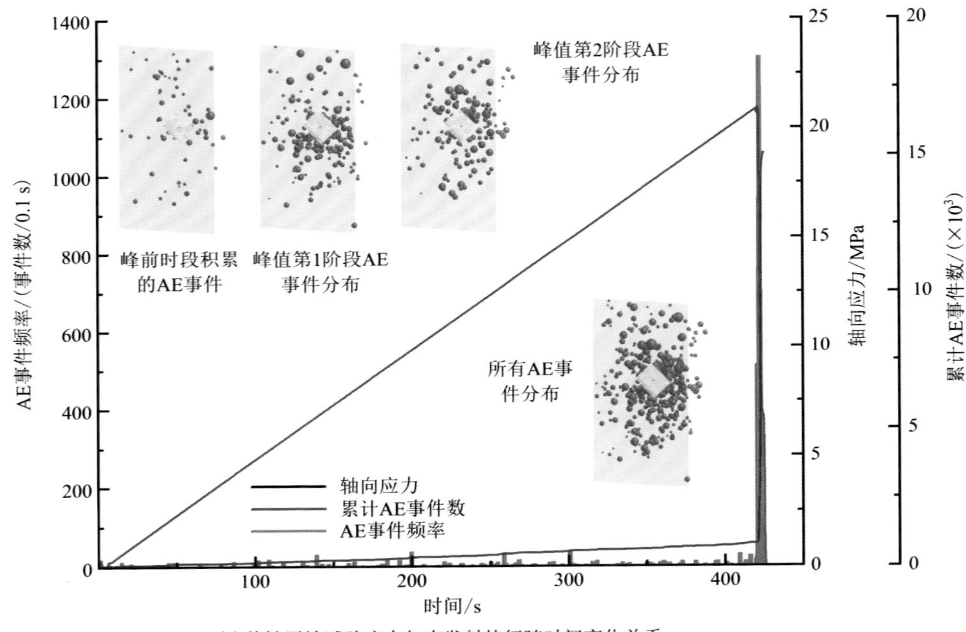

(a) 单轴压缩试验应力与声发射特征随时间变化关系

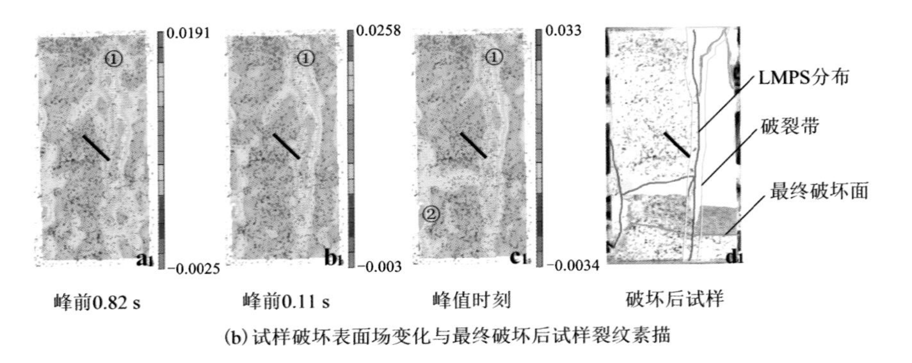

(b) 试样破坏表面场变化与最终破坏后试样裂纹素描

图 9-19　内置裂隙走向长度 30 mm 试样试验结果

试样表面的 LMPS 特征区出现于试验后期(峰前 0.82 s)，且特征区分布范围较为固定，与其他试样不同，LMPS 特征区的位置与试样最终破坏表面裂纹的位置高度重合，且与预制裂隙的右下角相连。因此，可认为试样表面的应变场监测数据可用于预测岩体的失稳破坏行为。

(3)预制裂隙走向长度 40 mm 试样

裂隙走向长度为 40 mm 时，裂隙走向方向前后的实心岩体厚度均为 5 mm。试样的单轴抗压强度为 20.11 MPa，约为无预制裂隙试样强度的 75.23%；最大 AE 频率出现在峰值阶段，为 1300 次/0.1 s。试验过程中，382~390 s 内 AE 事件剧增，AE 频率均高于 50 次/0.1 s，最高达 261 次/0.1 s，该时段内 AE 事件占比为 12.6%，推测试样内部发生了明显的局部破坏，这一破坏行为并未导致荷载-时间曲线波动或表面应变场的突变。根据 AE 定位结果可知，峰前阶段试样内部破坏率先出现在预制裂隙附近，此时试样表面 LMPS 特征区位置与内部 AE 事件分布范围高度重合；峰值时刻预制裂隙左侧出现密集的 AE 事件分布，而试样表面对应区域出现了新的 LMPS 特征区(③号)。

根据试样表面 DIC 监测结果，LMPS 特征区率先出现在试样中部且穿过预制裂隙所在位置，其出现时间为峰前 10.7 s，明显早于其他内置裂隙试样；随后在峰前 0.07 s 及峰值时刻又出现了两处新的 LMPS 特征区，可以认为预制裂隙、LMPS 特征区及最终破坏裂纹的空间关联性相对较高，试样表面的应变场监测数据可用于预测岩体的失稳破坏行为(图 9-20)。

(4)预制裂隙走向长度 50 mm 试样

预制裂隙走向长度等于试样厚度时(50 mm)，即贯穿型裂隙试样，可认为表面破坏与内部破坏的发展过程与分布特征相同，因此该组仅采用 DIC 技术监测表面应变场和裂纹扩展。

贯穿型裂隙试样的单轴抗压强度为 17.28 MPa，约为无预制裂隙试样强度的 64.65%。试样表面 DIC 监测结果如图 9-21 所示，可知 LMPS 特征区的出现时间为峰前 15.8 s，此时 LMPS 特征区穿过预制裂隙并呈 S 形分布，随着荷载增加，LMPS 特征区的分布范围逐渐扩大，峰前 0.22 s 时 LMPS 特征区从 S 形分布转化为折线形分布，新的特征区仍然穿过预制裂隙的左侧顶端。结合试样的最终破坏裂纹分布及表面应变场监测结果可知，LMPS 特征区与试样表面主破坏裂纹的重合度较高。

综合分析不同走向长度试样的试验结果可知，随着预制裂隙走向长度的不断增大，试样的强度、表面应变场、表面及内部裂纹呈现不同的变化特征。

随着预制裂隙走向长度增大，试样的单轴抗压强度值呈抛物线下降趋势，即下降幅度逐渐增大(图 9-22)；表面应变场中 LMPS 特征区与预制裂隙之间的空间关联性逐渐上升，且试样表面主破坏结构的分布范围与 LMPS 特征区的重合度

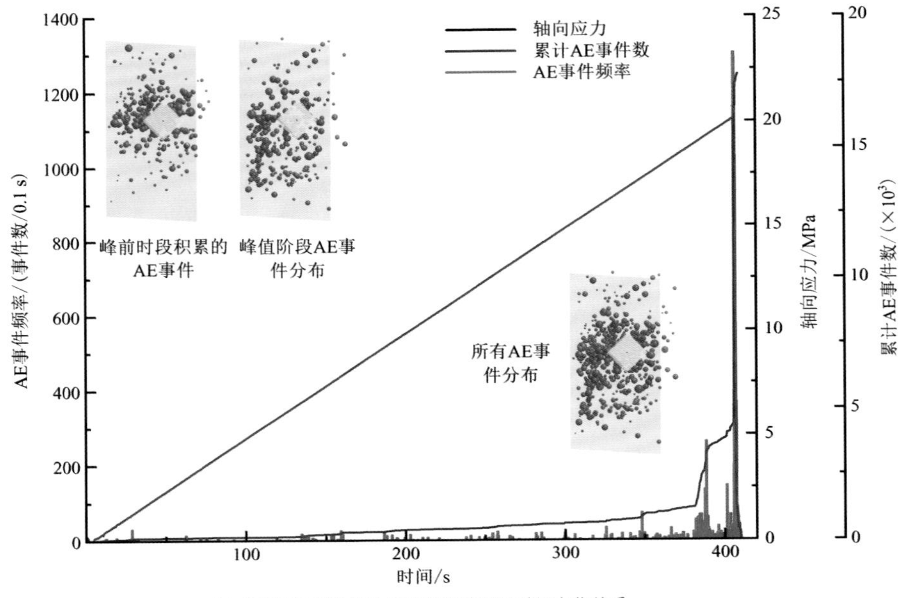

(a) 单轴压缩试验应力与声发射特征随时间变化关系

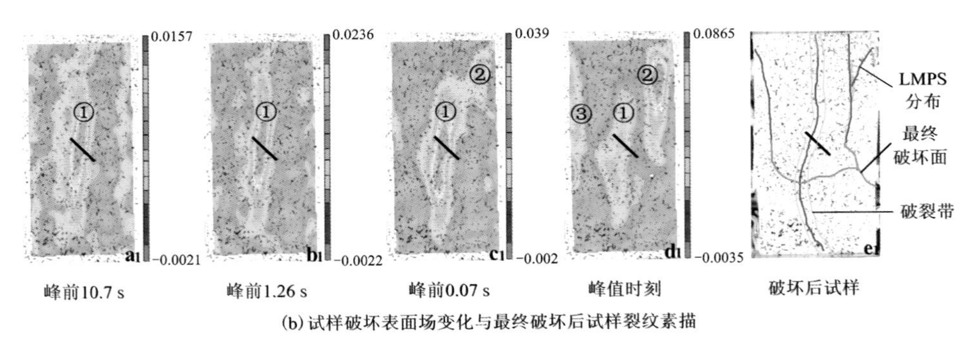

(b) 试样破坏表面场变化与最终破坏后试样裂纹素描

图 9-20　内置裂隙走向长度 40 mm 试样试验结果

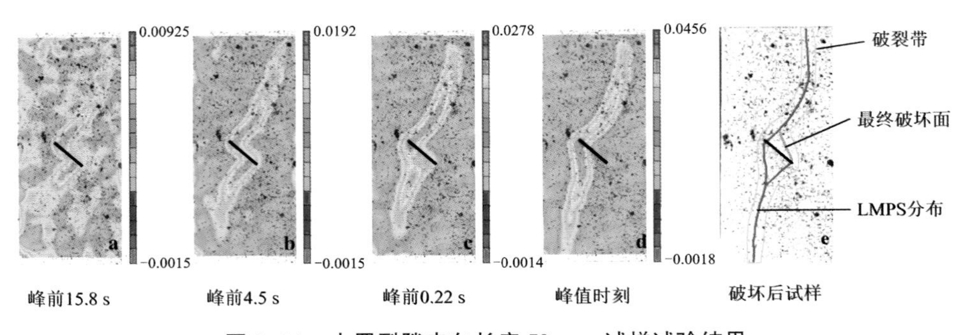

图 9-21　内置裂隙走向长度 50 mm 试样试验结果

越来越高，基于 DIC 监测技术的表面应变场和破坏分析结果可较好地预测次生破坏行为的出现位置。

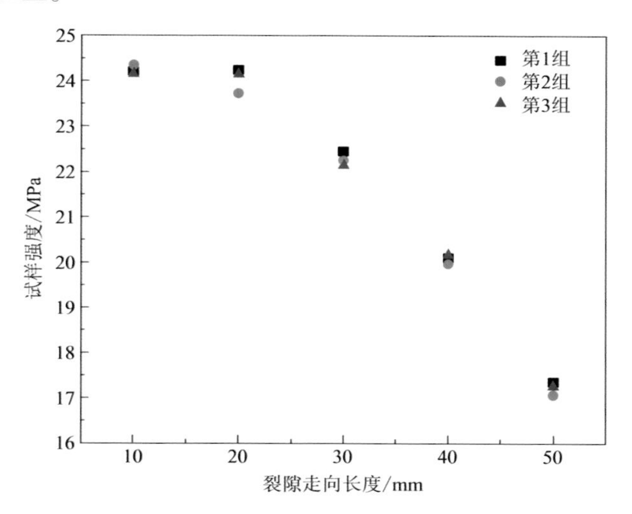

图 9-22 预制裂隙试样强度与裂隙走向长度的关系

试样正面和背面破坏的分布差异逐渐降低，破坏结构的复杂性逐渐降低。当预制裂隙走向长度≤30 mm 时，试样破坏后出现较多的纵向劈裂结构，且大部分劈裂面的走向方向与预制裂隙的走向方向不同，破坏后形成的块体体积相对较小；当预制裂隙走向长度≥40 mm 时，次生破坏与预制裂隙的走向方向基本相同，且分布范围更加集中，试样破坏后形成的块体体积相对较大。

试样表面与内部破坏结构的差异越来越小。当预制裂隙走向长度≤30 mm 时，表面与内部破坏结构在起裂位置、发展过程及最终分布上均存在明显差异，内部破坏结构呈现"出现时间早，持续时间长，隐伏能力强及延伸能力差"等特点；当预制裂隙走向长度为 40 mm 时，试样表面和内部破坏结构具有相似的发展过程和分布特征。

9.4 不同隐伏程度平行双裂隙试样脆性破坏特征与机理

9.4.1 双裂隙试样设计

不同组合形式的双裂隙试样设计如图 9-23 所示，两条预制裂隙相互平行且均为张开型，双裂隙的形心与长方体试样的形心重合。裂隙倾向长度和厚度分别为 15 mm 和 1.5 mm，倾角均为 45°(相互平行)，双裂隙中心的垂直间距 20 mm。裂隙走向方向上双裂隙的组合形式分为三种：①组合-1：两条贯穿型裂隙；②组合-2：一条贯穿型裂隙，一条内置型裂隙；③组合-3：两条内置型裂隙。

以内置裂隙的数量比例为标准，量化试验中双裂隙的隐伏程度，对应 3 组裂隙试样的裂隙隐伏程度分别为 0(组合-1)、50%(组合-2)和 100%(组合-3)。此外，分别将位于上方和下方的预制裂隙编号为 1 和 2。

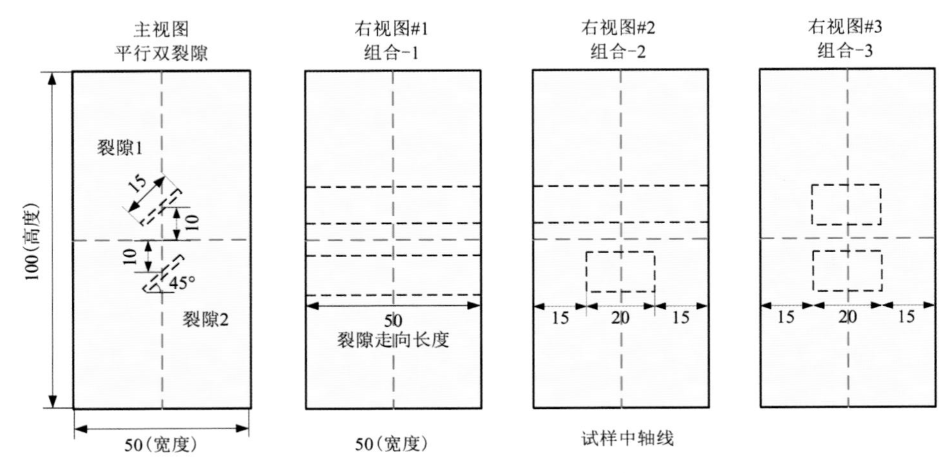

图 9-23　不同组合形式预制裂隙试样设计(单位：mm)

试样中的贯穿型预制裂隙采用预埋抽出法、内置张开型裂隙采用体积损失法进行制备。以组合-2 中的试样为例介绍具体的制样步骤，如图 9-24 所示。

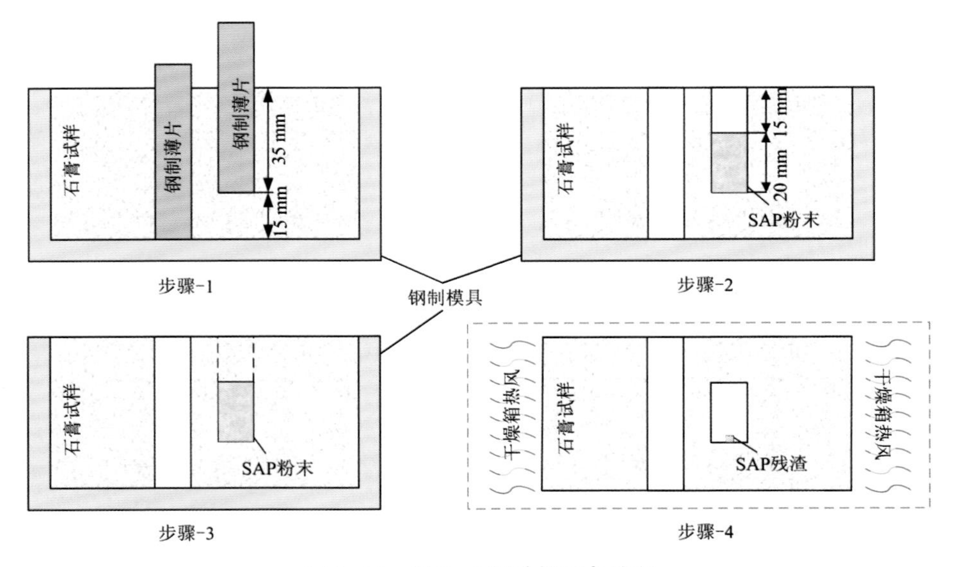

图 9-24　组合-2 型试样制备流程

9.4.2　不同裂隙隐伏程度试样破裂特征试验

(1)组合-1 型：两个贯穿型预制裂隙

与单裂隙试验中的贯穿型裂隙试样类似，可认为表面破坏结构与内部破坏结构的发展过程及分布特征相同，因此该组试验仅采用 DIC 技术监测表面应变场和破坏结构。

贯穿型试样的试验结果如图 9-25 所示，试验过程中试样表面部分区域出现了明显的 LMPS 特征区，其分布位置与破坏结构的分布关联性较高。

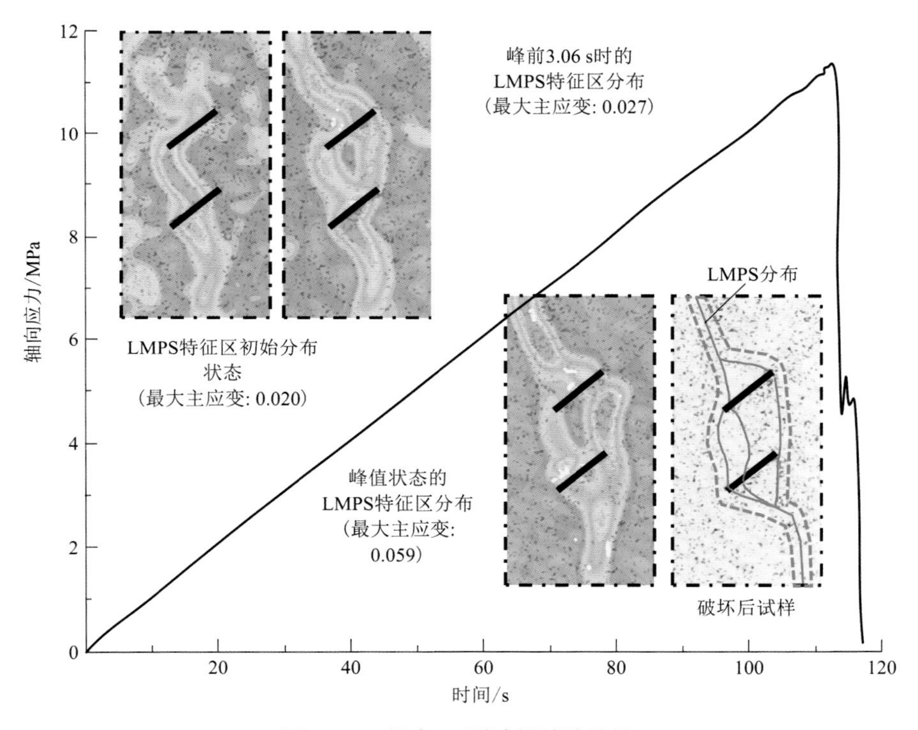

图 9-25　组合-1 型试样试验结果

组合-1 型试样在约 14 s 时出现明显的 LMPS 特征区，且穿过两个预制裂隙，两条裂隙之间的 LMPS 特征区从 1 号裂隙下部延伸至 2 号裂隙中部，主要分布在预制裂隙中轴线的左侧。LMPS 特征区的分布范围在峰值应力前 3.06 s 发生突变，此时预制裂隙中轴线右侧出现大面积的 LMPS 特征区，且新产生的特征区连接两条裂隙的右上方端部，峰值时刻 LMPS 特征区分布与前一阶段基本相同。

试样最终的表面主破坏裂纹分布与 LMPS 特征区的分布区域重合度较高，且特征区的出现早于试样表面出现明显破坏裂纹的时间。

(2)组合-2：贯穿型与内置型裂隙同时存在

组合型裂隙试样的试验结果如图 9-26 所示，试验结果的主要特征如下：

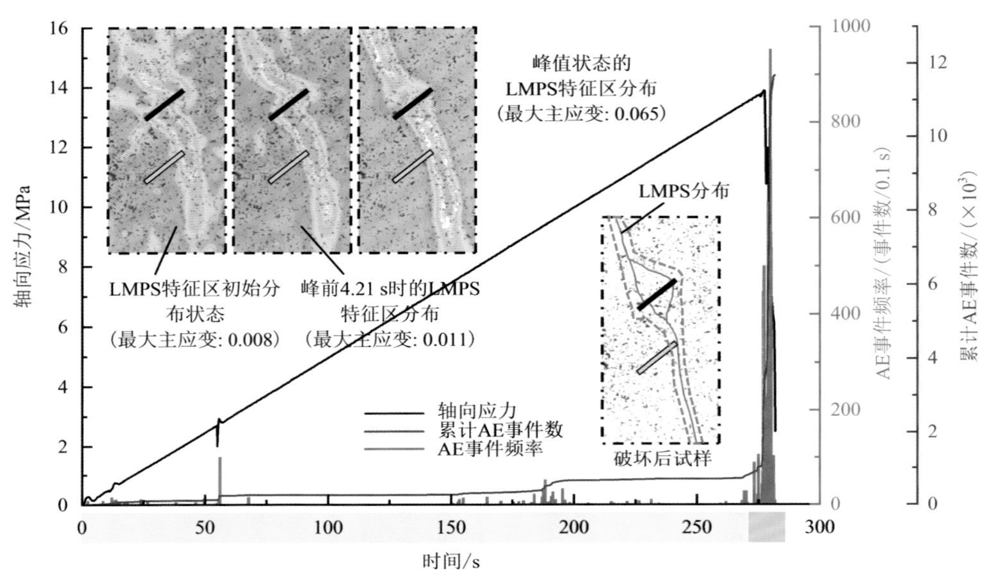

(a) 单轴压缩试验应力与声发射特征随时间变化关系

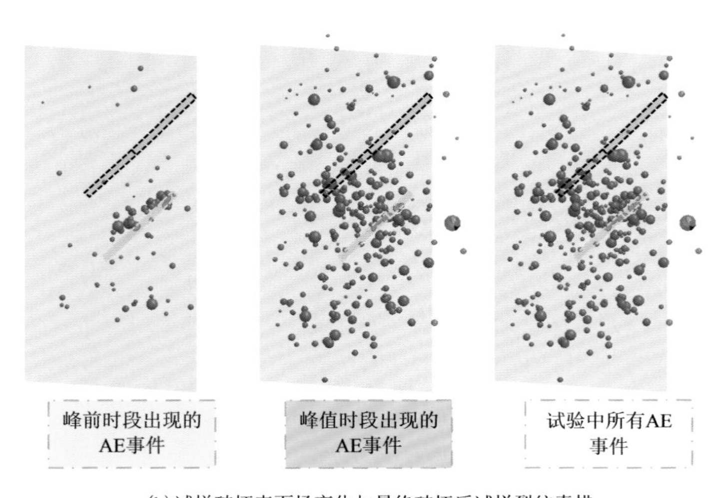

(b) 试样破坏表面场变化与最终破坏后试样裂纹素描

图 9-26　组合-2 型试样试验结果

荷载-时间曲线发生明显的应力降现象时，对应时刻(57 s)会出现较高的 AE 频率，但较高的 AE 频率出现时并不一定伴随明显的应力降现象(175~195 s)；峰值荷载时刻对应 AE 频率约为 500 次/0.1 s，峰值 AE 频率(约 960 次/0.1 s)出现在曲线峰后荷载再次上升时(11.94 MPa，86.09%单轴抗压强度)，且大部分 AE 事件出现在峰后应力再次上升阶段。

对于含有内置裂隙的试样，采用 AE 事件数曲线发生最后 1 次剧烈增长的增幅与所有 AE 事件数的比例来描述试样在峰值阶段破坏过程的剧烈程度。组合型裂隙试样峰值阶段破坏过程可分为 2 个阶段：第 1 阶段当应力达到单轴抗压强度时，其破坏剧烈程度的数值为 15.62%，第 2 阶段为峰后应力 2 次上升到单轴抗压强度 86.09%时，其破坏剧烈程度数值为 65.50%，峰值阶段总的破坏程度数值达到 81.12%。

试样表面的 LMPS 特征区出现时间约为加载后 15 s，穿过 1 号贯穿型预制裂隙并呈现 S 形分布，此外，LMPS 特征区的下端穿过 2 号预制裂隙的右侧顶部。与贯穿型试样结果相似，试样表面的主破坏裂纹与表面应变场中 LMPS 特征区的分布区域重合度较高。

AE 事件定位结果表明，试样未达到峰值状态时，内置裂隙附近出现较多 AE 事件；接近峰值时刻两条裂隙中间岩桥内 AE 事件迅速聚集，其分布位置与表面 LMPS 特征区相似度较高，内置裂隙周围的 AE 事件密度和强度均较大。

(3)组合-3：两个内置型预制裂隙

两条内置裂隙试样的试验结果如图 9-27 所示，试验结果的主要特征如下。

对于内置型裂隙试样，峰值阶段试样发生一次性破坏，对应剧烈程度为 81.72%，与组合-2 试样的结果基本相同。

试样表面的 LMPS 特征区的出现时间约为加载后 27 s，其最终分布区域与预制裂隙的关联度较低，与最终主破坏裂纹的重合度也较低。同样可能是试样的破坏为瞬间产生，由于本试验中所使用的设备采集帧数限制，无法有效捕捉试样破坏瞬间的表面应变场转变。

试样的峰值 AE 频率出现在峰值时刻，对应 AE 频率为 1300 次/0.1 s，大部分 AE 事件出现在峰值阶段。由 AE 事件定位结果可知，峰值应力前，两个预制裂隙附近及岩桥内已出现较多 AE 事件。试验中所有 AE 事件分布位置表明，试样内部 AE 事件分布区域与主破坏裂纹分布区域重合度较高。

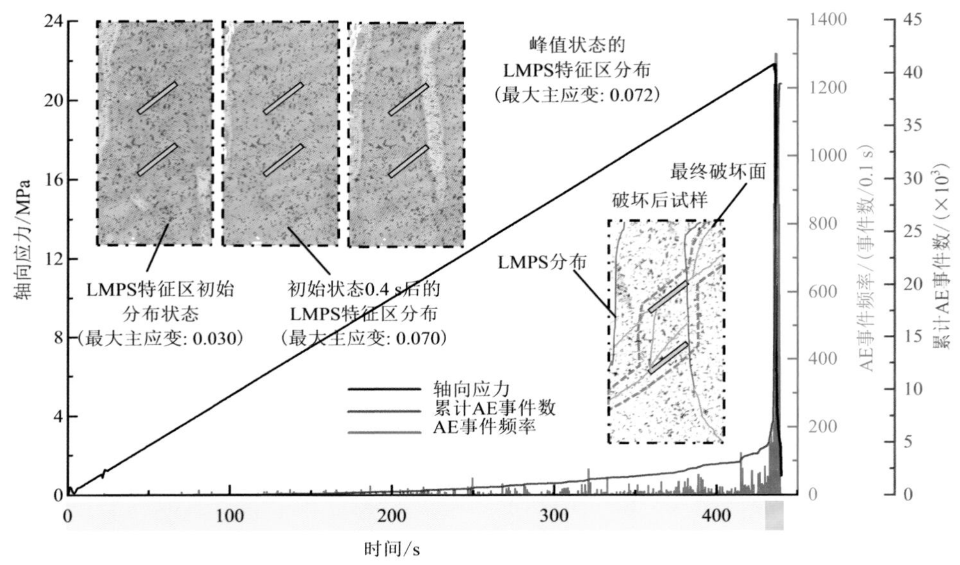

(a) 单轴压缩试验应力与声发射特征随时间变化关系

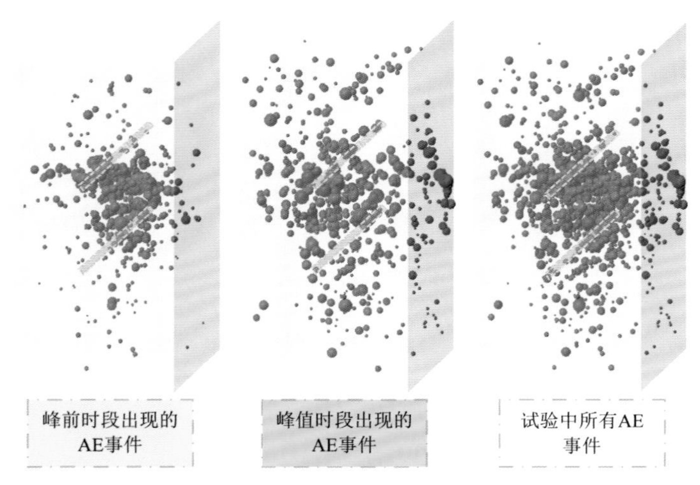

(b) 试样破坏表面场变化与最终破坏后试样裂纹素描

图 9-27　组合-3 型试样试验结果

9.5　本章小结

本章以含张开型预制裂隙的脆性石膏类岩石试样为研究对象，系统地开展了不同裂隙产状条件下的单轴压缩试验，利用 AE 和 DIC 监测技术分别监测试样内部和表面的渐进破坏行为。基于室内试验结果深入分析了裂隙岩体的表观与真实状态、以及对应的物理力学性质和破坏特征，对揭示脆性岩体在不同预制裂隙产状条件下的破坏规律具有一定参考意义。主要研究结论如下：

(1)基于试验和 CT 及数值模拟验证，构建了一套高效制备裂隙岩体试样制备方法与验证体系。高吸水性树脂材料(SAP)最终被选为替代介质，是理想的“体积损失”模拟材料，可有效在类岩石试样中制备内置张开型结构；同时，SAP 材料体积收缩幅度远大于试样破坏时的轴向应变，且空腔内部存在的小体积残渣不依附在空腔内壁上，因此，使用 SAP 材料及体积损失法制备试样时，其内置残渣对试样破坏过程的影响可以忽略不计，最后基于内置空腔效果验证及试样 CT 扫描结果可知，该空腔可完全内置于石膏模型中，与试样外表面不贯通，验证了制备方法与验证体系的可行性。

(2)预制裂隙完全隐伏在脆性试样内部且裂隙走向长度较小时，裂隙倾角对试样强度的影响较小，试样表面与内部破坏裂纹呈现明显不同的起裂、发展和分布特征，内部破坏裂纹呈现“出现时间早，持续时间长，隐伏能力强及延伸能力差”等特点；随着预制裂隙走向长度的增大，试样的强度降幅逐渐增大，表面应变场中 LMPS 特征区与预制裂隙之间的空间关联性逐渐上升，试样表面主破坏裂纹的分布范围与 LMPS 特征区的重合度存在差异的主要原因是试验采集设备的帧率限制，无法有效捕捉试样的瞬时脆性破坏的表明应变场转变，仅能获得峰值前几附近的变化趋势，因此，试验设计中合理设计采集帧率后，基于 DIC 监测技术得到的表面应变场和破坏分析结果可以更好地预测破坏行为的出现位置。

(3)对于双裂隙试样而言，其隐伏状态对试样的单轴抗压强度存在明显影响，二维贯穿裂隙的存在直接影响试样表面 LMPS 特征区、预制裂隙以及表面破坏裂纹之间的空间关系。双裂隙隐伏程度为 50%时，二维裂隙控制了试样表面 LMPS 特征区及破坏裂纹的分布位置，但出现在内置裂隙周围的局部破坏裂纹表现出明显的隐蔽性，整个试验过程中从未出露在试样的外表面上；而当双裂隙完全隐伏在内部时，该试样相比于其他含有二维裂隙的试样具有更高的单轴抗压强度、更隐蔽的峰前破坏过程、以及更快更剧烈的峰值破坏过程。

参考文献

[1] Weng L, Li X B, Taheri A, et al. Fracture evolution around a cavity in brittle rock under uniaxial compression and coupled static-dynamic loads [J]. Rock Mechanics and Rock Engineering, 2018, 51(2): 531-545.

[2] Zhang J Z, Zhou X P, Zhou L S, et al. Progressive failure of brittle rocks with non-isometric flaws: Insights from acousto-optic-mechanical (AOM) data [J]. Fatigue & Fracture of Engineering Materials & Structures, 2019, 42(8): 1787-1802.

[3] Zhang J Z, Zhou X P. Forecasting catastrophic rupture in brittle rocks using precursory AE time series[J]. Journal of Geophysical Research: Solid Earth, 2020, 125(8): e2019JB019276.

[4] Ma S K, Shao Y, Liu Y, et al. Responses of pipeline to side-by-side twin tunnelling at different depths: 3D centrifuge tests and numerical modelling[J]. Tunnelling and Underground Space Technology, 2017, 66: 157-173.

[5] Ma S K, Liu Y, Lyu X L, et al. Settlement and load transfer mechanism of pipeline due to twin stacked tunneling with different construction sequences[J]. KSCE Journal of Civil Engineering, 2018, 22(10): 3810-3817.

[6] Zhu H, Wang Z J, Xu J, et al. Microporous structures and compressive strength of high-performance rubber concrete with internal curing agent[J]. Construction and Building Materials, 2019, 215: 128-134.

[7] Zhao Y S, Gao Y T, Wu S C. Experimental and numerical studies of brittle rock-like samples with internal open fractures and cavities under uniaxial compression[J]. Arabian Journal for Science and Engineering, 2020, 45(10): 8349-8368.

图书在版编目(CIP)数据

脆性岩石破裂机制试验与模拟研究 / 吴顺川，储超群，张朝俊著. --长沙：中南大学出版社，2024.12.

ISBN 978-7-5487-6078-8

Ⅰ. TU452-33

中国国家版本馆 CIP 数据核字第 2024NB5130 号

脆性岩石破裂机制试验与模拟研究

CUIXING YANSHI POLIE JIZHI SHIYAN YU MONI YANJIU

吴顺川　储超群　张朝俊　著

□出 版 人　林绵优

□责任编辑　史海燕

□责任印制　李月腾

□出版发行　中南大学出版社

社址：长沙市麓山南路　　邮编：410083

发行科电话：0731-88876770　　传真：0731-88710482

□印　　装　湖南省众鑫印务有限公司

□开　　本　710 mm×1000 mm　1/16　□印张 20.25　□字数 403 千字

□版　　次　2024 年 12 月第 1 版　□印次 2024 年 12 月第 1 次印刷

□书　　号　ISBN 978-7-5487-6078-8

□定　　价　136.00 元